著者题诗

公园

星移斗转喜如何，大道之行到共和。
一自公园兴造后，黎民游赏乐婆娑。

新建私园

花圃洋房小有天，千年文脉亦绵绵。
谁人识得强弓末，也有名园世上传。

古代遗留园林

林泉花木韵流长，到得明清压众芳。
丽质天生难自弃，风吹雨打有余香。

苏州民国园林史

魏嘉瓒 著

苏州新闻出版集团
古吴轩出版社

图书在版编目（CIP）数据

苏州民国园林史 / 魏嘉瓒著. -- 苏州 : 古吴轩出版社，2024. 10（2025. 4重印）. -- ISBN 978-7-5546-2260-5

Ⅰ. TU-098.42

中国国家版本馆CIP数据核字第2024DS4530号

责任编辑：李　倩
装帧设计：韩桂丽　杨　洁
责任校对：鲁林林
特约校对：何文斌
责任照排：吴　静

书　　名：苏州民国园林史
著　　者：魏嘉瓒
出版发行：苏州新闻出版集团
　　　　　古吴轩出版社
　　　　　地址：苏州市八达街118号苏州新闻大厦30F
　　　　　电话：0512-65233679　　邮编：215123
出 版 人：王乐飞
印　　刷：苏州市越洋印刷有限公司
开　　本：700mm × 1000mm　1/16
印　　张：36.5
字　　数：483千字
版　　次：2024年10月第1版
印　　次：2025年4月第2次印刷
书　　号：ISBN 978-7-5546-2260-5
定　　价：128.00元

魏嘉瓒

1941年出生，籍贯彭城，1963年徐州师范学院（现江苏师范大学）中文系毕业，工作、生活、定居在苏州。曾任苏州市政协副秘书长，原文化局、原广电局副局长等职，是文博研究员。退休后任中华诗词学会理事、江苏省诗词学会副会长、苏州市诗词协会会长、沧浪诗社社长；中华吟诵学会理事、苏州市吟诵传习社理事长，是江苏省政府认定的江苏省非物质文化遗产项目“吟诵调（苏州吟诵）”的传承人，是教育部和人民教育出版社聘任的“中华经典资源库”吟诵项目专家；还有苏州市传统文化研究会顾问、苏州市书画收藏家协会副会长、苏州市观赏石协会常务副会长、苏州国际文化交流中心顾问等名衔。个人专著有《歌风楼诗文集》《苏州古典园林史》《苏州历代园林录》《古新郭园林》《最美读书声——苏州吟诵采录》《幼学古诗吟诵一百首》《吟诵传薪——“歌风楼”吟诵讲堂教学实录》《石韵》《美名（上下册）》等，主编作品有《苏州文物古迹诗选》《忆江南·苏州美》《诗绎苏州》《苏州园林品赏录》《姑苏吟》等。

程毅中

江苏苏州人，生于1930年3月，1958年北京大学中文系研究生毕业。曾任中华书局副总编辑、中央文史研究馆馆员。2024年3月22日因病于北京逝世，享年94岁。长期致力于古籍整理及古小说研究工作，著有《古小说简目》《唐代小说史话》《宋元小说研究》《古代小说史料漫话》《中国诗体流变》《古籍整理浅谈》等，编纂有《宋元小说家话本集》、《中国古代小说百科全书》（与他人合作）、《古体小说钞》等，整理出版过《燕丹子》《谈薮》《玄怪录》《续玄怪录》《云斋广录》等。

序言一

程毅中

园林是我们苏州的瑰宝，苏州古典园林是中国珍贵的文化遗产，已有九处被列入世界遗产名录。苏州园林是苏州的，也是中国的，更是世界的。魏嘉瓒先生根据本职工作的需要和个人的志趣所在，满怀热情、极尽苦心地对苏州园林做了深入精细的研究。他在写作《苏州古典园林史》之后，又鼓其余勇，写出了一部丰厚的《苏州民国园林史》。我有幸先读到了初稿，感到无比惊喜和由衷钦佩。

嘉瓒先生对苏州园林做了长期的调查研究，不仅细读了大量的文献资料，还进行了实地的考察，每星期骑着自行车巡街穿巷，做了前人没有做过的工作。《苏州民国园林史》不是一般地罗列了园林的名称，而是记载了许多有关的人和事，有丰富的文化内涵。如果和古代的方志来比较，更像是田汝成的《西湖游览志》。罗哲文先生在《苏州古典园林史》序言里指出的几大特点，在《苏州民国园林史》里全都保留着，又增加了更多考证的部分，因为民国园林多数是无名的，很少有前人积累的资料。

民国时期的公建园林，一般西化成分较多，艺术性较差；私家园林一般较小，有的只是在天井里种几丛花、几棵树，能称为“林”的不多。但园以人传，因园主而名望各异。有的园本无名，甚至早已毁废，嘉瓒先生也把它们一一发掘出来，加以记述，如程小青所居的茧园、李根源所居的阙园、金松岑所居的韬园、章太炎曾居住的双树草堂、叶圣陶宅园的未厌居，还有郑逸梅的宅园。嘉瓒先生在记述之余，还为有的园题了诗。这就变无名为有名了。

作者广为搜罗，钩沉发潜，从园林数量上说明了苏州是个园林城市，是个文化城市，到今天说来，还是个绿化城市。这个传统正是我们应该发扬的。除了有计划地绿化新建的楼区之外，在古城区的居民院落，还是要见缝插针，鼓励居民多种些花木的。

据本书第三章介绍，民国时期新建的私家园林有97处，但著名的很少，留存到今天能够品赏的，作者只推荐了6处。这也不足为怪，因为那是一个多难兴邦的历史时期。

《苏州民国园林史》的第四章，着重讲了古代遗存园林在民国时期的生存、保护情况。第一节的内容，大体上可以说是《苏州古典园林史》的续编，对几处名园的变化做了补充。

第二节列举了古代留存下来的134处私家园林，让人有不少新的发现。例如我个人只记得自己童年住在西百花巷的小园，不记得那里有任何牌匾堂号，在读到嘉瓒先生关于“养闲草堂”的考证之后，才知道它就是潘氏故居的西路，有一种温故而知新的乐趣；读了乔荫别墅的记载之后，才发现原来那里还保存着先师张蛰公先生的佚文《乔荫别墅记》，这是我意外的收获。又如宝树园之为顾颉刚宅园，瑞芝堂之先后为吴大澂、吴湖帆所居，向庐之为范烟桥故居，如俞平伯先生故居曲园之曾毁而重建，务本堂之由曹沧洲宅园到曹元弼之传承，都是我以前所未知的新闻。由此也可见这本《苏州民国园林史》文化含量之丰厚。

总的来说，民国时期私家园林由于园主外迁或家事萧条，衰败的较多，加以抗战期间的破坏，当然不如清代那么兴盛了。因此，这本《苏州民国园林史》只能爬罗剔抉，拾遗补阙，追溯一段历史的记忆，就像宋代李格非的《洛阳名园记》那样，追记一些前人名园的旧闻遗迹。但《苏州民国园林史》比李格非《洛阳名园记》内容详细得多，还收集了大量的照片和诗文。这当然是时代的发展。《洛阳名园记》末尾有一段议论，有值得我们参考的地方。他说：“园囿之兴废，洛阳盛衰之候也。且天下之治乱，候于洛阳之盛衰而知；洛阳之盛衰，候于园囿之兴废而得，则《名园记》之作，予岂徒然哉？呜呼！公卿大夫方进于朝，放乎一己之私，自为之，而忘天下之治忽，欲退享此，得乎？唐之末路是已。”（文字据《古文观止》卷九）

嘉瓒先生的两部园林史比《洛阳名园记》写得远为详尽，通过大量的考证和记载，同样既记录了苏州的盛衰，也反映了国家的治乱。各个时代各人的体会各有不同，我个人也经历了生活的变迁。如潘家养闲草堂的所有权于清末转移到我们程家，是一次暂时的传承。随即因战乱和家道的沦落，我的族人陆续迁居外出，最后我和祖母两人也移居他处了。无论书香门第还是商贾世家，大都逃不出“五世而斩”的规律。空置的园林终归废毁，直到20世纪60年代四面厅和海棠亭移建，归之公众，这两座古建筑才得以保存至今，不会再像洛阳名园那样归于消失了。因此我不禁“欣慨交心”，写下了“而今公众同观赏，农圃渔庄共得名”的诗句。对于公众来说，也许可说是有所得了。嘉瓒先生的记载，肯定能像《洛阳名园记》那样传世留名，尽管只是书中楼阁，纸上谈园，但我相信会比物质的园林保存得更久。读了本书，不禁感慨系之，对于这一时期苏州园林的变迁，还是“欣慨交心”。妄题小诗两绝，谨就教于嘉瓒先生：

百年治乱待如何，多难兴邦建共和。
寒士尚忧无广厦，园林宜保不宜多。

倦鸟归林忆百花，人生逆旅有吾家。
乡愁凝结名园记，正道沧桑付梦华。

周笃文

1934年生，湖南汨罗人，当代著名学者、诗人、古诗文吟诵专家。历任中国新闻学院教授、中外文化研究所所长。师从夏承焘、张伯驹，从事诗词创作。是享受国务院政府特殊津贴的专家，中国诗词大会首席顾问和诗词中国杰出贡献奖的获得者。著作有《宋词》《宋词三百首》《宋百家词选》《金元明清词选》《豪放词典评》《婉约词典评》《华夏正气歌》《周笃文诗词论丛》《天风集》《影珠书屋吟稿》《霜柯集》《当代中华诗词名家精品集·周笃文卷》《三贤集》，所撰《雁栖湖会都赋》已刻石雁栖湖塔亭中。

序言二

周笃文

己亥三月，正是江南莺飞草长、杂花生树的季节，应老友嘉瓒先生之邀，在浩渺烟波的太湖小隐数日。我们携手并肩，闲庭信步，盘桓于湖山之间，寻访寺庙胜迹，诗词酬唱，浅吟低咏，优哉游哉，不亦乐乎！其间，嘉瓒兄招其八位弟子，举行吟诵雅集，古韵铿锵的琅琅书声，荡漾于水波山巅，又是何等的风雅，何等的诗情！此情此景，我，乐不思蜀矣。遂赋小诗云："湖光云影自徘徊，一例门窗向水开。隔断红尘千百丈，中宵清梦带波来。"以记其乐。嘉瓒兄旋即赐和一首："烟波浩渺鸟飞回，万紫千红一鉴开。正是江南风景好，吹笙迎得鹤仙来。"热情似火，尤令我感动。

辞行之际，嘉瓒兄出示其新作《苏州民国园林史》，嘱我作序。我于园林，接触不多，但老友有托，义不容辞，乃欣然命笔。

嘉瓒长年从事文化行政工作，业余研究地方史志和苏州园林、写诗、吟诗、玩石头、玩乐器，涉猎颇广，虽皆为休闲，但都玩出了名堂。其中，成就尤为突出者为园林，曾出版《苏州历代园林录》《苏州园林品赏录》《苏州古典园林史》《古新郭园林》等，而2005年上海三联书店出版的《苏州古典园林史》一书，尤为全国园林学术界所垂青。苏州私家园林，自明朝中叶起，享誉全国，以至于当今被联合国教科文组织列入世界遗产名录。但遗憾的是，几百年来，没有一本关于它的史著。这个缺漏被嘉瓒先生弥补了。因此文物专家罗哲文先生在序言中说这本著作“不仅是苏州园林历史发展的一本好书，而且也为中国园林史增添了光辉的一页”。

十四年过去了，我只知道，这些年嘉瓒在写诗、吟诗，忙并快乐着！可不经意间，他又完成了《苏州民国园林史》。如果说那本“古典园林史”是研究苏州古代园林历史的第一本专著，那么，这本“民国园林史”，则也是全国民国园林史研究专著的首创，因为迄今为止，从苏州市到江苏省，再到全国，还未看到一本写民国园林历史的著作。这种开创性的研究，其意义和影响，不言而喻。

唯其具有开创性，其难度可想而知。我通读了全书，更真切地感到，嘉瓒用功之勤、思考之深。是书资料搜罗宏富，举凡史志所存，报刊所载，文人散记，民间所谈，还有园主寻访，实地踏勘，等等，角角落落的材料，哪怕是只言片语，都汇集到他的笔下，起隐而显，翔实而可靠。至于对民国园林的评论，亦可谓高屋建瓴。看得出，他是把园林的构建和发展放在当时的政治、经济、文化的大背景下来写的，是放在全国，特别是苏州园林发展的历史长河中来写的。而对新型的园林形态公园、新建的私家园林和历史上遗留下来的园林的总体阐释，以及对其历史价值、艺术价值的评价，他也都有新颖、深邃而令人信服的表述。这些论述，在我看来，也是前无先例的。嘉瓒本来是学文学的，这种跨行的研究，看来他也游刃有余。

认真读完《苏州古典园林史》和《苏州民国园林史》，我很感佩嘉瓒先生的治学精神和方法。如《苏州古典园林史》，他从3000多年前的古籍中，从商周时代的诗歌中理出了古代园囿的初始记录，又对其后秦汉唐宋的代表性园林建筑、明清时期的杰出园馆的发展过程及其美学成就，都做了系统性的介绍，并结合经济文化、民族风尚做了横向的描述，使该书既具有历史的条贯性，又富有生活气息、时代色彩。创获之多、美感之富，令人惊叹。他还从理论上提出了“天人合一”作为中国园林的指导思想。他根据《易传》所云“大人与天地合德”及《论语》所言“仁者乐山，智者乐水”的观点，论证了“天人合一”为中国园林的总纲，接着指出“亲近自然是人的本性”的命题，“亲近自然”，促使了中国园林的高度发展，成就了中国“世界园林之母”（英国植物学家威尔逊语）的崇高地位。再如苏州长洲苑的历史脉络，他考定出“长洲之苑”出于枚乘规劝吴王濞不要过于奢侈的谏言。关于长洲苑之具体位置，经过大量考证后，他确定在今苏州西南、太湖弯曲处，面积约有60平方千米。由于左思在《吴都赋》中写到“造姑苏之高台，临四远而特建，带朝夕之浚池，佩长洲之茂苑”，说它直与海之潮汐相通，规模可见了。接着指出长洲苑在东吴时为孙权首都的猎场，引曹操所说“孤比老，愿济横江之津，与孙将军游姑苏之上，猎长洲之苑，吾志足矣”，并引了李白、白居易、杜牧、孙觌及唐寅的诗句加以论证，令人耳目为之一新。再如对吴中第一名园——顾辟疆园的考证论述，尤令人惊喜不止。作者首先引出了约1600年前的一段名士佳话。《世说新语·简傲第二十四》说：“（王献之）闻顾辟疆有名园。先不识主人，径往其家。值顾方集宾友酣燕。而王游历既毕，指麾好恶，傍若无人。顾勃然不堪曰：‘傲主人，非礼也；以贵骄人，非道也。失此二者，不足齿之伧耳。’便驱其左右出门。……怡然不屑。”接着便用6000余字考证这个吴中第一名园的前世今生，并引用唐代诸贤的诗咏和史志所记为证，考证出其园址在今潘儒巷之结论。如此翔实有趣的考证功夫，太令人感佩了！

即就这本《苏州民国园林史》而言，我对其学术的纵贯性尤深钦挹。如在“皇废基公园”一章中，他用8000余字详细论定了今之“苏州公园”的历史渊源，最为精辟生动。文中首先指出“皇废基公园”始于公元前560年，是由吴泰伯之20代孙诸樊开始营建的“吴子城”。46年后，阖闾、夫差父子大兴土木，营建了阖闾大城。勾践灭吴，亦以此为都城。后历经秦、汉、三国、隋、唐、两宋，皆为精美官署园林，明清以后，渐趋荒废。并历引近代名流雅集之评价，情致高逸，可谓传神妙笔。再如对被嘉瓒先生认定为民国新建六家名园之一的渔庄，他从1925年上海《晶报》连载的《余觉沈寿夫妇之南通痛史》写起，追溯渔庄得以建造的源头。行文中，将张謇和余觉、沈寿夫妇三人之间的纠葛梳理得清清楚楚。最终余觉获赔8000银元，用于造园。其中诸多史料都是藏于密室、难得一见的诗词、故事，嘉瓒兄爬罗剔抉，用鲜为人知的材料写成新鲜而厚重的学术著作，令人读来兴味盎然。至此，可以说，精于考据，也是嘉瓒先生做学问的一大特点。

嘉瓒生活、工作在“人间天堂”苏州，每每带上他的文友或学生，在园林里写诗、吟诗。而对园林的研究，则又使他对园林之美比一般人有更深的感悟和享受。唐伯虎诗云“江南人住神仙地”（《江南四时歌》），岂非嘉瓒之谓也。

自今年三月太湖小住，园林徘徊，又是半年过去，想来湖山无恙，园林无恙，嘉瓒兄别来无恙。苏州，一直是我神往的地方，有老朋友在，叨扰是难免的。我期待着下一次的聚会——或者虎丘，或者沧浪亭，抑或本书中写到的现代著名作家、鸳鸯蝴蝶派的代表人物周瘦鹃的民国园林紫兰小筑……

嘉瓒兄不仅是园林专家，还是著名的诗人、吟诵家。他是中华诗词学会理事、江苏省诗词学会副会长、苏州诗词学会会长，还是江苏省非物质文化遗产“苏州吟诵（唐调）”的传承人。三十年前，我们就有幸相识。耄耋之年，得以拜读他如此厚重的专著，真是喜不自禁。谨以《喝火令》一首略表欣喜敬佩之情：

吴下真天府，词源万古流。太湖千顷碧波柔。记那番高唱，吟兴接天浮。

大著从头读，长眸炯不收。几多欢喜到心头。恰似春风，吹瘦月如钩。恰似醍醐灌顶，云外趁仙游。

王稼句

江苏苏州人，1958年生。中国作家协会会员，作家，苏州市散文学会会长。1990年以来出版著作一百馀种，有关风景园林方面的，有《世界文化遗产：苏州古典园林》《读园小集》《苏州山水》《吴中好风景》《虎丘》《虎丘文献辑存》《苏州园林历代文钞》《苏州山水名胜文钞》《五亩园小志题咏合刻》（外两种）等。

序言三

王稼句

众所周知，苏州历史上就是园林之城，园林自五代而层见叠出，至明清进入全盛时期。嘉靖初黄省曾在《吴风录》中就说："至今吴中富豪竞以湖石筑峙奇峰阴洞，至诸贵占据名岛，以凿凿而嵌空妙绝，珍花异木，错映阑圃，虽闾阎下户，亦饰小小盆岛为玩。"清初沈朝初《忆江南》也咏道："苏州好，城里半园亭。几片太湖堆崒嵂，一篙新涨接沙汀。山水自清灵。"自北宋元丰七年（1084）朱长文撰写《吴郡图经续记》起，历代府县乡镇志几乎都有"园亭""园第""园池""第宅"的卷帙，由于园林概念的不确定，至今仍无可统计苏州历史上的园林数据。园林在苏州，整体占据城乡空间比例之大，个体存在的历史之久，造园艺术和技术的与时俱进，相关文献的汗牛充栋，在全国找不出第二个来。迄至于今，苏州仍以园林之城著称于世。一九九七年，拙政园、留园、网师园、环秀山庄作为典型例证的苏州古典园林被列入世界文化遗产；二〇〇〇年，沧浪亭等五个园林作为苏州古典园林的增补项目被列入世界文化遗产。

二十世纪以来，对苏州园林的研究，进入现代学术途径，学者开始探索它的整体性、规律性，逐步建立起全新的园林学体系。如姚承祖的《营造法原》，归纳了二十世纪前期江南传统建筑的经验，其中"园林建筑总论"一章，对园林的总体布局，以及建筑、铺地、叠山、理水、架桥等作了精辟的论述，并阐述了独特的园林审美理念，与文震亨、计成、李渔、钱泳诸家论述比较，更有现实性和科学性。童寯的《江南园林志》，以苏州为典型而综论江南，勾勒了一个框架，提出了一些问题，为这个系统的建立奠定了基础。刘敦桢的《苏州古典园林》，从建筑调查入手，将空间与时间两相结合，探索了造园技术的若干规律。陈从周的《苏州园林》《说园》等，以诗文家的眼光，结合传统美学，赏析园林个案，为园林价值的推广做出了贡献。范广宪的《吴门园墅文献》，乃属文献辑录，其“谈丛”部分记录了五十年代园林的存毁情况，“文薮”“诗籁”“清韵”则辑存了历代园林记咏，特别注意保存咸同兵燹前后的诗文，那是具有卓识的。

二十世纪八十年代后，关心园林的人如雨后笋萌，相关著作亦层出不穷。就大势而言，介绍园林的读物很多，出现专题丛书十数套，作者谈而论道，雅俗并存；研究园林也更深入，建筑、装修、山池、绿化、生态等都各有著作，拓展更广，深浅则不一。园林文献整理虽仅是起步，但也小有成绩。就我的了解来看，近三十年来，研究苏州园林，尤其在园林史的构建上，魏嘉瓒先生是特别有成绩的一位。

魏嘉瓒，古彭城人，自一九八〇年代客居苏州以来，就“直以他乡为故乡”了，深深眷恋上了苏州的城池山川、风土人情，特别是对苏州古典园林生发浓厚的兴趣，公事之馀，翻检旧籍，实地考察，几经春秋，一九九二年他的第一本园林专著《苏州历代园林录》由北京燕山出版社出版。当时，我于嘉瓒先生尚未识荆，得读此书，方知其人。这本《苏州历代园林录》据方志、笔记、别集等文献中的记载，梳理了各个历史时期苏州园林的情状，包括时间上的沿革、嬗变，空间上的扩展、分割，兼及主人的命运。就当时园林研究现状来说，这本书具有筚路蓝缕的意义。其所罗列，大大扩充了《吴门园墅文献》的著录范围，除苏州城区和四郊外，吴江、昆山、太仓、常熟、张家港的园林也一一进入视野，并且尽可能地介绍了各个园林的历史变迁、主人更易、营造过程、置景渊源。就作者自己来说，仿佛是对苏州历代园林作了一次全面巡礼，为以后归纳史的线索，作了文献上和构架上的准备。二〇〇五年，他的《苏州古典园林史》由上海三联书店出版，这是有史以来第一部苏州园林专门史。首先，作者提示了苏州园林存在的思想和社会基础，分析了苏州造园活动经久不衰的原因，包括自然、社会、经济、文化诸多方面。其次，也是这部书的主干，对各个历史时期具有代表性的园林，作了介绍和分析，特别注重群体和典型相结合，让读者对各个时期的造园活动、造园风格有比较清晰的了解，且随时有所考订，有所创见，如乐圃、范村的坐落位置，玉山草堂和耕渔轩的历史价值，明代王氏、徐氏、文氏各家族的园林系统，朱勔对造园活动的客观贡献，如此等等，都为这部书增添了学术的亮色。最后，作者归纳了苏州园林小巧、幽曲、含蓄、精雅诸多艺术特色，还归纳了园居思想的分别，除作隐逸山林之想外，还有居官自奉、落职抒啸、避世离垢、致仕终老等不同情形，那是尊重客观事实的。值得一说的是，这部《苏州古典园林史》注重文献应用，又不被文献所左右，进得去，出得来，经过考证和研究，不时表达出自己的观点和想法；既不高谈阔论，语细探玄，更不以民间传说为典要，而取科学、平实、可读的学术化写作途径，因此这部书不但建立了苏州古典园林史的构架，也为园林文化的研究者、推广者、爱好者提供了丰富、可靠、实用的材料。

园林与其他文化载体一样，都是在不断嬗变、演进的过程中。园林的格局、形式、风格，不是随着朝代的更迭而变化，它有自身的发展、演变规律。因此对它的研究，应该站在学术史的角度，当然为了方便叙述和接受，也可以将朝代的起始作为断面，但朝代史决不能代替学术史。

嘉瓒先生继《苏州古典园林史》之后，就开始写作《苏州民国园林史》，又经十多年风霜雨雪，今年春上，这部大著终于完稿了。嘉瓒先生问序于我，于是草草统读全书，让我欢喜无尽：一方面，它弥补了苏州园林史研究的空白；另一方面，解决了朝代史和学术史的关系问题。

民国，存世仅三十七年，在历史长河中仅是一瞬之间。在这一时期，战争与和平更替，持续不断的战争，使园林遭受毁灭或破坏；间歇或局部的和平，则又是修复园林、兴建园林、改造园林的契机。这又是一个新旧交替的时代，社会思潮、人的思想、精神和物质的生活，都处于新和旧的交织之中，园林的修复和兴建也不例外。这里只说说苏州的情形。同光中兴至民国前期，咸同兵燹被毁坏的大小园林，大部分作了修复，在修复过程中，除个别伤筋动骨外，基本都能保留晚清的建筑风貌，当然未必都能修旧如旧，特别是在建筑材料上，采用了水泥、彩色玻璃、铁铸栏杆等，反映了清末民初在建筑上的时代性。由于社会发生变革，尚存园林的命运不同，有的或被转为官产，或被学校、医院、机关、团体、军队占用，如拙政园、留园、沧浪亭、可园、艺圃、惠荫园、太仓逸园；有的被辟为书场、茶馆，如遂园、畅园、潘宅礼耕堂；有的散为民居，如耦园、五峰园；有的仍为私有，如狮子林、网师园、怡园、环秀山庄、曲园、鹤园、辟疆小筑、北半园、柴园、残粒园、听枫园、木渎羡园、同里退思园、常熟燕园，以小型宅园尤多，仍保持私家园林的诸多特点。也有无力修缮，听之任之败落的，这主要是在四郊乡镇，如东山的依绿园、光福的西崦草堂。其中不少园林都向公众开放或半开放，如拙政园、留园、沧浪亭、狮子林、靖园、南半园、木渎羡园、同里退思园等。有的旧园虽按传统建筑风格修复，但在同一院落中又新建中西合璧式建筑或西式建筑，这一现象，在城区的宅园建筑中是相当普遍的。

清末民初，在中国造园史上掀起一次浪潮，就是建造公共园林，这是最具有时代特征的。苏州第一个公园是植园，乃光绪三十三年（1907）辟府学之西的荒坟场开始建造的，至宣统三年（1911）竣工。公园占地二百十四亩，分园林区、农田区，分区植木，建农品陈列所，仿西式建楼四层，另有竹所、微波榭等小屋，为市民游憩之处。一九二〇年又建王废基公园，有喷水池、图书馆、音乐亭、东斋、西亭、电影院等设施。苏州各县乡镇也纷纷建起公园，如吴江有吴江公园、盛泽目澜洲公园、震泽公园，昆山有马鞍山公园、半茧园、巴城公园，太仓有游息山庄、璜泾玄武池，常熟有虞山树艺园、常熟公园、何市公园等。就民国时期各城市的公园密度来说，乃属较高的。它们都具有向公众开放、供民众游乐的特点，并且占地面积较大，绿化丰富，设施较为完善，以发挥丰富生活、普及文化、开启民智的社会功效。民国时期，私家园林的营建仍在继续，按建筑形态来看，大致可分四类。一仍按传统造园的方法，亭台楼阁，水石花木，如木渎蔡氏古松园、东山席氏松风馆和启园、石湖余氏渔庄、碧凤坊金家花园、温家岸范氏向庐、仓桥浜乔荫别墅、叶氏凤池精舍、庙堂巷潘氏壶园；二是主体建筑为中西合璧式，花园作传统布置，如东山金氏雕花楼、高长桥汪氏朴园、饮马桥席氏天香小筑、蒲林巷口邹氏别墅、王长河头周家花园；三是主体建筑为西式，花园作传统布置，如东小桥弄吴氏花园、阊门西街余宅、盛家浜陶宅、庙堂巷雷氏别墅；四是主体建筑和花园布置均作西式，如外五泾弄内谢氏别墅、南园何氏灌木楼、南园丽夕阁、槐树巷张宅。这主要就建筑的空间和立面而言，所谓中西合璧式或西式，也主要是受海派建筑影响。

嘉瓒先生在这部书里，对苏州民国时期存在的园林作了梳理，即前代的遗存，新建的公园和私园。就园林学术史来说，前代的遗存，延续着传统园林的生命；新建的公园，具有那个时代的共性，在散置建筑的风格上和绿化上自有其特点；新建的私园，情形各别，但都留下深刻的时代痕迹，尽管固有的城市风貌和文化精神依旧具有醉人的魅力，但现代生活内容的进入，势必让人进一步追求安静、舒适、方便、丰富的生活感受，中西合璧式或西式建筑的出现，就是迎合这一需要。园林是最佳的人居环境，也就是物质生活的环境。

一部民国园林史，只谈新建，不谈遗存，或将两者混为一谈，那不是学术史的取法，只有全面地、综合地、深入地对它们进行考察，然后作比对、分析，才能真实反映这一时期苏州园林的存在状况、发展轨迹、时代特征，才能了解园林之与时代的关系，也就能知道苏州园林在整个学术史上的承前启后了。嘉瓒先生在桑榆之年，劳筋苦骨，昼思夜想，终日矻矻，成就了这样一部书，真是不容易的。

刘庭风

1967年出生，师承同济大学规划专家邓述平先生、古建专家路秉杰教授和天津大学现代建筑专家彭一刚院士。现为天津大学建筑学院风景园林系教授、博士生导师，天津大学地相研究所所长，天津大学设计总院风景园林分院副院长，中国风景园林理论历史分会副主任。主要研究方向是古典园林，著作有《中国古园林之旅》《中日古典园林比较》《中国园林年表初编》《画境景观美学》等22种。

序言四

刘庭风

世界园林看东方，东方园林看中国，中国园林看江南，江南园林看苏州。苏州地处江南平原水陆交通要地——春秋时代，吴国将都城曾设立于此，奠定古城基业——经济和文化两方面一直率华夏之先。

孙中山先生创立了中华民国。在战争频仍的时代，苏州经历了民主共和思想的兴起，经历了晚清时的独立，以及之后的抗日战争和解放战争等。苏州园林在思想的斗争和军事的战争中接受洗礼，涅槃重生。战争给苏州园林以沉重打击，使园林毁损严重，有些近乎满目疮痍。大型园林曾经成为国民党军队的指挥机关，檐柱拴马，平地放牧。园内字画、陈设、器物皆被掳掠一空。大户人家背井离乡，平民百姓在此种菜养鸡，维持生计。一个个诗情画意的园林，一夜之间成为沙场点兵的营地。

中华民国政府以国家的形式，建设代表新时代的民族、民有、民享的公共园林。苏州的公园成为新时代的新生儿和新类型，在中国虽不算最早，也算是名列前茅了。据我对近代园林的研究，大凡一个地级市，兴建公园一般在一二处左右，而苏州地区居然能新建17处公园。这是何等气魄，何等能力，何等需求！究其原因，大概是众望所归吧。作为中国私家园林的发祥地和文人园的聚集地，能这么包容新生事物，这么转变思维方式，这么勇于先行先试，大概也是吴派文化长盛不衰的秘诀和魅力无穷的所在吧。

民国时代是各地军阀割据的时代，是新旧思想拉锯的时代，是民族资本兴起的时代，是中西文化碰撞的时代。这些特征不仅表现在园主身上，也表现在园林景点的构置上，更表现在园林活动上。新兴的权贵阶层纷纷登上历史舞台，成为新时代的园主。据嘉瓒先生统计，仅就“苏州古城区”的私家园林而言，新建私家园林就有97处。“苏州古城区”，大概就是民国时期的“苏州市”，当时人口约三四十万。其间仍然有如此众多新建的私园，可知，它在全国依旧保持着领先的地位。私园以传统山水为骨架，增加欧式建筑构件或花坛雕塑，形成中为体、西为用的中西合璧方式。旧壶添新饰，旧壶装新酒；新壶如旧样，新壶新思维。私家园林焕然一新却有厚重传承。

在接受西方思想的学者、军人、政客和商人主导下建设新兴园林的同时，苏州人并不排斥传统园林遗产，不是毁之灭之，而是兴之缮之。苏州历史遗存下来的古代私园，几近是他地一省之数。这种数典述祖、志在文存的思想和作为，一直延续至今。而且，这些私家园林如拙政园、狮子林等又一直遗留到中华人民共和国。进入新中国，不管是直接由政府接收，还是公私合营时，抑或是作为敌产被没收或由园主捐赠，众多的“半老徐娘”（魏先生对民国园林的昵称），依然奠定了当今苏州园林主流的半壁江山。

我曾发表过一篇《民初园亭逸事》，文章主要立足于北方的皇家园林。而当再阅读嘉瓒先生的书稿时，我不禁为他统计的一个个数字而心潮澎湃。民国年间造了如此多的私园和17处公园，平均一年建3处园林还多。这在中国园林史上，是何等的辉煌！何等的速度！同时，我也为这个数字的来源而感动。

魏先生1992年出版的《苏州历代园林录》和2005年出版的《苏州古典园林史》，还有作为主编之一出版的《苏州园林品赏录》、专著《古新郭园林》等，都是很有价值的研究苏州园林的著作，尤其是前两本，更带有开创性，史料之全、之细，论述之系统和完善，目前还没见出其右者。从书中，我们可以看到他的足迹遍及苏州的每个角落；他的视野上至春秋战国，下至改革开放；他所取的文献既有正规的经史子集，也有闾里的访问所得。作为苏州市原文化局副局长，他是苏州文人的一个缩影。他的厚重，如苏州园林历史多样而复杂；他的简单，与园林统计数字一样一目了然。

这本《苏州民国园林史》，文风朴实，娓娓道来。掩卷而思，我的脑海顿时增加了许多新的知识，中国园林的历史长卷终于补齐了远看动荡飘摇、近看栩栩如生的画面。可以说，离开苏州这一时期的园林历史，就难以言中国近代园林史！

魏老先生的功勋至伟，值得我辈史学者敬仰。

作者自序

中华书局原副总编、著名古籍整理及小说研究专家、现任中央文史研究馆馆员程毅中先生，著名学者、著名诗人、著名古诗文吟诵专家周笃文先生，著名文史专家、著名藏书家、一级作家王稼句先生，天津大学建筑学院博士生导师刘庭风教授，都是我多年交往的高层次的文化人和学者，他们分别从不同的角度为本书写了序言，我十分感谢他们！该说的话他们都说了，我无须再多说。那就说点轻松的，聊聊我和苏州园林的渊源，以及与本书写作有关的一些话题吧。

一个人的一生，从事什么工作，抑或在哪个方面取得成就，往往是由各种机缘造成的。我本彭城沛县人士，上大学时读的是中文系，工作后在徐州教过书，做过党的宣传工作，给市级领导当过秘书。由于妻子张菊华在江南小镇昆山县城做中学老师，我需要工作调动。昆山县城虽小，但是个好地方，富足温馨，宜于居住和生活。况且又在沪宁铁路线上，襟沪带苏，到上海、苏州走走、玩玩都很方便。但我更向往苏州，因为它是“人间天堂”、历史文化名城，城市也大些，在这里个人发展的空间应该更加广阔。于是，经过个人申请，组织安排，20世纪80年代初，我便落户苏州，在市政协工作，从此成了苏州的市民。此时我已年届不惑。

尽管来苏州前，我已通读了一部清同治年间编撰的《苏州府志》，并详细抄录了两本关于苏州的方方面面的文字，还背诵了几十首咏苏州的诗词，算是对苏州有了个初步的了解。但一旦来到苏州，做了苏州的市民，我还是首先从学习苏州历史、了解自然和人文环境开始，除了继续寻找、阅读介绍苏州的书刊外，主要就是有计划地每个星期天骑着自行车一条街巷、一条街巷地转悠、考察，并做笔记（那时每个星期只休息一天）。没用多久，我便熟悉了这座美丽的城市，也越来越热爱它。当然，在我热爱苏州的诸多因素和自己研习的内容中，自然少不了享誉世界的古典园林。

大概是组织上看到我有时在报纸上发表点旧体诗作，有时也写点有关园林和苏州文史的文章，认定我是个文化人，于是20世纪80年代末把我从政协副秘书长的位置上调到了原文化局任副局长。我分管的业务中有一项是“文物”，而苏州的许多园林分别是国家级、省级、市级、县级文物保护单位，都是原文化局的业务管理对象。这对我来说是新的课题和挑战，因为如果只是一般地了解苏州，对个人生活和社会交往来说，当然不成问题。但是要管理和领导它的文化事业，特别是涉及有几千年乃至上万上亿年历史的文物、园林等，我原来的知识积累就不够了。怎么办？只有进一步深造和提高自己。首先是到市图书馆古籍部借阅地方史志。阅读时我关注的内容是六个方面：园林、桥梁、寺庙、名人故居、名人墓葬，还有咏苏诗词，并且一边看，一边做卡片抄录。如此青灯黄卷一年半，我读完了古籍部所藏的几百种苏州志书，记了约2000张卡片，从而丰富了知识，强化了我对苏州文化底蕴的认知，增强了我做好管理工作的底气。在认真读书的同时，我还带领文物科和博物馆的同仁花上几天时间对苏州的山山水水进行踏勘。当时，从上方山北端的茶磨屿登山，向南到吴山西折，到七子山、凤凰山、花园山，再向西到尧峰山、皋峰山、胥山、玄墓山、马驾山，回头再上姑苏山、灵岩山、花山、天池山、天平山、狮子山、虎丘，一路考察山上山下的藏军洞、姑苏台、馆娃宫、司徒庙、耐久园、水木明瑟园、涧上草堂、灵岩山馆、灵岩寺、寂鉴寺、范仲淹祖坟及高义园等等诸多胜迹名园。包括各县（市）在内的300

多处各级文保单位和园林名胜，我也差不多一一造访过。每考察一处，我喜欢事前查资料，事后做笔记，也往往记下思考和疑问，以备后续研习。最近检索一下，当年的文字记录有十几万字。

接着，我对自己花了两年功夫的读书和考察做了整理，首先具体主持编辑了一本《苏州文物古迹诗选》，1991年10月由古吴轩出版社出版。书中收录有古人的诗，也有当时我组织苏州诗家的采风之作（当时我业余任沧浪诗社副社长）。大画家吴作人题写书名，文物专家罗哲文写序，苏州文化老人、著名画家谢孝思和钱仲联教授题诗。钱老的诗写道：“云峰塔影匹明珠，拙政狮林胜画图。文物吴趋吟不尽，一编网得是珊瑚。”当时，市面上这种读物很少，书一出版，人们就感到很新鲜，也实用，所以很受欢迎。在整理的材料中，我发现园林方面最多。于是我就在此基础上拓展研习，不久竟编写成20万字的书稿，取名《苏州历代园林录》。经联系，北京燕山出版社愿意出版，社长陈文良先生亲自来到苏州和我签订出版合同，并给了当时的最高稿酬：千字23元人民币。此书于1992年3月出版面世，从定稿到正式出版大约历经一年多时间。作为苏州园林的系统史料性读物，这是我所见到的第一本，它也是我研究园林的开始。这让我始料未及，一个学文学、搞文化行政工作的人怎么就这样和园林结缘了呢！也算是无心插柳柳成行吧。书出版之后，曾经有过一段趣事。当时，我儿子魏昆在日本留学，他身边有我这本书。有一位来自台湾的同班同学对他说，曾在台北的书店见到同一内容的书，仅封面设计不一样。魏昆就请同学买了几本，一看，果真是我的这本书。此书标明是“文史哲出版社印行”，出版日期是1994年12月。版权页上还印有“初版”“版权所有，翻印必究”字样。我询问原出版社，他们说不知道是怎么回事。当时有人叫我打官司，告他们侵权，我戏说：“我要名不要利，人家在台湾出版，扩大了宣传，好事儿，就不计较啦！”况且，当时两岸的交流还不像今天这样顺畅，我想息事宁人。但是，北京燕山出版社不答应，他们找到台湾的“文史哲出版社”。这个出版社自知处事不妥，不想事态扩大，马上问原出版社给了作者多少稿费，答曰“4600元”。他们立即答应也付4600元以作了结。恰恰那年，我参加广电部组织的赴美考察团，需先到北京集中学习然后出国。北京燕山出版社要我趁机去领取稿酬。哪知“文史哲出版社”付的是4600美元，比原稿酬多出了8倍多。当时，北京燕山出版社和我二一添作五，我拿到2300美元，一趟美国之行，花了个光。这也算是我园林研究中的一段佳话吧。

我在原文化局工作了大约4年时间，然后被调到原广电局，仍然做副局长，分管新闻宣传。由管“历史”，到管“当今”，跨度不可谓不大。当时，我也曾决心在新闻领域再做点实事，但尝试了几次亲自动笔写较大的新闻稿件后，就打了退堂鼓。因为新闻是讲时效的，一分钟也耽搁不得。我的主要工作还是做行政管理、开会和处理杂务等，不可能在限定的时间内去写报道文章，况且年届天命，精力也有所不济。从此工作就只局限在出出主意、把把关、改改稿子，以及处理各种事务上面了。因此，我在原广电局工作了10多年，除具体主持编辑出版了新中国成立后苏州历年在全国和江苏省的新闻获奖作品集《春颂》和记者散文《心海浪花》外，再也没有别的作品。而因为工作性质的变化，对园林不可能也没有时间去继续研习，否则会有“不务正业”之嫌。不过基于积习和惯性，我也还时不时关注着园林、积累着有关材料，也曾隐隐约约地想，将来如有可能就写一本正式的苏州园林史著，因为苏州园林虽然有名，但千百年来也没有一本专门的史书啊！但想写一本苏州园林史，谈何容易！

这期间，工作之余，我仍然有一些自己的小爱好，其中一项是痴迷于玩石头，收藏各类天然奇石颇丰。所以一退居二线，我就想出一本关于观赏石的书。结果在我退休前的2001年，《石韵》正式出版。一块石头，我题一首诗，请全国书画界的朋友（多数都是一级美术师）书写出来或者画上一幅画、雕一方印章。这样集奇石、诗词、书画、篆刻于一书，倒也很有文化品位。

退休了，生活主体当然就是休息，这是我对自己明确而坚定的要求和安排。但从退休的第一天起，我就被推举做了苏州市沧浪诗社（苏州市诗词协会）社长（会长），而且一做就是15年。这成了我积极休息的一个主要内容。其间，应该说我和300多位诗友们一起写诗、赏诗，是用心的，也是开心的，有成绩，对社会也有贡献。15年间，我主编了《姑苏吟》等好多种诗词书刊，而个人最为敝帚自珍的是《忆江南·苏州美》和《诗绎苏州》两本诗词集，还有那本记录历史的《沧浪诗社二十年》。两本诗集不仅展现了当代苏州诗人们的艺术水平差可和古人比肩，更主要的是，它艺术地记录了新中国成立之后一个多甲子间的苏州风物人情。我觉得，两本书都可当作苏州的史诗来读，足以传世，而且时间愈久就愈能体现出它的价值。

对于园林研究，我本来是无暇顾及且兴趣趋淡。不期，2002年底，经过园林界的朋友周峥女史介绍，上海三联书店约我为苏州园林写一本史书，准备在2003年6月第27届世界遗产大会的有关会议在苏州召开之前出版。这一来，则重新点燃了我曾经有过的写一本园林史的愿望。但时间太紧，来不及。本来可以就此推掉，而出版单位却让了步，时间上不再有明确的要求。于是我就开始重新整理旧资料，扩大新的读书、学习范围，并且动笔撰写。结果，45万字的《苏州古典园林史》于2005年11月正式出版。这也是历史上第一本苏州园林史专著，有朋友说这本书为苏州的古典园林研究填补了一个空白，对此，我感到十分欣慰！书刚一面世，《江南时报》的记者李竹仁先生立即打电话约我吃茶聊天，话题自然是刚出版的这本书。第二天他就在报上刊登了《一个外地人写出了一本〈苏州古典园林史〉》的新闻。我看到后，立即打电话，开玩笑地问他："我定居苏州快30年，老早是苏州人了，你怎么还说我是'外地人'呢！"他说："你是搞新闻的，又不是不知道，这样的标题能吸引人眼球啊！"然后，相与大笑起来！

我这个人算是有点事业心，不甘寂寞，一件事做完了，就会想接下来做什么。《苏州古典园林史》出版后，我又隐隐约约地想，如有可能，再写一本《苏州现代园林史》吧。而且，我确实已经积累了不少这方面的材料。不料，接着我却阴差阳错地去做了另一件很稀罕的事。当时，我不仅和诗友们一起写诗，也很喜欢带着大家一起吟诵诗词，也就是老法式的摇头晃脑地哼诗、唱词。这是古人的读书方法，已经近乎失传，但我幼时跟家长学写诗，也半生不熟地听会过一点吟诗调；大学读书时，更跟无锡国专的第一届毕业生蒋庭曜教授学过经学大师唐文治创造的“唐调”吟诵，也跟别的教授学习过其他吟诵调。同时，我也发现几位诗友的苏州方言吟诵优美动听。恰在此时，专事抢救吟诵的中央民族大学的徐健顺副教授辗转找到我进行吟诵录音，这促使我又开启了一项新的工作内容：抢救吟诵。经过两三年几乎是单枪匹马、烦琐而紧张的工作，我寻访、采录到约50位耄耋老人的吟诵。更为珍贵的是我前些年已经收集到唐文治夫子1948年的吟诵录音（已成文物，弥足珍贵！）和苏州大学钱仲联教授1994年的吟诵录音（皆为钱仲联教授之高足周秦教授所赠）。这项工作得到了市广电总台和市文广局的重视，2013年，“苏州吟诵（唐调）”被市政府批准为“苏州市非物质文化遗产”。2014年，我主编的《最美读书声——苏州吟诵采录》（含录音光盘）正式出版，从而为苏州抢救、保留了一份珍贵的文化遗产。2016年，“苏州吟诵”又被江苏省批准为“非遗”。先是苏州大学语言学教授汪平和我被苏州市人民政府认定为“苏州吟诵”传承人，2019年，我又被省政府认定为江苏省一级的“非遗”传承人。这些年，我心无旁骛地投入吟诵的抢救和传承，在市内开设“传承班”，在全国开设远程的“歌风楼吟诵讲堂”，应邀到北京、广州、杭州、金华、义乌、东阳、成都、绵阳、泸州、郑州、济南、上海、南京、无锡、常州等地及苏州所辖各县市进行吟诵培训或举办讲座。我又被教育部和人民教育出版社聘任为“经典资源库”吟诵项目专家，并应邀到北京为中小学语文教材进行吟诵录音，忙得不亦乐乎！其间，我还写了一次园林，即应稼句老友之约，为他策划的“古新郭丛书”写了一本约10万字的小册子《古新郭园林》，于2009年列入丛书出版。

在写诗和吟诵的同时，我还延续着另一种兴趣爱好：研究人名。30多年前，我和妻子张菊华就开始关注名人名字的由来，这也是一个饶有兴味的话题；而且，时不时地写成短文发表在一些报纸杂志上。在此基础上，我们大约又用了一年多时间，集中撰写成70多万字的书稿，取名《美名》，分上下两册，2016年底由文汇出版社出版。

吟诵工作一直在正常而有序地进行着。2015年根据中共中央组织部的文件精神，我辞去了苏州市诗词协会会长、中华诗词学会理事和其他五六种职务，只保留了一个江苏省诗词学会副会长的职务，时间更宽裕了。于是，我又想起了“苏州现代园林史”的事。本来，《苏州古典园林史》写到中国最后一个封建王朝灭亡，古代社会结束。接下来1912年中华民国成立，1949年中华人民共和国（以下或以“新中国”称之）成立。两个时代，迄今总共100多年时间，就大的社会发展阶段来讲，同为现代社会。如果写成一部《苏州现代园林史》，“古典”和“现代”对举、并列，可以为苏州从古到今的园林发展展现出一个全貌。但理理丰富的资料和需要阐述的观点，我感到容量太大，一本书容不下。于是，不得不一分为二，把中华民国时段和中华人民共和国时段分开来写。起初，我在思想上还有点纠结，觉得中华民国园林发展也不怎么景气，好像写不成一本书；而中华人民共和国园林事业兴旺发达，写一本书内容会很丰富。但一进入《苏州民国园林史》的写作，则感到这期间的苏州园林富有明显的时代特色，内涵亦极为丰富，同样是整个苏州园林发展史上的重要阶段，是值得而且必须专门成书的。只是动起笔来，困难还真不少，因为全国还没有一本公开出版的关于民国园林的书，从内涵到体例无所借鉴。有一本2012年中国建筑工业出版社出版的朱钧珍主编的《中国近代园林史》（上篇），我学习了，受益良多。但它写的是“近代”，并不单写“民国”，而且只有“上篇”，和我想写的这本书并无多少相类之处。同时，苏州民国期间的园林，过去很少有人认真关注，留下的资料不多。但是，困难总能克服：没有参考，就自己实事求是地写，本来就是“文无定法”嘛！对于资料，幸好，我在文化局工作的时候，文物科整理过包括民国园林在内的许多文物史料，我的那本《苏州历代园林录》也早已收集了不少这方面的内容，苏州图书馆也有较多的民国书刊可供翻检，网上也有大量的资料可供参阅，还有我多年骑着自行车一处处的调查考证。特别需要提及的是，近些年来，苏州市和原来的平江区、沧浪区、金阊区都编辑出版过志书；有专家、学者出版了有关民国时期苏州民居、建筑、园林的书籍，如徐刚毅的《苏州旧街巷图录》和《苏州往事图录》等、王稼句的《苏州旧梦》、衣学领的《苏州园林名胜旧影录》、时永良的《苏州百年明信片图录》、唐小祥的《苏州近代建筑考》、沈庆年的《古城遗珠》、苏州市文物局的《岁月记忆·名城瑰宝——苏州市第三次全国文物普查新发现选编》、陈从周的《苏州旧住宅》、童寯的《江南园林志》和《造园史纲》、刘敦桢的《苏州古典园林》、常熟文联的《常熟老照片》、太仓博物馆的《光影流年·太仓旧影》、杨瑞庆的《昆山旧影》、徐静柏的《吴江旧影》等，还有倪浩文先生等发表在《苏州日报》等报刊上的考据文章，都对民国园林的有关内容有所涉及，我吸收了他们的研究成果。在此，我首先对这些单位和先生表示诚挚的感谢。正缘于此，原来以为不会太多的民国园林资料，一旦汇集起来，也成洋洋大观。至于理论、观点，则是我这些年扩大学习和思考的结果，尤其是2011年中华书局出版、中国社会科学院近代史研究所民国史研究室编写的十六卷本《中华民国史》更从大的轮廓上全面论述了中华民国的面貌，给我的写作从宏观上提供了理论根据。图片，是这本书的重要组成部分。2005出版的《苏州古典园林史》主要是插用了古人的园林绘画，而民国园林的绘画不多，但照片有一些，这恰恰是民国这一时代的表征。绝大多数照片都是民国期间遗存下来的，也有少数几张为后来所摄。图片，主要是园景的老照片，但也有一些园林主人的照片及画像，或与之有关的足以说明问题的文物史料等。之所以收入这些内容，是因为战国之际孟轲的《孟子·万章下》有言：“颂其诗，读其书，不知其人，可乎？”鲁迅曾说：“倘要论文，最好是顾及全篇，并且顾及作者的全人，以及他所处的社会状态，这才较为确凿。要不然，是很容易近乎说梦的。”诵诗、读书、论文如此，论园也是一样，欲知其园，也要知其人，顾及造园者的全人和当时的社会状态。因为园是人造的，是人生活的场所，离开了人，园，毫无存在的意义。计成在《园冶》卷一中也说：“世之兴造，专主鸠匠，独不闻‘三分匠、七分主人’之谚乎？”可见主持园林建造的人对所造之园是何等重要，不了解他们，怎么能透彻地认识园林呢？因此本书刻意选录了一些园林主人的图像和有关资料，就是为了拉近读者和造园者之间的距离，让读者更加有亲近感，从而进一步加深对园林的了解。从这样的理解角度看，过去我们研究园林似乎少了一点对园主、工匠的连带研究，少了一些与园有关的人文阐释。

《苏州民国园林史》主要包括三方面内容：公园建造；私家园林建造；古代遗存的园林，主要内容是私家园林的生存、保护状况。

对在具体内容阐释时有关概念和行文方式等方面的问题，有几点需要说明：

一、民国年间，“苏州”管辖的县数量多少不一，地理范围大小不断变化，某处园林今天属于大概念的“苏州”，明天“苏州”的范围缩小了，就又不属于“苏州”了。反之，今天不属于“苏州”，明天又可能在“苏州”的范围之内。就具体的苏州城区而言，面积大小也经常变化。这样，对一些不同形态园林的地理归属就难以界定。为了把民国之时和今天园林的地域归属区分得比较清楚，本书在行文中，使用了三个不同的概念：一是“苏州古城区”，基本上是指今日的姑苏区范围。这个范围大概就是民国时期的“苏州市”。这个范围的园林是本书论述的重点。二是“苏州城区”，即指姑苏区再加上2001年撤销吴县市而划归苏州市的吴中区、相城区，2012年撤销吴江市而划归苏州市的吴江区和1990年设立的高新技术开发区、1994年设立的工业园区。三是“苏州城区加所辖县市”，即苏州城区加上所管辖的太仓、昆山、常熟、张家港。至于书中不时出现的“苏州”“苏州市”两个词的概念多随上下文的意思而定，不可过于拘泥。为此，本书采取了区别对待的做法：公园的论述，包括“苏州市和所辖县市”；新建的私家园林主要指“苏州古城区”的创建，基本上没有涉及所辖县市；古代遗留下来的私家园林，既包含“苏州城区”，也代表性地选录了县市为数不多的几处私园。

二、因为本书是关于苏州民国年间园林的专著，所以在对具体园林（特别是历史上遗存下来的园林）进行介绍或解读、评论时，以介绍民国年间的情况为主，对其民国之前的历史渊源和进入新中国以后的情况，仅择其有关联的内容加以简介，一般不展开行文。民国之前的情况，请参阅拙著《苏州历代园林录》和《苏州古典园林史》；新中国成立之后苏州园林的情况，请参阅当今市面上可见到的有关书刊资料。

三、行文中，一般多用旧名。至于街道、巷弄，因为名称多有变化，在介绍某个园林所在位置时，一般是以今日的名称来标识。在县市范围内的则还写明在“××市、××镇、××街或巷”。

四、本书中写到的园林，无具体园名者，皆以姓氏（名）加“宅园”“园居”“花园”“别墅”字样名之。如“王氏宅园”“陈衍园居”“郭家花园”“雷氏别墅”等。

五、本书所写民国时期存在的各种形态的园林，排列时皆以始建年代先后为序，查不清确切年代者，排在相应类型园林的后面。

六、有的园林，史料所记园景较少，书中也只得暂付阙如，而对其有关人文，仍作适当记载。

这些年，我和苏州园林结缘，研习中当然也系统学习了不少园林的理论书籍。但我毕竟不是园林专业的科班出身，俗话说，隔行如隔山，我很担心不经意间会说了外行话。同时，翻检资料、实地踏勘都是无止境的，《庄子》有言：“吾生也有涯，而知也无涯，以有涯随无涯，殆已。”因此，边读书，边撰稿，整整花了两年时间，撰写了这本《苏州民国园林史》，就此打住了。我知道，它一定会有缺欠乃至错误。因为这毕竟是第一本写苏州民国时期园林史的书，甚至是全国第一本涉猎民国园林史的著作。我想，凡是带有开创性质的作品，凡是“第一本”，总不会十分完善，而且也往往是开拓者无法完善的，就留给后来人在此基础上写出更加完美的苏州民国园林史著吧。联想到《苏州历代园林录》《苏州古典园林史》，因为都早已脱销，有不少朋友希望我修订再版，为此，也曾有几家出版社和我洽谈过，但我拿定了主意，都不再作修改，就让它们永远以原始面貌存留于世，让后人在此基础上写出一部部更高质量的苏州园林史著作来。

下一步该做什么呢？有想法，但不知道精力还够否。因为我的主要目的还是要轻松愉快地安度晚年！太劳累的事不想做了。那就跟着感觉走吧！

目 录

第三章　私家园林的建造

第四章　古代遗存园林的生存状况

1 9 1 2 — 1 9 4 9

第一章 绪论

第一节 我国及苏州历代造园史迹

历史是时光的延续，今天从昨天走来。任何事物都有它发生、发展、消亡的过程，它既在母体中孕育，也必定孕育出新的事物。园林，也是如此。它与它的前朝乃至更前朝必定有关联，它和它的后代乃至更后代也必定有联系。本书要写的是1912年至1949年中华民国这一段时期的苏州园林，为了从宏观上厘清它的前因后果，所以先从历代造园史迹写起。苏州是神州大地的一方沃土，它的发展包括园林的建造，离不开泱泱中华的大背景，所以本节论述兼及全国。

唯物主义的哲学原理认为：存在决定意识，经济基础决定上层建筑；世界上任何事物都是不断地、渐渐地变化着的，都有其自身发展的规律。这些道理也同样在园林的建造和发展上得到验证。园林有物质性，也有精神性，是文化，是综合艺术，属于上层建筑的范畴。它的产生、发展必然要受社会经济及政治、思想和文化的制约和影响。也就是说，任何一种园林形态的产生和它所体现出的思想内涵、艺术特点都必然与它所处时代的社会经济基础相适应，与当时的政治、文化相协调。一般来说，社会发展到什么程度也就会有与之相适应的园林形态出现。中国历史上的园林形态主要有四种：皇家园林、私家园林、寺观园林和公共园林，这四种园林形态都分别是在历史的不同阶段出现并延续的。

历史和现实中的苏州园林，同样也在这样的规律下产生、变化和生存着。

一

毛泽东在《贺新郎·读史》中写道："人猿相揖别，只几个石头磨过，小儿时节。”理性地诠释一下这句高屋建瓴、雄视千古的艺术话语，意思是说，当初我们的祖先从高级灵长类动物进化到人类，经历了旧石器时期和新石器时期的长期磨难，那是先人们的初始时节。而这个时节漫长而又漫长，大约有千百万年。那时先人们尚处在蒙昧时代，过着水平极低的公有制生活，主要以狩猎为生，穴居或巢居，史上就有“山顶洞人”和有巢氏“构木为巢室”的记载。而园林是社会生产力发展到一定水平的产物，人类最起码得丰衣足食才有可能为改善居住条件去建造园林。德国古典哲学家黑格尔在《美学》中说，园林是“高级建筑艺术”。显然，那时居无定所的人类祖先不可能建造园林。在中国，直到历史前进到距今约5000年前，有黄帝其人，统一了天下，奠定了中华格局，肇造了远古文明，被尊为中华人文的始祖，中华民族5000年的文明史也就从这时开始。此时已经有了音乐、诗歌、舞蹈等艺术形式。就园林建造而言，在《淮南子》《穆天子传》《山海经》诸史乘中，已有狶韦之囿（狶韦，古帝名）、黄帝之圃（县圃）等记载。园林专家陈植认为“造园艺术，由自然美而渐及于建筑美，盖当以斯为始焉”（《造园学概论》）。但是，今天看来，囿、圃之说，渺不可考，只能当作猜测和传说看待，姑且谓之为中国园林的滥觞吧。实际上，原始社会，生产力极低，真正意义上的园林不可能出现。

在原始社会时期，苏州大地居住着的是生存在太湖流域的百越族中的一个支系勾吴族，这有苏州东山之三山岛出土的吴人祖先生活的文物为证。此时期的苏州当然也没有园林。

二

时光流逝到距今4000多年前的新石器时期晚期，大禹的儿子启，建立了夏朝，改原始社会的禅让制为世袭制，中国“家天下”的制度从此开始。中国进入了历经夏、商、周三代的奴隶社会。这个新生的私有制社会制度促进了生产力的发展。这时，作为精神文明的组成部分，作为人们对人居环境理想追求的园林，开始出现了。建造园林，最基本的一个条件就是要有经济实力，当时最有经济实力的当然是国家的最高统治者。于是，中国最早的园林形态——皇家园林便应运而生。如《孟子》所载“（周）文王之囿方七十里”；《诗经·大雅·灵台》所记之灵台、灵囿、灵沼；见诸诸子史籍的春秋之际秦国的射圃、五苑、上林，齐国的鹿囿，赵国的鹿苑、赵圃，魏国的梁囿、温囿，韩国的桑林苑，郑国的原圃，等等，都是早期的皇家园林。这些苑囿园圃多数比较阔大，极具狩猎游赏性质。陈植认为“古代造园艺术精华，毕呈于斯矣”（《造园学概论》）。由此肇始，园林便成了皇家帝王生活环境的一个重要组成部分。

从西周到春秋末期这一段奴隶社会时期，适值吴国由立国到灭亡的全过程。吴王阖闾、夫差父子建都阖闾大城（今苏州古城）之后，同样大肆修建苑囿离宫，计有30多处，梧桐园、姑苏台、馆娃宫、长洲苑四大宫苑更是享誉古今，这种皇家园林便是苏州的早期园林，有的到民国时期乃至今日依然留有遗迹，如馆娃宫和姑苏台等。

三

战国之际，中国开始进入封建社会。封建制度在当时是一个崭新的社会制度。在奴隶社会里，奴隶是奴隶主的附庸，没有财产和人身自由；而封建社会的主体是地主和农民，农民可以有自己的财产和人身自由，这种生产关系的变化极大地解放了生产力，推动了经济的发展和社会的前进。到了汉朝，汉武帝独尊儒术，儒家思想统领全国，这就使中国的物质文明和精神文明都有了更大的进步。大汉王朝，称雄世界。之后，历经隋唐宋元明清，武功文治，一路发展，在2000多年的历程中，中国曾经雄立并傲视世界，为世界的进步做出了贡献。中国最后一个封建王朝是满族统治的清朝，它曾经有过“康乾盛世”，而至晚清，辉煌不再，整个封建帝制的气数也已经走到了尽头。那时的清政府守旧拒变，腐败无能，因之，国家贫弱，民不聊生。道光二十年（1840）的鸦片战争，中国败于英国，接踵而至的是英、俄、美、日、法、德等列强的入侵和一系列丧权辱国不平等条约的签订，此时的中国，实际上已经沦为半殖民地半封建社会。

在2000多年的封建社会里，园林的建造有着自己的轨迹。封建制度出现早期，生产力得到发展，个别富户豪绅具有了建造园林的条件，于是私家园林在汉朝开始出现。史载，我国最早的私园是战国时期的哲学家庄周的漆园，故址在今河南省商丘市原归德县所辖的小蒙城内（另说在今安徽省亳州市蒙城县）。园景如何，无从查考。汉朝，是封建社会的大一统国家，私园大量增加，最有名的如洛阳北邙山下富民袁广汉的私家园林，其阔大和富丽程度差可和皇家园林媲美。自此，私家园林便成为漫长的封建制度下园林形态的主体。以后，历代皆有所建。北宋之前，私家园林发达于中原，如王维的辋川别业、李德裕的平泉庄和李格非《洛阳名园记》等书籍中所记诸园，皆为历史名园。南宋之后，园林兴旺在南方，吴兴（今湖州）、润州（今镇江）、苏州、嘉兴、常熟、太仓、扬州、金陵（今南京）等皆有名园。殆至明清，苏州则独占魁首。私家园林成了封建时代中国园林建筑史上的一道亮丽风景！

苏州私家园林的出现几乎与全国同步，汉朝，在桃花坞处出现了第一家私园，即后人所称的张长史的五亩园。至东晋则出现了吴中第一名园——顾辟彊园。唐宋之际，园林逐渐兴旺，明清尤胜。从明朝的正德、嘉靖王朝至清朝的康熙、乾隆王朝，300年间，苏州古城，无论是富豪缙绅还是闾阎下户，皆以造园为尚，满城园林密布，略无隙地。据拙著《苏州历代园林录》统计显示，明朝苏州古城建园270多处，清朝又新增130多处，难怪康熙年间进士沈朝初在《忆江南》中赞叹“苏州好，城里半园亭”了。明清苏州私家园林不仅数量多，而且造园技艺登峰造极。明清两朝苏州园林的地位是和它高度发达的经济和繁荣的文化息息相关的。苏州自宋朝起即有"人间天堂"的美誉，明清时期的户口人数和纳税数皆居全国159府之首，以吴门画派为代表的文化发达程度也为其他地方难以企及。社会发展和园林建造兴盛的一致性在明清时期的苏州再一次得到验证。

寺观园林是指寺庙和道观而有园林之胜者。东汉永平年间，佛教传入中国，寺庙随之产生，至魏晋南北朝出现寺庙建造高潮。道教也形成于东汉，与佛教分庭抗礼。寺庙出现且经久不衰的原因，皆缘于经济和文化的繁荣、发达。寺庙兴建之初，多为皇室、富家舍宅而建，抑或众人集资建造，因此不乏所需钱财。就其文化基础而言，佛教、道教信仰者众多。因之，寺庙、道观园林出现于封建社会时期，同样是历史的必然。北魏杨衒之《洛阳伽蓝记》对北方寺庙园林记之甚详。苏州最早的寺庙是报恩寺，即今俗称之"北寺"，建于三国赤乌年间。其后，梁武帝事佛，吴中名山胜境，多立精舍，因于陈隋，鼎盛于唐。唐人陆广微《吴地记》记载并详述其状的魏晋南北朝至唐朝的苏州寺院共70多处。苏州最早的道观是玄妙观，建于西晋咸宁年间。这些寺庙和道观多具园林之胜。

皇家园林自奴隶社会始建并延续下来，封建社会的历代帝王亦皆有造园之举，从秦汉的上林苑到清朝的圆明园、颐和园和避暑山庄等，越来越精美。留存于世的颐和园于1998年11月被列入《世界遗产名录》。苏州在封建社会时期基本没有再做过国都，也不再有新的皇家园林出现。唯唐末五代十国时期，吴越国王钱镠之子钱元璙治吴，在苏州构建南园、东圃和金谷园等，这些依然有些皇家园林的气象。

四

1911年，孙中山领导的资产阶级革命——辛亥革命取得胜利，1912年，中华民国成立，清朝灭亡。至此，中国最后一个封建王朝宣告终结，一姓一家世代统治国家的封建专制制度成为历史，共和、民主成为中国的新政体和新观念。这对中国的历史来说是天翻地覆的变化。从理论上说，辛亥革命推翻了统治中国2000多年的封建帝制，建立了崭新的资产阶级民主共和制度。这不是王朝的更替，而是制度的根本变革，对中国社会的发展来说，可谓功莫大焉！但是，中国的资产阶级革命实际上并没有取得彻底的胜利，当时的中国，其实质依然是半封建半殖民地社会。孙中山建立了中华民国，而他的继任者并没有把国家建造成资本主义强国，泱泱大国并未雄立于世界强国之林，而依旧是大而无当、内部纷争迭起、外部受人欺凌的贫弱国家。直至1949年中华民国消亡之前国家的社会状况是怎样的呢？1948年2月号《旅行杂志》上的《虎丘初游》有一段精辟的记述："世界如此震荡，国家如此纷乱，社会如此颓废，生活不安，心灵烦闷，满眼是不公不正不干不净的事象，到处是困苦颠沛呻吟于饥寒交迫之下。"这就是中华民国的真实状况。

尽管如此，历史的规律不可抗拒，西风东渐的势头也无法阻挡，在1912年至1949年中华民国存在的37年间，资本主义的政治体制和文化思想也一直生存者、生长着，改变着人们的思想，影响着人们的生活，推动着社会的运行。特别应该强调的是，在清末民初，尤其是1919年五四运动前后的若干年间，思想文化界形成了多元包容的良好社会风气，甚至可以说，新旧并存是民国社会多元的主要特征。以当时的新年景象为例，李大钊曾经描述："有的鞠躬，有的跪拜，有的脱帽，有的作揖；有的门首悬挂国旗，有的张贴春联……"如此复杂多样的生活方式，正是多元包容、新旧互融的具体表现。诚如现代著名历史学家周谷城先生在《民国丛书·序》中所言："各种主义、学派、教派纷纷传入，形形色色，应有尽有。一个时期内中国历史上出现了春秋战国以后的又一次百家争鸣的盛况。在学术思想界和文化教育界，产生了许多前所未有的代表人物和代表著作，呈现出空前繁荣的景象。"这些代表人物如梁启超、严复、陈独秀、李大钊、鲁迅、胡适、钱玄同、蔡元培、梅贻琦、周作人、刘半农、郭沫若、陶行知、梁漱溟等。这一时期，人们思想发展变化的一个重要表现是，传统的“士”向现代知识分子转变。由此而出现的是知识内容的变化，即由以“四书五经”为主的中国传统文化向以科学技术和民主人权等世界文化概念的转变等。

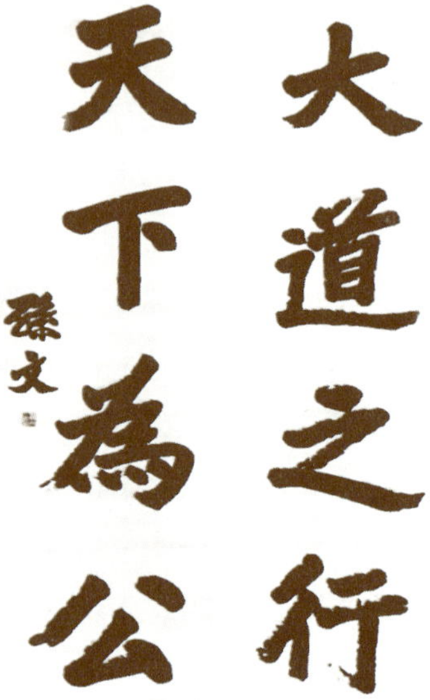

孙中山题字

国家的这种社会、政治生态，反映在思想文化的许多方面。表现在园林建造上，首先是一个新的园林形态随着共和政体的出现而出现，即公园的产生。这在园林发展史上是一个大的飞跃。公园，顾名思义，是和以前几种园林不一样的园林形态。皇家园林只供帝王享用，私家园林只能私人游赏，寺庙园林虽然具有公共游览性质，但产权仍然只是属于僧人所有，公园则是黎民百姓都可游览的公共休闲场所。这是资产阶级民主思想体系在园林建造上的反映，更是孙中山“天下为公”理念的具体体现。

中国最早的公园是1868年英国人在上海黄浦江滨外滩建造的公花园（今黄浦公园），继之，公园建造迅速向全国蔓延，以至形成了一种风尚。但是，国家积贫积弱，各级官府并没有那么多钱建造公园供老百姓享用。因此和西方社会相比，中国的公园论量论质，都逊色多多。苏州毗邻上海，得地利之便，建造公园之举起步不算晚，37年间，在今之苏州［含县（市）］范围内，共建公园17处，这在全国处于领先地位。

滥觞并发展于封建社会的传统形式的私家园林，延至民国，在北方失去了汉唐时期的辉煌，在南方也没有了明清之际的繁盛。不过作为以改善人居环境为目的的私家园林，只要有一家一户为主体的私有家庭存在，就依然会有所建造。但是从全国看，民国37年间的私园建造，和2000多年的封建社会时期相比，显然衰落、萧条得多，不过各地具体情况也有所差别。和全国一样，苏州私家园林的建造，依然根据人们生活的正常需求而延续着，但是在西方文化思想的影响下，所造园林的形式和内涵也有了西化的趋势，即所谓“花园洋房”的出现。只是苏州文化底蕴深厚，苏州人对传统园林有着更多的偏爱，因此，在今日苏州城区地面上，当年新建的102处私园（其中古城区97处，吴中区5处），虽有中西结合，但毕竟传统多于西化，总体上依然未失传统风貌。

苏州历史上遗存到民国的私家园林数量很大，在今日苏州城区地面约有162处（其中古城区130处，吴中区18处，吴江区14处）。笔者对苏州所辖县市未作详细统计，书中仅择其尤著者13处。这样，苏州城区加所辖县市的私家园林累计176处。这些历史遗存下来的私园，依旧是苏州园林的主体。虽然多呈衰败景象，但却可居可游，而且享誉全国。

如果要总地评价民国之际的苏州园林：公园的出现、私园的新建、前朝园林的遗存和维护，三者加起来，依然熠熠生辉，闪亮在中国乃至世界的大地上。

1912年到1949年的37年，时间虽短，但这一时期的苏州园林，有创新，有守成，是苏州园林史乃至全国园林史上不可忽视的阶段。

五

正是由于资产阶级革命的不彻底性，中华民国虽然取代了封建王朝，但国家依然处于资本主义、封建主义、殖民地三者合一的状态。在如此的政治背景、国家状况下，中国共产党应运而生，并领导全国人民开始了新民主主义革命（孙中山领导的资产阶级民主革命称为旧民主主义革命）。1949年取得胜利后，建立了中华人民共和国。而后中国进入了社会主义革命时期。社会主义的新中国，独立自主，自力更生，齐心协力地建设国家。中国，由原来的受人欺侮、四分五裂，开始成为雄立于世界的国家，1964年的原子弹试爆成功是国家走向强大的明显标志。从新中国成立至今已经70多年。70多年来，中国也走过了曲折不平的道路。社会主义过渡时期，社会平稳地向前发展，而“大跃进”运动及至“文化大革命”的极“左”路线影响了社会经济和文化的快速发展。1949年之后的苏州，和新中国同呼吸、共命运，在新中国成立初期，经济、文化迅速发展，之后，也受到极“左”路线的影响。就园林而言，这一时段大致有四个方面的特点：一、政府十分重视对古典园林的保护，新中国刚一成立，即出资修复拙政园、留园等，使宋元明清以来所建的园林迅速呈现出精美的面貌，并逐步对公众开放游览。二、在“大跃进”运动和“文化大革命”中，许多中小型园林遭到破坏甚至被拆除，殊为可惜。三、公园所建不多。四、没有新建的私家园林。

1976年“文革”结束，拨乱反正，正本清源，实行改革开放政策，中国在正确的道路上飞速前进。经过40多年的发展，而今，国强民富的中国屹立在世界东方：经济上是世界第二大经济体；军事上是世界核大国之一；经过多年的努力，全国已全部脱贫，全面建成小康社会，人民生活富足；昔日被人讥为“东亚病夫”之国，今日已成为世界体育强国；文化艺术事业蓬勃发展……园林建造在全国范围内都展现出新的生机。特别是1992年以来，随着创建园林城市工作在全国的普遍开展，公园建造也快速发展，全国公园总数由20世纪80年代约有1000个，到2002年已有4000多个，2017年则有15000多个，可见其发展速度之快。

苏州，在社会主义建设中，在改革开放的诸多方面一直走在全国前列，经济繁荣，文化发达，人民安居乐业，生活幸福，“人间天堂”的内涵又提升到新的水平。园林建造也迎来了春天，生机勃勃，美不胜收，为以古典园林著称于世的苏州园林增添了新的光彩。这表现在：一、数量众多、各种类型、多彩多姿的公园联翩建立。二、强化了古典园林的修复，一大批中小园林、寺庙园林被抢救重修，重现于世。三、新建了为数不少的私家园林，而且品类有所创新。如此，苏州以千年古典园林的辉煌为基础，成为名副其实的园林城市。特别是许多历史上遗存下来的园林，经过修复，重放异彩，有了"江南园林甲天下，苏州园林甲江南"的美誉。拙政园、留园、网师园、环秀山庄和沧浪亭、狮子林、艺圃、耦园、退思园等9处园林作为苏州古典园林的典型分别于1997年和2000年被联合国教科文组织列入《世界遗产名录》，从而成为全世界的文化遗产。

六

这些年来，在研究苏州园林，积累、整理材料的过程中，每每遇到园林与非园林的抉择问题。为此，我想对园林的概念做一个明确的界定。"园林"之名的由来，最早滥觞于先秦典籍中的"园"，例如《诗经》中就有多处写到"园"："游于北园，四马既闲"（《秦风·驷驖》），"乐彼之园，爰有树檀"（《小雅·鹤鸣》）……《吕氏春秋》也有记载："昔先王之为苑囿园池也，足以观望劳形而已矣。"彼时之园，多以种树为特点。树既可实用，也有观赏价值，花树烂漫，赏心悦目。这样的花卉树木之园历代皆有，苏州最早的私家园林是汉朝张长史建于桃花坞处的五亩园。苏州人谢家福（1847—1896）《五亩园小志》云："旧有五亩园，胜绝一时，为汉张长史置以种桑者。"五亩园的主要景观就是桑树。明朝唐伯虎的家园桃花庵满园桃花，一首《桃花庵歌》写尽了他醉卧桃花树下的陶醉状态。清朝经学家惠周惕红豆书庄的主要景观就是一棵铁杆霜皮、有参天之势的红豆树，却引得雅士文人争相过访，流连忘返。这种花园形态延续至今，诸如植物园、花卉园、月季园、玫瑰园、牡丹园等，全国比比皆是。

我们的先人，当初之所以想到造园，实在是返璞归真思想的反

崇本堂精美的雕刻

映。随着社会的发展，先人们的生活质量提高了，居住条件改善了，但也从此远离了大自然。于是先人们就又想到回归自然，亲近自然。怎么办？其中一个办法就是造园。或在住宅旁，或另择隙地，开挖池塘，移来山石，遍植花木，目的是把大自然搬到自己家里来，也就是乾隆皇帝所说的“移天缩地在君怀”；同时构建专供游玩休憩的亭台。如此，一个完备的花园，就具有了我们常说的四个要素，即假山、水池、花木和建筑。私家住宅中的花园，多数建在住宅的前后左右，而以后花园为多，这样的住宅和花园，一般称作“宅园”。在本书中，只要有宅有园，不管花园的位置是在住宅之后、之前还是之左、之右，则一律以“宅园”称之。有的花园建在远离园主住宅的地方，则称作“别业”“别墅”。还有历代皇帝造的花园、寺僧造的花园等。留存到现代的，园林学者们一律给它们取了一个统一的名字：园林。如此说来，园林首先就是住宅，是具有优美人居环境的住宅，也是园主休闲游乐的场所。不过，并不是家家户户都有住宅同时也有花园，限于物质条件和志趣爱好，很多是有宅而无园。有的达官贵人、富商巨贾的住宅建得阔大豪华，但却不一定有花园。还有的虽然名叫“某某园”，实际上并无园景。也有的建造了花园，但园景的四个要素并不一定完备。对于园景残缺的，本书则视具体情况决定取舍，例如，晚清云南按察使吴廷深（1773—1844），晚年病养退居故乡苏州，有宅居名“池上草堂”，但苏州史志并不见其园景的记述；民国时期吴县人钱大钧（1893—1982）曾在苏州建有宅居，但也只有宅而无园。清朝期间，今之吴江区同里镇有好几处深宅大院，当今都已修复对外开放，但崇本堂、嘉荫堂都没有园景，它们的重要特点在于雕刻精美。今之虎丘区东渚街道民国初年徽州籍汪姓所建之崇仁堂，占地846平方米，四进院落，院落的艺术特点就是多花卉雕刻和佛像雕刻，正厅之旁仅有两棵桂花树而已，除此之外，没有其他山水、建筑和花木景观。今之吴中区光福镇在民国年间豪宅很多，如杨树街凌宅、小巨角周宅、南街方宅、下街许宅，也是重在雕梁画栋，门

20世纪30年代中期苏州古城鸟瞰图

窗精雕细刻，内容丰富多彩，技艺精美绝伦，但都不构建花园。诚如周瘦鹃所感叹的“屋宇颇宽敞，惜无园囿”（《紫兰小筑九日记》）。这样的宅居都不属于宅园，本书不予收录。

第二节　民国时期苏州社会和园林状况

民国时期，和全国其他地区一样，苏州在极其弱势的资本主义体制内发展着。

1840年的鸦片战争，英国用枪炮打败了中国，中国的屈辱从此开始。外敌入侵，从中国的角度来说，绝对是受到极大的伤害；但是，事物往往有它的两面性，如果换个角度看，中国闭关自守的大门则从此被打开，中国的资本主义也从此得到较快的发展和扩张。当年的上海，不管是主动还是被动，都是推行资本主义的桥头堡。苏州经济、文化发达，本来就经常走在社会变革的前头，又加邻近上海，上海的每一种新生事物，都会快速地对苏州产生影响。因此，苏州的资

陆润庠

当年的苏纶纱厂大门

王同愈

本主义发展在1912年之前相对来说就已经迅速而猛烈。且看：1896年，受李鸿章命，陆润庠（1841—1915，苏州人，状元，任国子监祭酒）在苏州成立了商务局，大办工商业，并先后开办了苏纶纱厂和苏经丝厂等现代化工厂；之后，民办企业也相继出现，如位于觅渡桥的恒利丝厂、太仓沙溪的济泰纱厂等。1904年，王同愈（1856—1941）等人牵头成立“苏州商会”，也促使苏州的民族资产阶级开始走上历史舞台。

苏州的开放程度在当时的全中国也是领先的。根据甲午战争后中日签订的《马关条约》，苏州和重庆、沙市、杭州一起被辟为对外开放商埠，1896年，成立了苏州关税监督公署和苏州关税务司署。1882年，建立电讯局；1900年，成立电灯公司；1903年，成立电话公司。交通方面，1892年，机械发动的小火轮，直通上海；1906年，苏州到上海的铁路通车。

西方传教士也很早来到苏州，在苏州市区和东山设立教堂；以宗教的名义推行西方文化，对苏州的教育、医疗等产生了很大影响。

教育方面，1871年，美国基督教监理公会在十全街开办学堂，打破了私塾的一统教育；1898年，吴县人叶耀元等成立“苏学会”，主张“中学为主，西学为辅，中学为体，西学为用”，这也表明了教育领域的思想解放；1901年，美国基督教会在天赐庄创办了东吴大学堂，江苏巡抚在可园办了中西学堂，传统的科举教育受到冲击。医疗方面，1887年，美国传教士在天赐庄办了中西医院；1883年，办了博习医院（今苏州大学第一附属医院）。1900年，黄摩西等创办《独立日报》，同年，包天笑创办《苏州白话报》。

这些经济的、文化的资本主义新生事物的出现，表明苏州资本主义发展的程度。苏州社会在这几十年间的变化，和历经几千年的封建社会相比，可谓神速。就是带着这样的资本主义发展现实，苏州进入了民国。

中华民国建立后，苏州步入一种新的资本主义社会形态。苏州作为一个中等城市，民国元年（1912）至十八年（1929）的人口约27万，抗战期间约29万，民国三十八年（1949）约45万。它和国家的命运休戚相关，当然要受到国家总的政治、经济和文化大环境的制约，但它有别的地方不具备的得天独厚的自然条件和人文基础，因之，它的发展既和国家同命运，也有其独特的个性表现。

历史上的苏州有过好多称谓，在各个时代的地位、级别和作用也不尽相同。春秋之际，史称阖闾大城，是吴国的国都；秦朝在此设会稽郡和吴县，地位相当于省会；此后，名字虽然不断改易，各个朝代领管县的数量也不尽相同，但地位都和今天的地级市差不多。汉晋之际为吴郡，隋朝改名苏州，苏州之名自此开始。宋朝名平江府。至清朝末年，苏州府辖吴县、长洲、元和、昆山、新阳、常熟、昭文、吴江、震泽九县和太湖、靖湖二厅。民国建立，江苏巡抚署易名为江苏都督府，仍驻苏州。而原有的旧称为府、为州、为县者一律废除旧名，统称为县。苏州府的建制被废除，变为吴县内自治的苏州市，辖区仅为699平方米。民国十七年（1928）11月，吴县和苏州市分治，正式设立江苏省苏州市，直接属省管辖。但不久后民国政府颁布了新的《市组织法》，规定省辖市必须具备30万人口且税收占市总收入的一半。而当时苏州市区人口只有26万余人，税收只占总收入的三分之一，政府经费入不敷出，市政建设的资金无法解决。因此1930年，又撤销省属的苏州市，将其重新并入吴县。1934年，苏州市更变成吴县的城厢一区、二区和三区。因此，民国期间苏州的治理权限，基本上局限于当时的苏州城区，并不涉及各个县，这使苏州的发展包括园林建设受到影响。

民国期间，全国政治环境风云多变，经济、政治、文化的诸多矛盾错综复杂。覆巢之下，焉有完卵？当时的苏州也和全国一样，在进步与反动、先进与落后、前进与倒退、变革与守旧的矛盾斗争中发展着，建设着。

对1911年10月10日辛亥革命的胜利，苏州市民表现出极大的政治热情，这里仅举几个小例子足可证明：新中国成立后做过教育部副部长的著名文学家叶圣陶，那年17岁，在草桥中学读书。11月4日，驻苏州的江苏巡抚程德全向全国宣布江苏独立，叶圣陶和全市人民一样兴高采烈。他原名叶绍钧，字秉臣，意思就是要效忠皇帝。此时，他毅然改掉了这个带有封建色彩的名字，取新名为“圣陶”，意思是用贤德陶冶、感动世界，为国为民出力。中华民国成立那天，孙中山由沪赴宁就任临时大总统，途经苏州，苏州各界代表赴火车站迎送。当袁世凯就任临时大总统之时，叶圣陶就撰文斥之：“以专制之魔王而任共和国之总统，吾不知其可也！”主张“用激烈之手段先致袁氏以死”。宋教仁被刺杀，苏州1600余民众在沧浪亭集会悼念宋教仁。袁世凯复辟帝制，曾任其总统府秘书的苏州名人张一麐力阻无效，愤然解职。1915年，袁世凯接受日本提出的旨在灭亡中国的“二十一条”，举国愤慨。吴江同里小镇的丽则女校召开讨袁大会，并由著名学者钱基博撰文，勒石纪念。1919年，北京爆发五四运动，1925年，上海发生五卅惨案，苏州都有强烈反应。东吴大学和一些中等学校的学生和广大工人、市民奋起上街游行，罢课罢工，抵制日货。叶圣陶更因此而创办《苏州评论》，借以抨击国内外反动势力。

在第一次国内革命战争轰轰烈烈的革命浪潮中，身在苏州的共产党人叶天底、秦邦宪、陈云、张应春等和优秀的知识分子柳亚子等人，尽管遭到反动派的镇压，依然走在时代的前列，办报纸、刊物，办学校、夜校，组织社团，创办工会、农会和俱乐部，对抗反动，引导进步，力图把社会的运行拉向正确的轨道。北伐战争期间，北伐军在吴江大败军阀孙传芳部，苏州万人空巷，欢迎北伐军的到来，并在体育场举行欢迎大会。1931年九·一八事变后，曾在民国初年任教育总长的张一麐等人创办了《斗报》周刊，宣传抗日救国。东吴大学、省立苏州中学等20多所学校的学生积极参加到以宁、沪、平学生为主的全国学生赴宁请愿的爱国运动洪流中，选出250名代表赴南京请愿，要求政府出兵抗日。次年，东吴大学学生又掀起驱逐破坏学生爱国运动的校长杨永清的风潮。苏州市举行万余人参加的抗日救国大会，旋即成立"苏州反日救国会"。1932年，日军进攻上海，制造了一·二八事件，苏州民众捐款捐物，并派代表到真如慰劳抗日将士。当时苏州为十九路军驻防区，有该军驻苏办事处和六十师驻防。淞沪停战协定签订后，十九路军军部曾来苏休整，受到苏州人民的热烈欢迎。5月28日，"淞沪抗日阵亡将士追悼会"在五卅路公共体育场举行，到会者10多万人。孔祥熙、李济深、蔡廷锴、张治中等出席，居正主持大会。军长蔡廷锴发表激昂慷慨的讲话，博得全场如雷掌声。

事后，蔡廷锴偕师长、旅长游览新建的苏州公园和虎丘，并有诗记游。

1937年，抗日战争全面爆发，名贤张一麐和李根源等冒着炮火到南翔劳军，回到苏州又积极发动市民抢救伤员、救助难民，收容难民十万余众。张一麐还自己解囊建起了24家伤兵医院。1937年七八月间，社会贤达张一麐、李根源等组织老子军，大义可风。继

吴县（辖苏州）学生声援北京五四运动

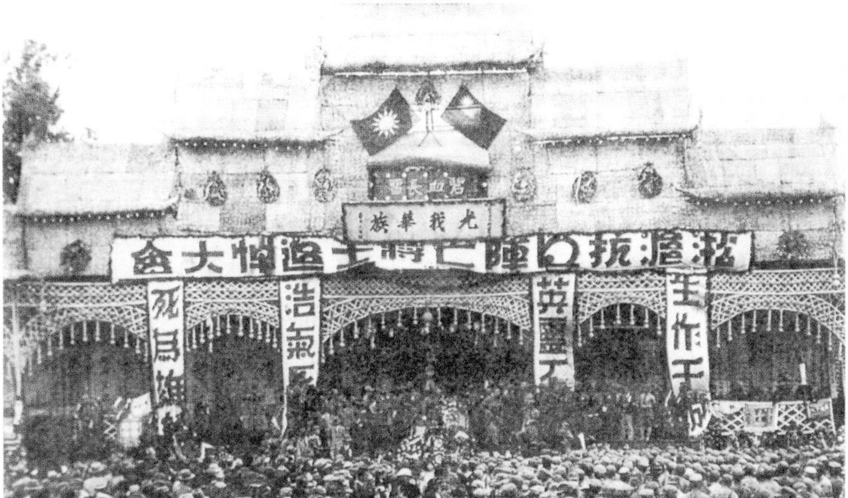

“淞沪抗日阵亡将士追悼大会”现场

之，吴县各界抗敌后援会、吴县工界救亡协会等爱国组织相继成立。而叶飞、任天石、周文在等共产党人领导的“江抗”部队活跃在苏南一带常熟等地，更谱写了辉煌壮丽的抗战凯歌。

抗战期间，苏州惨遭破坏，据1939年3月24日《苏州新报》所载伪吴县公署上报省厅的《事变损失统计表》，城陷之际，苏州城区百姓被炸、被杀而死亡者3738人，房屋被烧，三日三夜，火光触天，一周以后烟火始息，而灰烬满天飞。苏州老报人胡觉民（1899—1982）在《抗战时期苏州见闻》中写道：“侵入苏州的日寇是11月19日下午四时由娄门进城的，这批寇军叫做‘海劳原部队’，进城后即到处杀人放火，三天中烧杀最厉害，从接驾桥、东西中市到阊门石路，日夜火光烛天。”那段时间正在苏州的著名作家谢冰莹在《地狱中的天堂》中写道：“清早从观前街走过，高大的洋楼还是那么整齐地排列在马路的两边……谁知仅仅相隔两小时，当我从原路归来时，观前街、护龙街已经炸得一塌糊涂了。什么国华银行、金城银行、交通书局，炸得只剩半块招牌、几片残缺不全的字迹，其余大小店铺尽成了一片瓦砾。路上被敌机机枪扫射死了的士兵、老百姓，横一个直一个地躺在血泊里。”“谁知这样美丽，这样静穆，这样雅致而富足的苏州，如今却变成像地狱般的凄惨、荒凉、恐怖了！”赵善昌在《拙斋纪年》中也记道：“苏州沦陷时，居民或迁后方，或避四乡，或闭门匿迹，不敢越雷池一步，街头巷尾，杳无行人。日兵常有逾垣而入掠其所好之物可藏诸怀中者。”连日本1937年11月21日的《朝日新闻》都直言不讳地报道日军进犯苏州城时“在城内进行了毫无障碍的扫荡”，日军之野蛮，百姓之惨苦，可见一斑。之后，日伪军政组织“苏州维持会”等汉奸组织成立，汪伪江苏省政府也设在苏州，他们卖国求荣，助纣为虐。但苏州广大市民和将士却报国情深、英勇对敌，因此有“大民会苏州联合支部长”冯心支在碧凤坊被枪击和伪民政厅秘书姚绩安在南显子巷被击毙的抗击敌伪人员事件发生。1940年7月31日，吴县伪县长郭曾基就在司前街三多桥县公署附近被三个人枪杀，领头的是一位中校军官。当时曾因此全城戒严，挨户搜查三日。

抗战胜利后，国民党反动派挑起内战，原在苏州地区的中共党政军人员撤到江北，留守的中共组织继续坚持对国民党势力的斗争，反对国民党政府的“清剿”，发动群众进行“三抗”：抗丁、抗粮、抗捐税。这段时间苏州的政治环境十分险恶。此时，苏州和全国各地一样，金融混乱，物价飞涨，民生维艰，抢米风潮遍及全城。诚如周瘦鹃在1948年所写的《姑苏台畔秋光好》中所说：“当此国是蜩螗民生凋敝之际，苏州也不能例外地日渐衰落。”1948年2月号的《旅行杂志》上的《虎丘初游》中也写道：“苏州已今非昔比，市面日日萎缩，天天萧条，已经濒于危险难关的前夜。的确，一到苏州，所见所闻都是‘过不下去’的景象。”对于苏州自1937年日寇入侵至1949年解放前的这几乎占整个民国三分之一时段的社会现实，1949年的《旅行杂志》上《苏州轮廓》一文的记述则更为翔实而准确：“自抗战发生，沦陷八载，在铁蹄蹂躏之下，游人绝迹，胜迹失修，园林荒芜，民不聊生，荆棘载途，天堂差不多变成地狱了。抗战胜利后，游人纷纷莅临，虽山水别来无恙，而胜迹园林亟待修理，只以国家多故，地方物力艰难，直至现时已历四载，创痕仍斑斑，自不免令人有沧桑之感。唯以苏州天然山水的优美，交通的便利，此后大局安定下来，地方得以休养，数年后自不难恢复旧观。”

1947年，北平（今北京）发生美军强奸女大学生事件，全国人民义愤填膺，设在苏州拙政园内的国立社会教育学院学生为此罢课三天。社教学院等校的学生又高举反饥饿、反内战、反迫害的旗帜赴南京请愿。此时的民盟等民主党派、工商界组织也异常活跃，群起向黑暗势力斗争，迎接黎明的到来。

民国之际，苏州的民族工业艰难地发展着。最早向现代化过渡的是棉纺织业，早在1897年开工的苏纶纱厂，逐步实现了科学管理，提高了技术含量，赢得“苏州纱布大王”的称号。蚕桑业向来是苏州的主打产业，1912年起，东吴绸厂、苏经纺织绸缎厂、振亚织物公司、吴江盛泽的经成丝织有限公司等相继创办，至1926年苏州丝织业公司已经有数百家之多，工厂林立，生意兴隆。原来的小手工业生产在经营模式上也向现代化过渡。农村的小农经济发生着微妙的变化，如吴江的植桑、养蚕和缫丝也都进一步走向商品经营的道路。民国年间的苏州工业和农业虽然不如上海、无锡那样发达，但也一改封建时代的面貌，在资本主义的轨道上运行着。

但是，在农村，地主和农民的矛盾依然尖锐。据1913年的统计，当时苏州地区有农田160万亩，60%为只占农户2%的地主所有，农民只能租田耕种，因此抗租斗争经常发生。如1920年的浒墅关农民大暴动，1930年西山农民怒砸区公所，1935年平望农民的狱中暴动等，每次斗争，都遭到反动政府的镇压，都有农民死伤。

民国时期，苏州的大文化范围，也发生了巨大变化。一向高雅的昆曲开始走向衰落，由室内舞台走向了室外堂会，而民间曲艺评弹、宣卷、滩簧等在城乡里弄久唱不衰。这和人们新的生活方式有关。苏州人向来温文尔雅，就是在民国的几十年里，他们呐喊着、斗争着，却也依然悠闲地生活着，品茶、听曲、栽花、养鸟、游园林、逛庙会永远是市民的情趣所在。早在民国建立之前，苏州就在全国较早地建造了苏州的第一个公园——植园。民国四年（1915），巴拿马万国博览会在美国旧金山举行，苏州送去的展品获得了9枚奖章，其中沈寿的绣品获得一等金质奖。1918年，吴县教育会在皇废基的空地处建成了体育场，1927年，又在这里建成了皇废基公园（今苏州公园）。此时，苏州的城市建设也开始现代化，1927年，政府出台了《工务计划与实施》的城建规划方案，重视街区、道路、水路建设和城市绿化。在建筑风貌上，出现了信孚里、同德里、苏纶纱厂等多处青砖洋瓦的民居、花园洋房和厂房，这些建筑今天就被称为“民国建筑”，它们在风格上和传统的粉墙黛瓦迥然不同。

在生活方式上也同样西风东渐，西装、皮鞋、礼帽、西餐、话剧、

1938年文明婚礼照片。新郎着西装，新娘穿婚纱，伴郎着西装，伴娘穿旗袍、外套旗袍马夹，男女花童穿童装和小旗袍

电影及打扑克、自由恋爱、文明婚礼、骑自行车等渐成时髦和风尚，这和封建时代那种长袍、马褂、布鞋、帽垫及听昆曲、打麻将、结婚坐花轿等有了显著的不同。苏州的饮食业依然发达并保持着特色，松鹤楼的脊脑汤、石家饭店的鲃肺汤、五芳斋的小笼馒头等仍负盛名。

常熟人徐枕亚，苏州人包天笑、程小青、范烟桥、周瘦鹃、郑逸梅在上海扛着鸳鸯蝴蝶派的大旗，言情娱乐，创作了大量适合市民口味的文艺作品。叶圣陶以苏州甪直为素材的小说《多收了三五斗》等公开发表，展示了苏州水乡农民的悲喜苦乐。一批批文艺人创办文学、音乐、美术社团，写诗、唱歌、画画，这些既是战斗的武器，也是风雅的娱乐。颜文樑从欧洲留学归来，给苏州美专带来了清新的画风。但是，苏州有着2500多年的传统文化，它不可能全盘西化，在接受资本主义现代文明的同时，传统的习俗和文化依然丰厚和坚挺，民国时期的苏州依然是一个以古老为主但融进了现代化色彩的城

颜文樑（右一）与刘海粟、吴恒勤在意大利那不勒斯但丁广场合影

市。让我们听一听当年的学者、作家们对苏州的评价和赞赏：

1927年9月，著名作家郁达夫游苏州，写了一篇《苏州烟雨记》，有道："我觉得苏州城，竟还是一个浪漫的古都，街上的石块，和人家的建筑，处处的环桥河水和狭小的街衢，没有一件不在那里夸示过去的中华民族的悠悠的态度。这一种美，若硬要用近代语来表现的时候，我想没有比'颓废美'的三字更适当的了。"好一个"颓废美"，意思是说，苏州美则美矣，有点颓废。"颓废"者，依然传统且美丽也。

著名新闻工作者曹聚仁于20世纪30年代游苏州，他在《万里行记》中说苏州是"老年人的城市"："苏州的街巷，一望都是炭黑的墙头，在苏州做寓公，风烛残年，有生之日无多，在这儿安静住着，那是有福的。"他更深情地写道："要不是我太年轻，真可以在那儿终老了。"

1936年，中央大学教授朱偰在《苏台访古录》中对苏州大加赞美："苏州好似江南文化的结晶，苏州好似中国文学中温柔旖旎的精华，而这温柔旖旎的象征，便是抽象的姑苏儿女。"他还把苏州与扬州、杭州进行比较，唯独钟情于苏州，他写道："扬州不过是青楼文化的结晶——'十年一觉扬州梦，赢得青楼薄幸名'——何尝比得上苏州；而杭州西子湖之所以出名，不过因湖山之胜，假借西子之名。有人以杭州比大家闺秀，苏州比小家碧玉，实在大家闺秀不过是后天的，而小家碧玉风韵天成，才是先天可贵。究其实，西子浣纱，圆圆度曲，何尝尽出于大家？苏州之可歌可咏，也就是在此！"

抗日战争期间，住在苏州的中共地下党员袁殊在其《诗巷》中，同样写出了苏州历史之悠久、建筑之幽雅和生活之悠闲："黯长的陋巷，栉比的居室，黑灰的门墙；而在这些并不雄伟高大的门墙之内，也许有数进深度的画栋雕梁，也许有幽篁小院，在散置的太湖石之间隙里，种植着玉簪，或盆兰，或梅桩。短墙之阴，长着老年的大叶的芭蕉，楠木大柱的厅堂，铺着破碎的大块方砖，而寂寞冷落，阒然无人的踪影，好像是没有人住似的。""其实是住着人的。年轻的大概都是出外去了。年老的大概是从朝至暮都坐在'吴苑深处'，在幽然饮茶，谈是非，鼓动着市井之谣，品评官府的贪廉得失，道说米价。也许从昼食后，他们就耽搁在浴室里了。女的呢，也许是一面在嗑着瓜子，听无线电里的弹词，《英烈传》或者《珍珠塔》。他们就这样的打发着光阴。不是他们在迎接时间，而是时间在等待他们。而且，好像是多长久的年月以来，就这样在等待着似的。"看来，苏州人的生活，真是够优哉游哉的。

1943年，著名学者谢国桢在《阊门纪游》中写道："苏州这个地方是很安适的，可惜是一个不长进的地方，人们到了这个地方，安居乐业，就不想动了，所以苏州人在外面的很少……现在有好些在野的军阀政客，因为这里生活又便宜，又安逸，都跑到苏州来作寓公，享着他们安逸的日子。"

1944年，作家、学者周作人再一次来到苏州。他在《苏州的回忆》中写道：“由我看去，南京、上海、杭州，均各有其价值与历史，惟若欲求多有文化的空气与环境者，大约无过苏州了吧。”连江南名城南京、杭州、上海都比不上苏州，这对苏州是一种至高的赞赏。

民国期间的苏州教育，则完全是现代的教育体系，学堂一律改称学校，小学男女可以同校。据统计，1937年，苏州所在之吴县，有县立小学210所，私立小学37所；普通中学有省中、县中各1所，私立中学12所；大专院校7所。为适应工商业的发展需要，中等职业技术学校也迅速增加。由于西方教育的进入，教会学校在苏州发展很快，到1949年中华民国终结时，苏州有教会学校23所。东吴大学是美国人创办的教会学校，不仅完全按照美国的理念办学，而且开办时的教师绝大多数来自美国。西方的教育思想和理念在苏州普通的学校里也得到贯彻。苏州人王季玉、太仓人俞庆棠都是留美归来的教育家，她们在推动苏州教育现代化方面发挥了重要作用。当时全国的教育名家黄炎培、陶行知也都参与过苏州现代教育的改造和施行，连美国哲学家、教育家杜威也应邀来苏州讲学，对苏州教育现代化理念和实践都产生过影响。叶圣陶听过杜威的学术讲座，在他任教的甪直小学就实践着杜威“学校即社会”的教育思想，学校不仅教文化知识，还教珠算、记账、经营计算，还开商店、办实验农场。在把西方教育思想引进来的同时，苏州也派出留学生赴欧美学习。在中华民国的37年间，苏州共派出留学生967人。这些人学成归来，不仅改变着苏州，也推动了全国教育文化的发展。为改变农业教育，苏州农校校长也曾赴日本考察。苏州是个国学底蕴深厚的地方，在接受西方现代教育思想的同时，并没有忘记自己的文化传统，1935年章太炎在苏州创办章氏国学讲习会就是证明。

就自然条件而言，民国期间，苏州依旧是青山绿水，风物清嘉；其城建风格也仍然是小桥流水，粉墙黛瓦，居民临水而居；经济上，相对而言依然富足。明清两朝，苏州是全国首富，给国家的纳税居全国159府之首；而1934年吴县的赋税收入亦居江苏之冠。交通、邮电也发展较快，苏嘉铁路通车、苏州至无锡通车、苏州和省内各县接通长途电话、城区开通公共汽车等，在当时都是优于其他县市的。

中华民国时期，苏州的社会发展就是在这样的岁月中走过的。如此的物质条件，如此的文化思想基础，如此的社会生活环境，如此的里里外外、上上下下、盘根错节、纷纭变幻的政治和人事，都从不同的角度和侧面，或多或少，或直接或间接，或有形或无形地影响着苏州社会和个人的发展，当然也影响着园林的建造和存在。其间，苏州（含县区）新创公园17处，新建私家园林101处，新建宾馆园林、祠堂园林、校园园林等12处；历代遗存私园176处，遗存皇家园林、寺观园林、祠堂园林、宾馆园林、校园园林等45处。累计有各种形态的园林共351处。351处之中277处是私家园林，私园所占比例为79%。277处私家园林中，227处在苏州古城区，占82%。这227处私园仍是当时苏州园林的主体。而这些园林在中华人民共和国成立前夕大多处于破落失修的荒废状态，亟待拯救和发展。

综观民国时期的苏州园林，如果纵向上和自己比，则远逊于明清的鼎盛时期，可谓是强弩之末、辉煌不再；如果与全国比较，则苏州依然以园林著称于世，为人们所向往和称道。对此，园林专家童寯在其1937年所著《江南园林志》中有一个权威性的论定："南宋以来，园林之盛，首推四州，即湖、杭、苏、扬也。而以湖州、杭州为尤。明更有金陵、太仓。清初人称'杭州以湖山胜，苏州以肆市胜，扬州以园亭胜'（见《扬州画舫录》）。今虽湖山无恙，而肆市中心，已移上海。园亭之胜，应推苏州。""城中尚有小园，以畅园、壶园为最。而私人宅第之附有园亭者，盖比比皆是矣。""苏杭并以风景名世，惟杭之园林，固远逊于苏矣。""江南园林，论质论量，今日无出苏州之右者。"这些话掷地有声，就是对苏州民国园林在全国的定位。另一位园林专家刘敦桢在1953年着手调查、1956年成文并发

20世纪二三十年代的苏州水巷、临流而居的人家

表，接着又陆续调查、1960年写成书稿而直到2005年才出版的《苏州古典园林》中，对民国时期江南的园林情况这样说：当时江南扬州、杭州、吴兴、上海、南京等地的园林“在解放前几十年内颓废或改建的不在少数。独苏州一地，大自规模宏丽的拙政园、留园，小至一丘一壑的小庭院，不仅数量多，而且保存比较好。这些园林大多数集中在城内，又以观前和阊门之间的地区数量最多，观前与东北街之间次之，城东南部又次之。”又说：这些园林“由于国民政府和日伪统治时期的毁坏……多数已半废或全废”。这对民国时期直至新中国成立前夕苏州古城区的园林情况说得更为翔实而明晰。

曹聚仁《万里行记》中关于民国时期的苏州园林记述颇多，赞赏之情，溢于言表：“1932年春天，我从上海乘轮船到了苏州……开头住在工专校舍（暨大中学部在这儿寄住），和沧浪亭为邻。后来移住在网师园（张家花园）……其后十五年，已经是抗战胜利后二年，俞颂华先生邀我任教社会教育学院，住在拙政园，又是名园胜景。我在苏州住的日子虽不久，吴侬软语的韵味，也算体会得很亲切了。”“苏州的园林，以幽美胜，曲折幽深，亭台楼阁，掩映于苍松翠柏、竹林苔障、小阜清流之间，一幅自然画图，林木花卉，衬得整个院落骨肉停匀；这些建筑大师，胸中自有丘壑。北京那几处大建筑，无论圆明园、颐和园、北海、什刹海，都是借镜于苏州园林，加以变化的。我们说曹雪芹笔下的大观园……它的蓝本，可能还是苏州园林。社教学院学生，爱说拙政园便是大观园，也可以这么说的。”“拙政园，那是大局面，大门外照墙崇伟，仿佛刘姥姥所见的荣国府。进了大门，一片广场，夹道廊房，总有一箭之遥。大厅后面，那就是曲折环回的别院，流水萦绕，假山重叠，有的临流小榭，垂柳深深；有的依阜重阁，朱栏曲折。身处其间，总仿佛非复人间尘世了。”“沧浪亭……印象中总以为是一所亭子；到那儿一看，原来是一处院落，临水曲榭，颇像西湖的高庄、蒋庄。这样的间架，我们可以在工笔古画中看到。在那样曲榭中，住着沈三白这样的画家，配着陈芸这样的美人，是一幅很好的仕女图。”“我住过的网师园，其曲折变化，远在沧浪亭之上。其中总有十多处院落，各自成一体系，有如潇湘馆、蘅芜院、紫菱洲、藕香榭，各有各的格局，彼此衬托得很调和。我还记得一处大枣园，后面一排房子，挂着一副柏木的对联：‘庭前古木老于我，树外斜阳红到人’，配得上“古朴”的考语。我们住的是芍药花的园囿，总有二亩多大，正院那儿的三进房子，虽没有天香庭院那么壮丽，也显出宏伟气象。这都得用画家的笔来形容，文字描写，总是不够真切的。”“洋人到了上海，看了城隍庙，便算到了东方，有人说苏州才是古老东方的典型，东方文化，当于园林求之。”

周劭在《苏台寻梦》中的一段论述也可视为民国苏州园林的总体概括：“那是三十年代中，苏州承百弊之后，一切凋残破旧，园林也不例外。名园以城中拙政园和城外的留园为代表，还有城中的狮子林和顾氏怡园，都年久失修，荒秽不治。所谓名园，似乎连管理的人也没有，园门敞开，可以任意出入。只有狮子林好像还有主人，设

留园

有门禁，不能随意进去；不过也并不森严，只要你衣冠整齐，向门房递入一张名片，只要是名片，不管是否本人的，也不看名片上的职衔，便开门延纳，并不售门票之类。倘使你觉得过意不去，便花两毛小洋泡一杯茶，那便是管园的好处了。”

1936年，中央大学教授朱偰在《苏台访古录》中写道：“园林之美，甲于东南，狮子林的曲折，留园的幽旷，沧浪亭的逸致，都足以使人流连。”

有一个名为喜龙仁（Osvald Sirén，1879—1966）的瑞典艺术史学家，是20世纪西方极为重要的中国美术史专家，1920年起6次来华，曾与蔡元培、梁思成、黄宾虹、鲁迅等有过交往。他在《中国园林》中对民国时期的苏州园林有过客观的评价，他说：“1911年的辛亥革命并未使苏州园林的艺术熄灭。近几十年来，人们努力修复破败的旧园林，还建了一些新园林。”“1911年的辛亥革命推翻了清朝统治，而园林继续衰落，无人过问。建筑几近坍塌，野草丛生，几乎长满了水塘和水渠。尽管如此，部分园林依旧风景如画。虽然衰败遮掩了园林的美丽，却未完全毁坏其最初的风采。”“在苏州，大约20年前尚有几座保存相对完好的园林，由于这个平静的城市惨遭战争的破坏，这些园林现在是否依然存在不得而知。”

这是喜龙仁的亲历亲见，在他的观察中，民国期间的苏州园林，虽然“衰败”，但并未失去“风采”。

就苏州人本身来看，他们对园林情有独钟，爱造园、爱游园的雅兴和感情几千年来一以贯之，从未改变。就是在兵荒马乱之中，只要稍有条件和机会，一般老百姓都会照常过日子，春节、清明节、端午节、中秋节等节日照样过得热热闹闹，逛庙会、轧神仙也照样拥拥挤挤……自己的家居，只要有一方天地，就要堆上几块石头，栽上几棵花草，挖出一勺小池，即使称不上园林，却也有了赏心悦目的园景。至于或三五知己，或携家带眷，游园休闲，则也照旧是老百姓的日常雅兴。因之，在这样的氛围和环境中，再加上其他的优越条件，虽然民国年间多灾多难，萧条萎缩，整个社会并没有阔步前进，但苏州园林总体上却也守住了传统，保持了个性，展现出了精美特点。这既归功于历史的积淀，也归功于当时人们的创建和对古代留存园林的保护。

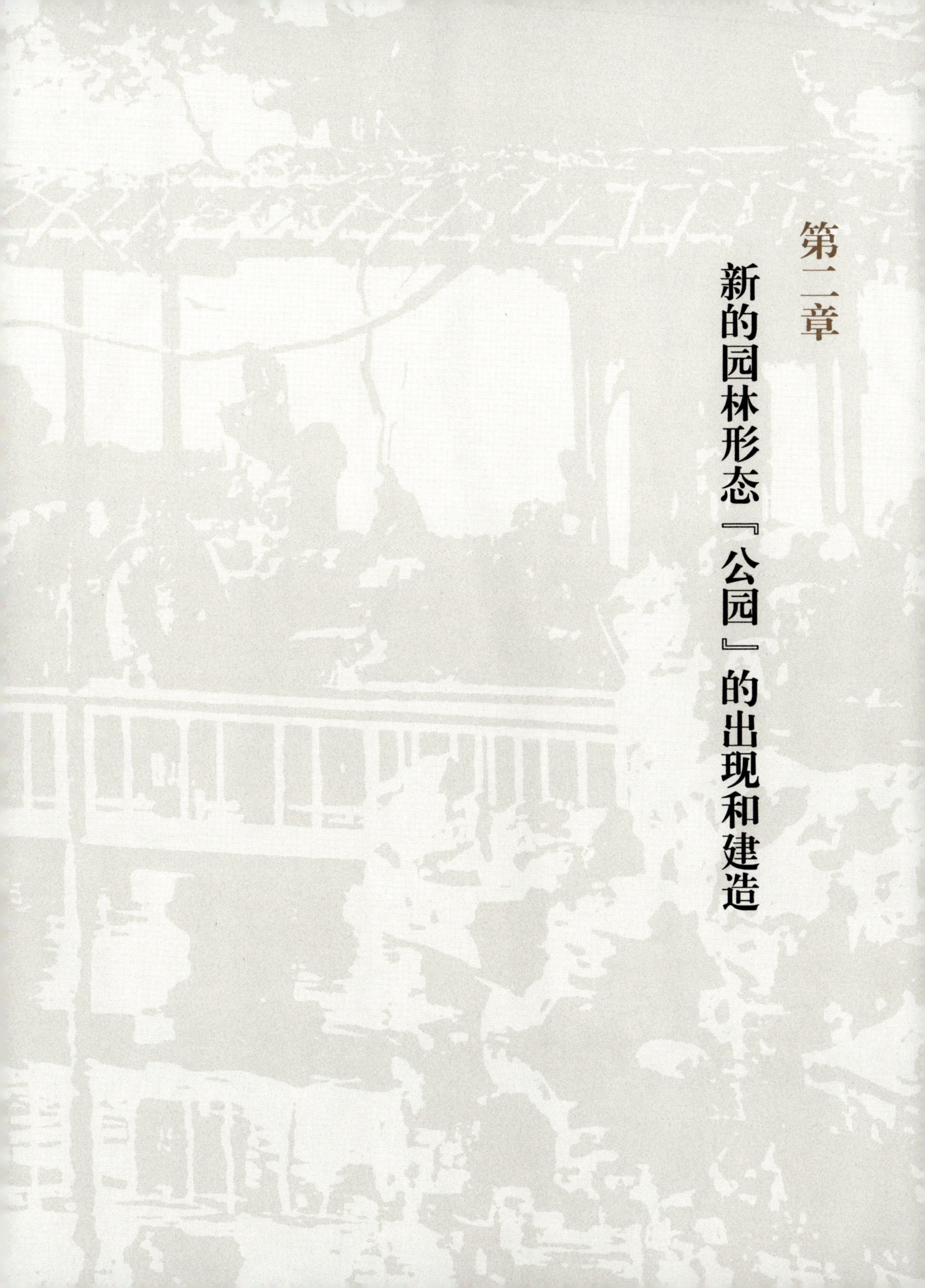

第二章

新的园林形态『公园』的出现和建造

第一节 “公园”简说

公园，是皇家园林、寺庙园林、私家园林、公园这四大主要园林类型中的一种。对“园林”的概念，古今中外迄今还没有一个统一的诠释，我国著名园林学家、中国园林（造园）专业创始人汪菊渊（1913—1996）在《中国大百科全书·建筑·园林·城市规划卷》中这样说：“在一定地域用工程技术和艺术手段，通过改造地形（或进一步筑山、叠石、理水）、种植树木花果、营造建筑和布置园路等途径创造而成的美的自然环境和游憩境域。园林包括庭园、宅园、小游园、花园、公园、植物园、动物园等。随着科学的发展还包括森林公园、风景名胜区、自然保护区或国家公园的游览区及休养胜地。”那么，公园的具体内涵又是什么呢？中华人民共和国住房和城乡建设部2017年1月10日发布的《园林基本术语标准》（编号为CJJ/T91-2017）规定，公园（park）是“向公众社会开放，以游憩为主要功能，有较完善的设施，兼具生态、美化、科普宣教及防灾等作用的场所”。其实，就字面讲，公园就是供公众游赏的园林。构成“公园”这个词的两个字“公”和“园”都很重要。

首先，既然称为“园”，就必须体现园林的基本性质，即它的艺术性、休闲性、观赏性、游览性，就得符合园林的基本条件，就必须具备园林的四大要素：山、水、花木、建筑。虽然公园有综合类和专题类的不同，对四大要素的要求不一定完全一样，但其中至少有一两种的配置是必须的；如果四大要素一样也不具备，只有平地一方、房屋若干，那显然不能称之为“园”。一般的公园规划通常就是将花木、水体、山石、建筑等按园林艺术的原理组织起来，并设置适当的活动内容，组成景区或景点，使之可供观赏和游览。《公园设计规范》中对园林的四个要素就都有明确的要求，尤其是综合类公园更是如此，至于专题类公园如植物园、纪念园要求则稍微宽松。还有，园林一般是封闭的，许慎《说文解字》说“树果为园”，这是对滥觞时期的园林的诠释；《辞源》则进一步解释道：“植蔬果花木之地，而有藩篱者也。”《诗经》中写到的“园”，也都是这个意思。实际上，世上的公园，包括城市公园和自然公园，虽然不一定要像私家园林那样高墙围护，但都会自成一区，与园外有隔离，不能全部敞开、随处可进，否则，就成为自然风景区、绿化带。公园的建造，实际上有两种情况，一种是平地而起，纯粹的人工构建，这种多属城市公园，现在人们常说的公园主要是指这类公园；另一种是原本有一定的自然景观或人文景观，在此基础上，加以改造和补充，使之更符合园林的要素特点，特别是要加以封闭式的管理，这种多被称为自然园林。就全国来说，像黄山、庐山、泰山、西湖、玄武湖等自然风光秀美之地，如果不加封闭和管理，四周都可以进，它们就只能被称为风景名胜区，而不能称之为园。如果改造了，管理了，则称其为园，未尝不可；或者把它们中间的一部分改造管理起来，则这一部分就可以成园。而如果把偌大的像黄山、庐山、泰山这样的风景区整个叫作“黄山公园”“庐山公园”“泰山公园”就有些不妥。至于西湖，自唐朝任杭州刺史的白居易发动百姓疏浚钱塘湖、修筑护堤开始，千百年来人们不断地在里面增加人造的设施和景点，并有效地进行管理，因此，人们现在称它为“西湖公园”则应该名正言顺。像现在苏州的虎丘、石湖等也是这种性质。鉴于目前全国对公园和风景区的界定并不十分统一的现实情况，也有人有另外的称谓，例如庐山、北戴河、厦门鼓浪屿等风景区内都有大量别墅园林，朱钧珍主编的《中国近代园林史》（上篇）既不叫它风景区，也不整体上叫它园林，而是以局部的事实指代整个的区域，称之为“别墅群园林”，这也是一种比较恰当的变通称谓。

其次，就是它的公众性，即它是不分阶级、阶层、民族、职业、年龄、性别的所有公众都可游览的场所。不管公园的所有权是属于国家、政府，还是公共团体，甚至私人，但使用权必须面向所有普通公民，它应该是一种公益性事业，具有公有、公享、公治的性质，否则，不可谓公园。因此，满足广大市民的休闲需求是建造公园的根本宗旨。新中国成立之后，许多城市的主要公园都叫“人民公园”，“人民”二字更突出了它的公众性。总之，公园就是园林属性和公众特点叠加在一起的园林形态。

公园的建造起源于何时？可以肯定地说，公园是资本主义社会制度的产物，是资产阶级思想文化理念的反映。那么，要探究公园的起源，就必须先弄清资本主义的起源。18世纪中叶，欧美国家兴起了工业革命，资产阶级、阶层不断发展壮大。英国首先对封建势力发起攻击，爆发了资产阶级革命，为资本主义制度的确立开辟了道路。继之，法国摧毁了封建专制统治，资产阶级掌握了国家大权。在英属北美殖民地，也建立了新兴的美国。在之后100年左右的时间里，欧美的资产阶级革命浩浩荡荡，势不可挡，一个个带有资产阶级民主共和性质的国家政权建立起来。新的社会制度推动了生产力的发展，欧美的一些国家迅速富强繁荣，并渐次成为发达的资本主义国家。许多国家继而向外扩张，对亚洲、非洲国家进行殖民侵略。在社会巨变的浪潮中，同时兴起的是政治思想领域的启蒙运动。就其精神实质来看，启蒙运动就是宣扬资产阶级政治思想体系的运动。启蒙思想主张用政治自由对抗封建专制，用信仰自由对抗宗教压迫，用“天赋人权”反对“君权神授”，用“在法律面前人人平等”来反对贵族的等级特权。正是这样的资产阶级政治文化思想带动着一切上层建筑和意识形态的变革，其中当然也包括园林构建形态的变化。在这种背景下出现的公园，显然具有科学和民主的内核，它的出现是人类文明进步的表现。诚如蔡元培所说：“世界文明进步，无非以向时少数人所独享者普及于人人而已。即就建筑布置而论，最讲究者，为学堂、博物馆、公园，皆为人人可至之地，亦一证也。”（《蔡元培全集》第二卷，中华书局1984年版）

随着资产阶级革命的胜利和资本主义制度的确立，新兴的资产阶级把封建领主的私家园林及皇室的宫苑没收过来，向公众开放，统称为“公园”，这便是公园之名的源头。这些公园为后来欧洲各大城市公园的发展打下了基础。1843年，英国利物浦市建造了公众可免费进入的伯肯海德公园，它标志着世界上第一个城市公园正式诞生。

1858年，美国纽约建立了占地3.4平方千米（840英亩）的中央公园之后，在整个美国出现了建造公园的热潮。园林研究界普遍认为纽约中央公园是现代意义上真正的城市公园，开构造现代园林景观之先河，标志着城市公众生活景观的出现。

从此，园林不再为少数王侯伯爵、封建领主所专有，而是成为普通公众休闲娱乐的场所。此后，公园作为造园的主体便在西方国家及世界许多国家的大小城市联翩出现。它甚至成了许多城市的象征，标志着一座城市的整体文化修养和精神文明水平；它也是欧美国家美化城市、改善人居环境、造福普通百姓的重要手段。发展到今天，世界上著名的公园不少，如享誉世界的城市公园有荷兰阿姆斯特丹冯德尔公园、巴西圣保罗伊比拉布埃拉公园、法国巴黎卢森堡公园、意大利罗马多里亚·潘菲利别墅、美国纽约中央公园、英国伦敦海德公园、日本东京上野公园、西班牙的巴塞罗那奎尔公园、美国洛杉矶格里菲斯公园；著名的国家公园有美国黄石国家公园、美国亚利桑那州大峡谷国家公园、南非克鲁格国家公园、阿根廷冰川国家公园、俄罗斯北极国家公园、新西兰峡湾国家公园、中国黑龙江汤旺河国家公园、日本富士箱根伊豆国立公园、澳大利亚卡卡杜国家公园、危地马拉蒂卡尔国家公园。2017年9月，我国制定了《建立国家公园体制总体方案》，提出“以加强自然生态系统原真性、完整性保护为基础，以实现国家所有、全民共享、世代传承为目标……构建统一规范高效的中国特色国家公园体制”。并指出：“国家公园以国家利益为主导，坚持国家所有，具有国家象征，代表国家形象，彰显中华文明。坚持全民公益性。国家公园坚持全民共享，着眼于提升生态系统服务功能，开展自然环境教育，为公众提供亲近自然、体验自然、了解自然以及作为国民福利的游憩机会。鼓励公众参与，调动全民积极性，激发自然保护意识，增强民族自豪感。”这标志着我国的“国家公园”建设将有新的进步和提高。

公园从不同的角度可以有不同的分类。就其包含的内容来分，可分为综合公园和专类公园。综合公园就是具有较完善的设施及良好的环境，能满足诸多不同人群游憩休闲、游览观光的要求，有一定规模的城市绿地。如美国纽约的中央公园，内有几个人工湖、两个滑冰场、一个野生动物保护区、多处供体育爱好者使用的草地及儿童游乐场，还有漫长的步行道路、长达10千米的环园道路等。专类公园则只有单一的内容，因某些固定的对象、固定的内容而建造，如儿童公园、主题公园、植物园、动物园、体育公园、海洋公园等。就其所在的地域分，有城市公园和自然公园。城市公园建在城市之内，一般纯为人工建造；自然公园多在城市之外的自然风景区，依照自然风光改造加工而成。就其管理的级别分，有国家公园，有各个城市所建的公园，城市所建公园往往又有大、中、小之分。

公园是资本主义体制下新兴的园林形态，它主要有以下特点：一、公众性。这是公园的本质属性，是资产阶级“自由、平等、博爱”理念的具体实践，也是区别于其他园林形态的具体体现——皇家园林是王公大臣、三宫六院前呼后拥、车辇相从游赏的场所，私家园林是园主携家人、丫鬟、仆人赏景或者邀二三知己雅聚的地方，寺庙园林则是僧人、香客佛事之后的休息之地，而公园则是普通百姓劳作之余休闲娱乐的场所。它的归属权主要是国家，少数属于某些政治及产业单位或某些集体，极个别的也有个人出资兴建而对公众开放的。国家所有的公园和其他群体、个人所有的公园，在使用和管理等方面也有很大差别，本书所论述的主要是国家所有的公园。二、游乐性。这是公园服务功能的本质所在。公园不是学校、医院，也不是会场，它就是公众游玩的去处，因此，它的风景要美，要有山可登，有水可游，有花木可赏心悦目，有亭台楼阁、茶社、棋室，供谈文论艺、品茗对弈……因此许多公园都有分门别类的景区，以供游人有序地游乐。三、公园一般面积较大，具体设施门类较多且实用性较强。公园的人流量较大，对面积也就有要求。城市公园多造在市中心，大多还有避灾的作用，1923年9月1日，日本关东大地震时就有18万余人躲进公园，幸免死伤。公园服务于各阶层游人，设施必须齐全，特别是篮球场、图书馆、游泳池等健身和读书的场所，一般私家园林不可能设置。四、公园特别注重绿化即花木栽植，尤其是乔木的种植。植物是公园造景的主体，因为植物最能体现园林的自然本质，起到改造生态环境的作用。有专家统计，没有植物的街巷，大气中的粉尘每平方米为850毫克，而绿树成荫的公园则只有100毫克，相差7.5倍。其他方面，如在减少噪声、吸附有害气体、提供新鲜空气、调节气温和湿度方面，植物也都有着特殊的功能。因此，无论何种形式的园林，植物都是主要的构成元素。园林的滥觞就始自植物，后来才渐渐演变成现代意义的园林。有些园林可以没有山，没有水，没有亭台楼阁建筑，就是不能没有花木。现代公园尤其这样，不仅自然公园如此，城市公园也是如此。公园作为园林，当然具有园林的一切要素，但因城市公园还担当着绿化城市、改善城市空气质量和优化人居生态环境的功能，因此，公园特别强调花木造景，重视花草树木尤其是乔木的栽植。所以人们一走进公园，往往首先感觉到的是绿茵铺地、树木葱茏、浓荫遮天、清凉宜人。英国造园家克劳斯顿（B. Clauston）说，公园建造“归根到底是植物材料的设计，其目的就是改善人类的生态环境，其他的内容只能在一个有植物的环境中发挥作用”，也正是强调花木对公园的重要性。童寯《江南园林志》曾将私家园林和公园在植物造景上做过比较：“论者每病中国园林，过于造作，不若西洋公园富天然之美。”就植物配置来讲，这话是公允的，公园的天然之美的确尤为突出。然童寯也辩证地指出：“数千年来东西因文化之不同，哲学观点之悬殊，加以生活习惯之差异，吾国旧式园林与诗文书画，有密切之关系，固不可与另一系统，作不伦之比拟也。”五、要有相当的文化氛围。和其他园林形态一样，公园是一种艺术，一种文化。如果没有文化内涵就变成纯粹的自然景观。公园的文化性主要表现在：（1）公园历来都是群众聚会的最佳场所，许多文化论坛、书画展览往往会在公园举行。（2）群众喜欢到公园游乐，游乐就少不了文化娱乐。这点无须多说，现在到任何一处公园，看到最多的往往是群众自发地在那里唱歌、唱戏、跳舞、练武术、玩杂技，自娱自乐，群众性文化色彩十分浓郁。（3）公园也是群众学习、欣赏文化的处所，因此公园里少不了图书室、阅览室，各个景点少不了诗词对联乃至雕刻、雕塑等。

中国，是有5000年历史的文明古国，论其园林之古老，可以和被称为西方园林源头的古埃及相比肩。就公园这种园林形态而言，在中国的历史上，也早见端倪。《尚书·舜典》《春秋穀梁传》《孟子·滕文公下》《史记·五帝本纪》《通典》等诸多典籍，都记载了在5000年前的原始社会末期，人们即已利用自然的山河、水泉、林木及鸟兽群集之地作为生活游乐的场所，唐尧、虞舜还设置了“虞人”这种官职来掌管山河、苑囿、畋牧之事。这种生活游乐场所或许可以视作我国公园的端倪。我国甚至早在欧洲兴建公园的1500多年前就出现了“公园”一词。《北史》有载：“（任城王澄）转镇北大将军、定州刺史，表减公园之地，以给无业贫人……”这是说北魏的王澄在做定州刺史时，压缩“公园”的面积，腾出地来分给老百姓，以减轻他们的负担。这“公园”就是官府的游乐之地。可知当时已有“公园”之称了。按照事物的发展规律，公园虽然不可能出现在原始社会、奴隶社会、封建社会，但是，任何新生事物都孕育在旧事物的母体之中，而且这个孕育期可以上溯到很久很久以前。在我国，这种早期的所谓“公园”大致有两种类型，一种是天然风景地，本来就属于全社会所有，既没有被帝王、官府占有，也不属于哪个私人。如绍兴兰渚山下的兰亭，自然风光优美，廊亭点缀其间，早在东晋时就是公众游玩的好去处，尤其是每年农历三月初三，男女老幼来此踏青游春。王羲之等文人即曾在此做“流觞曲水”游戏，并留下优美的文章《兰亭集序》。这种状况和今日的自然公园差似无异。唐朝长安的曲江池，是一处风光绝美的公共游览胜地，皇帝也经常带着妃嫔媵嫱临幸，每年的上巳节、重阳节及每月晦日，彩屋翠帱，绕于堤岸，行人车马，比肩击毂，连平日深居闺阁的女子也盛装来游，对此，杜甫曾在《丽人行》中做过绘声绘色的描述。再以苏州为例。虎丘被称为“吴中第一名胜”，也早就有公园的性质。自隋唐起，这里一年四季，游人如织，中秋尤胜。是日，百姓倾城而至，衣冠士女，靓丽出行。从千人石至山门，人流若潮，远而望之，如雁落平沙，霞铺江上。另一种是由帝王、官府或者某些人群营建的私园，但也对公众开放。西周早期周文王的苑囿就有这种性质。《孟子·梁惠王下》有一段孟子对齐宣王说的话：“文王之囿（囿，是古代帝王养禽兽之所，外有围墙）方七十里，刍荛者往焉，雉兔者往焉，与民同之。民以为小，不亦宜乎？……臣闻郊关之内有囿方四十里，杀其麋鹿者如杀人之罪，则是方四十里为阱于国中。民以为大，不亦宜乎？”这段话，杨伯峻的翻译是：“（周）文王的狩猎场纵横各七十里，割草打柴的去，打鸟捕兽的也去，同老百姓一同享用。老百姓认为太小，这不很自然吗？……我听说在齐国首都的郊外，有一个狩猎场，纵横各四十里，谁要杀害了里面的麋鹿，就等于犯了杀人罪。那么，这方圆四十里的地面，对老百姓来说，是在国内布置一个陷阱。他们认为太大了，不也应该吗？”因为周文王的狩猎场可以让老百姓进去享用，孟子就给予赞赏；齐宣王严禁老百姓进狩猎场，孟子就批评他。钱泳《履园丛话》载有这样一个故事：嘉兴张丈山雅好园林。邻家有小园，张欲借以宴客，邻人不借，张很气愤，即花大价钱买地造园。园成，乃大开园门，任人来游，日以千计。张丈山说：“我造这个园子，将和同乡人共同享用，不会像我的邻居那样小气量。”这也是私人造园向百姓开放的一个特殊事例。清朝晚期，在苏州所辖的张家港杨舍镇曾经有过一个息园，园广二亩，筑亭构轩，凿池叠石，插柳栽荷，幽曲小巧，颇为雅致。它不是私人建筑，乃是里人集资建为“会文社友游憩之所”，因“私之一姓不若公诸众有之为能息息不已”而名为“息园”。这是同乡好友共建的一个小园林，是他们小范围的游息之所。如此等等，可以看出古代可供公共游览的所谓公园并不乏其例，因此邵雍《咏洛下名园》有句：“洛下园池不闭门……遍入何尝问主人。”但是具体分析，风景胜地是大自然的恩赐，不是某些人的囊中之物，只要帝王们不封山，市民百姓进出打猎摘果或者游玩赏景应该是自由的，这和资本主义带来的公园的性质、内容、表征都是完全不同的概念，不可同日而语。至于周文王的狩猎场可让老百姓进去享受，或可说是中国传统的儒家“与民同乐”思想的体现。正如陈植所说，“开近世公园之滥觞”（陈植《造园学概论》）。但也须知，周文王之所以这样做，只是他在游赏之余施点仁德给老百姓罢了，这是他的个人行为，不是国家制度使然，所以他这个打猎场的公园性质就属于偶然。而齐宣王的狩猎场就不仅不让老百姓进去，甚至如果杀了他狩猎场里的麋鹿就等于犯了杀人罪，他的这个狩猎场就不仅不是公园，而且是危害百姓的陷阱。再如，长安的曲江池，虽然老百姓可以在里边尽情游乐，但有时进去要经过批准。至于张丈山造园开放也只是意气用事的结果。因此，这些奴隶社会、封建社会时期多多少少带点公共游览性质的园林出现，只能看作个案，不可真正以现代意义上的公园视之。或者也可以说，那只是公园的孕育期，就如同资本主义社会孕育于封建主义社会的母腹中，封建主义社会孕育于奴隶社会的母腹中……这都说明今日之事物和昨日乃至无限个昨日前的事物都会有一定的渊源关系，但渊源关系不等于直接产生的源头。公园也是如此。

我国真正意义上公园的产生是在资本主义的欧风美雨袭来之后。从理念上说，它是伴随着资本主义思想的影响而出现的；从实践上说，它的最早出现是在西方列强对我国进行军事和文化入侵之后，直言之，它是帝国主义对我国进行侵略的产物。鸦片战争后不久，英国人在上海开设了租界。他们来到中国，要继续进行侵略活动，要做生意赚钱，要传教，要吃要喝，当然也要休闲玩乐，于是就把西方的公园这种新型的园林形态带到了中国。1868年，英国人在上海外滩建造了公花园（今黄浦公园），而这只是他们自己的公园，绝不许华人进入，因为当时上海的道台曾经对英国人做出过承诺：“这块地方是给在上海的外国社区和居民作为娱乐场所或公园之用。”（引自《中国公园协会2002年论文集》宇宏《上海租界公园开放始末》）就其实质来说，它是我国那段屈辱历史的见证，因此1996年上海市人民政府将其命名为“青少年爱国主义教育基地”；但就构建形式说，它则是中国国土内的第一个真正意义的现代公共园林。

1905年，帝国主义势力在另一租界内的靶场处建造了新靶子场公园（今鲁迅公园），1908年建法国公园（今复兴公园），1914年建极司菲尔公园（今中山公园）等。这些公园也始终不对中国人开放，为此，国人曾进行过多次申诉和抗议，但终无结果。1925年五卅运动给帝国主义在华势力以沉重打击，直到1928年6月1日建在租界之外的极司菲尔公园才首先对华人开放。至此，中国人民公园游览权的斗争整整进行了60年。但从另一个角度看，这些公园虽然是只供洋人享用，却开拓了国人的造园眼界，给国人以启迪和感悟。而此前，中国并没有现代意义上的公园，诚如历史学家、社会学家、民国年间曾任岭南大学校长的陈序经所说：“人生需要的衣食住比不上西洋，日常生活的娱乐，也比不上西洋人。闲时可以散步的花园，除了帝王贵族和富人的私有者外，公共的园林，简直是没有的。”（转引自邓庆坦《中国近、现代建筑历史整合研究论纲》，中国建筑工业出版社）从此中国人开始建造起公园来。除上海外，较早仿效者有齐齐哈尔的龙沙公园，建于1897年；济南商埠公园，是1904年山东巡抚周馥会同袁世凯奏请朝廷将其纳入商埠总体建设计划，因而建造的。接着，无锡名流士绅集资于1905年建造了锡金花园，辛亥革命后易名为“城中公园”，俗称“公花园”；还有昆山于1906年建造的马鞍山公园；等等。这些公园多为清朝地方当局所开辟，也有的是当地士绅、商人等集资营建。

再后，随着民主共和政体的建立和人民对“自由、平等、博爱”思想的渴望和敬仰，公园建造之风迅速蔓延，在我国著名的古建筑学家朱启钤的主持下，北京仿效西方公园出现之初的做法，把社稷坛、先农坛、地坛这些皇家坛庙和皇家园林颐和园辟为公园，建了中央公园（今中山公园），后南京建了玄武湖公园，广州建了越秀公园，昆明建了翠湖公园，厦门建了中山公园，长沙建了天心公园，等等。这些公园有的是在原有风景名胜的基础上整改而成，有的是对原有的古典园林进行改造，而平地新建者不多。但这是公园在中国的起始，风气一开，此后的公园就在大小城镇兴盛起来了。

第二节　苏州的公园建造汇录

苏州市、吴县

植园

自从上海开公园建造之先河，流风渐及全国，中华民国成立之前的1900年至1912年之间，全国形成了一个造园小高潮。正是在这种背景下，苏州于清光绪三十三年（1907）建造了它历史上第一个公园：植园。当时，清朝的江苏省巡抚衙门设在苏州（旧址即今之书院巷20号），苏州既是府署所在地，也是省会所在地。当时的巡抚为长沙人、同治进士陈启泰（？—1909），植园，就是他命当时的苏州知府何刚德（1855—约1936）建造的。植园的建造，当时是走在全国前列的。

何刚德

植园在今之文庙和苏州中学西邻，具体的四至范围大致是：东起蜜蜂洞，西到中军弄，南至泮环巷，北临书院巷，面积214亩。这里本是吴越国时吴王钱元璙所建南园之一部分，然早已荒烟蔓草，园迹全无。1860年太平天国军队进攻苏州，百姓死亡惨重，这里成了安葬尸首之处。之后，则荒冢鳞栉，野草丛生，瓦砾遍地，很少有人问津。何刚德废地再利用，在此建造公园，不失为一种好的选择。对当初的造园情况和园貌，何刚德在其诗作和注中有过较详细的忆述。《植园小山》：“意期庙貌肃观瞻，岂许蓬蒿迹久淹。因冢成山青不断，贴泥蓄草翠如黏。痵余枯骨心常廑，岁久残魂惠共沾。一篑未成原有愧，权宜亦自喜沾沾。”并云：“植园创始，因文庙左近为痵余丛冢，大府力促修治，而惮于迁葬，乃度地得二百一十四亩，缭以围墙，相其丛冢疏密、地势，绘成山形，然后锄地面瓦砾，堆积于上。以土坯逐一掩盖。一雨之后，草活泥匀，苍翠可观，痵后残魂，居然青山埋骨矣。于埜谈次以树木已成而山不数仞为憾，则未知当日经营之苦也。”而在《于埜自苏州来，谈及植园旧种树木荟蔚可观，梅花一丛，枝干高耸，竟有参天之势，书此志感》诗注云：“守苏州时，因厉行新政，在植园内植树两万余株，大者桧柏椿杉及罗汉松五种，皆夹道分行，余以散种桑秧为多。花则梅及桃杏为苏之美产，每种划地数亩，各种小秧数百株，杂树尚不计数。非专意种梅也。于埜所见特指其盛者言耳。此外丛冢一区，为刻字匠丛葬之所，手民吁请保护，因周围种枣梨以志其处。”《有怀苏州》诗序写道：“余在苏州建公园，将手植三年之柳移植其中，一一都活。”《梦游植园》序中说“园为余守苏时所创，诗中所叙，皆园中实景。”诗写道：“梦中忘却卸朝衫，游眺芳园眼尚馋。唼渌群鱼贪饼饵，放青五马脱辘衔。分区佳植攒梅杏，夹道新阴拥桧杉。美政明农惭过誉，苍生托命失长镵。”有云此园开始以种树为主，故名“植园”。而开始建造并不容易，《忆苏城王废基土堆》序则写道：“回忆圈筑公园时，煞费周章，难易不可以道里计，言之慨然。”（均引自何刚德《平斋诗存》）。由上述内容可知：一、植园确为巡抚陈启泰命何刚德所建，一句“大府力促修治”可证。二、当初造园并非一帆风顺，主要在如何处理坟地的问题上颇费周折，因此才有“经营之苦”“煞费周章”之言，而且谈到难度，竟“言之慨然”，可见难度不小。何刚德在《忆苏城王废基土堆》诗中写道：“大成殿畔筑公园，近地荒坟曲保存。当日苦心期共谅，邦人尚且有违言。”可以想见，当时何刚德并没有做到人人满意，以至若干年后还希望当年反对的人能够体谅他当日的苦心。但是何刚德最终做成了这件事，留下了政绩和功德。三、对于园貌，从上面的引述可以看得很清楚：植园以种植花木为主，园内植树总共有两万多株，这恰恰体现了公园重绿化的本质；也有以土坟因势就形堆成的土山，既保存了坟，又构成了景。作家、被誉为补白大王的郑逸梅少年时也曾到此游玩，他在《三千乱梦说苏州》中回忆道：“这园占地很大，满园开着白色的花，蒙蒙似雪。”何刚德称“植园”为“芳园”，的确名副其实。何刚德是农学家，看来他也深谙园林之道。植园之所以有其名，也就是因为它的主要用途就是植树种花。这很值得称道，因为苏州的第一个公园就揭示了公园的真正内涵！

到了宣统三年（1911），继陈启泰之任的江苏巡抚名为程德全。就在这一年，革命党人在武昌发动的辛亥革命成功，程德全率先响应，因之，未动一枪，未伤一人，苏州光复，程德全则摇身一变成为中华民国的第一任江苏都督。对于程德全这种识时务的角色转换，苏州老百姓交口称赞，有民谣曰：“苏州光复苏人福，全靠程都督。”这位程都督在任，虽身为“省长”，却亲自过问起“市”里的事情：对植园大加拓展。据《梵门绮语录》记载，植园西边东大街的凤池庵有一小尼与人私通，她曾参与其相好男人、某纺机工人杀害过庵行人之事。事发被逮，却又诬陷另一女尼，而官吏颟顸，竟治了另一女尼的罪。这一桃色新闻，当时在苏州城内外传得沸沸扬扬，大伤风雅。程德全盛怒，遂将尼姑全部逐出庵门，封闭了尼姑庵，并拆除了附近的报国寺，趁机将其纳入植园范畴。（本书作者按：据宋玉昆点注之无名氏所撰《苏州凤池庵冤案始末记》，此案为一冤案，后得以平反，庵尼无罪，死者和庵尼无关，诬陷庵尼之地保一干人等被治罪。此案为当时吴县县令所审，冤案虽非程德全为建植园造成，但后来他辞官信佛，对自己封庵毁寺感到后悔，乃出重金购穿心街官署复建报国寺）更巧的是，建造之际，工人在庵后竟掘得藏银1500元，正好用在植园建造上。植园的布局分为园林区和农田区等不同部分，有农田约80亩，规模宏阔，从此名声益著。实际上，植园并非综合类公园，属于专类公园，颇类当今之植物园，花木掩映，清凉宜人，亦有池塘游鱼之乐和亭台、旱舫之筑，连北宋宝祐年间始建的道山亭亦在园内，直到1916年，此亭才又被划归苏州中学前身的江苏省第一师范学校。

园自建成之日起即对市民开放，是市民乐去的游眺纳凉、品茗交友之地。当年叶圣陶常偕同学知己来此游赏，他在1912年6月21日的日记中写道：“园内异花佳树，一流碧水，红莲已绽，清香时送，士女如云。”作家范烟桥也有过记述：“每当秋令，法国梧桐区黄叶飞舞，尤饶胜概，即三春花时，亦有红紫可寻。”看来，在当时还没有其他公园的情况下，这里确是市民百姓的一方游赏胜地。

几年之后，因植园内有农田，官府在此设立了蚕桑改良场，同时不断增设园景，增加了“竹所”“微波榭”等建筑。此时植园依旧保留着公园的性质，供市民游乐。到1930年则强化其农田功能，淡化其公园属性，在园内开设苗圃，一般情况下不再向市民开放。再后，农业也不被重视，园便日渐荒芜，部分地块被苏州中学圈为校地。此

植园在20世纪30年代的旧影

时，作为公园的植园已经名存实亡。陶忆萱在《植园旧闻》中回忆，抗战前他读初中，常到“植园”去玩，所见情况是：“园内空旷无游客，只有几家住户，到抗日战争前仍有住家，树木苍郁，但浅水成沼，荆棘遍地，已荒芜不堪。”1933年，童子军曾在植园露营。

潘贞邦（？—1951）《吴门逸乘》有“植园”一节，专门述及当年园况，当为信史，引录于下：“植园位于城之西南，在学宫旁，占地甚广，约数十亩。清代末叶，苏抚陈启泰命知府何刚德鸠工治之。宣统三年，苏抚程德全，广为拓展，分为园林区、农田区等，布置一新，规模称宏。植园之名始著。今植园外有砖额一方，题‘植园’二字，系行楷，上款‘宣统庚戌十月’，下款‘程德全’。民国成立后，是园划归苏常道尹公署管辖，有改办蚕桑场及平民工厂之议。道尹李维源倡之甚力，卒以经费无着而中止。考植园乃学宫之一部，故产权亦属之。是园于民国五、六年时，曾辟为公共游憩之所，花木掩映，群屐往来，颇集一时之盛。阅一二年，渐告冷落，今则鲜有问津者矣。”

1937年11月19日苏州沦陷后，植园被日军砍去树木，成了日军的养马场。当年日本东方文化研究所助手、日本外交部派往中国的特别研究员高仓正三在1940年10月10日的《苏州日记》中写道：“只在植园的外墙向内窥视了一下，再去府学看廉石后回来。”这说明当时的植园已经没有多少景观吸引人进去观赏。1942年1月的《苏州新报》载：“旧有竹所、旱舫诸胜，今俱荒废，仅洋楼一所矗立丛篁间。”抗战胜利后，植园又被国民党伤兵及不轨人等偷砍树木，渐成荒地和民居。植园彻底不存。

新中国成立后，在此建建筑工程学校，校内尚有少数古树、小桥清池。1970年则为半导体总厂和电讯仪器厂所在。现为植园饭店所在，依然有几株古树寂寞地矗立着，周围街区、学校、商场、工厂林立，楼盘参差，街巷纵横，人群熙攘，市声喧闹，植园完全成了历史。

但植园为苏州第一个公园，其意义不可小觑。植园之建，直接经手的苏州最后一任知府何刚德功不可没。何刚德，字肖雅，号平斋，福建省福清市龙田镇人，清光绪三年（1877）进士。他既是中国创办警察局的第一人，又是农学家，历任吏部主事，江西吉安、南昌知府。光绪三十年（1904）由江西移知苏州。治苏六年，除建造植园外，还修复了名刹寒山寺，创设苏州府官立农业学堂，辟农事试验场，在城中开凿公共饮用水井，在苏州首先建立了警察制度等，政绩卓著。辛亥革命之后，他去官回籍，但对苏州一往情深，直到晚年还牵肠挂肚地怀念着苏州和他创建的植园。他写有《苏州八咏》诗，前四首每首第一句都是“平生我只爱苏州”，分别赞美苏州的人文风雅、七里山塘、园林酬唱和世运承平等；后四首每首第一句都是“平生我只负苏州”，为民生憔悴、百姓对他敦厚温柔以待、长远计划未能实现、园林芜废等而感到内疚。而且日思夜想，关心着植园的花木“荣悴如何”，甚至有人对他谈起苏州时，他竟然“今日巢痕难再觅，上心影事涕交流”。今日，苏州人民也没有忘记他的恩德，报刊上就时见追忆和颂扬他的文字。

皇废基公园

民国期间所建之皇废基公园，即今苏州公园，位于今公园路、民治路、五卅路、草桥弄之间，现占地约42666平方米（64亩）。1920年始建，1927年建成。开始时俗名“皇废基公园”，后称“城中公园”“吴县中山公园”。“苏州公园”这个名字是新中国成立之后正式命名的，苏州市民习惯称之为“大公园”，这是与1931年建成的观前街前小公园对称的。近百年来，这里一直是苏州市民休闲娱乐的中心，也是苏州游子思乡记忆中的一个地标性的公共设施。

公园这一园林形态，无论是欧洲还是我国，在其出现的初始阶段，一般都是利用原有的人文胜迹旧址或固有的自然风貌基础而构建，皇废基公园也是如此。这方地面上曾经有过辉煌的人文历史：早在公元前560年，泰伯、仲雍的20代孙诸樊就把吴国国都由无锡梅里迁到现在的苏州公园一带，在这里建造了新的国都；46年后，吴王阖闾、夫差父子又在此基础上扩而大之，建成阖闾大城，从此诸樊所建之城被称为“吴子城”“吴小城”，可见这里曾是诸樊、阖闾、夫差三代吴王治国理政和生活过的地方；连越王勾践灭了吴国之后也在这里居住了5年。战国晚期，春申君治吴，曾在此建桃夏宫。这里，汉朝为太守署，唐为刺史府，宋为平江府，历代名人如朱买臣、韦应物、白居易、刘禹锡、文天祥等也都在这里留下了足迹。唐宋两朝，这里作为吴郡治，曾是极为精美的官署园林：亭台楼馆，密迩相望；山池相依，浓荫匝地，花香弥天，韦应物、白居易、陆龟蒙、皮日休、范仲淹等大诗人有许多诗篇赞美其园林之胜。其中一些景点的名称仍为1000多年后的苏州公园所沿用，如东斋、西亭等。这里元末为张士诚王府，张士诚失败，吴子城焚毁殆尽。明朝初年，知府魏观因在此重建府衙被疑谋反而被腰斩，从此，明清两朝再无人敢在这里兴建土木，此地就此沦为荒地，犯人行刑，往往于此，且就地埋尸，时日一久，荒冢累累，夜深之时，颇为恐怖。至太平天国军队攻打苏州，与清军激战，苏州破坏严重，死伤众多，尸首亦多安葬于此。世人即因此处曾为张士诚王府而称之为“王府基”，亦称“王废基”，或称“皇府基”“皇废基”。

王世勋先生（1903—1989），祖籍福建，生于苏州，青少年时期生活、读书在苏州，毕业于苏州工业专门学校土木科，工作以后常年在全国各地从事铁路工作。他在晚年写的《沧桑忆旧录》中对民国年间不同时段苏州园林、名胜的状况有所记述，其中对民国早年皇废基的面貌写道：

民国初年，当作校场之用，也用作死囚行刑之地。在清末死囚是斩首刑，到了民国才改为枪毙，犯人行刑之先，先要游街，前面有兵勇鼓号开道，后面押了犯人步行，直趋刑场，市民常常一窝蜂地跟随到刑场观看，苏州人称作看“杀人”，或看“枪毙”。到了民国七八年，行刑不在城中，改在阊门外的荒郊，而皇废基四周也加以围墙，改成了公共体育场，凡有集会或学校开运动会，则借那里举行。在皇废基的西北角，有一土堆七八丈高，顶上置有一门炮，每天正午时发炮一声，全城都可以听到，称为午炮，为全城市民正钟表的标准时间，自清末一直沿用到民国十几年，尚未取消。

后来，荒坟间隙，间种花木，久之，有景可观。叶圣陶于1912年的日记中写道：“春风入襟，斜日映池，高柳嫩绿，野花娇红，此一幅仲春艳丽图。”郑逸梅在《三千乱梦说苏州》中也有一段他当年和几位文友游皇废基的记载：“皇废基的东斋，设着茶座，面对莲花池，翠盖田田，红裳灼灼，景色真够逗人，而程瞻庐、朱枫隐两社友，正在那里作灯谜之戏，标出一条：‘林和靖寻妻’，射一时人，属于脱帽格，及揭晓，谜底就是‘郑逸梅’，我为之大笑。”再后，此地先后建难民收容所（名“栖流所”）、贫民习艺所、感化院等公益社会扶助机构。

宣统元年（1909），苏州就有名贤张一麐等人建议创建综合性公园。

当时的苏州知府何刚德，在建造植园的同时也在做着王废基的迁葬平坟工作，有意在此建造公园。他在《忆苏城王废基土堆》序言中写道："苏城经咸、同间兵燹，残骸成堆，王废基一带占地尤广，闻系屠城一役丛葬之所。承平二十年无人过问，今乃一律铲平，焕然改观。"1919年五四运动之后，弃旧图新的思想更为炽烈，吴县劝学所所长潘振霄等各界人士强烈要求在这块位于城市中心而又闲置的空地建造一处包含图书馆、文物陈列室、会堂、音乐亭等科学文化娱乐设施的综合性公园，并组成以光绪进士、翰林院编修、爱国教育家、苏州草桥学舍创办人、民国《吴县志》总纂、书法家、苏州市公所董事长蒋炳章，吴县临时行政委员会成员汪仲周，潘振霄为首的百人公园筹建组。当时，公园被认为系属民众教育事业，所以在当时的筹备人员中多有教育界人士参与。正当筹措经费之时，1920年，病故不久的上海颜料巨商奚萼铭的后人遵其遗愿，慨捐5万银元，以作公园、图书馆初建之用。奚氏之举当时在申、苏两地传为美谈。奚萼铭（1880—1919），江阴人，太学生，承父业而经商，喜收藏，所藏书画及金石碑版最富，与沪上诸艺术名家如蒲华、吴昌硕、赵叔孺等相友善。奚氏虽身在商贾，然为富而仁，钟情社会公益事业，举凡赈灾、慈善、兴学、助学，皆乐于解囊。民国政府教育部曾为其颁发捐资兴学一等奖奖状。当时获此荣誉的，全国仅3人。惜乎天不假年，奚萼铭40岁而逝，而其功德却永远留于社会和苏州公园。公园建成10年之后，苏州各界曾在公园内为奚萼铭铸像纪念，并由张一麐撰写纪念碑文。

公园建造动工之前，在先由苏州工业专科学校土木科学生测绘平面图，再交上海公董局法国园艺家若索姆（Jaussaume）规划设计，1920年7月开始施工。先在中部开挖荷池，池北堆土山，池南（今月季花坛处）正对大门建欧式两层、顶层四面是大自鸣钟（钟楼）的图书馆，总面积3700平方米，1922年落成。其规模在当时是第一流的。馆内可藏书50万册，能容纳500人阅览。全馆辟办公室、编目室、阅览室、儿童阅览室、新闻阅览室等。由光绪进士、著名学者、藏书家、书画篆刻家、草桥学社的另一创办人王同愈书写“苏州图书馆”匾额。而公园初建之时，后部尚有寺庙、坟墓，迁移困难，因此建筑多在前面南部，此一布局，有人戏言为“身后萧条”。

公园初具雏形后，经费匮乏，难以续建。筹建组遂于1922年、1923年向社会募捐。苏城士绅张一麐、贝润生、李根源等带头捐资，市民百姓也纷纷解囊，使图书馆等建造得以完工。图书馆于1925年8月1日对外开放，平均每日阅览人数达300余人。1930年易名“吴县县立图书馆”。图书馆建成后，成了苏州市民学习、宣传和文化交流的中心，如举办教育成绩展览会、防空知识展览会等。特别是八·一三上海抗战爆发后，苏州抗敌后援会就在图书馆成立，张一麐任主任。市民们在这里募捐、劳军、举办抗日集会，高唱抗日歌曲，义愤填膺，同仇敌忾。因此1937年11月19日，苏州沦陷，日本军队就在当天下午4点迫不及待地专门拖来钢炮，对图书馆进行轰炸，直到将其轰成瓦砾，夷为平地。

张一麐

1925年，公园南大门建成，大门处栽植雪松。公园四周砌围墙。围墙并非传统的私家园林的那种封闭式高墙，而是下部以约1米高的青砖砌成，砖墙上面装有约0.5米高的铁栅栏，铁栅栏上均铸有细花纹。围墙每隔3米左右以花岗石砌一石柱。这实际上是一种中西结合的半开放式的围墙。

图书馆东侧临池建东斋茶室，西南角建西亭和电影院。这个电影院由上海某电影商人投资，是苏州的首家电影院，被称为公园电影院。但建筑、设备十分简陋，长凳座位，水泥地坪，面积窄小，只

皇废基公园建成之初的外部景观

可容三四百人，近旁开设商店。电影院以放映国产无声电影为主，卖座常告客满。初开时规定男女两侧分坐，后遭人反对，才予以取消。电影院于1934年因故被取缔、拆除，后在其上建草坪。后来，东斋茶室常有评弹和各种文艺演出活动。园东南辟池名“月亮”，池边有修廊，紫藤纷披，又开辟园路，植草皮、花木，植树4000余株。1927年，组成了公园筹备委员会，由公益局局长蒋靖涛（蒋吟秋的堂兄）任主任，社会名流颜文樑、陈涓隐等为委员。经颜文樑设计，在图书馆和南大门之间建喷水池，在东南角建水塔以供喷泉用水。

1927年北伐胜利后，皇废基公园进一步扩建，乃于1927年8月1日正式对市民开放，一时轰动苏城。

开放之日，举行了开幕式，盛况空前，社会知名人士和市民、游客数千人参加。当时，苏州著名诗人张荣培（1872—？）曾专为公园撰写一联，联曰：“吴宫花草，陈迹已非，却留水秀山明，犹想象古时月色；宋代衙斋，旧观聊复，好趁酒香茶热，尽流连本地风光。”上联写公园园址的历史，令人发思古幽情；下联写公园之面貌，令人神往来

20世纪30年代，皇废基公园内的吴县县立图书馆

游。此联为新落成的公园增色不少。

公园建成，成了市民百姓休闲游乐的好去处。1927年8月4日《中报》垂露写的《游园小记》中的一段话就记录了游园者的欣喜心情："若夫园林点缀，则有茅亭小舍，河池古墓。回思五六年前，皇废基正一片荒凉，今也火树银花，城开不夜，是市民之福。"对于初建成开放时的公园情况，1921年朱揖文编辑、1928年范烟桥重修的《苏州指南》更有较详细的记载："有喷水池、音乐亭诸胜。其休憩之所，一曰'东斋'，四面玻窗，宜冬宜夏；一曰'西亭'，古树婆娑，招凉更妙。中为图书馆，每日上午九时起、下午四时止，公开阅览。上层置无线电话，可以听海上之市情新闻，与名人演说、名家弹词及留声机之试片。故已凉未寒天气，尚有人徘徊其下，仿佛李谟之偷傍宫墙也。西偏有公园电影院，每日午后分两次开映。近处并设商店数家，其散立于各处之糖果纸烟店，亦有三四，如星罗棋布。荷池两，并有花，故夏夜明月皎皎，繁星闪闪，微风袅袅，疏柳依依，三五成群，蹀躞于草地，徙倚于游栖，因城中之胜概也。"

公园虽然初步建成，且已对市民开放，但内部游览设施和外部游览道路并未完善。1928年苏州市从吴县划出，直属省管辖。在划分界线时，当时的市政府拟定了《苏州城市建设工务计划与实施》报省政府审批。第二章第三节专门阐述公园的建造规划，其中对皇废基公园内部和外部续建都有详细谋划。据陆启东先生整理的《一九二七年苏州城建规划与实施》，园内建设计划如下：

1. 公园南部。公园之南部经前公园筹备处经营，业已大体告竣。兹就其未完成之部分及亟须修改补缮之。

（中央花台及喷水池）原有花台高一呎八吋，似嫌稍低，现拟将花台改作上下两层，下层高二呎半，上层高二呎，共高四呎半。中央喷水池拟于公园办事室之侧，添建小屋一间，迁打水机于室内，并掉换水管，俾喷水量可以增大，此外于喷水池之中央添设石质水盘，使喷出之水自盘中层叠下降落入池内。

（苗圃花房）在南角一带低地，约占面积二百四十方，极宜培植花木，故拟辟该处为苗圃，并建花房一座，苗圃周围绕以冬青树。

（花廊）花廊二处，一建于池之东南，一建于图书馆之北隅。廊架上植蔷薇、紫藤、葡萄、牵牛花、常春藤等，廊内配置坐椅，以供休憩。

（添植树木）沿围墙添植洋槐、皂荚、杉、松、竹等类常青植物，池之沿岸植柳及丝杉，其余必要地点添植松、梧桐、枫、桦、棕榈、公孙树等类枝干较大之树。

2. 公园北部。公园之北部除一部分之道路业已修砌外，其余俱未着手。现拟将原有设计图之池缩小三分之二，池北累土为山，其北辟草地一区，周围遍植常青树木，使成幽静而有自然之趣。草地之东建水禽馆及桃林，其北建音乐台一座。

（池）于东斋茶室之北凿一泓水道，使与南部之池连接，池中植莲及芦荻等水生植物，其北岸沿土山之麓叠石为山，惟石数宜少，且无人工堆砌之痕迹为佳。池中建七曲桥一座，朱栏迤曲，纯以中国风趣为主。

（土山）土山位于池北，自东亘西，分公园为南北二部。山之最高点约高十五呎，建六角亭于其顶。山上之树木以枫、榉、栎等红叶树为主，而杂以松柏、桧樟、槐丝杉、公孙树、无花果树等类常青植物，此外再植以杏、樱、海棠、山茶、石榴、桂、梅、腊梅、玉兰等，俾四时之景色皆备。此等大树之下部，遍植杜鹃花及南天竺，路旁则植石菖蒲。

（水禽馆）水禽馆南临桃林，其后部即东北二面遍植修竹，馆之中央辟圆池，以蓄各色水禽，周围绕以走廊。

（音乐亭）音乐亭南临草坪，除奏乐之外，其后部附小室三间，供奏乐员休息之用。

而对于外部交通设施，在“公园道”部分则写道：

偌大城市仅赖一皇废基公园，以供全市民众休息之所，不谋交通之便，难尽收容之量。公园周围之现状，南北尚未整理，东西更无交通。查公园之东，可填玉带河直达西街，其西过体育场，荒冢累累，无碍筑路，若盐仓巷前河道填平，更无架桥之必要。再西进至穿心街，只需拆除北面破屋数椽，于民产无甚影响，即可直达护龙街。则东西两端，皆与干路相连接，中间配以七十尺阔度之公园道，两旁植以树木使增一种都市美，且在此区域之近旁，空地与公产较多，将来划出一部分为市中心集合一切行政机关，使全市行政得统一而灵敏，至时必须有整齐之街道，始足以壮观瞻。夏侯桥至祝家桥河道填平，亦可辟为马路，则市中心之交通亦臻便利。业经参事会议决通过，至此后派员测量，划定路线，收买民地，交换基地及工作设施等事项。

据此可知当时市政府对皇废基公园后续建设的重视和规划之周详。

公园开放之后，则按照市政府的规划对内部设施继续进行完善：改建中央花台，在荷池中建三曲桥，朱栏逶迤，纯是苏州古典园林风貌。1929年起，着重开发北部：挖掘池塘并和原荷池沟通，种荷养鱼，使之成为古城赏荷胜地；种植李根源赠送的200棵枫树。1930年，在土山上建四面厅，名民德亭。此亭乃寓苏的海宁人、曾任招商局总办的孙铁舟向钱大钧、夏斗寅募捐2000元所建，亭名由张一麐题写，亭内悬挂吴湖帆等人书画。此亭是苏州公园内现存唯一的民国建筑，现为苏州市控制保护建筑。

亭后种竹；山上杂植枫、栎、榉、松、樟、柏桧、海棠、山茶、玉兰、梅、桂、杏等各色花木，满山葱郁，四时有花；山北辟草坪，周围遍植常青树木，幽静而有自然之趣。土山和草地间造澄虹桥，草地东建水禽馆，养金鱼若干盆，并养锦鸡、猕猴等小动物；又植桃林，桃林北建音乐亭。1930年，公园由教育局接管，原苏州农校园艺系主任范云书被聘为公园管理处主任，恢复了因故中辍的公园拓修工程，园内尚存的荒冢都被迁到郊外，但仍在东斋的东侧保留两座较大的坟墓，吴中保墓会立有碑石。这一年，太湖流域水利委员会于公园喷水池前设置"精密水准点五〇一号"花岗石标注，此柱至今尚存。1931年起，在图书馆开办世界语讲习所，曾请胡愈之前来讲学。此时之公园，成为市民和文人墨客消夏观荷胜地，好弈者聚西亭，诗人画家集东斋。1932年，张一麐于公园图书馆组织国学研究会，客居苏州的同光体诗派代表人物陈衍，光绪进士、诗人、收藏家、江宁人邓邦述（祖籍苏州西山明月湾，晚年迁居苏州，居侍其巷）等"十老"常在东斋赋诗酬唱，以费仲深为盟主，唱和诗词多达160多首并编成《东斋酬唱集》。对这一时期公园内的人文风雅，著名学者汪东在其20世纪40年代写的《吴中园林琐记（六）》中有过回忆："荫柳观荷，颇宜消夏。园有西亭，有东斋，皆设茶座，好弈者群趋西亭，东斋则诗人画客萃焉。韦斋隐然为盟主，首唱一韵，和篇纷叠，裒前后所得诗一百六十余首，装为长卷。常熟杨无恙、江宁邓孝先作图，嗣又印《东斋酬唱集》，使余署签。余居南京时多，故不予会，其事亦忘之矣。戚友沈挹芝昨以一册见惠，稽览作者姓名，太半旧识，而十余年间，凋谢几尽。即幸存者，亦都衰病谢客，无复雅兴。集有序两篇，一为孝先作，述诗会缘起甚详，云：'癸酉春夏之交，蔡子云笙久病乍起，日必徜徉东斋，晨至午散。与云笙稔者，往往携杖相就，谈笑既洽，继之以讴吟，讴吟未已，参之以谐谑。同人本处萧散，不拘形骸，

罗伯特·肖特（Robert Short）

20世纪40年代的池曲桥

脱巾高睨，覆碗狂喜，旁坐者或指目怪诧，而不知正吾辈至愉极快之一日也。’一为松岑作，中一节云：‘快风扶摇自东北来，凉雨继之，池荷万柄，飘香簸绿，珠颗喷涌，越槛跳椇，溅入裾袂；而四周万树低昂，若与风势相角逐，其声嚣悍，然在诗人听之，不嚣悍而若幽寂者，境以心殊，真天下之能自愉逸者。’举身世幽忧与所以自遣之情，一托诸写东斋景物，可谓善矣。乱后，重经其地，寥阒无人，求一闻嚣悍之声，亦不可得。故人往矣，彼所为幽忧狂吟者，以今思之，抑犹承平之遗迹也。”

1932年2月22日，来华任航空学校飞行教官的美国人罗伯特·肖特（**Robert Short**，1905—1932），在苏州葑门外上空与来犯的日机激战，英勇殉难于吴县车坊乡高店村，年仅27岁。苏州市民募资为之在公园北部民德亭后勒竖欧式方亭花岗石纪念碑，碑柱四面均镌吴县吴曾善所书楷体“美飞行家肖特义士纪念碑”，碑座四面嵌张一麐所题《赠上尉美国肖特义士传》。

1933年，郑山尊发起的艺社在图书馆内成立。

1937年“七七事变”后，苏州爱国人士在公园内成立“抗日救援会”，一时，这里成为苏州抗日运动的中心。苏城沦陷后，日军占领公园，驻兵养马，图书馆、电影院和石碑均被毁，精美的铁栅栏也被拆去重制军械，公园遭到巨大破坏，市民也曾被禁止进入。而尤玄父编著、1939年出版的《新苏州导游》除抄录了范烟桥重修《苏州指南》的有关内容外，却颇多溢美之言：“园内又有土山一，建亭其上，曰‘民德’。山南浚荷池，架桥九曲，髹以朱红，殊有画意。夏日荷花盛开，倚栏凭望，清香沁脾，于此纳凉，可忘溽暑。此外旷地，亦皆浅草平铺，绿阴匝地，极清旷之致。”

抗战胜利后，由地方人士组成公园复兴整理委员会，公园逐渐恢复，砌成全封闭式围墙，北部建康乐馆名“涵社”，屋前辟网球场。1947年，更名为“吴县中山公园”。荷花池东建裕斋，辟为前进图书馆。在园北建叶楚伧纪念坊，并绿化公园，在澄虹桥北造楚伧林，恢复肖特纪念碑。叶楚伧（1887—1946），吴县人。早年参加同盟会，曾任《民国日报》总编辑，著名的南社诗人，先后任江苏省政府主席、中央宣传部部长、秘书长等职，病逝后公葬于苏州木渎灵岩山。根据他当时的地位和名望，人们在公园内为其设置了纪念性标志。

叶楚伧

潘贞邦写于1941年至1951年的《吴中访古杂录》有几处涉及皇废基公园，有史料价值，录于下：“民国三十六年公园中凿环山河，建澄虹桥（单镇书）曾掘得宋碗二枚，长颈瓷瓶一具，均无破损。”“公园大门之右，荷池之东，有一井，井口有一条石，上刻‘庚申被陷难民义冢’八字，旁刻‘光绪三年推仁局经立’。皇废基本系丛葬之地，义冢或即在此。”“公园空亭内有三石座，均系青石石刻。二石各刻一鹿，一石刻一鹤，姿态栩然如生。”

但是，直至新中国成立，公园整体上并未恢复到抗战前的面貌，甚至还有些破败不堪的景象。而在1948年由大中舆地学社出版、苏州大公书局发行的《最新苏州指南》中却这样写道：“园内青草平铺，古树婆娑，春秋佳日，散布其中，心怡神旷，后有荷花池，架九曲桥，夏日倚栏凭眺，清香心脾，殊增绮思。”这可能是为了吸引游客而做的广告宣传。

苏州公园是民国期间建造的苏州城区设施最完备、功能最齐全的综合性公园。它既具有公园这一新的园林类型所应该具有的诸如景点分区、满足不同人群的游园需求和以绿化为主、花木繁多等基本特点，又保有苏州古典私家园林山、水、花木、建筑精致和重视人文景观的个性特点，是一处中西合璧的真正现代意义上的公园。

新中国建立后，公园由文教局管理。1953年6月，苏州市人民政府正式将其命名为“苏州公园”并拨款整修。2001年，苏州市人民政府投入1800万人民币再一次对公园进行了较大规模的改造，当时，园林局曾召开座谈会，认真听取过苏州文化界如谢孝思、卫东晨、魏嘉瓒、张英霖等的意见。这次改建，以原中西合璧之特色为基础，保持了原有的南部以凡尔赛宫为主的规则式和北部以苏州传统山水园林为主的自然式的布局手法，而南北造园手法虽然有别，却是浑然一体。公园面貌又一次焕然一新，成为具有新的时代气息的市民公园。

北局公园

今日之北局小公园，在观前街中段南、富仁坊巷北、紧邻开明影剧院处，系1999年观前街改造时由人民商场南侧迁来。

原所在地名为“北局”。“北局”其名的由来，要追溯到元明时期。因苏州乃丝绸之乡，元朝至正年间，朝廷在今之苏州人民商场处建立了织染局，专门负责为皇室做龙袍、凤冠、霞帔及各种朝服，明朝仍之。清顺治时于今孔付司巷设染织总局，即后之苏州织造局。为了区分，人们遂将孔付司巷的织染总局称为“南局”，观前街前的织染局称为“北局”。北局当年有房屋295间另10披，各色工匠1750名。继之，“局”名变成了街巷的名字。北局东西走向，长322米，宽14.4米。咸丰兵火，北局被烧，沦为旷野，一半成为垃圾场，堆起了高土堆，一半驻扎了八旗兵。清末民初时，这里并不繁华，行人亦少，十分冷清，地显空旷，荒墩累累，青少年儿童常聚在土堆上放风筝。今之人民商场处当时是一座土木板的警钟楼，下有几间平屋，系苏州警察厅的消防队，构筑都比较简陋。随着西风东渐，1921年，中华基督教会在此建造基督教青年会。开始时，青年会并不阔绰，靠募捐建造了几间平屋，并有一座小小的礼堂，以供各界机关团体集会租借。大约在青年会成立后的10年内，周围也没有什么市面设施。10年后，这一带陆续建起了新苏饭店、大光明电影院、苏州电影院、苏州国货公司（今人民商场）、静园书场（今苏州书场）、开明剧院等高楼大厦。青年会也在这一时段重新翻建成新大楼，内设高等浴室、理发室、电影院、弹子房、乒乓球台，食堂兼备中西大菜和西点咖啡，可供市民吃喝玩乐。楼上有外语补习班，中心地带有一片小沙坪。这让苏州人长了见识。许多基督徒、士绅、权贵、高级知识分子都来此游乐交友，这里成了引领时尚的社交中心，于是，北局开始热闹繁华起来。1934年开业的苏州国货公司，成为当时苏浙沪商界所瞩目的中国四大国货公司之一（另三家在上海）。这里除了销售各色商品之外，楼上还表演戏剧、曲艺、滑稽、评弹，也唱堂会，播放唱片，还有屋顶花园。显然，北局成了全市文化、商业及人们活动的中心。

正是适应这种形势的需要，政府当年就在这里空出的地方建成了小公园。这是闹中取静的一处清凉之地，当时即以“北局公园”名之。为了区别，人们往往称皇废基公园为“大公园”，北局公园为“小公园”。

小公园的建造，其实有个曲折的过程。民国建立之后，苏州市并归吴县管辖，各项发展建设都受到局限。1928年11月始，苏州从吴县独立出来，成为江苏省的直辖市，市长名叫陆权。但至1930年5月，根据当时国民政府新的《市组织法》规定，因人口数量和税收总数不符合规定标准，苏州市又重新划归吴县管理。就是在这中间一年多的时间里，苏州市政府抓紧进行市政建设，其中就包括在北局建造公园。先是1929年8月，由市长陆权领衔，叶楚伧、钱大钧、顾祝同等名流附议，共同发起在《苏州明报》上刊登“添建苏市公园”的倡议和募捐，具体事宜则由工务局局长柳士英经办，9月3日动工建造。作为市政工程，同时在这里兴建的还有一个小菜场。不久，因公园和菜场的地理位置规划有些矛盾，需要重新协调。又加经费困窘，特别是1930年5月，苏州市失去了独立地位，陆权调任金山县县长，柳士英则弃官到上海设立建筑事务所，公园的建造也不得不仓促收场。但当时公园已基本建造成功，至1931年正式对市民开放。

小公园坐落在繁华的商业、文化中心，外有半通透的围墙围护，构筑样式颇类皇废基公园围墙。园内花木葱郁，地铺彩屏，土山上建凉亭，设露天坐凳。

同年，吴县禁毒会在小公园内建林则徐纪念碑。林则徐（1785—1850），于道光三年（1823）起曾任江苏按察使、江苏巡抚，驻苏州7年，和苏州有较深的渊源。他是1840年虎门销烟、抗击英国侵略者的民族英雄，苏州人民敬重他。早在1926年纪念“五卅运动”一周年的集会上，东吴大学教授陈旭轮在演说中就提出：“我愿苏州的长官，须效学林文正

20世纪30年代建立的林则徐纪念碑

公严禁鸦片，不要使帝国主义者把毒物来害我们同胞。”处在日本军国主义者虎视眈眈欲灭亡中国的形势下，林则徐纪念碑的建立，显然是苏州人民爱国激情的表现。此碑为方形，由碑身、碑帽、碑座组成，高1.08米，宽0.52米，由李根源题写碑名。

北局公园在抗日战争胜利后曾更名“中正公园”，增葺台榭。人们来北局购物、娱乐，偶至小公园小憩，当是一番享受。而且，公园虽然简易，却引领着苏州人的现代生活，也给人们带来了一份宁静、一份舒心。

新中国成立后，随着社会经济的发展，北局之地寸土寸金，商业建筑急需地块，小公园渐渐被挤占。1956年曾加修理，拆去了围墙，仅存林则徐纪念碑、石凳和几株老树。之后，则渐渐失去公园面目，长期用作自行车停车场。迁至新址后，人们依然称之为“小公园”，也依然在此处休闲歇脚。

拟建而未建成的公园

民国早期，当时的苏州市政府对于建造公园比较重视。1928年，刚刚从吴县管辖改为省政府直辖的苏州，即制定了《苏州城市建设工务计划与实施》意见，对公园的建造有一个雄心勃勃的计划安排。文中写道：

凡都市生活愈趋复杂，人心愈多烦恼，当思何法可以舒展市民身心之疲劳，何法可以消灭市民性灵之痛苦，则公园之设置，实有莫大之效力存焉。故都市之有公园，犹人身之有肺腑，非仅观瞻所系，视为都市之装品，自当实事求是，以人口多寡，都市大小，而决定公园之面积及分布之地点。兹就本市内可以设施之公园计分三种：一曰大公园，原野公园及古迹公园属之，以供全市市民之游览。其内容之设备，原野公园以富有自然景色，如森林、丘墩、溪壑各种点缀，最为适宜，本市之虎丘是也。古迹公园以文化为中心，地处幽静而富有历史之价值者为主，本市之府学是也。一曰中公园，实用公园属之。供一区域内市民娱乐、休憩、运动、社交、教育之用，面积应有五十亩以上，有效半径应在三里以内，设备需包含图书馆、公会堂、运动场、音乐亭、游艺馆等，在整理区域内应设三处，本市之皇废基、北寺、南园是也。一曰小公园，近邻公园、儿童公园、广场等属之。近邻公园专供一里以内居民休息散步之用，且为都市之装饰品，故范围不必过大，设备但求简洁，其面积仅需三四亩，在整理区域内应有二十五所，惟南北部未开拓以前只设半数已足，其地点系利用散在市内之空旷地，兹不列举。儿童公园专供儿童运动之用，得于人口密集之住宅区域内择要分布，其面积与有效半径当以不超出近邻公园为宜。广场系利用路旁街头之零星空地，使趋于美术作用，以调和建筑物之干燥单调，与非常时间为缓冲地带，其面积与地点故无一定之规定，只视现状如何耳。公园之外，公园与公园之交通应设公园道，以连络之。在本市内未能见诸事实，然至少于特殊地带设较阔而有植物点缀之街道，用以为市民散步与乘骑之用。在本市之市中心四周模范街道及外城河与内城基址四周，皆有设公园道之可能。

公园系统表

种别		应设处所	应占之面积	有效半径	目的及设备	假定地点
大公园	原野公园	一	约五百亩	全市	天然景色	虎丘
	古迹公园	一	约三百亩	全市	纪念建筑物、古物陈列所、图书馆、美术馆	沧浪亭、府学宫及植园
中公园	实用公园	三	五十亩以上	三里	图书馆、公会堂、运动场、音乐亭	皇废基、北寺、南园
小公园	近邻公园	二十五	五亩左右	一里	短时间之休憩，都市之装饰	尚未指定
	儿童游艺园	择地支配	同上	半里	儿童运动器械	同上
	广场	同上	无规定		缓冲灾害，装饰都市	同上
公园道	散步道	尚未规定			联络公园、补公园面积之不足	同上
	骑道					

由此可见，计划不可谓不宏伟，规划也非常科学合理。要言之，计划建造大、中、小三种类型的公园，大型公园包括原野类公园虎丘公园和古迹类公园府学公园；中型公园除皇废基公园外，还将建造北寺塔公园和南园；小型公园包括近邻公园、儿童公园、广场公园等，大概类似于今天的街头小游园或主题公园，计划建造25处，短时间内将先建造10多处。惜乎由于吴县和苏州市“分家”不顺利，加之1930年苏州市又重新并入吴县，这些规划都落了空。当时，如果县、市分立的划界问题顺利解决，苏州市政府还曾计划将金鸡湖、独墅湖划归苏州市，并在两湖之间狭长两里的半岛建造公园，但也因划界未成而成为泡影。1929年，吴县建设局曾计划投资百万在苏州城南大运河畔的澹台湖建造澹台湖公园，方案已经拟好，设计十分精细，甚至也曾试建，最终也未能建成。大约在1931年前后，有关部门曾筹建太湖国立公园，亦未果。当年，这些计划如果成功实施，则民国时期苏州的公园则可谓洋洋大观，精彩纷呈了。而今日看来，计划未能实施，也绝不是分家未果这么个简单的原因，实是社会的发展进程尚未水到渠成所致。况且，即便令吴县、苏州分家顺利了，如此一个个庞大的工程，实施起来也不会那么简单容易。现实只能是，民国年间苏州就建造了上述的3处公园。

吴江县

吴江公园

吴江县，位于江苏省和苏州市的最南端，是苏浙沪的交界地。清朝之前，它长期是苏州所管辖的一个县，民国期间，隶属于江苏省直管。新中国成立之后，仍为苏州专属和苏州市的下属县，1992年改县为市（仍为县级），2012年改为苏州市的一个区，名吴江区。

吴江公园，1934年建于县治所在地松陵镇，面积约18666平方

摄于1935年的“吴江公园”大门

米（28亩），是一座综合性的公园。其建造过程，曹培培在《吴江公园小史》中述之较详。公园所在地七阳山（俗称土山），民国初年只是两个土埠和一片荒地。此山系太平天国之后用碎砖瓦、垃圾和清理玉带河时挖出的淤泥堆积而成。山的四周比较平坦，清末曾做过警察的操练场，人称“小校场”。1918—1919年，县知事李世由和知名士绅费仲�等人，先后在七阳山种植松树。但由于缺乏管理，七阳山成了放牛的牧场。1923年，吴中行、周公才、黄少娱、吴季贤等知名人士发起建造公园。由县议会推定周公才、黄少娱为筹办主任。当时，他们曾经设想，园中陈设吴江历史古迹，移用城隍庙共怡园的太湖石堆假山，铺植草坪，开辟网球场，建造茶亭及四面厅、公共礼堂、儿童游戏场等，资金约需2000余元。但终因资金不足，周、黄二人又不肯接受县署“吴江公园主任”的聘任，设想未能实现。

直到1934年5月，县长徐幼川在县第六十七次党政谈话会上，又提出建造公园的构想，旋经议决，由县党部、县政府、教育局各出一人，组成设计委员会，进行规划设计。又经县政府第六次政务会决定，拨款6000元，作为开办经费，并指定县政府第三科勘察选址。不久，第三科提出七阳山、共怡园、图书馆三处备选。经呈请江苏省建设厅批准，择定于七阳山建园。后建设委员会提出在东门外浮玉洲建园的动议，但又因苏嘉铁路从此经过而放弃，园址仍定在七阳山处，但面积较前有所缩小。

动工之后，先进行了三期工程。第一期，征购全部基地，筑围墙，铺设卵石路，在七阳山和东西两侧空地上植树造林；第二期，园中建造中山纪念堂，东北角建造四面厅，七阳山脚下造息楼，装设全园照明；第三期，山顶建亭子，建公园大门及管理室等。三期工程共花去8024.41块银洋。三期工程完成之后，1935年，吴江公园正式命名。次年十二月，继续进行第四期工程：在四面厅前面的空地上建直径8米、深2米的喷水池，周围环以栏杆，中置假山石，水从石空中喷出，水源取自后面县立医院自流井；在土山上松林中建一陈列馆，罗列县中名产供人参观；园的正门隙地，改作停车场；园后环以竹篱，并垒成假山走廊；将县立医院照墙玉带河上一座小石桥迁移，以利交通。可惜因徐幼川卸任，工程终止，只完成了水池等部分设施的建造。

1937年，在中山纪念堂前为出生在吴江的革命烈士钱涤根殉难10周年建造了高5.4米的纪念碑。碑文记载了钱涤根投身于中国国民党早期革命的光辉业绩。

日寇侵占吴江后，毁坏了公园的全部围墙，劫去了铁门，园内的道路、花草树木和花架物件也都被破坏。

抗战胜利后2年，县政府预算以200万元整理公园，计划分两期实施。第一期先将已损坏的建筑物及各项失修设施加以整理或修复；第二期重建围墙、凉亭及铺设地下水道等。二期工程刚结束，因受战事影响，园内四面厅等房屋建筑又一次惨遭破坏。因此这一时期的吴江公园，依然残破不全。

新中国成立后，政府对吴江公园大加整修。“文革”期间，公园受到破坏。“文革”结束后，20世纪80年代开始，公园不断受到整修和美化。吴江籍的著名社会学家、曾任全国人大常委会副委员长的费孝通教授为吴江公园题额。园景几可与古典园林媲美，30年代侥幸残存的女贞、龙柏、法桐等经认真养护也重新焕发生机。整个公园郁郁葱葱，浓荫蔽日，花香鸟语，清幽宜人。

盛泽目澜洲公园

吴江历史上有七大镇：松陵、盛泽、同里、震泽、黎里、平望、芦墟。盛泽镇在吴江区的最南端，毗邻浙江省嘉兴市。吴赤乌三年（240）有盛斌其人屯兵于此，人称其故宅为“盛寨”，讹音而为“盛泽”。盛泽宋朝成镇，向以丝织业为盛，清朝中叶即和杭州、苏州、湖州并称“江南四大绸市”。资本主义西风东渐之际，盛泽也是苏州及江南地区民族工业发生最早、发展最快的地区之一，商贾云集，市场繁华，人口密集。因此区区一镇之地，也有建造公园之举。

目澜洲公园也是利用历史遗迹而建造的。这里本有元朝至元十四年（1277）所建的一座古寺，旁有莲花池，乡人死后无处安葬，皆投尸于内，故名“骨池庵”。元至正年间（1341—1368）应僧玉岑琇法师之请，皇帝亲赐“圆照”匾额，便易名“圆照庵”。如今，公园大门上方匾额还镌刻着“圆照遗址”四个篆字。明正德元年（1506）勒《圆照庵记》石碑，碑文有言：“庵四面水流环抱，盛川在前，波澜溢目，因名之曰‘目澜洲’。文人墨客从游者旁午，遂为一方奇观！”当年苏州文人雅士沈周、祝枝山、文徵明、王宠等时来此游赏。可知，这里本来就是一方风景胜地，并具有一定公共游览性质。后则随着时代变迁，失诸管理，时圮时修，至民国初年，原有建筑则大多毁废。

1929年，盛泽区公所根据区助理徐少方提议，建目澜洲公园，占

盛泽目澜洲公园园景（20世纪30年代盛泽生生照相馆拍摄，张秋红提供）

盛泽目澜洲公园四面厅（20世纪30年代盛泽生生照相馆拍摄，张秋红提供）

地10000平方米（15亩）。对原来破败的遗迹加以清理修整，改造圆照堂（俗称“四面厅”），竖《圆照庵记》石碑，整修道路、驳岸，遍植花木，园内风光顿时一新，形成了洲中有湖、湖中有岛的格局，乃成城镇居民休闲纳凉的好去处。在远离大城市的乡间小镇有如此一处公园，当时可谓凤毛麟角。

新中国成立之后，目澜洲公园曾经几次整修，并扩大了面积，现在分为内园和外园两个部分。内园为圆照庵遗址，四周环以小溪，溪中遍植荷花。圆照堂四面玻璃窗，周以回廊，游人品茗其中，望湖水浩渺，觉神清气爽。目澜洲最南端，有一临水而筑的长堤，西半堤垂柳如丝，水影似墨；东半堤遍植紫藤，参差有致，均有几百年的历史。长堤之外，人称“外园”，空旷而有野趣。桥上远眺，烟水空明，令人心旷神怡。唐朝柳宗元论园云“旷如”“奥如”，目澜洲公园虽小，却也有此意境。

同里西津小公园

据2007年广陵书社出版的《同里镇志》记载：“民国十八年（1929）吴江县同里区西津镇公所将仁济道观（南观）后面的小园进行修葺，筑亭植树，开径栽花，略成园林规模，称为‘西津小公园’。园中有玉兰树一株，为明朝旧植，老干欹卧，盘曲形奇，花时茂盛如玉，前贤多有题咏。公园附近又有钱家浜之桃花，西皈庵、青苗庵之牡丹，每当春日晴朗，游园者络绎不绝。更登亭远眺，看园外春景如画，平畴绿野，尽可骋怀，不亦乐哉！”

1937年，同里被日本侵略军占领后，公园毁废。

同里公园

1930年8月，吴江县同里区公所根据镇民提议，决定建造同里公园。后因时局变故，灾荒迭起，且建园经费筹备不足，暂时搁置。1935年春，旧议重提，经同里区第44次区务会议决定，加速公园建设，园址选在镇北郊水安桥与北观之间的新街上，此处相传为明初富豪沈万三女婿顾学文家的花园遗址。

1935年秋，公园建成。该园坐西朝东，向东通向星罗洲；西侧则与同川八景之一的疏柳闻莺为邻；南与明代侍御坊（陈家牌楼）隔港相望；北为农田。毗邻风光绝美。

公园占地4000平方米（6亩），四周筑围墙，中央挖圆形荷池，直径约35米。池周植冬青，池上架曲桥，池中养金鱼，池北建歇山顶四面坡厅堂一座，为园中主要建筑，内设茶室。园东北有土丘，铺碎石小径，以资登临。阜顶筑茅亭一座，松树原木为柱，稻草麦秆为顶，自然淳朴，颇富天趣。偏东处竖立一块1.5米高、青褐色的石板，上刻斗大“冰香”二字，阴文篆体，无落款，不知何时为何人所书。这块“冰香”石板，乃建园时出土，不知是否为顾学文遗物。公园西

同里公园门前景观，摄于1936年

北角，有向阳玻璃花房一座，养花诸多。园内又有花坛多处，广植牡丹、芍药、绣球、含笑、茉莉、菊花等花卉。园内置山石立峰，树桩盆景，遍植桃、柳、紫薇、芙蓉、蜡梅、女贞等。园虽不大，但园景足备，美不胜收。且登临土丘，北郊田园风光，尽收眼底。东望罗星洲，亦在眼前。远眺诸湖，清波十里，鸥舞鹭飞，舟行帆张，令人心旷神怡。

1937年，“八·一三”淞沪抗战爆发，沪、苏两地来同里避难者骤增，同里公园成了避难者的好去处。每每入夜，公园里灯火通明，茶室里客人满座。

不久，同里亦沦陷，为日本人所占领，公园因受到糟蹋且无人管理而荒废。

震泽公园

震泽，是吴江的七大古镇之一，位在太湖南岸，其西紧邻浙江湖州，古称“吴头越尾”。震泽本是太湖的别称，震泽镇即因濒临太湖而得名，别号“岖塘”。宋朝始设镇，是历代震泽巡检司署的驻地。它也是国内有名的丝绸之乡，是文人荟萃之地，相传唐代诗人张志和、陆龟蒙曾隐居于此。区域内河流港汊纵横，大运河支流岖塘河横贯镇区。民国之际，震泽曾为吴江县的第五区。20世纪后期，全镇辖一镇七乡：震泽镇、蠡泽乡、柳塘乡、八都乡、七都乡、开弦弓乡、大庙乡、大儒乡，人口将近10万。

震泽公园于1936年构建。之前一年，岖塘河改道，在镇北开凿新河，挖土堆积成山。当时的区长沈秩安及社会知名人士共同发起，在鲤跃西募建公园——这里本来是震泽八景之一的虹桥晚眺旧址。地广40000平方米（60亩），按其规模及布局，为当年吴江三大公园之首。园门东向，布局简洁朴素，主体建筑为四面厅，面宽五间，歇山顶，琉璃瓦。厅旁为荷花池，乃园中主景。池上架小桥，池中有亭台、假山。园内有花圃、草坪，但全园隙地较广。1937年11月，日军侵占震泽，把公园当作操场，公园乃成禁区。抗日战争胜利后，公园因荒芜

1936年的震泽公园大门和四面厅

已久，旧貌难以恢复。

1956年，人民政府对公园重新修建，“文革”中，公园被工厂占用，园景遭到破坏。1982年，工厂搬出，公园得到重新整修。今日的震泽公园以水池为中心，厅、榭、亭、台、廊绕池而筑，花木似锦，曲径通幽，是具有江南特色的一处公共园林。门上匾额“震泽公园”四字，为费孝通手书。

昆山县

马鞍山公园（亭林公园）

昆山县历史悠久，新石器时期，已有人类活动。因吴王寿梦曾在此豢鹿狩猎，故名鹿城。吴王阖闾元年（前514）置为娄邑，南朝时始名昆山县，之后县域和县名多有变化。民国之际仍名昆山，直属江苏省管辖。昆山历来经济发达、人文荟萃，顾炎武堪称昆山名人杰出代表。元末明初出现在昆山的昆曲被称为“百戏之祖”，2001年，昆曲被联合国教科文组织列为“人类口述和非物质遗产代表作”。昆山位于上海和苏州之间，与这两个城市关联密切，对苏、沪两地社会变化的反应最快，跟得最紧。马鞍山公园就是苏州地区得风气之先而建成的一处公园。

苏、沪地域，沃野平畴。而位于昆山县城玉峰镇西北郊的马鞍山一峰独秀，层峦危立，山环水绕，风光绝佳。早在南朝梁天监年间，吴兴沙门慧向大师（梁武帝之师）即在此建慧聚寺（现移至昆山经济技术开发区内），堂宇华丽，四檐飞翚，林木回环，90多处亭阁楼殿萦山照水，美不胜收，人赞之曰“缥缈如仙府”，为我国历史名刹。唐朝诗人孟郊、张祜，宋朝诗人王安石，元朝诗人杨维桢，明朝文人王世贞、都穆，清朝的朱彝尊、龚自珍和林则徐等都曾来此游历或留下诗篇。康熙南巡亦曾登临此地，并赋《登文笔峰》一首，留存

20世纪30年代的东斋

至今。因此，历史上的马鞍山就曾是一个自然景观和人文景观相结合的风景胜地。

当上海建造公园之风兴起之时，昆山虽为县邑，却较早跟进。光绪三十二年（1906），邑人方还等就将马鞍山之阳正式辟为公园。之前，因要修建沪宁铁路，英国人总工程师格林森垂涎马鞍山，故意将车站定在山之东麓，企图以此为由霸占马鞍山及周围土地。地方名士方还识破其阴谋，带领群众竭力抗争，并请求官府同意在山前山后植树造林。于是方还等就集资创办马鞍山树艺公司，广植花木，并进而创建了公园，名曰“马鞍山公园”，确保了这方风水宝地的主权未被洋人侵占。初建时公园面积约26667平方米（40亩），产权属树艺公司。方还（1867—1932），原名张方中，昆山蓬阆人，曾创办邑内第一所新式学校——樾阁学堂和亭林学会，曾任昆新教育会会长和商会会长。辛亥革命后，被公推为昆山民政长（相当于县长），颇多政绩。民国时历任北京女子高等师范学校校长、上海招商局公学校长、南通女子师范学校校长等职，为我国教育事业做出了贡献。方还博学多才，古文诗词，无一不工，尤精翰墨，古拙绝伦，名噪江南。他病逝于南京，次年，故乡人士将他的灵柩运回昆山，公葬于他创建的公园内东斋荷花池畔，并建方还亭，以纪念这位为故乡做出过重要贡献的名士。

公园建成后，不断扩建和完善。1913年，建故先锋团团长朱葆诚烈士纪念碑。朱葆诚乃北伐军先锋团团长，被江苏都督程德全杀害。1917年，建县公共体育场。1934年，修建文笔峰、玉峰亭（今之古春风亭）和凌霄塔。1936年全面整修古迹，建于宋代的半山亭得以修复，同年，为纪念顾炎武改园名为“亭林公园”。1937年，山顶建气象二等测候所。日军入侵，公园成为兵营，树木被砍，设施被毁，不准游人进入。抗战胜利后，公园一度无人管理。后公园管理处成立，对园景重加整葺，并经常开展游乐活动。当年蒋介石和夫人宋美龄、国民政府主席林森、立法院院长孙科一家和著名学者梁启超、吴梅等都曾前来游赏。

亭林公园，不似建于城市中心的市民公园，而是利用固有的自然风光和人文景观修建的自然公园。在整个民国期间，它还是以自然景观为主，人文景观相对较少。

亭林公园景点之美化和游乐功能的提升主要还是在新中国成立之后，尤其是“文革”之后完成的。今日之亭林园（2000年改为此名）是既有天然美又有人文美的综合性公园。以中部马鞍山景区为主体，奇峰异石，洞壑幽然，登高望远，一览众山小，又有古亭古塔，足发思古之情；东部以人文景观为主，有名人馆、墓、祠和碑刻，可与前贤对话；西部景区，以自然景观为主，浓荫如盖，鸟语花香，小桥石径，流觞曲水，游人可和大自然同呼吸。亭林公园，不仅是昆山人的游览佳处，也是苏州、上海乃至江南的一方名胜。

半茧园

半茧园的所在地即今日昆山市玉山镇之昆山第一人民医院。此

民国年间的小有堂

民国年间的揖山亭

园本是明朝昆山叶氏始建的私家园林，延至民国，辟为公园。

明成化年间有叶盛（谥号文庄）其人，为吏部左侍郎、著名藏书家。叶盛欲建园藏书未果。至其五世孙叶台山始构园，名“春玉圃”。明朝末年，叶盛之第七世孙叶国华又曾拓之，修广40000平方米（60亩），易名“茧园”，有大云堂、小有堂、据梧轩、樾阁、霞笠、唐亭、绿天径、烟鬟榭、濠上、舒啸堂诸胜。小有堂前矗立着一块富有传奇色彩的名为“寒翠”的奇石。清初，叶国华将园分给三个儿子。其仲子叶奕苞（字九来，1629—1686）得其东偏之半，葺而新之，名为“半茧园”，新增梅花馆、春及轩诸胜。嘉卉满园，清流绕除，常为文人雅集之所。再后，叶氏家道中落，将园卖给平湖陆氏，此园渐至荒芜。乾隆年间，半茧园归新阳县城隍庙（编者注：清雍正年间，昆山分成昆山和新阳两个县，两县共一个县城），成为寺庙的后花园，从此开始有了公共游览的性质。因此当时的地方官府依然重视它的园景建设，如嘉庆年间重建舒啸堂、樾阁，增加了丛桂堂、揖山亭、莲舫、含翠陂、紫藤桥等景点，并于嘉庆八年（1803）将寒翠石移植于此。咸丰十年(1860),太平军占领昆山,半茧园遭到破坏。光绪年间,重修部分景点,邑人方还等在园内建起了昆山的第一座新式学堂:槭阁学堂。

进入民国,半茧园辟为公园。1925年,曾任昆山图书馆馆长的王颂文(1865—1943)等在此建红十字会广仁医院。但大约在1932年之前,园景比较萧条。就是在这一年,李子一编辑的《昆山指南》说它"其经兵燹,迭遭毁损,今则台榭已墟,蔓草没径,徒供人一番凭吊尔"。正因为如此,1932年夏,昆山地方政府发起成立半茧园组织委员会,由昆山教育局和第一区公所共同出银2000余,整理修葺,然后对外开放。据组织委员会撰写的《半茧园记》,经过修复的半茧园"游人之戾日众,避尘嚣而遣兴林泉,人同此心欤"。但最终还是因为经费紧张,原来出资的两家单位,实在无款可拨,"公园项下大有削减",半茧园终归难以恢复到明清时期的风貌。但作为一处公园,它依然享誉世间,且是当时昆山的主要游览景点,不仅是供市民百姓闲来游赏之地,也成为江南乃至国内达官贵人、文人雅士游览的必到之地。当时它被纳入马鞍山登高、青阳港赏菊、正仪观荷等昆山旅游系列活动内容之中,是游客们到昆山必游必赏的园林场所。上海的经济旅游社、华东旅行团和少女会等群团组织来昆山旅游,都必游半茧园。但是,游者所游的时间不同,看到的景物不同,更加之各人心态不同,在他们笔下所呈现的半茧园的面貌也就各异。昆山文史工作者刘军和李灿两先生所写《茧园八景》收录了不少当年游客们游览半茧园的记述文字,兹转引如下。1934年3月6日《申报》发表浪人的《昆山一日游》,文中写道:"在半茧园我们休息下来,青年们匆匆地携着相机,四处猎取景象,收入镜底。黄花是萎谢了,半茧园留不住我们的脚迹。"被誉为"东方卓别林"的小说家徐卓呆的短篇小说《新型结婚》有男女主人公游览半茧园的情节,写道:"哪知二人进去一看,大为扫兴。这名园,在江南园林中,也有相当的地位。可惜,经过战争的破坏,只剩数堆乱石和几棵老树罢了。二人在园中休息了一回，再到前边新建的医院中去参观一下，然后到街路上去，随便走了一回。”由此亦可知，徐卓呆是必定游过半茧园的。而鸳鸯蝴蝶派文人周瘦鹃和范烟桥在1934年游过半茧园之后，却感到“自有一番赏心乐事”。范烟桥说：“苏州的园林，可算多得啦，些微有点名望的，我都到过，可是都不及半茧园的娇小玲珑，尤其是有自然的衬托和渲染。我们觉得这种小型的园林，是最合小城市的布置。”同年春天，常熟诗人范灵昭偕夫人再游半茧园，写有诗句：“吾意微嫌春色少，还应相地补梅花。”也是这一年的11月8日，国民政府主席林森和上海市市长吴铁城应邀到昆山青阳港赏菊，然后也到半茧园接受政府机关宴请并游览。其实林森曾数度游览半茧园，并题赠“进德堂”匾额。同月24日，教育家蔡元培作为评委，到青阳港赏菊，也由县长和公安局长陪同，游览了半茧园。1935年夏天，教育家、时任无锡国专校长的唐文治，到昆山听曲，亦曾到半茧园游览。这一年，龚济在《京沪、沪杭甬日刊》上发表散文《昆山半茧园的梅影》，说：“昆山的半茧园，是旧时第二小学校的校址，里面有个藏书楼，是我童年读书的地方。每当初春时候，南窗开着，那满园的梅影，映照着我的衣袂，阵阵的幽香，陶醉我的心灵。……在寒翠石后面，便是梅园了。那里一株一株的梅树，都是虬枝龙蟠的横斜着。站在梅树丛中，望着迷人眼目的疏影，吸着沁人心脾的幽香，真像到了另一个世界，人也变成梅花的替身了。”如此种种记述表明，和鼎盛时期相比，民国时期的半茧园虽然显得荒落，但仍然是昆山乃至江南的一处名园。而它的一个重要特点是，它是由古代的私家园林变为公园的，这在当时的江南园林中并不多见。正因为这样的出身历史，民国时期的半茧园，即便成了公园，所呈现的主要还是古代私家园林的风貌。除了在园中建了医院和学堂，带有共和体制特色的建筑和其他景点的时尚元素并不多见。

全面抗日战争期间，日军占领了昆山，半茧园成了日本军队的驻地，园景受到破坏。1938年12月30日的《申报》还报道过这样一件事："前日晚，驻在半茧园的一部分日军，有三人以枪自戕殒命……"抗战胜利后，1946年，园中的广仁医院正式改为公立医院。

新中国成立后，人民政府接管了医院，易名为"昆山人民医院"。从此这方园林宝地，逐渐突出、强化医院功能，一切建筑设施的构建和风貌则以医院的需求为指向，园林的构筑风貌则愈来愈弱化，以致只以医院名世，世人多不知半茧园其名矣。但20世纪70年代，土山之上重建了揖山亭，群树环抱，斗拱飞檐，古意盎然；几棵老树还在，它们穿越时空，摇曳着半茧园的身影，展示着半茧园的风韵。游人到此，依然可以思古发呆，神游半茧园，领略它曾经的娇美。而且，槭阁虽然不在，但在靠近半茧园的地方，有一条路，叫"槭阁路"。还有一个小区，叫"槭阁花园"。这些文化符号，也在告诉人们，这里曾经是半茧园。

半茧园，不管是在私家园林时期还是在公园时期，其中一个最引人入胜的景观就是寒翠石。此石本是宋朝扬州官至提刑执事的王忠玉家快哉亭的宝物，苏东坡曾题识其上。苏轼有题，此石身价倍增。后来，不知什么缘故，寒翠石流落至昆山周太尉宅中，再后，周宅变成新安尼寺，此石仍在寺中。元朝至元四年（1338），昆山正仪的文人顾瑛（1310—1369）"易之以粟"，将此石置于他的园林玉山佳处中，后成为镇园之宝。著名诗人、画家柯九思曾专门来拜，并题诗一首云："烟笼寒翠石真奇，生长灵山孰转移。当日草堂留胜迹，名流题遍锦囊诗。"顾瑛去世之后，寒翠石移至茧园，嘉庆八年（1803）再移至半茧园，半茧园也因此益受文人雅士和一般游客的青睐。直至半茧园成为公园后，寒翠石依然是人们游赏和津津乐道的主要景观。1934年，范烟桥在园中欣赏寒翠石后还曾赋诗一首，写道："为看寒翠石嶙峋，残照秋英半茧新。恰有吴歌来天际，不须相思托花神。"据1937年3月民生工厂老板徐剑萍（1909—1940）摄影、编辑、发行的《昆山景物志略》记载，当时寒翠石还在该园内。而在抗战胜利后至20世纪40年代末、新中国成立之前，寒翠石却不见踪迹，不知去向。迄今人们还在寻寻觅觅，希望它能归去来兮，重放光彩。当代作家贾平凹来昆山寻访寒翠石，终不可见，撰文道：“一块石头，数百年间被人珍惜，此石必是美女二世。但人女之美，命运必是坎坷，故永做石头再不做生人？”

巴城公园

巴城，昆山西部的一个大镇，历史悠久，风光秀美。它西邻阳澄湖，素以阳澄湖大闸蟹闻名。

明朝永乐、正统年间，巴城有位德才兼备而隐居不仕的处士名周禧。其先世为河南人，渡江南来，入籍昆山，四世祖曾任昆山知州。周禧平时济困扶危，乐善好施，乡亲朋友都会受到他的恩泽。其性耿介，以直自负，乡里有斗讼之事，他居中调解，明判是非，大家都口服心服。他的家法很严，子侄辈即使有小的过错，他也不放过，而是严加管教。因之，周禧成为乡里教化的榜样。他和昆山画家夏昶等是好朋友（1942年还曾在其墓中发现夏昶所绘墨竹等遗物）。正统二年（1437），周禧病故，葬在巴城崇宁寺北，人称周处士墓。周禧世世代代受到人们的敬仰和尊重，坟墓年年加高加大，至民国年间，俨然一山丘矣。逢年过节前来祭扫和瞻仰的人往来不断，这里实际上已经成了里人的游眺交游之地。

据朱保熙《巴溪志》记载，1931年后，巴城经济发达，街市繁荣，镇区有大小商行200余家，还有轮船局、电灯公司、渔牧公司等。为了适应这种资本主义在乡村发展的需要，1932年，在上海、苏州、昆山陆续兴建公园之时，里人汪正本和张国权动议以周禧墓为中心建造公园。于是周围植树以作藩篱，除草平地，种植松柏。周禧墓俨然山丘，巍然独立，即在墓巅建望湖亭，阳澄烟波，遥遥在望，云山缥缈，心眼为开。墓下甃石成阶，旁设短栏，曲折有致。四边置石座，供人休憩。同时在公园中间建造篮球场、设乒乓球台，借资公众体育运动。公园虽简素，倒也是当时不可多见的一处乡间园林。

此园于抗日战争时期受到破坏，从此逐渐荒败，再后不复存在。

太仓县

游息山庄（今太仓人民公园）

太仓，位于长江入海口南岸。春秋时期，吴王在此设立粮仓，故得名“太仓”。南临上海，与上海地域相近，人缘相亲，经济相融，语言文化相通，具有同城效应。受上海影响，其资本主义的发生，起步较早。清同治年间（1862—1874）起，即已开设典当铺，成立电信局和电报局；建济泰纱厂，成立商会；创办小学和中学，学堂改称学校，有学生出国留学；还有基督教会在此开办医院，中英合资开设西药房。尤其是在宣统三年（1911）10月10日辛亥革命爆发前4个月的6月份，即自行资本主义议会制，奉行地方自治，州（明弘治年间设太仓州，辖崇明县，属苏州府管辖）、县、乡三级都成立了议会并选出议长。辛亥革命胜利后的11月6日就脱离了清王朝的统治。中华民国成立后，太仓县归江苏省直接管辖。人口在1912年达到26.5万人，1935年达到31.6万人，1948年达到30.5万人。

就是在中华民国建立的前一年即清宣统三年（1911），由陆佐霖、陈大衡、李液丰三人设计布置，在城厢镇始建公园，初名“游息山庄”，俗称“公园”。

在原有自然或人文景观的基础上建造公园，这是不论西方还是我国在公园出现之初的一个普遍现象，游息山庄就是在丰厚的历史文化和人文景观的基础上建造的——此处在南朝梁天监年间是妙莲庵。北宋时吴中著名水利学家郏亶死后葬于此，当时有墓道、墓门、石马，并有专祠，以后历代屡有废修，迄今尚存土墩。南宋建炎四年（1130）在此建海宁寺，曾为沧江八景之一。元朝时，寺右有铁釜，内径164厘米，深87厘米，厚5.5厘米，系航海大船浸篾缆所用，篾缆盘水中，以桐油浸之，防蚀耐用。此物至今仍在。明朝时在寺左凿井，名“通海泉”，泉有四眼，沿称“四眼井”，井水深广，久旱不竭，人谓通海。寺之左右有石亭，寺前有三环洞之香花桥。清咸丰年间寺毁于大火，至今尚存石础、石柱、条石和墙基遗址、石亭遗址等。历史上，这儿就是太仓的一方文化宝地，也是市民百姓聚游祈福之处。

当年在此建造公园，前围以墙，西疏流水以通北溪，东界土地庙。广植树木花草，修筑曲径，中辟草坪，旁设石座。前有土山，叠以山石，修盖凉亭；后有师竹轩，围以花坛；侧有树萱斋，壁嵌碑石；凿荷花池二，架小石桥和三曲桥，池旁建亭。1947年，里人集资修整郏亶墓。显然这是一个具有苏州古典园林风貌的现代公园。

新中国成立之后，游息山庄改名为太仓人民公园，历经多次修葺。除民国时期的景点整理一新外，园中又新建、移植许多人文和自然景观，如建盆景园，移植郏亶墓、花石纲遗物观音峰及王锡爵、董其昌、钱大昕等名家所书的碑刻，尤其是嵌有赵孟頫书写的《归去来兮辞》与《送李愿归盘谷序》的墨妙亭，也迁移至此，使百余年历史的公园，内涵更加丰富多彩，更加吸引游人流连忘返。

璜泾玄武池

太仓县域东北有镇名璜泾，唐朝所置。宋室南迁之后，有一支赵姓皇族聚居于此，乃成大镇，世称繁华。元末明初，遭兵火而毁。成化年间，邑人赵壁捐资重建，乃复昌盛，且成为周围广大地区的经济、政治和文化中心。辛亥革命后，这里一直是行政中心所在地。镇上有一水池，名曰“玄武”。玄武池面积不大，只有不到7000平方米（10亩），但却和南京的玄武湖同名。玄武湖方圆近5里，乃一方山水胜地，其人文历史最早可追溯至先秦。六朝时期辟为皇家园林，清朝末年西风东渐之际开始辟为公园，名玄武湖公园，是江南地区最大的城内公园。而1930年，太仓玄武池也被当地士民辟为公园。两个玄武水域公园，一西一东，一大一小，可谓遥相呼应。

玄武池虽小，却池水清澈，景物宜人。池中有小岛，宛如浮水花坛。池周遍植苍松、翠柏、桃、李、桂、梅，四季常绿，鸟语花香。岛上建亭，亭为四面厅式，周围檐廊，砌有坐槛。四面临水，曲桥相通。夏天可在亭内品茶，可凭栏赏花，满园荷香四溢。放眼南眺，平畴沃野，一派自然风光，为一方游览胜地。大书法家于右任为题写匾额“有怀亭”。边款是“璜泾成于宋，毁于元，明成化间赵壁复兴市廛，邑人感之。有怀，赵壁字也”，揭示了玄武池的人文内涵。原来赵壁是宋宗室后裔，曾任七品闲散之官。当年他捐资盖屋，修桥辟路，安置民居，乃使此地商贾云集，人丁兴旺。百姓感其义举，曾将此地称为“赵市”。赵壁故后，州署立碑记事，并由礼部尚书李杰为作墓志铭。后来玄武池渐渐圮废，至1958年“大跃进”时彻底被毁。后园址曾为农机厂所在地。

艺芳园

艺芳园，位于今太仓市浏河镇北街市梢之东，土山之南，乃1920年吴仲裔先生所建。吴仲裔（1888—1959），浏河人，是世界著名核物理学家、被誉为“东方居里夫人”的吴健雄的父亲。他早年就读于上海南洋公学（上海交大前身），曾参加蔡元培主办的爱国学社，系同盟会成员，并参加上海商团。他敏而好学，多才多艺，唱歌、吟诗、拉风琴、狩猎、装收音机，兴趣爱好广泛。他创办了浏河明德女子职业补习学校。艺芳园所在，本是一处荒墩，吴仲裔将之辟为公园：披荆斩棘，铺草坪，植花木，建石亭，曲径婉转，花木蓊郁，供全镇公众晨练、娱乐、游玩、休憩。然而公园年久失修，逐渐衰败，但直至20世纪50年代仍留有痕迹。

常熟县

虞山树艺园（逍遥游·虞山公园·伊佐公园）

商朝末年，泰伯、仲雍（虞仲）让国南来，建勾吴古国。虞仲死后葬常熟山麓，山乃名“虞山”。春秋时期，里人言偃，游学孔门，被称为“南方夫子”。常熟历来经济发达，因土壤膏沃，岁无水旱之灾而于南朝梁时得名“常熟”。其自然风光秀美，有“七溪流水皆通海，十里青山半入城”诗句咏之；人文荟萃，自唐至清有进士438名，其中状元8名，榜眼3名，探花4名。民国时期，常熟直属江苏省管辖。1912年人口83万，1935年89万，1948年95万。

逍遥游是常熟历史上第一个公园，位于常熟古城区西隅、虞山东南麓。这里原为明嘉靖二十年（1541）进士、吏部尚书、武英殿大学士、书画家严讷读书处，名“一角园”。清末屡遭兵燹，渐次荒凉败

1915年，赵逸士绘《逍遥游图》（吴建刚提供）

1928年，西门外逍遥游公园大门

落。中华民国建立后，在这里植树造林，称之为“虞山树艺园”。继之，为了适应时代和市民的需要，政府增加景点和公众游览设施，由李紫纡、袁润生等建成正式公园，取名“逍遥游”。

此园山水萦绕，林壑幽美，风光绝佳，于此凭栏远眺，尚湖、昆承湖，水光天色，胸襟豁然。园之西侧跨山城墙巍然屹立，东侧奇石峻秀挺拔，还有五石瓠斋及芥舟等历史遗迹，古雅脱俗。1925年冬又由袁润生、陆圭如、周树声、鲍海筹、周凤章等集资加以扩建，并易名为“虞山公园”，辟有大礼堂、大椿楼、船厅、四面厅、西楼、演讲厅、雅集亭、橘仙磴、大仙堂、坳堂、小香雪、日泉亭、道士坟等景点，并仿照上海大世界游艺场，设有商肆、剧场、茶室、旅馆、弹子房等场所，自然风景与游艺功能兼备，成为一处大众游乐的场所。四面厅门额“逍遥游”三个大字，乃由吴昌硕以石鼓文书写。袁润生还聘请上海鸳鸯蝴蝶派代表作家、邑人吴双热编印《逍遥游公园日报》。

1927年，北伐军到达常熟，国民党的县党部也曾在此公园内挂旗办公。1928年，国民党常熟县党部指令不得用“虞山公园”之名，于是又改名“逍遥游”。

当年，近代著名书画家赵古泥、李西山等常来游赏，都在这里留下了楹联和匾额。如李西山联云：“夕阳楼阁，烟雨湖甸，眼前风景不殊，乌木山人新画本；西城壮观，南华胜境，额上题名如故，白头相国旧书堂。”“乌木山人”指清代画家王翚，“白头相国”指严讷，可见园景之一斑。当时，吴双热主编的《饭后钟续刊》曾刊有《虞山公园十景》一文，对西楼、演讲厅、四面厅、船厅、大礼堂等设施及游人络绎不绝的盛况做了介绍。录于下，以见当时之盛况：

（一）西楼红带夕阳明，茶味津津，人语盈盈（当时西楼为茶肆）；

（二）曼妙声容演讲厅，燕燕莺莺，袅袅婷婷（戏台上额曰“演讲厅”）；

（三）作乐陶情四面厅，闲品香茗，消受观听（四面厅额曰“逍遥游”，亦游客品茗处）；

（四）品茶最好是船厅，几净窗明，泉洌茶馨（船厅内设茶室，一公园内有三处茶室，不愧是“常熟汤罐”）；

（五）大礼堂中杂艺陈，坐坐行行，看看听听（此处为小剧场）；

（六）弦歌集社有中音，法曲仙音，顾曲知音（内设中音俱乐部，为京剧票友组织）；

（七）崇楼下榻夜迎宾，一榻横陈，一室生春（旅馆设在楼上，亦有烟、赌、娼生意）；

（八）大椿楼上款嘉宾，肴榼纷陈，风味清真（大春楼为菜馆）；

（九）商场列肆闹盈盈，电矩通明，光色缤纷（旅馆楼下为商场）；

（十）疏疏密密见园林，竹石森森，花木深深（指园景）。

民国二十年（1931）在常熟北门新的常熟公园建成后，逍遥游公园人气渐稀。1937年日寇入侵，常熟沦陷，日军首领伊佐率部入城，次年将公园改名“伊佐公园”。日寇肆意拆除，将云墙粉壁、文物景观、花草树木、峰峦池沼等破坏殆尽，园景荒芜。抗战胜利后，因为已经另有一处更为完备的常熟公园，政府和社会也无暇顾及逍遥游公园的修复，任其败落，无人问津。然尽管沧桑变迁，园址尚可指认，直到20世纪90年代初，这里为军营所在。

常熟公园

今之虞山公园，在虞山山麓，虞山镇北门大街，初建时名“常熟公园”，系1931年由常熟著名教育家蒋凤梧发起，在当时的半巢居和陈家山门处所建造。蒋凤梧（1873—1949），常熟城区人，毕业于日本弘文师范学校教育科。曾任苏州公立第一中学堂、苏州铁路学堂监督。1912年，当选国会众议员，当时先后兼任常熟县立女子高等小学校长、常熟县教育局董事会主席等职。1916年2月，任江苏省第一师范学校（苏州中学前身）校长，性耿直，重节概。1923年，反对曹锟贿选总统，联名发表拒贿声明。1925年，出任淮扬道尹，与地方军阀屡生龃龉，弃职归里，其间，发起倡建公园。抗战期间，坚持民族气节，避居上海。1945年秋，又参加创办常熟私立中山中学，两度出任校长。殁后，中山中学为他立碑纪念。

因当时城西隅已有虞山公园（为逍遥游公园于1925年所改之名），所以常熟公园当时又俗称为“新公园”，以和虞山公园相区别。

该园倚傍虞山构筑，景观随地形起伏，建筑物错落层叠，间以林木泉石，使自然风景与人工点缀融为一体。全园分前、中、后三个部分：前部有景点倚晴楼、栗里茶室和卷云石。“卷云石”高3米，最宽处约1.5米，其状舒展如云，形态奇特，正中镌刻邑人、燕谷老人张鸿题书“卷云”两大字和“刳神胎，出灵氛，一舒一卷，为天下云”题词。此石颇有来历，原为明代钱谦益宅后花园遗物。清雍正时钱宅被改建为城隍庙等，民国后，又在此建虞阳小学，石即立于学校操场一角。建造常熟公园时，即将此石移来，成为镇园之宝。中部以水面为中心，池水为旧时观音潭遗迹。中部是全园精华，亭、榭、曲桥列布，富有江南园林特色。九曲桥、湖心亭乃造园时所筑。亭上曾悬南社诗人朱剑芒书“在水中央”匾额。“文革”中，朱曾因此增一大罪状，匾亦被毁。双茆亭在湖心亭南，隔水相对。此亭呈六角形，竹结构，顶部覆以茅草，饶有野趣。夕照榭位于湖心亭北，为半舫式小榭。亭榭临水，相映成趣。每当落日斜照，景色尤美。亭中有石台一座，厚二寸许，需十来人才能移动，为罕见之物。后部虞山亘绵，秀木拥翠，以自然山石为主，山野韵味甚浓。据1948年汪青萍《常熟手册》记载，公园"依山傍城而筑，风景具天然之胜。亭榭点缀，栗里、环翠，茶居遥对，游人憩息所也"。旧时景点诸多，主要景点还有中山厅、民众教育馆、北廊草堂、挹秀山房、新亭、饮绿轩等。这是一处既有林泉之美又有浓郁的人文氛围的极具江南园林特点的综合性公园。然频经战乱，疏于维护和修复，至新中国成立前，景象一片荒凉。

二十世纪四十年代"新公园"大门

新中国成立后，此园于1950年更名为人民公园，此后陆续整修，成为常熟的一处重要游览景点。1982年7月起，人民公园进一步扩大。由上海同济大学建筑系园林专业师生进行总体规划：依然保留原有三个景区——前部花坪景区、中部溪塘景区、后部山林景区的布局特点，既利用天然优势，又突出时代精神。1984年，恢复"虞山公园"之名。1989年，以虞山、尚湖为基础经国家批准建设了国家森林公园。虞山公园成了这个森林公园的一部分，其游览性质和功能更进一步增强。

何市公园

何市，是当今常熟市的一个乡镇，在市区的东部，距市政府所在地虞山镇31千米。何市原名桂村，因明代当地绅士何墨始创集市，遂改名何市。此地属于江南经济比较发达的地区，它的文化底蕴比其他同类乡镇深厚。清末民初，何市接受西方文化也比较早，1891年就创办桂村书院，又建公园、公墓，还有私人建的藏书楼，这些在当时的乡间都是比较新潮的。

据1998年出版的《何市镇志》记载，何市公园位于横沥塘北，1926年由徐树人经手兴建，占地约3300平方米（5亩），费银11834.6元。公园三面环水，风景秀丽。西侧筑围墙，墙上书“何市乡第一公园，中华民国十有五年秋九月建筑”一排大字。园门为活动铁门，铁门内为坐北朝南的四合院。门前有梧桐数株，粗可盈抱。池上架木桥，把南北两岸连在一起。园内四面回廊，东面两侧为厢房，北侧一椽小室，天井中点缀花木竹石。园中央为四面厅，这是公园的主体建筑，基高屋敞，四面深廊，门窗皆嵌彩色玻璃，是一幢具有民族风格的建筑。周围树木茂盛，绿荫掩映。大厅后有玻璃花房，能藏花数百盆，以菊花、山茶居多，园内四季有花。厅前有百年黄杨一株，紫藤一架，两旁以竹篱围之。园西北隅平屋三间，为桂村图书馆。馆前亦多花木，村民常来此品茗聚谈。这里是此地百姓休闲游览的一方胜地。

1940年，谭震林（化名林俊）率部到何市，常在公园内召开会议或军民联欢。1941年，日伪军“清乡”时，公园被占，池上木桥被锯，花木被砍。抗战胜利后，公园扩建为小学校舍。

新中国成立后，公园曾一度为医院所用。1982年，何市乡人民政府重修四面厅。四面厅被列为常熟市文保单位，现为儿童文化园活动场所。

第三节　苏州的公园构建特点

公园，随着资本主义的产生而产生。世界上第一个城市公园是1843年英国利物浦市建造的伯肯海德公园，我国第一个公园是1868年英国人在上海黄浦江滨建造的公花园，即今黄浦公园。苏州地面上的公园，如昆山的马鞍山公园（1906）、苏州的植园（1907）都是建造于清朝末年、民国成立之前。民国期间苏州地面所建之公园按照时间先后，依次是太仓游息山庄（民国初年）、常熟逍遥游（民国初年）、太仓浏河艺芳园（1920）、常熟何市公园（1926）、苏州城区皇废基公园（1927）、吴江盛泽目澜洲公园（1929）、吴江同里西津小公园（1929）、吴江同里公园（1930）、太仓璜泾玄武池（1930）、苏州城区北局公园（1931）、常熟公园（1931）、昆山巴城公园（1932）、昆山半茧园（1932）、吴江公园（1934）、吴江震泽公园（1936）。

对苏州民国年间实际存在的公园的特点，可以从以下三个方面进行解读。

一、基本情况

（一）苏州市的公园建造在全国属于比较早的，马鞍山公园、植园都建于民国成立之前。（二）论数量，也较他地为多，共有17处，除了每个县的县城所在地必有一处外，有的乡镇也建有公园，即常熟的何市公园、昆山的巴城公园、太仓横泾的玄武池和浏河的艺芳园、吴江的同里公园、同里西津小公园、盛泽目澜洲公园和震泽公园。因为这些小镇都靠近上海，能比较快地受到上海的濡染和辐射，也都比较富庶繁华。震泽、盛泽镇等丝绸业比较发达，是有名的丝绸之乡，生意兴隆，人流量较大，现代化的生活方式比较突出，因此这些乡镇较早地建造公园是一种实际的需求。小镇建公园，这是走在时代前列的。（三）就公园的类型说，除多数是综合公园外，也有植园这个专类公园。而且植园建造得还比较早，南京中山植物园直到1929年才建成。其他地方还有纪念性公园，如南京中山陵园（1928）、镇江赵声公园（1931），而苏州没有。（四）这些公园都建于抗日战争之前。原因很简单，日军侵华，全国人民共赴国难，经济受到破坏，生活不得安宁，哪还有实力和精力去建造公园呢！继之，解放战争时期，当时的政府同样无力也无心去建造公园以改善人们的生活环境。

应该说，这样的公园建造和建制，对于当时的苏州市（大约相当于今日姑苏区的范围）来说，只能说是勉强适应。在民国历史上，当时的吴县和被誉为“人间天堂”的中等城市苏州合在一起却只有3处真正的公园，而且植园还是清朝末年所建，1930年又因在园内设置蚕桑试验场，公园的功能就逐步淡化；还有一处是北局小公园，仅是到观前街购物、办事的人们临时歇歇脚的小园林，而且也过早失去了公园面貌；真正的公园只有皇废基公园而已。因此，从园林发展史的角度看，民国之际苏州城区的公园建造实在说不上兴盛。如果和历史上辉煌的私家园林相比，公园这一新的园林形态在苏州一出世，就显得缺少光彩。而1927年从吴县分离出来的苏州市所制订的《苏州城市建设工务计划与实施》意见如果得以实现，苏州的公园面貌则会是另一番景象了。

民国年间，苏州的公园现状若此，什么原因呢？（一）受社会大环境的制约。民国年间，国家没有强盛过，人民没有安宁过，民族资产阶级没有强大过，经济、文化没有真正发达过，如斯，一个新生的园林形态怎么可能健康地发展呢？虽然苏州这方人间天堂，各方面的情况都要优越一些，但是，覆巢之下，焉有完卵！（二）具体原因还是在行政管理体制上。民国期间，较长时间都是江苏省直接管县，苏州市不仅不属于省管，不仅不领导县，而且有时也只是吴县县治所在地的一个城厢。这个城厢虽然名字叫苏州市，但在1912年至1931年稍后的大部分时间里属吴县的市、乡一级，和当时的木渎市、陆墓市、南北桥市及光福乡、周庄乡、甪直乡等平级（按当时规定，5万人以上称市，5万人以下称乡）；20世纪40年代，它更是吴县的一个区，先叫城厢区、后叫苏州区，与浒墅关区、黄埭区、相城区、西山区等平级，有几年还被分隔成城厢一区、二区、三区。显然，公园的建造权限不在苏州市，而在吴县。以一个县的眼界、财力等也就只能等同于吴江、太仓、昆山、常熟一样，在县城内建一个公园足矣。当时地方政府的眼界看重的是吴县，而不是苏州，例如初建时由王同愈题款的苏州图书馆到1930年改名为吴县县立图书馆，皇废基公园之名到1947年，更名为吴县中山公园。而整个民国期间苏州只有一个综合性的公园是不能满足本身就有30到40万市民和吴县另外100多万乡镇居民和农民的共同需求的，这也是和苏州经济、文化发达的程度及古代私家园林在世上的知名度不相称的。（三）还有一个原因，就是民国之际苏州有的私家园林如拙政园、留园、惠荫园、怡园等也时而对外开放，似乎老百姓已经有了一些公共游览的大地，无须另外再建公园。其实，有些私园开放是有条件的，有的要买门票，不买门票而能进入游览的往往是园主的亲朋熟人、名人官宦，而且有的要事前通报，届时持名帖方可进入，一般人是不可随意进入的。同时，这些开放的私园绝对代替不了公园的功能。

二、公园的共性特点

苏州的这17处公园，具备一般公园应有的所有特点：（一）公众性：这些公园不管卖不卖门票，都一律面向所有市民百姓开放。（二）游乐性：除了山水花木可供游赏之外，多数公园都有茶室、电影院、说书场、儿童乐园、图书室、讲演厅、棋艺室等，有的还有篮球场，目的是满足城市市民、新兴的资产阶级、知识阶层的生活需求。（三）面积较大：植园214亩、皇废基公园80亩、吴江公园28亩、马鞍山公园40亩、逍遥游和常熟公园皆数十亩，震泽公园60亩，目澜洲公园、巴城公园虽在乡镇，面积也都较为阔大。（四）重绿化。这是公园的本质特点，是中外公园的共性，也是苏州所有公园的显著特点。公园虽然阔大，但主要不是用来构建建筑体，而是用于绿化。有学者统计：和古代私家园林相比，公园内的建筑面积少于18%，而绿化面积高出34%，而像苏州的耦园建筑物的面积却占到全园面积的57%。在绿化中，重视引种国外的观赏植物，大大丰富了公园绿化的观赏性。新的植物品种如雪松、广玉兰、日本樱花、罗汉松、夹竹桃、日本五针松、西洋杜鹃、杂交月季、天鹅绒草等，经过百年的繁育，现在甚至成了公园的基调树种。

三、公园的苏州个性特点

（一）多由当地名人（包括教育、文化等知识界，商界和政府官宦人士）倡议建造。上述17处公园几乎都经历过这样的过程，即建园之前先由一些当地名流提出倡议和呼吁，反映民众意愿，要求建造公园，然后由政府实施建造，也有的由民间集资或私人出资建造。如皇废基公园的建造，就是由苏州名贤张一麐首先发出倡议，立即得到书法家蒋炳章、吴县临时行政委员会汪仲周、教育局潘振霄等百人响应。适巧清末苏州知府何刚德在建造植园的同时也有意在此建造公园，可见社会贤达和地方官员的想法不谋而合。马鞍山公园由昆山教育学会会长方还倡议并集资建造；巴城公园是由里人汪正本和张国权动议建造的；游息山庄是由太仓人陆佐霖、陈大衡、李液丰三人设计建造的；常熟公园由常熟著名教育家蒋凤梧发起建造；目澜洲公园由盛泽区公所助理徐少方提议建造……这正是这些先进知识分子在社会变革之际先知先觉的表现，也是民众民主意识觉醒的表现。（二）多数公园是在原有自然景观或人文景观的基础上建造的。这也是欧美早期公园的一个显著特点。如皇废基公园所在地的历史人文内涵可上溯到春秋吴国，游息山庄建在有1000多年历史的妙莲庵、海宁寺遗址之处，马鞍山公园建在风光秀美的马鞍山前，逍遥游和常熟公园都是背倚虞山风景区，吴江公园建在松陵八景之一的七阳山，目澜洲公园建在元朝时皇帝亲赐“圆照”匾额的圆照庵遗址上……（三）公园建造的模式多是西方公园建造理念和我国、特别是苏州传统造园方法的有机结合。西方的造园理念本来和我国有很大不同，公园又是发轫于西方的，从内涵到方法都是全新的园林形态。但是新式的公园一经传入中国，很快就为中国人所仿效构建，也迅速和中国的造园理念相融合，从而成为中西合璧的产物。1927年，南京国民政府就公开提倡建筑、园林必须坚持“中国固有形式”。因此，民国时期苏州的公园既有西方公园的特点，更有苏州山水园林造园手法的经典体现，如叠山、理水，亭台楼阁的构建和植物的配置都仍然吸取江南古典园林的传统手法，富有江南水乡的文化底蕴。当然，也充分运用了欧美公园的构建方法，如较大面积的草坪，几何形的水池，规整的花坛，修剪成各种造型的花木、人物雕像、水池喷泉等。以皇废基公园为例，它就是典型的中西合璧园林。从园景看，南部的中央花坛、雕像、喷泉等景观组合是法国模式，而北部的水池曲桥、高岗茂林则是典型的苏州传统园林模式。一南一北，一西一中，中间以池水和土山相勾连和渗透，使之过渡自然，浑然一体。就建筑看，同样有中有西，中西结合，图书馆是完全的西式建筑，而东斋、西亭等则是地道的江南风貌，甚至连公园围墙也是中西合璧。其他如马鞍山公园、逍遥游、常熟公园、目澜洲公园、震泽公园等的建筑风格也大致如此。因此，游览苏州地面上的公园既可得到游乐的享受，也会进入古典园林的意境。有人认为这样杂糅而成的公园不土不洋、不伦不类，此论偏颇。因为中华文化历史悠久、博大精深，中国园林乃是世界上最古老的园林体系之一，苏州园林、江南园林更有着独特的地域特色，而公园作为西方文化的产物，作为一种先进的园林形态，一旦传入中国，它不可能完全排除甚至取代中国的园林文化内涵。从我国来说，当欧风美雨袭来之时，对新生的公园形态，不管被动还是主动，我们都接受了它，使之成了我国自己的一种新的园林形态。但是，中国的公园建造却绝不会一成不变地照搬西方的样式，而是和本国、本地的园林元素进行了有机的结合，使之成为既不一味崇洋，也不完全守旧的中国式的公园。苏州的公园做到了这一点，皇废基公园即是其中的典型。因此，应该说这种中西合璧式的公园恰恰是符合中外文化交流规律的产物。公园建造若此，其他文化品类的交流、生长也大率这样。

第三章

私家园林的建造

私家园林的建造，始于封建社会，并且是封建社会造园的主体。苏州私园之始，并不比北方晚。早在春秋之际，就有吴武真宅，但该宅据传仅有一池一树和“凤集”，只能视为私园的雏形。苏州真正有私园是在汉朝，有张长史五亩园。至东晋则有被称为“吴中第一名园”的顾辟疆园等。以后历经隋唐宋元，至明清达到造园顶峰，乃至为后世留下“甲天下”的苏州园林。至晚清，随着封建社会的衰落和整个社会的变迁，私家园林的兴建开始走向衰微。

进入民国，从全国来看，农耕时代那种封建士大夫式的私家园林的建造，已是强弩之末，不仅名园不多，艺术形式也在发生变化。民国时期建造的私园大致有三种形式：一种是一仍中国传统的风格，一种是较多地模仿西方园林风格，一种是中西合璧风格。不过其审美价值和明、清园林相较，则有所逊色。现就造园情况和元、明、清时期做一个比较：元朝延续89年，造园37处，平均两年多建造1处；明朝延续276年，造园261处，差不多一年造1处；清朝延续169年，造园228处，平均一年建造1.3处；而中华民国延续37年，苏州古城区新建私园97处，平均一年建造约2.6处，可见民国时期苏州私园建造的速度比封建王朝时期快得多。但是，元、明、清时的园林艺术质量很高，名园很多，仅留存至今的私园沧浪亭、狮子林、拙政园、留园、艺圃、五峰园、网师园、环秀山庄、耦园、怡园、退思园、燕园等，有的是国家级文物保护单位，有的则已列入“世界遗产名录”，其艺术价值之高不言而喻。

民国私园虽然自有其艺术个性，但和明、清园林比较，艺术质量显然有高下之分。究其原因，主要和社会变化有关。随着资本主义的发展，商业市场的繁华兴盛，城市人口的增加，高楼大厦的建造，马路的拓宽，等等，城市土地变得寸土寸金，再想有“旷若郊墅”那样的地皮来建造拙政园那样的园林已不可能。螺蛳壳里做道场，不管怎么说都是有局限的。因此，要建园林，一般说来也只能在宅前屋后建造略具园景的庭园。从造园者的主观条件来说，明清之际，苏州文化发达、人文荟萃，学而优则仕者众多。“三年清知府，十万雪花银”，这些做了官的文人，即便是七品芝麻官，也是有经济资本为自己建造园林的；再则，文人自有文人的雅兴，或在住宅之旁，或另择隙地，造个花园，有山有水有花木，闲时携妻子儿女，或邀三两知己，在花园中优哉游哉，其乐何如！而到了民国社会，工业兴起，商业兴盛，车水马龙，犬马声色，唱歌、跳舞、跑马、看电影……生活的节奏加快了，享乐的内涵丰富了，而旧时文人的那种闲情逸致却减少了。人们的生活情趣和追求与古人有了很大差别，造园已经不是可供选择的最时尚的生活方式。在这样的时代背景下，民国时期苏州私园的建造就不可能再现明清时期的辉煌。

第一节　新建私家园林一览

随着中华民国的建立、资本主义的发展，和封建社会相比较，生产力得到了新的解放，富裕的工商业者、官宦人家、读书人及各行各业有造园资本的人也并不算少；而且，苏州文风之盛依然如故，再加上苏州人骨子里就有的造园情结，因此民国37年间苏州的造园之风依旧兴盛，甚至论起造园速度，还超过之前的历朝历代。苏州依然呈现着“遍布大街小巷，凿一池，架一山，中筑一二小亭的庭院，更不可胜记”的私家园林景象。这些私园，有的记录在官方的史志里，有的记录在私人的文集里，也有的记录在各种报纸杂志中。它们有的有名字，有的连名字抑或街巷所在地也失记。本书爬梳整理，起隐而显，粗略统计，今日苏州城区（含姑苏区、吴中区、相城区、虎丘区、吴江区和工业园区）在民国37年间新建的符合园林条件的私家宅园，共102处，其中97处在古城区。而从近二三十年来出版的地方志书来看，所辖太仓、昆山、常熟、张家港民国年间新建私园不多，故本书未做详细调查和统计。

兹按时间顺序，对民国时期新建私家园林简要通览如下。

古松园

古松园位于吴中区木渎镇山塘街，为清末民初木渎四大富商之一的蔡少渔园居。因园内有一株明朝栽植的古罗汉松而得名，当年左邻右舍都称之为“蔡家里”。蔡少渔少年时到上海学生意，出师后，自己做老板，经营药材，逐渐成为百万富翁，然后回乡置地造屋。古松园大约是他40岁以后所建，时间约在民国初年。此园面积颇大，前宅后园，建筑古朴雅致，尤其是雕刻十分精细。当时木渎山塘街的路面一般都是弹石铺就，而古松园前的道路则是由细磨金山石铺成。宅园的前门也与苏州城里的园林“园门故作矮小”的规制大不相同，临街门墙高大巍峨，气派非凡，这正好与他的富商身份是一致的。四扇竹片镶面拼连而成的大门漆得油光锃亮，照墙也十分气派。远远望去，这古松园有点令人望而却步。正门之东有偏门，系砖雕门楼。进去，即是由青砖、瓦片、鹅卵石镶嵌铺设的大天井。此园在民国期间一直为蔡少渔所有和居住，尽管他的儿女有的已经移居海外，但他一直在这里安度晚年直至病逝。

新中国成立后，这里先后用作人民政府和吴县防爆电机厂所在地，保存基本完好。而楼厅背面的花园有所毁坏，1998年整修重建，池塘、水榭、曲桥、回廊、山石、花木，交映生辉，风光迷离。古松园现为苏州市文物保护单位，对外开放。

松风馆

松风馆位于吴中区东山镇翁巷，始建于宣统三年（1911），完工于民国三年（1914），主人为清末民初东山人、上海著名中药界企业家席裕麒（字玉书）。席裕麒曾与上海中医教育先驱丁甘仁合作，开发新药，对国家的医药事业做出过较大贡献。其子席德治后来是著名的中医，1993年起，享受国务院政府特殊津贴。

松风馆，原建筑四进30余间，四面厅最具特色。四面厅前为花园，园中有荷池、假山、花圃。

后渐荒芜，四面厅倒塌，花园被拆。松风馆于“文革”期间被多家居民居住，“文革”后，收归国有，原貌架构大致尚存，主楼一幢，尤见精良。2006年，被转售给张家港某企业家，经修复，被改造成一座具有苏州传统宅园特色的私人会所。

此园1986年即被列入吴县文保单位，现为苏州市文保单位。

王子颂园居

据倪浩文《潭子里王子颂故居》考据：此园在姑苏区潭子里，由王子颂建于1915年。王子颂，安徽歙县人，在苏州做茶叶生意，是著名茶商，深谙茶叶窨制之道，据说他双目失明后，仅凭嗅、触、尝即能分辨出茶叶的产地和不同窨次的花茶。他先在同乡吴子平的茶庄做经理，后来自己经营兆丰茶栈和鸿兴记茶厂，厂房即明代尚书吴一鹏故居玉涵堂（俗称“阁老厅”）。新中国成立后，公私合营，其茶栈、茶厂一起被并入苏州茶厂，王子颂被聘为苏州市茶业公司顾问。

王子颂园居迄今已100余年，仍由其后裔居住，园貌变化不大。此园两路四进，现正路一进已毁，天井内青石八角古井尚存。二进楼厅、三进小楼，都带有典型的民国风格，雕刻亦精美。二路楼厅前的砖雕门楼上有朱永璜于“乙卯仲夏”书款的“堂构缵承”匾额（乙卯年即1915年）。“堂构缵承”的意思是希望自己的家园世世代代传承下去。朱永璜，为南社著名成员朱梁任之父，亦是宋朝乐圃主人朱长文之33代裔孙。边路有题为“幽居”的砖雕，又有回顶花厅，造型小巧，长窗完整。厅后有小园，迄今尚有月洞门、丛竹、桂树、枇杷和一株有130余年树龄的广玉兰。

灌木楼

灌木楼在今十全街249号南园宾馆内，为何亚农于1916年退隐后买地构建，占地面积约8亩左右，周围都是农田。何亚农（1880—1946），原名何澄、字亚农，山西省灵石县人，著名的文物鉴赏收藏家。1908年自日本陆军士官学校毕业，早年加入同盟会，辛亥革命时任沪军都督府参谋长。后退出军政界，因妻子是当年苏州的女名人王谢长达的女儿王季珊而隐居苏州，经营实业及教育。园居之主楼名“灌木楼”（今称“观木楼”），为砖木结构三开间两层西式楼房，楼前堆土成山，山上花木扶疏。楼西南建东斋和西斋。被誉为“中国的居里夫妇”的何泽慧（何亚农的二女儿）和钱三强也曾在这里居住过。

新中国成立后建南园宾馆，将灌木楼圈入其中，多有改造。1956年，在灌木楼的一间暗室内，发现大批何亚农珍藏的文物，价值连城，其子女慨然捐献给国家。后来，灌木楼改头换面，成为今天的9号楼。1989年，何亚农的小女儿何泽瑛，凭借着儿时的记忆，指点人们在灌木楼假山前将又一批昂贵的上等田黄、鸡血印章挖掘出来，悉数捐赠国家，分别由苏州博物馆和南京博物院珍藏。本书作者作为当时苏州市文化局分管文物的副局长亲自见证了这次挖掘工作。

何亚农除在今南园宾馆内建造了灌木楼宅园外，还曾买下过网师园，成为网师园的主人。

金家花园

此园在原来的碧凤坊30号至32号，由金觉孙（1867—1929）于1917年建成，面积约3亩。

清朝末年，金觉孙在北京京绥铁路局任课长，曾随我国著名铁路建设大师詹天佑主持修建了北京至张家口的铁道线。民国二年（1913）因病还乡，居住在碧凤坊老宅。不久，金觉孙卖掉了原有的宅屋，加上退休金及一生积蓄，在原宅基础上重新设计，建造成东、西两路用备弄连接的典型的苏州园林式民居，俗称“金家花园”。据金觉孙之孙金懋高、金德高在其所写的《苏州碧凤坊金宅与花园茶室》一文中回忆金家花园的情况：

东路以东西两花厅和庭园为主，配有旱船、方亭、曲折回廊，缩龙成寸的布局。东南端以太湖石堆砌成有桥、洞和曲径通幽、峰回路转的假山，园中遍植名木花草，松、柏、桃、杏、梅和玉兰、石榴等错落有致、四季常青、春花秋实。东花厅前架有高高的葡萄架，紫藤与葡萄交织成荫。园内还巧设了一对花坛，与彩色块石铺砌成图案的地面交相辉映。花厅后的狭弄天井，还布置有石笋、修竹和草兰，透过漏窗又成一景。厅、亭、廊等处配有名人题写的木质楹联、匾额和砖刻书条石等。整个布局不仅继承了古代的风雅体系，也体现了人与自然的交融和谐，显示出城市园林的特色。

西路则成轴条排列，以面阔三间的门厅、轿厅和女厅为主，两侧配有狭长形的书房、耳室和不同格局的天井，天井中亦植名木花草。大厅气宇轩昂，进深特大，高悬清代探花“平江遗民”吴荫培题写的“安仁堂”匾额。女厅为四楼四底：楼下以起居室为主，楼上为内眷居住。临窗眺望，颇显开阔、明爽，全园景色尽收眼底。向北经备弄与厨房、柴房及储物间等相连并直通后门观前街36号。每进厚重的磨细方砖库门楼上还配有名人题字和精美的戏文砖雕。大厅前楼尤显高大、精致。整个宅园布局，继承了苏州园林的传统特色，体现了人和自然的交融和谐。

抗日战争期间，金觉孙子孙举家外出避难，金家花园被日伪洗劫一空。不久，金觉孙幼子金望曾（1913—1988）重振家业，在自家的宅园中办起了花园茶室。从此金家花园成为知名度颇高的文人雅士茗聚之地，例如，王鸿翥中药店老板、收藏家王绍九，画家朱犀园，吴江名流费璞安（费孝通之父），著名文人范烟桥，上海《文汇报》总经理严宝礼等，都曾是这里的常客。据胡觉民《抗战时期苏州见闻》记载，1939年上半年的某日，伪大民会江苏支部头目冯心支来此吃早茶后被一锄奸青年枪击，引起轩然大波，开了两年半的金家花园茶室被勒令停办。

抗战胜利之后，著名昆曲票友贝晋眉、王季烈借用此地开办了昆曲票友联谊团体——吴社。曲界朋友定期聚会，拍曲清唱，阵容甚盛，名响一时。吴社于1948年停止活动。

20世纪50年代，园林专家陈从周率领同济大学师生来苏州考察园林，对金家花园进行了测量、拍照、绘图，后来收录于陈从周编著的《苏州旧住宅》中。他们认为，金家花园从设计布局、平面构图、立体造型、内部结构到细部装饰和花木栽植等均有特色，称它是苏州有代表性的中型园林住宅之一。到了60年代，金家花园东部成为苏州糕点厂的生产车间，假山被搬走，厅堂被拆。1999年实施“观前街改造工程”，金家花园西部的住宅也片瓦不存。在旧址基础上，建成了豫园商城及碧凤坊旅馆，至此，金家花园彻底成为历史。

朱熙园居

据倪浩文考据：此园在今之西大街91号内，由朱熙于民国早期建成。主体建筑是带阁楼的西式二层楼房。它是当时在苏州较有代表性的洋房建筑。花园在东面，有假山、池塘、花木之属。迄今楼房尚存，花园已废。

朱熙（1879—1938），湖南汉寿人，早年入日本陆军士官学校学习，1911年10月武昌起义爆发后一个月，即率部在苏州起义，之后历任陆军中将、安徽政府主席等职。朱熙是书法家，厦门鼓浪屿日光岩上的“与日争光”四个大字即为其书丹。

民国时期的西式楼房

吴姓宅园

此园在今之石路社区、紧靠渡僧桥和山塘街的北浩弄2号（当年名胭脂巷），民国时期，四邻称之为“吴宅”，是一处颇具规模的大户人家住宅。后来的著名舞蹈艺术家、太仓人吴晓邦（1906—1995）11岁至17岁时曾在此居住过6年。2010年，有关部门根据“修旧如旧”的原则对宅园进行了修缮，原建筑的布局基本未变。然后被四川宜宾某商界人士租下，易名为“吴宅庄园”，并由文物部门定为“控制保护建筑”，后又挂牌为“吴晓邦故居”。

此园现存三路两进，东西走向，有两层小楼，总共建筑面积500多平方米，吴晓邦居住过的房间还在。现在在老宅的西面、北面和东面都建有小花园，亭台轩榭与小桥流水、花草树木相互映衬，颇有园林意趣。但这种园景是在原来的基础上修缮而成的，只能说留有余韵而已。

大树堂

据倪浩文考据：此园在桃花坞，其二进门楼上有1922年汪×经“树德务滋”题款，始建何时，无确考。早年大堂内悬挂“大树堂”匾额，祖籍湖北襄阳、迁居苏州后供职于苏州“富潘”家族钱庄的冯芝香居此。此园二路三进，花园不大，有假山及广玉兰等花木之属。据说此广玉兰为苏州最早引进的8株广玉兰之一。

冯氏系东汉开国名将冯异之后。冯异随刘秀征伐，功勋卓著，而东汉立国后，论功行赏之际，他却并不邀功，而是默不作声地躲在大树下，因此士兵称其为“大树将军”。其后代建造宅园时便以“大树堂”名之，以示不忘先祖功德。

茧庐

茧庐在望星桥北堍23号，为程小青园居。程小青（1893—1976），写侦探小说的一代宗师，祖籍安庆，生于上海。1915年秋天应东吴大学之聘，举家迁苏，为外籍教师许安之、魏廉士等教授中文，后在东吴大学第一中学任中文教员。1916年应中华书局之约，和周瘦鹃等合译《福尔摩斯探案全集》。1917年在苏州景海女子师范学校教授写作。开头几年曾住葑门内百步街。1923年移居茧庐。“茧庐”门额，由铜牌制作，为程小青亲题。“茧庐”意为像蚕茧那样小的房子，程小青晚年自号茧翁。

茧庐有三开间的平房，建筑完全是苏州庭园风格，雅致小巧。房前有花坛，遍植月季花、牵牛花、凌霄花、迎春花等花卉，屋后小园种蔬菜。平房之东，有西式二层小楼一幢，是程小青的专用书房。他在这里写出了30种《霍桑探案集》，并译10种《圣徒奇案》，与他人全译8种《福尔摩斯探案》等数百万字的侦探小说。园外农桑沃野，池水明镜，风光绝佳。20世纪60年代初，侨居美国的女儿程育真还专门寄来月季名种，花开满园。程小青终老于此。从园林的角度看，茧庐只能说略具园景，以花卉为主。1963年4月，他曾填《一剪梅·茧庐（家园咏）》："桥畔幽居锝水西，曲岸风微，小巷人稀，向阳庭院有花蹊。春日芳菲，秋日纷披。高阁窗前绿树低，晓接朝曦，暮送斜晖，闲来读画更吟诗，家也怡怡，国也熙熙。"至今茧庐尚存，为苏州市控制保护建筑。

小仓别墅

此园在金狮巷，本为上海相家王乔松之园，有香影廊、竹亭等构。后改茶肆，卉石错立，绿痕上窗，1924年齐卢之战后渐衰。

吴家花园

此园在十梓街东小桥弄3号，为吴忠信（1884—1959）的宅园，俗称吴家花园，约建于1922—1926年。吴忠信，安徽合肥人，早年毕业于江南武备学校，入同盟会、中华革命党，历任国民党江苏省政府委员、安徽省政府主席等。

这处花园洋房占地面积16亩，建筑面积约1000平方米，大门朝东，主体建筑为朝南的两层西式楼房，左右有平房。南有湖石假山与主楼相对，西南角有小池塘，池中植莲，水边构亭。园中杂植银杏、白皮松、玉兰、含笑、桂花、紫藤、黄杨等名贵花木。这是一处典型的中西合

民国遗存的吴家花园外观

璧的民国园林。

新中国成立之后，此园归公，曾为苏州专员公署公安处等机关使用。现为苏州市控制保护建筑。

邹樑臣别墅

此园在人民路539号蒲林巷口，建于1924年。主人名邹樑臣（1887—1959）。邹氏乃绸庄老板，亦曾做过律师。此园有砖木混合建筑罗马式洋楼一幢，楼南有中式花园。

新中国成立后，曾为苏州电加工研究所所在。现花园已废，楼房尚存。1991年被列入苏州市文保单位。

阙园（曲石精庐）

阙园为李根源故居，在葑门内十全街279号，原占地面积2亩许。李根源（1879—1965），字印泉，云南腾冲人，辛亥革命元老，留学日本，加入同盟会，曾任云南讲武堂监督，是中华人民共和国开国元帅朱德的老师。他在北洋军阀政府时期曾任代总理。1920年即奉母移家苏州，后因曹锟贿选，愤而辞职，1923年完全脱离军政界，1925年端午节来到前几年已经买下的苏州十全街住处正式定居下来。因李根源母亲姓阙，故此园名“阙园”；又因李根源故乡有乡镇名“曲石”，为表故土之思，又名“曲石精庐”。李根源居苏期间，关心苏州乡邦文物，曾对西南山水胜迹进行考古探访，有《吴郡西山访古记》存世。抗日战争时期，和苏州名流张一麐等组织老子军，积极参加抗日活动。曾参与营救沈钧儒等爱国七君子。抗战胜利后，任国民政府国策顾问。

曲石精庐四周有围墙，大门北向，围墙上嵌有石碑，碑上右面刻“阙园”二字，为李根源手书；左面为曾任北洋军阀政府时期参议院

李根源书丹的“九保泉”井圈

主席的孙光庭写的小记：“印泉于曲石庵西隅作小园，莳花种树，为尊堂阙太夫人游憩之所，予名为阙园，并为之记云。民国十三年六月”。碑末有“古吴孙仲渊刻”诸字。进入园门，依次有门屋、起居楼、书房和后庭园，分别题为曲石精舍、葑上草堂、彝香堂等。起居楼为中西式两层楼房，至今保存完好。楼旁有李根源手植金桂两棵，广玉兰树一棵，寓意为“金玉满堂”。三棵老树至今枝叶繁茂。后园开阔，中有池塘，约200平方米，上有九曲飞虹，一端有六角亭子。近处有李根源1921年手书题刻的“九保泉”井圈，旁立刻有李根源草书“阙园”的石碑。

庭园湖石假山，错落有致，树木花草，姹紫嫣红。另有桃树、枇杷等果树亦多。张一麐有诗咏道，“城南绿水敞名园，瑶草琪花缭短垣”；金松岑有诗咏道，“花药媚春阳”“梅萼舒清丽”“鸣禽上园柳”；等等。可见园景一斑。况蕙风有长联盛赞园景之美和李根源娱亲之乐：“山光照槛，影塔粘云，永日足清娱，绕膝觞称金谷酒；红萼词新，墨花志古，遥情托高咏，题襟人试老莱衣。”

中华人民共和国成立后，李根源任全国政协委员，视苏州为第二故乡。阙园于1977年被圈入苏州饭店，尚留有李根源手植丹桂及刻有他手书的湖石等当年园景，1982年被列入苏州市文保单位。

阙茔村舍

阙茔村舍是李根源的私家墓园，在苏州古城西南40多里的小王山，占山林100多亩，为李根源1927年安葬其母阙太夫人之地。李根源自题“小隆中”，人称其为“山中宰相”。墓旁建祠堂“阙茔村舍”，“阙茔村舍”四字为张一麐所书。路口竖立青石碑，上刻“阙茔村”，出自云南大理王人文之手。阙茔村舍共有8间，两隔厢加一披，高围墙，开两门堂。内分风木堂、书房、寝室、炊事房等。阙茔村舍室内陈设雅致古朴，古色古香：瓷制圆凳，大理石桌面，壁间除镶砌碑石的地方外，对联书画琳琅满目。中堂天然几上供阙太夫人瓷像。书架上满放着一排排古籍。李根源在这里倾心待客，友结乡邻，很受百姓爱戴。

李根源庐墓十年，疏泉凿石，植竹栽松，栽植松树几十万株，由诗人陈衍从“黄山云海”引申而名“松海”；又先后建造万松亭、听松亭、听泉石、吹绿峰、小隆中、卧狮窝、湖山堂、孝经台、梨云涧、灵池、可桥、水龙吟等12景，并在对面的岳峙山上建造了岳峙山居。此处本就形胜地美，四周群山拱护，翥凤惊鸿，阙茔村舍建成后，名宦硕彦如黎元洪、于右任、李烈钧、章太炎、叶恭绰、孙光庭（李根源的老师）、赵端礼（李根源老师）、邵元冲、张继、章士钊、谭延闿、吴昌硕、戴戟、张大千、蔡锷、林虎、张维翰、郑孝胥、沈钧儒、程潜、范烟桥、严庆祥等，都先后来此，题词赠诗。李根源雇工遍刻于石上，如黎元洪之“克绰永福”、于右任之“与穹隆不朽”、章太炎篆书“霁月”、王謇之诗“寒云松海月中游，东道来逢李邺侯。万壑龙吟胜梁父，隆中各自有千秋”、汪东之“孝经台”等，铁画银钩，琳琅满目。这些摩崖石刻成为阙茔村舍的一道亮丽风景。1929年曾汇刊为《阙茔石刻》。章太炎的夫人汤国梨对阙茔村舍有过一段描述，录以存真：“小王山自李印泉营葬其母阙太夫人后，题名为‘阙茔村’，并设有小学校、运动场、阅报室，并凿井数口。盖一所日本式的公共浴室。其他有苗圃、菜园、驴马棚等设备。阙墓在小王山正面，四周所植松柏等树。有黎元洪（时黎为总统）赠的数万株。墓后，一堆山石上，则刻着太炎篆书的《孝经卿大夫》，每个字约一尺二寸见方。”

后来病故于北京的李根源和夫人马树兰也归葬于此。

而由于历年战乱，无人管理，更因“文革”破坏，阙莹村舍逐渐破败。1985年和2009年，地方政府对阙莹村舍进行了整修，使之成为自然景观和人文景观相结合的风景名胜区。阙莹村舍的摩崖石刻1995年被列入江苏省文物保护单位。

通德堂

通德堂在今之吴中区东山镇通德里新乐村37号，是在上海经商的东山人、著名实业家、恒源祥创始人沈莱舟（1894—1987）于约20世纪20年代所建造，又名“沈家门墙”。此宅园规模很大，门屋之后就是花园，有假山、水池，有榭有亭，构造都很精美。主楼为西式。此宅园现为苏州市控制保护建筑。

陆廉夫宅园

此园在东中市河沿街105号，为清末民初画家陆廉夫宅居，有园景。1966年后拆除。

陆廉夫（1851—1920），名恢，字廉夫，吴江同里人，25岁后定居于苏州，为吴门画派一代宗师。和吴大澂为至交，是吴湖帆、陈迦庵、樊少云的老师。与金心兰、倪墨耕、吴昌硕、王同愈、吴秋农等同为“怡园画集”中人，皆一时吴中艺坛俊彦，且驰名全国。吴县何实睿在《陆廉夫先生暨德配陈夫人墓志铭》中赞许道：“先生貌清奇，须眉皓然，望之如图画中人。潇洒脱落，不问家人生产事。盖其襟怀淡定，举人间世可惊、可畏、可歆艳之利禄势位，唯独不足累其心，并不知有其事焉者，此其无所得其中而能然耶？故入先生门，恍若去尘浊之场，别开境界，使人之意也消然，则先生所得，固别有在艺事之外而世乃未知之也！”

志仁里阙姓建筑群花园

据苏州市文物局2012年编著的《岁月记忆·名城瑰宝——苏州市第三次全国文物普查新发现选编》记载，这处宅园位于今阊门饭店东侧阊门内志仁里1-14号，乃1923年阙姓商人所建，是房产租赁的建筑群，租赁者多为商铺和银行的职员。整个建筑坐北朝南，有三排房屋，南北约120米，东西约150米，其间形成两条街巷，由过街楼相连，巷门题额“志仁里”，由民国年间的著名书法家唐驼书写。最南端第一排为平房，中间第二排为两层楼房，北面第三排为花园别墅，为花园主人所居，院内有池塘和九曲桥等园景。志仁里建筑群规模庞大，高、中、低档房型都有，特别是花园洋房外墙精细考究，雕刻精美，是民国时期中西建筑形式相融合的典型。2008年入选国家文物局《第三次全国文物普查重要新发现》，2011年被列为江苏省文物保护单位。至今，阙姓主人的后裔依然居住其中。

濂溪别墅

此园地址，郑逸梅《游濂溪别墅记》说是在“金昌亭畔”，主人姓周，门临通衢，内有文廊精室。园前密后疏。密处奇石耸置，疏处细草平铺，中有一大池。又有玻璃花房，多欧种花卉。

现为民居。

蒋园

蒋姓一族，是苏州历史上的巨姓望族，先居葑溪，明朝成化年间，迁至今之苏州娄门外，始称苏州娄关蒋氏。之后历代瓜瓞绵绵，人才辈出。清朝乾隆年间，娄关蒋氏裔孙蒋重光（1708—1768）是著名的藏书家，虎丘著名的蒋氏塔影园，就是他构筑的别业。至清末民初，又出了一位名人，即娄关蒋氏第15世孙、蒋重光的曾孙蒋炳章。蒋炳章（1864—1930），字季和，号虎彣，别号留庵，著名教育家，书法家，清光绪戊戌（1898）进士，曾为翰林院编修。曾任安徽高等书院正教习、江苏游学预备科监督、江苏高等学堂监督、江南高等学堂监督、长元吴高等小学堂首任堂长和苏州学务公所议董、苏州教育会会长、江苏教育总会副会长、中央教育会委员等职。民国初年为江苏咨议局副议长，还曾任民国《吴县志》总纂。尤为青史留名的是，光绪三十二年（1906），他与进士王同愈共同创办了闻名于世的苏州草桥学舍，并为这所学校的总理。草桥学舍培养了如著名教育家叶圣陶，历史学家顾颉刚，画家颜文樑、吴湖帆，版本目录学家顾廷龙，作家郑逸梅等诸多文化、教育精英。1930年，蒋炳章病逝。公祭活动极为悲壮，而丧事联络点仍设在他早年的蒹葭巷居处。当时，全国名流谭延闿、于右任、蒋梦麟及苏州三老李根源、张一麐、费树蔚等各界人士纷纷送挽联、挽诗哀悼。他在全国各地的故旧、门生、受业者，多不胜计，乃至经省有关部门特批，南京至苏州开出了专列，让与祭者能够前来参加公祭活动。

民国初年，蒋炳章在蒹葭巷租赁陈姓房屋居住。1926年前后，蒋炳章长子、曾任国民政府南京军用轮船处处长的蒋伯年在仓街北部东侧、大致今之东园一带建新居，面积约30亩，世人称之为蒋园。而蒹葭巷居所依然保留。蒋园以专种桃树为特色，而且品种是引进的法国水蜜桃，用的是欧美先进的科学栽培管理技术。几十亩桃树，仲春季节，灼灼其华，吸引满城市民前往观赏；收获之时，果实累累，市民争先恐后前往采摘购买。补白大王郑逸梅于1926年发表在《紫罗兰》上的《消夏脞话》中写道："我苏向无水蜜桃，果铺陈列者，大都为奉化、太仓、龙华诸地所产物。今夏街头巷口忽有蒋圃水蜜桃之揭橥，揭橥为朱文，副之以画，颇为美观。予为之所动，径往访之。圃为蒋绅所有，在仓街胡相思巷口，占地二十余亩，遍植以桃，琼实离离，殷红熟绽。凡客临门，出相当代价，可摘实盈筥。丹骨缥肌，液多核小，味埒滋春玉露，而无螬蛴之病，人因是而珍之。”看来此园差可与明朝唐伯虎桃花庵媲美，亦可和在位于孔付司巷的种植几十亩水蜜桃、枇杷等果树的罗誉子建于1930年的宅园相争胜。1929年蒋炳章66岁时在此举行耆年大会，1935年在园内办振吴汽车学校。

20世纪30年代，蒋园曾经为菉葭巷陈姓人家居处，从此开始荒凉衰落。幼时曾到蒋园摘过桃子的陈希天在《蒋园追忆》中回忆：“可惜园内满目疮痍，一片荒凉，数十行伞形的桃树，埋在齐腰的茅草中，稀稀落落的弹丸大的桃子躲藏在黄叶堆里。树林深处，狐兔出没，古城墙下，野鸡惊飞。我们一行，得三个半篮，便惶惶而出。”当时，此园仍归蒋伯年所有。

中华人民共和国成立以后，“蒋园”由蒋伯年捐献给国家，虽呈衰败景象，但依旧有满园桃树。“文革”后期被苏州市园林局收为树木基地。再后，则改建成为东园的一部分。

苏雪林宅园

苏雪林（1897—1999），安徽人，是我国现代文学史上的著名女作家，当年与冰心、凌叔华、冯沅君、丁玲齐名，她们被誉为最有成就的五位女作家。苏雪林在苏州的住处有两处，一处在东吴大学内，今天难以确指，是1926年她和丈夫张宝龄第一次来苏州时的居处，居住时间约一年。当时，苏雪林经她的老师陈钟凡介绍在苏州景海女子师范学校任国文主任，张宝龄在上海江南造船厂工作而请假随妻来苏州，任职于东吴大学，由学校安排住在校内。一幢房屋由两家居住，另一家是一对美国教师夫妇。园圃属两家共享。园在屋前，具有山林野趣，草莱未剪，蟋蟀鸣于堂下。苏雪林在散文《绿天》中用文学的笔法对他们的这处新居进行了记述：这是“一座极幽蒨的庭院”。刚一来到，苏雪林不禁咏道：“这真是‘山重水复疑无路，柳暗花明又一村’！”她感到：“有这样一个好地方，我真做梦也没有想到！”“园的面积，约有四亩大小，一座坐北朝南、半中半西的屋子，位置于园的后面，屋之前面及左右，长廊环绕，夏可以招凉风，冬可以负暄日。”“园的地势太低而且杂树蒙密，日光不易穿漏，地上有些潮湿，所以屋子是架空的，离地约有六七尺高，看上去似乎是楼。”“园中尚有一个土墩，土墩上可以眺望墙外广场中青青的草色和那一双秀丽的双塔。”“园中的草似乎多时不曾刈除了，高高下下长了许多杂草，草里纠着许多牵牛花，和茑萝花，猩红万点，映在浅黄浓绿间，画出新秋的诗意。还有白的雏菊，黄的红的大理花，繁星似的金钱菊，丹砂似的鸡冠，也在这荒园中杂乱地开着。”“讲到树，最可爱的莫如那几株合抱的大榆树了，树干臃肿丑怪，好像画上画的古木，青苔覆足，常青藤密密地蒙盖了一身，测其高寿，至少在一二百岁以上。西边的一株榆树已经枯死了，紫藤花一株附它的根蜿蜒而上，到了树巅，忽又倒挂下来，变成渴蛟饮涧的姿势，可惜未到春天，藤花还没有开，不然绿云深处，香雪霏霏，手执一卷书，坐在树上，真如置身于华严界里呢。”“老树合抱，似在绿天深处。”“这园子虽荒凉，却有野趣。”苏雪林把他们的这处园居视作为“地上乐园”。

还有一处在今天的葑门内百步街18号，居住时间是1928年至1930年。此前夫妻二人都在上海，张宝龄依然任职于江南造船厂，苏雪林任教于沪江大学。由于他们都喜欢苏州，所以再次来苏定居工作。百步街这块地方原是一家酒厂，张苏夫妇买下后，由张宝龄亲自设计构建宅居。张宝龄是美国麻省理工大学毕业生，专攻造船业。他把新屋设计成一艘轮船模样，又狭又长，造型非常奇特。至于其他园林景观并无多少可述者。苏雪林的这处宅居，现为苏州大学教工宿舍，旧貌尚存。

乔荫别墅

乔荫别墅在阊门下塘仓桥浜，占地6亩多，1927年八月之前建成，园主是无锡人阙念乔。阙念乔，出版业商人，早年在上海创办铸记书局，1912年刊行《共和国伟人尺牍》，自此至1921年间，共石印小说如《吴三桂演义》等数十种。因主人名字中有一“乔”字，乃引《诗经·伐木》“出于幽谷，迁于乔木”句，取其乔木荫庇子孙之意，名园为“乔荫”。园分南北区，南部为住宅，北部为花园。有铸仁堂、裕德堂、凤仪堂。凤仪堂后有轩，轩外为平台，凿池叠石，中亘石桥，绕以铁栏，登桥四顾，岗岭起伏，形状谲诡，不可名状。由平台而上，为高冈，冈上有亭。山之四周杂植棕榈、芭蕉、梅、柳之属，与奇石相掩映。

附：张荣培《乔荫别墅记》

士君子缮性种德，生不能显名于世，则必思托一业以自见，如白圭、计然者流，亦未尝不可坐致千金，力兴百堵，营菟裘为退老之计，左顾孺人，右弄稚子，夫亦足以颐神养性而不撄俗虑者矣。阙君念乔，世居锡乡荡口镇，以书贾巨子营出版业，创铸记书局于沪上。比年以来，学术更新，而营业亦大为发展，是乃托一业而自见者。然其得力之由，则承其师浦君鉴庭之衣钵也。厥后鉴庭殁，得与其嗣福之相周旋。遂于金阊下塘仓桥浜之板桥南，购地六亩有奇，其规划布置皆出自福之一人之手，而榜其门曰“乔荫别墅”，所谓迁于乔木而荫厥子孙者，其取义盖有在矣。宅分南北两区，其南区则仿沪地建筑，各辟庭户，收屋值以为岁修计。其北即别墅焉。入其门，则竹篱花坞，别饶幽趣，其主屋曰“铸仁堂”，孔子曰“依于仁”，又曰“里仁为美，择不处仁，焉得知”，阙君盖深知其理，日加陶铸之功而借以自勖也。其西曰“裕德堂”，以祖名裕昆而名之，且供奉栗主以作家祠也。其东曰“凤仪堂”，以父名凤和而名之，且开拓余地以为花圃也。堂后有轩，轩之外为平台，虽地仅数弓而凿池叠石区为三层，中亘石桥，绕以铁栏，登桥四顾，则洼者、隆者、迤者、峙者、环者、倚者、蠢而伏、突而怒者，千殊万诡，不名一状。若夫由平台曲折而上，则为高冈，上有小亭可供远眺。由石磴盘旋而下，则为平地，下通仄径，可容徐行。而山之四周，则植以棕榈、芭蕉、梧桐、梅、柳之属，与奇石之磊砢者相掩映。虽方诸元之倪元镇、清之戈裕良殆不相让，谓非胸罗丘壑以人巧而夺天工者乎？是不得不归功于福之，而并叹念乔之任事得人为不可及矣。呜呼！吾观晚近士大夫退归而大兴土木、广辟园林者未可胜数，往往甫及落成，遽伤凋谢，或阅数年而亭台花木已荒秽不治矣，再阅数年则门庭犹是而园主已更矣。以视阙君之泰而不骄，满而不溢，树乔木之百年，垂大荫于千祀，其能颐神养性，足以传后而勿替者，有不可同日而语矣，故乐为之记。

平江吴立庄书丹。民国十六年岁次丁卯八月长洲张荣培谨撰。苏州唐伯谦刻石。

艺园

艺园在富郎中巷46号，原为薛姓宅园，后曾归抗日英烈凌敏刚。凌敏刚（1875—1944），湖南平江人，辛亥革命元老，曾任孙中山的特别代表。1927年北伐军攻克南京后，曾任江苏烟酒局局长等职。不久退职，息影苏州艺园。抗日战争时期，凌敏刚返回原籍抗日，被俘，坚强不屈，投水自尽。1947年，国民政府授予其家人“大义凛然”匾额。

艺园为东园西宅布局。宅分两路，现存正路门厅、大厅和两进楼房，西路还有三间平房。东部花园尚存一座四面厅，原有假山、水池均废。

丽夕阁

丽夕阁的所在地当年是蔡贞坊（人们也称之为采真坊）7号，今在南园宾馆内，是蒋介石为二夫人姚冶诚和次子蒋纬国建造的宅园，当年人称蒋公馆。

姚冶诚要选址造房，看中了蔡贞坊一块叫作十字圩的十亩菜

丽夕阁外观

地。新楼由宁波帮匠人营造，耗费约2万银元，于1929年落成，定名丽夕阁，占地10余亩。丽夕阁，高墙围护，大门正对木杏桥，桥下碧波荡漾，河对面是农田沃野。大门旁边还有扇小门，门前有警察局派来的警察守卫。透过门缝，依稀可以看到大院幽邃，花木扶疏。作为一处宅园，它中西合璧，是一处豪华的花园洋房。主楼丽夕阁，英式建筑，三层三开间，宽敞气派，青砖砌墙，三面环廊，花岗岩廊柱。底楼为客厅，东厢房是蒋纬国的书房，西厢房为西餐室。蒋纬国从12岁到22岁在苏州读小学、中学和大学（在东吴大学先读物理专业，再转入经济专业），丽夕阁的二楼东西厢房分别是母子二人的卧室，三楼为贮藏室。主楼四周，大大小小有三个池塘，假山上建亭，草坪铺地，古松茂盛，园中散植着桃、李、梅、杏、枇杷等各种果木和花卉，四季有花，满园皆景。主楼北面还建有一幢两层红砖楼房，称“北楼”，与主楼有天桥相通，北楼之一楼为厨房和餐厅，二楼为女佣所住。楼东建有自来水塔，专供室内饮食、生活。水塔东有平房三间，是姚冶诚念经的佛堂。园中另有平房数间，供男佣和花匠居住。

丽夕阁宅园的整体布局系苏州园林风格，以丽夕阁为中心，周围构置山水花木。

新中国成立后，在这里建起了南园宾馆，丽夕阁就是现在的7号楼。园中依旧山石荷池，亭台廊庑、绿树繁花，透出一点当年的余韵。此园现在是苏州市文保单位。

中央花园

中央花园在因果巷，此处宋朝时为黄州太守、苏东坡挚友闾丘孝终的园居；清康熙年间为进士、诗人顾嗣协依园所在，清末荒废，但零星园景仍存。民国初年某氏在此建中央花园，占地8.6亩。此园1927年北伐前后尚存。

马倬云园居

据倪浩文考据：此园在今人民路祥符寺弄53号，系1928年在观前街开马天一帽庄的老板马倬云买地所建。楼房为西式，有主楼和附楼，以天桥式走廊相连接。主楼为假三层洋房。花园为苏式，有假山，花木满园，郁郁葱葱，有山林野趣。

抗日战争时期，此园曾为日军军官宿舍。新中国成立后，被收为国有，辟为民居。现主楼仍在，花园不存，为苏州市控制保护建筑。

罗园

罗园在孔付司巷，为罗誉子1930年所建私园，园景盛极一时。罗誉子，名良鉴，晚清民国善化县（今湖南长沙）人。清朝末年，湘军和淮军在江南打败了太平天国军队，因此官兵留在江南者颇多，罗誉子亦在此时来到苏州（当时，苏州为江苏省会所在地）。他曾为江苏巡抚程德全幕僚。程德全响应辛亥革命宣布江苏独立，罗訾子为主要参谋、劝进之人。之后，他和黄炎培同为新都督府的秘书，并一度任秘书长。他是中华民国的军事将领，1930年担任江苏省政府委员，并在苏州造园以居。1944年任国民政府蒙藏委员会委员长。据汪东《寄庵随笔》记载：这位罗訾子是位清官，做了几十年的高官，去官归隐之际却是“应门无僮，草长没径，肃容烹茗，胥女公子亲执其役，廉吏风概，弥可亲迟”，“仕宦数十载，囊无余资，所治惟葑门东小桥隙地二十余亩，屋占数分，余皆植花树，收获果实，以资生计”。但因此处本为明朝墨池园故址，所以旧迹尚存些许，又遍植花木，枇杷和桃树尤多，水蜜桃最多。汪东和罗訾子曾同为程德全幕僚，交际甚深，汪嗜啖水蜜桃，罗氏常邀其在桃子熟时，往园中作蟠桃雅集，但因汪东谋职在外，多未克践约。待听到罗訾子去世的消息，嗟叹不及，填一阕《浣溪沙》哭之：“厚地高天一网罗，人生失意总悲歌，霸才无主奈君何。折翼竟成同命鸟，论心重忆懒云窝，小桥东畔莫经过。”又据曾和罗訾子的子女在东吴大学同学的苏州大学张梦白教授介绍，罗园北部有住屋、祠堂，都是平房。屋前有一片草地，再南则是果树林，占了全园面积的五分之四。春华秋实，赏景之外，收获以补贴生计。园中散置假山水池，水池颇大，荷叶田田，亦有少女娇娃泛扁舟采菱者。当时即以罗园闻名。金松岑《天放楼集》写道：“罗訾子（良鉴）园林水木甚美，往游者屡也。”并有诗咏道：“罗家园子花照眼，丁香海棠相妩媚。”“荷叶遮披柳拂天，不妨官隐好林泉。”其实，这种以种植果木花卉为主的私家园林，自古就不乏其例，如宋朝位于资寿寺后的万华堂，园景主要就是3000株牡丹，名品甚多。同样是宋朝时的园林，昆山的翁氏九曲园则主要种植木芙蓉……究其原因，乃是园林的主要追求就是山林野趣，因此，花木是必不可少的。有人说，花卉树木乃园林的根本所在，此言不虚，公园尤应如此。

日军占领期间，日本人尽移园中佳种而去。此园曾为汪伪师长程万军占住，江苏省财政厅厅长俞伯鲁也曾住此。1947年罗甞子夫妇在飞香港探女途中坠机身亡，子女多在海外，园遂荒芜。

新中国成立后，罗园归公。这里一部分成了江苏师范学院（现苏州大学）的教工宿舍，一部分被划入第一光学仪器厂。但依然亭台错落，花木扶疏，有水池假山，老树石桥。当今，假山仍存，古木荫郁。

娑罗花馆

娑罗花馆在今西百花巷23号，建成于1930年。主人是吴子深（华源，1894—1972）、吴秉彝（华德）、吴振声（华镛，1904—1990）、吴似兰（华馨，1908—1964）四兄弟。

这四兄弟皆以画名，称誉苏沪。子深、振声工山水；秉彝、似兰精花卉。吴子深名声尤著，与吴湖帆、吴待秋、冯超然一起，被称为“三吴一冯”。当年四兄弟买下景德路、西百花巷一带的10处旧宅，自行设计，请香山匠人施工，历经10年时间，花费3万银元，建成了这处别墅。这是当年苏州最富时代气息的别墅之一。主楼在庭院南面，是一座中西合璧两层带阁楼的民国别墅建筑。而上下推拉式的窗户及卫生、供暖、通风、电路、水箱、水井、网球场等设施，亦皆显西式特点。花园则完全中式，假山、池塘、花木栽植等园林要素一应俱全。别墅建成，在苏州曾经引起轰动。四兄弟在家园中设立了娑罗花馆、娑罗画社，园中有印度娑罗花一株。从此，此处成了苏州画家文人的雅集之地。

张家瑞宅园

此园位于今民治路槐树巷机关幼儿园南部。1931年辛亥革命元老张家瑞定居于此。张家瑞（1873—1975），浙江奉化剡界岭（今属新昌）人，早期同盟会会员，1903年执教奉化县城凤麓学堂，是蒋介石的老师。他早年不满晚清腐败朝政，立志革新废旧，受到蒋介石的崇敬。1919年南下广东，追随孙中山，任粤军军部秘书等职。1924年中国国民党决定筹建黄埔军校，蒋介石为筹委会委员长，张家瑞是7名委员之一。1927年张家瑞脱离军界，担任两淮盐运使，1931年离开政界，年届六旬，定居苏州，筑室于万寿宫前。抗战后避居上海法租界。1945年，华东野战军为解决我方药品等急需物品，决定组建长江商行，特邀张家瑞担任董事。长江商行不仅扩大了我党与沪上工商界的联系，完成了采购任务，还起到了“交通站”的作用，掩护了我党人员。新中国成立后，中共上海市委、上海市民革曾对张家瑞多方关照。张家瑞病逝后，根据他的遗愿，葬于苏州王母山麓。

当年张家瑞造宅居，系依照蔡贞坊蒋公馆图纸而建，面积略小，占地6亩余，耗资20万银元。宅居共辟3个门，南门在酱园弄，西门在槐树巷，北门在今民治路。两幢西式青砖楼房，四周植有竹林、桃林及苹果树，还有草坪两块。西墙边有两个大花坛，楼东有水井、水塔、菜地。全园显得疏朗开阔。抗日战争期间，此宅被日本特务机关占用，抗战胜利后归还。新中国成立后，部分用作机关托儿所，园景渐毁。现为苏州市控制保护建筑。

王怀玉宅园

据倪浩文考据：此园位在今北码头30号，建于1931年，园主是在北码头开设恒兴瓷号的湖北人王怀玉。园门朝西，进门，左手为混砖结构的西式洋楼，右手为庭园。

墨园

在今人民路原五二六厂内，为苏州市控制保护建筑，当年占地11亩。

此园是1932年国民党陆军上将顾祝同建造的。北伐战争后，国民党将领钱大钧率领北伐军一度占领苏州，在平门路上建起了一座花园别墅。受其影响，顾祝同也想在苏州造一座别墅。适巧1931年他调任江苏省政府主席，便在钱大钧居所对面买地建造了这座园居。因顾祝同字墨三，园名就叫“墨园”，并由顾祝同手书“墨园”二字刻石墙上。

顾祝同（1893—1987），江苏省涟水人。保定军校毕业。曾任黄埔军校教官、国民革命军第一军师长。先后参与东征、北伐、军阀混战。抗战期间，任第三战区司令长官，兼江苏省主席。

其住宅部分委托当时苏州很有名的一家裘松记营造厂建造，花园部分则由朱顺记营造厂设计施工。园内主体建筑是一幢二层的欧式楼房。楼后开凿自流井（当时称“洋井”），建造水塔，宅旁设淋浴房。有长廊、小桥，有八角形的琴室，有湖石花坛，旁有土坡，坡上搭建小亭，名松毛亭，还有方亭、圆亭、湖心亭等。马赛克地砖铺地。花园在宅后，是传统的苏式庭园格局，以湖石为驳岸的荷花池为中心，栽柳养鱼，遍植白玉兰、紫玉兰、龙柏等，满园鸟语花香。临水而筑敞厅，名“荷花四面厅”。河池尽头是玻璃花棚，旁有200年树龄的龙柏。抗日战争期间，墨园部分园景被敌伪人员破坏。抗战胜利后，顾祝同的部署佘念善（字仲良，1890—1974）在园中办农场，并增建西式楼房和牛舍等。佘念善之子佘守廉毕业于金陵大学农科，也在此从事畜牧业，如养奶牛等。但园景并未受到太大的破坏。

新中国成立后，此园改为国营地方农场，再后在此建阀门厂。至“文革”前，园景保存尚好，唯二层楼房有失原貌，松毛亭不存。20世纪70年代挖防空洞，荷花池被填，山石被毁。现已略有修葺，犹存小池和湖石花坛等。

对墨园的始建主人，唐小祥先生主编的《苏州近代建筑考》说法有所不同，此书标明“墨园　佘念善故居”，并介绍说：“建于民国时期，佘念善用多年积蓄，在苏州北寺塔外购置大片土地，创建家族庄园。园分前后园，前园是农场，从事养殖业和牛奶业。庄园前的街道——老苏州旧址平门宝裕路，是以佘念善之父的号宝裕命名的。后园为家族生活居住区，佘念善用父亲的字‘墨缘’命名以志纪念。佘念善家族四世同堂，乔迁至此，长期定居，他的叔伯兄弟佘念萱一家也来这里工作和生活。”《苏州近代建筑考》在介绍佘念善的生平时也提到了顾祝同，但只是介绍佘念善从北伐战争到抗日战争的10多年时间内一直跟随顾祝同做军需工作，却只字未提顾氏和墨园的关系。而苏州史志书刊历来都是说，墨园为顾祝同始建、所有，抗战胜利后始归佘念善。看来这是一个需要进一步研究的问题。查上引《苏州近代建筑考》，有“建于民国时期，佘念善用多年积蓄……他的叔伯兄弟佘念萱一家也来这里工作和生活”一段话，源自姚明玉等提供资料、佘江东执笔写于2013年的《抗日将领佘念善》一文，佘江东是佘念善的孙子（佘念善第二个儿子佘守宪的长子），姚明玉是佘守宪的妻子、佘江东的母亲、佘念善的二儿媳，而且佘守宪和姚明玉1948年结婚时就是在墨园举行的婚礼，因此，他们的回忆文章当为信史。但仔细研究这篇文章，似乎得不出墨园不是顾祝同始建而是佘念善始建的结论。

根据《抗日将领佘念善》介绍，佘念善，祖籍江苏赣榆，出生在海南，早年在实业学堂毕业，从事实业工作。后来结识顾祝同，投入军界，之后长期从事军需工作，较长时间为顾祝同的部下，而且步步高升。抗日战争胜利之后的1946年7月31日，佘念善被授予陆军军需系统的最高军衔：国民革命军陆军军需总监。可是，“已经身居陆军军需界的顶峰，佘念善却急流勇退，他毅然改变人生，淡出军界，转进他早年热衷的实业，在苏州北寺塔外购置大片土地，创业家族庄园，家族庄园前场后园，前场自立农场，从事养殖业和牛奶业。自立农场用培育的种牛和种鸡，优化苏州地区的奶牛品种和家鸡种群，这里饲养的奶牛生产大量牛奶，直接供应苏州市场。……家族庄园前的街道——老苏州旧址平门的宝裕路因此以佘念善之父的号宝裕命名。后园——西洋别墅式的府邸——墨园是家族生活居住区，佘念善用父亲的字墨园（缘）命名，以志纪念。佘念善家族四世同堂，乔迁至此，长期定居，他的叔伯兄弟佘念萱一家也来这里工作和生活”。这段话，和《苏州近代建筑考》的引述对当时墨园园貌的描述基本一样。但对佘念善何时有墨园可以有不同的理解。审读这段文字，好像是说佘念善还是1946年之后才来此购地建园，而他购得的这块地就是已经离开苏州的老朋友、老上级顾祝同的墨园。至于后来的产权人是佘念善，这很正确。因为自从佘念善买下墨园之后，这园子就是他的，而不再属于顾祝同。关键在于墨园的始建者是谁，是顾祝同还是佘念善？中华人民共和国成立之后，为产权问题，对方曾经打过官司，最终判定产权属于佘念善，但仍作敌产充公。不知法院的档案里有没有涉及墨园的始建主人。待档案解密，或可能查清楚。

佘念善晚年生活在香港、台湾两地。1974年病逝于台湾，享年84岁。2005年9月3日，全国隆重举行纪念抗日战争胜利60周年活动。由中共中央、国务院、中央军委将中国人民抗日战争胜利60周年纪念章授予佘念善子女，以志对抗日将军佘念善先生的表彰和缅怀。

韬园

韬园在姑苏区濂溪坊，为民国年间国学大师金松岑之园居。金松岑（1873—1947），原名懋基，又名天翮、天羽，号鹤望，自署天放楼主人，出身苏州同里书香门第，家有园，名“笏园”（详见第四章第二节）。他早年与陈去病组织雪耻学会，参加蔡元培组织的中国教育会和爱国学社，创办同里中学，延请律师为章太炎、邹容辩护；1927年前曾任吴江县教育局局长、江南水利局局长等职；1933年与陈衍等组织中国国学会，邀章太炎到苏州，与章一起在国学会讲学；抗日期间，为摆脱汉奸纠缠，应聘任上海光华大学中文系教授，后返回苏州濂溪坊，闭门著书，寄情诗歌。其著作主要有《天放楼诗文集》《天放楼文言》《鹤舫中年政论》《词林撷隽》《女界钟》《自由血》《孽海花》（前6回）等。他的学生如柳亚子、王佩诤、潘光旦、费孝通、王绍鏊、蒋吟秋、范烟桥等后来都是文化精英、杰出人才。

金松岑于1912年定居苏州，开门讲学。1932年改居濂溪坊，构宅园曰“韬园”，自撰《韬园记》。金松岑的书斋名为“天放楼”。此楼本在同里同川书院内，一楼一底，独立成院，是金松岑早年读书之处，他自号天放楼主人。天放楼毁于抗战期间，1948年重建，现在是苏州市文保单位。天放楼对金松岑很重要，因此，不管家搬到哪里，他都将园居中的主楼命名为“天放楼”。金松岑的许多著作都是在天放楼内完成的。

“韬园”园景比较简易，园中天放楼北有隙地，设计成园，构亭翼然，西向，周围种植花卉绿竹。又把故里笏园的石头全部运来，堆成假山，峦嶂壑谷，因地面狭窄，假山像两只胳膊舒展开来，弯弯曲曲伸展到亭子东面，从反面看就像一只弧。为什么称名“韬园”呢？《韬园记》作了详细解释：假山之势像弓箭，颇有几分张扬之气。诚如《易经》所言：“弧矢之利，以威天下。”但金氏此时已年逾花甲，经过既往人生的阅历，已少张扬奋发之志，只想掩藏锋芒，韬光养晦，“卜宅于长林邃谷，弹琴咏诗，以适吾性”，故园以“韬”名。这是故意对假山形势所展现的意蕴的反正。一个园名，实则寄托了园主的人生态度。

附：金松岑《韬园记》

壬申秋，改僦新居于濂溪坊，相楼阴得隙地，规以为园，构亭焉，翼然西向，花竹环其址，复尽撤江乡笏园之石，浮载而辇致其间，以为峦嶂壑谷，面势既窄，仍舒两膊，屈折抱亭以东，反观则张之如弧。《易》曰：“弧矢之利，以威天下。”今天人举无厌乱心，余方守括囊无誉之戒，安用张之，以矜强雄，故字之曰韬园。既觞客有起而赞曰：“鹤望生少负经世志，治兵农礼乐河渠家说。长而逢世多难，兵革屡起，往往先事策成败，亦多奇中。论中外政制宪法学术理性，积五六十万言，顾未尝诎节嗅饵、干世用。吾子曩者不自韬其华，犹之韬也。言既不见纳于世，言固立也。言之繁与，子曷洁之；言之不纯，与子曷节之。世变亟，天人不悔祸，不第中土也。中土治，愿子以先民内圣外王之术诏世界；中土不治，愿子以先民内圣外王之言诏后世。盖期之百年，敝极当返，返则子以其言故，必为后世尸祝，是子今者亟自韬其锷，犹之不韬也。”余曰：“客之言，壮矣美矣，善为辞矣，虽然，此非余之敢承也。余少多疢疾，壮而离世昏浊，今岁月不居，而老且至，将永驰其学术政理之肩，卜宅于长林邃谷，弹琴咏诗，以适吾性，且葆吾冲，盖韬之中又一韬焉。兹园其寄耳，吾与子且日饮无何以为乐，仰观浮云而俯察万变，以待大化之推迁，而无与相连迁，其可乎？”宾既退，姑书其问答，以为记。

舒家宅园

2009年被市文管部门公布为市级文物保护单位的庙堂巷36号舒适旧居，约建于民国初年，始建主人未见明确记载，而担任过“七君子”辩护律师的东吴大学法律系教授、吴县律师公会会长、书法家吴曾善（1890—1966）曾经居此。抗日战争胜利后，吴宅被时任江苏省财政厅厅长的浙江慈溪人舒厚德买下，从此，此宅为舒氏所有。舒厚德，即著名电影演员和导演舒适（1916—2015）的父亲。舒氏买宅之后，对前三进并未做大的改动，主要将第四进改建成花园别墅，将平房拆除，原地建成一幢洋房，两层三间。楼顶有阁楼，楼底有地下室，半楼有楼中间。底层缩进为廊，廊内铺进口五彩地砖，楼上楼下铺水曲柳地板。楼之前后各有庭园，前园较简单，铺鹅卵石花地，有水井一口。后园有湖石假山数峰，有绿琉璃瓦角亭，杂植枇杷、桂花等花木。后又植两根两米多高的石笋。宅园外有围墙，墙上有漏窗。这是一处典型的民国庭园建筑，精巧典雅。

其实，舒适并没有在这处宅园里生活多长时间。他生于北京，童年曾在苏州生活，六七岁时即随父亲迁居上海。舒氏家族修建吴宅之后，何人居住于此，不得而知。中华人民共和国成立之初，舒家委托一蒋姓亲戚居住并照看此宅，舒适也曾委托妻子慕容宛儿来看过这处家园。1956年舒适将其捐献给国家，从此此宅成了公房民居。

此宅现存四进，有门厅、轿厅、大厅，第四进即为舒氏着重修建的二层洋楼和庭园。三、四进之间有矮墙高窗阻隔。现存湖石假山数峰及绿琉璃瓦角亭，此亭较为精巧。

鹤鸣堂

此园在今平江路郏长巷1号，建于1932年。园主康德全（1886—1982），苏州人，曾为上海黄金荣幕僚。此园南向，有东楼和西楼，皆为西式建筑。东、西楼有通道相连。花园在东部。

迄今，建筑整体保存较好，而花园已废。

蒋仲川宅园

此园在祥符寺巷，是一座西式花园别墅，坐北朝南，主体建筑是一幢西式洋楼。园主是清末民初教育名家蒋炳章之次子蒋仲川（1890—1954）。蒋仲川毕业于国民党中央陆军军需学校（在保定）第一期，后长期在军队做军需工作。由于不满军内派系斗争，于1933年脱离军界，返里回苏经营实业，在今之祥符寺巷22号地面购得占地数亩的某宅大园，再投巨资，三年大兴土木，落成了有中式厅、西式厅、别墅式住宅楼等构筑的一座规模较大的私家园林。为保存其父蒋炳章遗留的大量古籍，还专门修建了书库和书房。蒋仲川一生钟爱银币收藏，著有《中国金银币图说》行世。他曾于1936年和同乡王逸民共同举办过一次“钱币珍稀品展览会”，展出了他所收藏的一枚清“广西省造光绪元宝银元”，为旷世珍宝，世上存量不足10枚。

主楼罗马柱雕刻

全面抗日战争爆发前，蒋仲川奉命重归军队，任第三战区少将参议，依旧负责军需工作。1937年秋，日军攻陷南京前夕，蒋仲川率领的50条载有大量军需物资的船队在安徽被日军击溃。他辗转逃至上海，寓居下来，与王逸民合开钱庄。1937年11月中旬苏州沦陷后，蒋仲川被日寇列为“敌方人物”，祥符寺巷园居被查封，此处后来成为汪伪政府江苏情报站，于此关押、残杀抗日志士。日寇也曾在这里设“慰安所”，由此向日军输送约2000名妇女，强当“慰安妇”。后来蒋仲川因钱庄经营失败，于1943年初潜回苏州。潜居苏州期间，他白天装扮成农民，躲在哥哥蒋伯年的庄园（现在的东园，当年的蒋园）内种地，过着隐居生活。中华人民共和国建立之初，政府曾动员他出来工作。不幸的是他1950年却患病不愈，于1954年病故。

蒋仲川园居现存二层楼房一栋，体量较大，且保存完好。现为苏州市控制保护建筑。

徐景韩宅园

此园在今吴衙场16号，建成于1934年。园主徐景韩（1884—1952），东吴大学教授，曾留学美国，毕生从事力学基础教学。此园大门南向，进门即为庭园，略有园景，仅植花木。向前，即为二层洋楼。楼后，又一庭园，亦仅有花木。综观此园，园景要素并不完善，勉强称之为园耳。

聿来堂（陈衍园居）

陈衍

此园在干将路石匠弄，20世纪80年代尚存，干将路拓宽时拆除。

陈衍（1856—1937），福州市人，著名文学家、同光体诗派代表人物，号石遗老人，曾任京师大学堂教习。清亡后，在南北各大学任教授，20世纪30年代初寓居苏州，与章太炎、金松岑共办国学会，任无锡国学专修学校教授。陈衍有妾，名李瑞英，1904年生，本北方名伶，曾为陈衍育有三子。陈衍曾亲为居室撰联云："北地胭脂，住胭脂胜地……"此话怎讲？前一个"胭脂"乃是对爱妾的赞誉，后一个"胭脂"乃指附近的胭脂桥。"胭脂"，意象极美，陈石遗每以之指代在苏州的园第，借表居处形胜。实则他住的是石匠弄。园中有中西结合之小楼，名"聿来堂"。书房前有园，杂种奇花异卉，竹树萧森。《石遗室诗话续编》即陈寓苏时作。1937年6月陈返闽，旋卒。

寄庵

此园在原东北街道堂巷、今东北街172号。寄庵，是汪东的号，也是他住宅的名字。为什么取这个名字？他自己在《此地何人悲往事》一文中说，十七八岁时，到东京留学，加入了同盟会，在为《民报》写文章时，署名"寄生"，原因有三：一是人生如寄；二是栖息客帝之下，等于物之寄生；三是象译之名，东方曰寄。清朝灭亡以后，则因"流徙南北，靡有定居。容膝之处，每题寄庵"。1934年，他"筑室于苏州北园隙地，仍用此名"。此宅在其老宅之后，为建此宅，他负债

4500元。老宅始为清同治年间汪东的大伯父翰林汪凤池所建之深宅大院，坐北朝南，原为一路三进，后为五进。临街有竹丝墙门，东有备弄，中设走廊。有花园，假山、花木，园景一应俱全。汪东则在宅后面增建面阔三间的西式洋房，请他的老师章太炎为篆“寄庵”二字。章太炎以《说文》无“庵”字，而写作“鶕”，而汪东仍写作“庵”。他在楼前庭院植红绿梅数株，亦曾掘地得假山石。汪东在《名园深处贮名葩》一文，盛赞苏州网师园之花木、重庆杨园之梅花，而对自己的寄庵则写道：“寄庵植红绿梅数株，顷盛开，余游宦时多，在家看花，尚为第一次也。”难得在家看到自己手植的梅花盛开，汪东是很兴奋的。汪东为文化界班头、名流，他的寄庵时有吴梅、费仲深、丁惟汾、章太炎、黄侃等苏州及江南文人学者造访雅集。一次，吴湖帆来访，见其院内蜡梅盛开，香溢四处，大为赞赏。汪东高兴之余，即画梅一幅贻赠，而吴湖帆遂手书对联一副以报答。汪东二哥汪荣宝、大哥子汪星伯都曾住此。

新中国成立之后，此园尚存门厅、大厅和楼厅。楼厅仍为汪氏后裔居住，余为其他居民所住及幼儿园使用。21世纪初，拙政园东部进行整治时，被全部拆除。

汪东（1890—1963），苏州人，原名东宝，后改名东，字旭初，号寄庵，章太炎四大弟子之一，海内著名学者，曾留学日本早稻田大学。凡经史百家，无不研习，在音韵学、训诂学、文字学诸方面，都有极高的学术造诣。又是词坛大家、书画家，其词学著述及创作宏富，有《词学通论》和《梦秋词》等传世，影响深远。早年追随孙中山先生，参加同盟会，参加过辛亥革命。曾任《大共和日报》总编辑。新中国成立后，曾任苏州市政协副主席、民革江苏省委员会副主任等职。

苇园

此园位在今司前街74号，为民国早期名黄玉者所建，至20世纪

30年代舒伟园由上海来苏，购得此园，从此为其所有，并以“伟园”之谐音“苇园”命为园名。舒伟园（1890—1971），章太炎弟子，日本东京帝国大学法律系毕业，回国后，执律师业。抗战前，曾任湖南省财政厅厅长、国民政府高等法院院长等职。抗战期间，坚拒汪精卫邀请，不与之合作。新中国成立前夕，又拒绝去台湾，留在大陆工作。

此园坐北朝南，由西式楼房和苏式庭园构成。庭园在前，洋楼在后。据唐小祥《苏州近代建筑考》介绍，楼房为混合结构，二层带阁楼，阁楼上有气窗。楼墙用带有英文符号烧制的名牌青砖垒砌。墙立面镶嵌玻璃窗，底层有花岗岩条石台阶，底层中间有两根圆形罗马柱，四扇西式木门镶嵌民国时期最富特征的建材元素彩色玻璃，屋檐铺盖当时称作“洋瓦”的平瓦。楼房内部设施亦极西化，如美国花旗松做成的厚实木门、门上雕刻的几何图案、西式别墅的显著标志壁炉、曲尺式楼梯、阳台上的铁艺栏杆等。而庭园却极具中式风格。庭院内是传统的缸片、瓦片、卵石铺地，并镶嵌成传统的梅花、古钱造型。园中有湖石立峰和湖石花坛，有蜡梅、金桂和黄杨等名卉古木，至今石峰和古木仍在，古井一口仍可汲水使用。总观此园，民国时期的私家园林所谓花园洋房之西式洋房和中式花园的构建特色，于此尽得显现。

现为苏州市控制保护建筑。

葑园

葑园，在觅渡桥西南堍，苏州洋关处，约今青少年活动中心一带。建于1935年。园主吴似兰（1908—1964），与其兄吴子深、吴秉彝、吴振声兄弟四人曾经名震苏沪画坛。似兰精花卉，其花卉落笔有致，肥润若真，尤擅草木花卉，飘逸潇洒，清幽淡雅。吴似兰曾受业于著名画家颜文樑，兼善摄影，曾任苏州美专教授兼校董。对其园居，吴似兰在其所撰《葑园消暑杂记》中有过诗意的描述：“乙亥之夏，余购得一屋，僦居于斯。辟除草莱，得隙地约十亩。屋为某西人故居，建筑尚佳，然年事已高，外观虽尚摩登，实刚已徐娘风韵过也。四周乔木环拱，树高叶密，赖此遮阴，亦属大佳。以地近葑门，颜其额曰‘葑园’。晨兴焚香读易，偶及绘事。午后梦回，棋枰一局，以解烦暑。傍晚，携妻儿小步溪畔，看长垣落霞，互相映带，鱼艇往来，樵歌问答，充满渔乡风味。偶值邻叟闲谈，听蛙鼓蝉噪，觉有无限兴趣也。”吴似兰家居桃花坞，葑园是他的又一处别墅，他经常在这里以诗画会友。从桃花坞到葑园，他都是开自己的游艇前往。某次，他的游艇撞死了苏北的船民，引起了官司，用了大量钱财进行赔偿，人也从此受到了打击。葑园也从此衰败，再后园不复存在。此事约发生在新中国成立之前。

诵芬堂

诵芬堂在今包衙前20号、22号，乃雷允上药业主人后裔所建之别墅。现为苏州市控制保护建筑。

雷大升（1696—1779），字允上，清朝吴门名医。雍正十二年（1734），他在苏州阊门内专诸巷天库前周王庙弄口，开设雷允上诵芬堂老药铺，始创雷允上药业。由于医术高明，治病有方，雷允上乃遍闻苏州乃至全国，蜚声杏林。其后裔承其医药之术，亦世代有名，绵延至今。

1935年前后，雷允上后裔、当时的诵芬堂经理雷徵明、雷传铭兄弟，建此花园洋房，世称“雷氏别墅”。诵芬堂占地4亩左右，南向，两路。东部是西式花园洋房，西部为中式古建庭园。

现存东部三间二层楼房一幢，庭园早废。1951年雷氏兄弟将此别墅卖给中国人民银行上海分行。1991年此园被列入苏州市文保单位。1993年复建了西部庭园，中有水池，池周堆有湖石假山，建方亭、小桥，杂植花木。

之园

之园在阊门外山塘街半塘桥畔，为商界巨子杨定甫别墅，占地数亩，有三熹草堂、听雨亭、荷池等。园径曲折，“左之右之，无不宜之”，园故名。1934年2月24日《斗报》有记。

新德堂

新德堂在斑竹巷，是湖州书商周清臣及其子周文达、周文奎的宅园。周清臣曾在观前街施相公弄东首（今新华书店原址）设文津书林。故世后，其子周文达、周文奎分别经营文怡书局和交通书局。文怡书局曾出版《新苏州导游》。新德堂宅园两路，南路三进。花园在北路，详情失记。此宅园现存楼厅两栋，尚见木雕挂落，隔扇嵌书法。

新中国建立后，曾在此建防空洞。

双树草堂

双树草堂，是章太炎1935年初到苏州时构建的园居。

章太炎（1869—1936），清末民初民主革命家、思想家、著名学者，研究范围涉及小学、历史、医学、哲学、政治等，著述甚丰。他是杭州人，本赁居上海同孚路。因为不耐上海尘嚣，即有迁居之想。适巧，此时苏州的金松岑、陈石遗、张一麐、李根源正在组织国学会，乃由金松岑出面敦请章氏来苏州讲学，他便欣然应允，并和金松岑、李根源契订金兰。初到苏州时，先住离沧浪亭不远的李根源的曲石精舍，他和夫人汤国梨（1883—1980）当时都为沧浪亭写了诗。章诗云：“沧浪近在盘溪曲，水浊真堪濯我足。举酒为酹苏舜卿，买山同作巢由仆。”汤诗云：“落拓春衫过此亭，乡情杨柳眼为青。渔歌声断谁为

章太炎

汤国梨

语，憔悴行吟苦独醒。”不久便购买了位于今侍其巷18号新苏师范学校内的一座宅居，取名双树草堂，开办了章氏国学讲习会。文化学者尤玉淇在《章太炎迁居苏州》一文中说此处“有园林之胜”，章太炎弟子沈延国《记章太炎先生》也称此园有“亭楼之胜”。不久，章太炎夫人汤国梨来苏，感到此宅无后门，万一发生火警就很危险，而且旁有织机厂，机声轧轧，喧耳不宁，这对居息和治学都不宜。于是汤夫人做主将此宅园卖掉，再迁锦帆路8号。双树草堂门上挂着两块牌子，一块是“章氏国学讲习会”，一是“《制言》半月刊社”。《制言》由章太炎主编，弟子潘景郑、沈延国、孙世阳等为编辑。

双树草堂在日军侵华时被炸毁。

未厌居（叶圣陶宅园）

未厌居为叶圣陶宅园。叶圣陶（1894—1988），苏州人，著名作家和教育家，新中国成立后曾任教育部副部长。

叶圣陶

1935年之前，叶圣陶生活在上海，在开明书店工作。他想新觅一个舒适的环境，好好从事写作；也想有利于母亲调养久治未愈的胃病；同时他人至中年，更想安置一处足以安居乐业的宅居，于是就想到了“上有天堂，下有苏杭”的故乡苏州。他用出版童话集《稻草人》的版税等多年笔耕收入，在滚绣坊青石弄5号买了8分地皮，构建了宅园，取名“未厌居”。“未厌居”表达了叶圣陶一贯的人生态度：人生“未能厌世”，写作“未敢厌足”。他1935年由开明书店出版的散文集就名为《未厌居习作》。这部作品也正好体现了他“未厌”的人生精神。未厌居建成，他即由上海奉陪老母朱氏、偕同夫人及二子一女，一家六口祖孙三代迁回苏州居住。平时，他就在家里办公，每月去上海一次，约住一星期，用以处理开明书店编辑部的事务。长子至善仍在上海江湾立达学院住读；女儿和次子至诚都在苏州读书；夫人也辞去了开明书店的工作，专肆家务，一家人日子可谓其乐融融。不期乔迁未多时即被歹徒当作“大海爹”（上海来的有钱人家）而遭敲诈，先是直接登门要钱，叶圣陶稍做打点，歹徒悻悻而回。继之，写恐吓信，索要500大洋。此事以叶圣陶报警而了结。

未厌居大门朝东，面积为450平方米，北部为朝南平房，为主体建筑，有檐廊、檐柱，连以砖砌坐栏。西侧有附房。南部庭园略有园景，少山池亭台，唯花木扶疏，四时常绿。对于园景，叶至诚在《青石弄故居》中写道：“屋前有一个园子……总共栽了广玉兰、海棠、红梅、石榴、槐树、葡萄……十几棵树木，四时不断地有花叶可玩。墙头的爬山虎，墙角的书带草，整座小屋和园子镶嵌在一副长青的框架里。”园景无多，却颇雅致，这或许正是文人的追求。南朝之时，庾信构小园，即是榆柳两三行，梨桃百余树，一寸、二寸之鱼，三竿、两竿之竹，无馆无台，保持寒索本色。文人情趣，古今相通。

叶圣陶在此居住两年，全面抗战爆发，乃携全家赴四川参加抗战活动。叶圣陶离家后，未厌居空置，留下一猫一狗，无人照看，后请陈妈照管。再后，未厌居被一位姓朱的汪伪小政客不告而占。而叶圣陶身在巴蜀，心系吴门。他在给夏丏尊的信中写道：“青石弄小屋存毁无殊，芳春未挽，惟有永别。遥想梅枝，应有红萼。曩昔曾想，此树此屋不知毁于谁手，亦不知何时为别。今乃如此，实非初料也。”叶圣陶时时牵记着他的苏州故园，更念及园中花木。在给王伯祥、徐调孚的信中写道：“前数日曾买大把海棠插于瓶中，因而颇忆苏州之一树海棠，不知今年花事何如。”在成都时，他每有“感时花溅泪，恨别鸟惊心”之感，一次夜间听到屋外轰隆声，他忽然感到仿佛车过虎丘，于是急写一首七言仿古抒怀，末句云：“朝来开窗面庭园，手栽一一娱心目。”显然，他对故园的情感已经到了日思夜念、心驰神往的地步。

抗战胜利后，国事如麻，民主运动高涨，叶圣陶去了上海，没有回苏州。

新中国成立后，未厌居较为完好地保存下来。叶圣陶又到北京任职，无心料理家园之事，只是偶借公干南来，走进青石弄，或是门外望望，或是敲门进去（其时已有人居住），在园子里走走、看看，就好像拜访一位久违的亲友。

未厌居现为苏州杂志社所用，为苏州市文保单位。

费公行宅园

此园在桐芳巷花园弄。抗日战争前，吴江费公行居此。1941年6月7日《苏州新报》报道云：“即元末张士诚蕙香、桐芳二阁藏娇处。

中有假山鱼池，今遗址尚稀可见。”1985年时，宅园遗韵依稀尚存，后在此基础上建成桐芳苑居民小区。

补云小筑

补云小筑在鹰扬巷，为香山帮建筑大师姚承祖（1866—1938，生平事迹详见第五章）的园居，约建于1935年前后。此园亭台楼阁错落有致，花木得宜，点缀有方，淡雅如画，是一处精致的私家园林。可惜“文革”中被毁。

鱼海岑园居

此园位在今宜多宾巷21号，为北洋军阀政府时期的军需官鱼海岑于1935年买地所建。北向，两扇对开镂空铁艺大门，呈西洋风格。主体建筑是东西并列的三幢西式房屋。庭园比较精巧，内栽棕榈、桂花等花木，葡萄藤沿花架攀缘而上，墙壁上有爬山虎。湖石点缀，错落有致。园中摆石桌石凳。西南角有狭长的水池，砌有湖石驳岸。

此园迄今保存尚完整，为苏州市控制保护建筑。

谢莘如别墅

此园位于阊门内下塘街外五泾弄6号，现为苏州市阊门饭店内1号楼。主人谢莘如，上海人，先后任上海永亨银行经理、长丰面粉厂厂长。谢莘如别墅建于1936年，是一处西洋式花园别墅，面积5.25亩。主体建筑是一幢砖木混合结构的二层西式楼房，坐北朝南，大门东向，门前有停车台，南面设廊，廊前有露台，有石阶向下可进入花园。花园以草坪为主，中间植四株高耸挺拔的雪松，绿荫如盖，园内有小径，可供人们散步其间。周围植花卉树木，以漏窗围墙护卫，整个环境，平静安逸。楼房曾于1945年修过一次。

1954年，此园由苏州市卫生局购买，供妇幼保健站使用。后在此建阊门饭店。现房屋和花园都保存较好，1991年被列入苏州市文保单位。

沈京似园居

此园在今十梓街96号苏州大学附属第一医院内，原地名称“叶家弄”。园建于1936年，占地10余亩，前为花园，后为果园。园内有洋房两栋，一新一旧。新洋房是主楼，假三层，东向，具有英国乡村别墅建筑风格，为英国人所设计。楼周绿树成荫，整个环境，黄墙、红顶、绿树，色彩搭配协调、和谐。别有庭园，园中有草坪，草坪上设有健身的滑梯、秋千、跷跷板等，供子女健身用。除现代设施如水井、水塔、水泵、房内的浴卫设备之外，园内还有假山、池塘、花木等景观，则又全是苏式园林风貌。

抗日战争时期，此园被日军占作司令部。抗战胜利后，仍归沈京似所有。曾一度被国民党特务头子戴笠强行占用，在花园里接待在上海的美国海军军官。1946年3月，戴笠在南京西郊机毁人亡后，沈京似搬回洋楼居住。

新中国成立后，此园改作天成电化厂，沈京似为该厂股东之一。1956年为江苏省苏州医士学校赎买使用。

园主沈京似（1897—1988），祖籍浙江，生于淮安。20世纪30年代起曾任上海中孚银行苏州支行经理，之后定居苏州，新中国成立后曾任苏州市人大代表、政协委员和江苏省文物鉴定员，后移居上海。沈京似为中国国民党革命委员会成员，文物鉴定专家，烹饪造诣亦高，被称为“沪上第一美食家”，曾将所藏文物无偿捐献国家。

此园现为苏州市文保单位。

梧村

梧村在今公园路25号，乃1936年吴县洞庭西山人、时任上海东莱银行襄理的凤柱楣所建之园居。主要住宅建筑是一幢假三层西式主楼，花园在住宅南面，建筑面积很大。据唐小祥主编《苏州近代建筑考》所述："（花园）现在因南面房屋扩建，修复后面积已经缩小，但仍不失古典园林要素。园的东南角，主要布置亭子、水池和花台。靠墙的亭子，系坍塌后重建。其制式颇为奇特少见——梯形攒尖顶。四根圆柱支撑的亭子，东侧两根间距较大，从而平面形成梯形。亭子檐下镶嵌挂落柱间连缀吴王靠。亭子一侧，坐落一泓碧波。水池仿照自然形态，呈不规则状四周围以嶙峋湖石，池中金鳞嬉游。池岸津贴湖石花台，为东花台。花台中栽植书带草、棕榈、红枫等花木，郁郁葱葱。与东花台近在咫尺的西花台也围以湖石，栽植杜鹃、罗汉松等花木，生机盎然。园中三株桂树和一棵银杏，错落有致，均为凤宅当年原物。"

洁园

洁园，在平江路郏长巷。郏长巷，原名朱张巷，因元朝时有从事海运、富甲一郡的朱清、张瑄二人同建豪宅于此，故以"朱张"名巷。明清时期，此处亦有园墅之建。民国初年有房产商顾志华在此建宅，日伪时期，一位任日伪电话局局长的日本人居此，四周布有电网，沿河设有河埠，宅内挖掘池塘以作喷泉。后此宅为常熟人孙维佳购得，称德仁堂。

据倪浩文先生《郏长巷洁园孙维佳故居》一文记述：

"孙维佳，早年留学日本，获博士学位，归国后曾在上海四川路某银行任职，亦曾到浙江兰溪开办丝织厂，又一度在民族资本家荣德生兄弟创办的申新纺织无限公司和维新纱厂中担任要职。孙维佳和苏州苏纶纱厂董事长严欣淇是好朋友，严欣淇经营遇到困难，孙乃举家迁苏，以助其搞好经营。就是此时他购入此宅，并进行了较大改建。先是挖深喷泉池，池之四面修道路，宅园之四隅设葡萄架、种雪松，且专聘居家园丁在两侧半亭处栽植杏、枣、梨、梅、竹等花木。挖池所得，垒土成丘，蜿蜒而上，共有廿四级。丘上原拟构筑洋房，因怕地基不稳，遂推平，建造了今日尚存的洋楼，并将后园名之曰'洁园'。"

园成之日，恰逢孙维佳之女满月，故特地自沪上延请著名滑稽戏演员周柏春到洁园演出助兴。洁园东邻为曾供职于汪伪政权的某氏洋房，因河埠之事与孙维佳对簿公堂。孙找来了对方所请律师的老师出马，对方才收了嚣张气焰。当时，洁园位于郡长巷朝南的大门附近为桑林，偶有夭折的儿童草葬于此，孙妻罗雅安对此有忌讳而且害怕，想改从北面进出。孙维佳乃将河埠边东板桥的木质引桥改为水泥引桥，方便了家人出行。此桥于1965年填中张家河时被废，然"东板桥弄"的巷名仍在。

中华人民共和国成立之后，罗雅安曾与仲国鋆、周瘦鹃等一起参与了苏州市园林管理处的组建。而在中华人民共和国建立之前，孙维佳迁至香港，后返回大陆，入葬时以生平最爱的中国美术资料入冢相伴。后来，洁园曾有平江房管所马林、市委统战部部长王也六、空军大校屈宗元、专区医院党委书记聂琰等众多党政军干部入住。现今，洁园沿街有铭文青砖扁砌外墙，一顺一丁式。园内尚存民国式曲尺形二层楼一幢，二楼有老虎天窗，进口地砖保存较好，木质楼厅造型简洁。有古井两口，井栏已改。此外尚存旧时砷石，雕六道轮回图。园之北院内亦有一民国建筑，楼前有银杏一株、广玉兰两株。北院也有古井，或曰曾有人沉此，当初主人为辟邪特立圆柱形经幢于侧，上刻"南无妙色身如来""南无宝胜如来"及瓣莲图等。

洁园的园墅部分现已改建为新村，现在我们只能从宅东墙体及宅西的四面界碑上看到洁园的名字了。

姜宅花园

此园在宜多宾巷，由姜振祥建于20世纪30年代。花园在住宅东侧，原有假山、水池、亭子、曲桥已废，现存土山、花厅等。

兰石小筑

此园在今锦帆路4号，乃画家、藏书家朱犀园的园居。朱犀园（1891—1969），祖籍安徽泾县，曾从曾熙学画，善画松竹兰，精治印，善堆假山和制作盆景。新中国成立之初，曾协助苏南文管会主任陈谷岑修葺拙政园，受到识者的称赞。据周瘦鹃回忆，他的盆景制作也是从朱犀园处学得的。

兰石小筑建于1931年至1941年间，是一处具有西洋风格的民国建筑，有主楼和附楼，门额为篆书“兰石小筑”，庭园在全园南部，有假山、花木。至今园内尚存百年以上的石榴和蜡梅各一株。

此园现为苏州市文保单位。

伍园

此园在孔付司巷西，楚籍人士伍百谷私园，以种菊为特色。金松岑《伍园看菊》写道：“城南楚客谙菊趣，过门掉臂觉心痒。”极尽推崇之意。

鲟庐

鲟庐，在葑门以内，离沧浪亭不远，唐时葑门亦谓“鲟门”。门联云：“门对沧浪水，桥通扫叶庄。”为合肥李鄂楼园居。此园高门大户，园中多竹，藏典籍书画极富，为文人雅集觞咏之地。金松岑咏道：“列戟高门万众看，郊居傲我竹千竿。”李鄂楼善书画，曾官湖北候补道、安徽司法厅长。金松岑《天放楼诗集》写及。

万嵩沅宅园

据倪浩文考据：此园在幽兰巷11号。万嵩沅（1884—1967），苏州教育界前辈名流，吴县望亭人，早年赴日勤工俭学，曾任坐落在马医科的教会学校振声中学首任华人校长，直至1954年振声中学并入苏州市第二中学为止。早年的万嵩沅宅园也曾是周瘦鹃、范烟桥等文人名流乐访之处。

宅园为万嵩沅、郁烈夫妇于1938年在原住宅基础上翻建而成。原住宅为中式建筑，形状为中间高两头低的馄饨担式建筑。万氏夫妇购入后，拆除第一进、第二进，保留了第三进的中式住宅，并在原第一进、第二进的基础上翻建成现存的海式住宅。前院是座两层西式小楼，楼南为花园，楼东有半亭，西南侧院有圆洞，书“怡颜”额。后院有假山、池塘和花木。园为万氏亲自设计。具体建造负责人为徐雪金，新中国成立后，徐雪金被聘为建设局顾问；具体施工则是当时著名的葑门外的钱松水木工匠，造价6000余元。该宅园后来一直为万氏后人居住。

万嵩沅宅园角亭

80多年过去，万嵩沅宅园大体形制仍保存完好，其石库门西侧屋基上仍清楚地保留着“万界”字样。现为苏州市控制保护建筑。

翕园

翕园，在阊门外余家桥畔，即今南兵营一带，乃无锡人张醉樵（一说张鹤年）为制作蜜饯而种梅之处，也是他们一家生活起居的园第，人称“张家花园”。张氏家族是苏式蜜饯的创始人，他们先后在上海、苏州、嘉兴开设蜜饯商行，种植、生产、销售一条龙。民国年间，江南蜜饯市场几乎为张家所垄断。张醉樵，秀才出身，好诗善书，喜欢结交文人雅士，是这个经商的家族中有文化品位的一位。翕园很大，占地约五六十亩。园中多果木，有数千株，梅尤多。当年此园之梅几可与无锡梅园相轩轾。园中有假山亭榭、池馆华堂，多植名菊，池中养鱼，抗战前，亦为文人雅士聚会、效流觞曲水韵事之地，几与留园争胜。每当雅集，多有题咏。如：“芟草通地护短垣，种梅地僻似桃源……连岁花时曾蜡屐，满堂诗客更倾尊。”“桑麻兼果蓏，畦町似天然。繁实收梅杏，辟嚣隔市廛。堂宜花萼映，座有竹林贤。好景还堪忆，园桃红正妍。”钱文选《游苏记事》称之作“翕圃”，谓为当时苏州名园之一。当年《苏州明报》对其有过报道：“添造亭馆池榭，多叠假山，增树花木，如是不三年，全园景物，几追踪盛氏之留园。”“每岁新花，为倾城仕女出城赏梅之唯一胜地。当炎炎夏季，临水品茗，尤宜逭暑。厅榭间所张字画，更多时贤之手笔，满园梅花，其中有异种多株，概为他园之所无。廿六年春，园之中央，复叠有假山一丛，中有喷水池，池蓄金鱼甚多，时每日游众更盛，不意未几事变即作罢。”翕园以疏朗胜，多野趣，时尚洋派，有喷水池、金鱼池等设施。1935年，当时的学者、政客江亢虎夫妇来苏州，著名学者、诗人陈石遗和金松岑将分别离苏赴广东讲学及去洛阳参加国民会议，这三人的朋友和门下弟子们一起借翕园宴请他们，可谓一桩雅事。《苏州明报》有《翕圃修禊记》记其盛。1936年1月开始，翕园对外发售门券，所收券资悉数拨给五泾浜私立公益小学，此外还捐资重建了星桥下塘的五泾浜桥，做了不少公益事业。

日军占领苏州，园子为其骑兵部队所占用，整个园子被破坏。抗战胜利后，园子成为国民党军队驻兵处，亭榭花木不复存在。

新中国成立后，此园成为解放军兵营，初尚存假山水池，其后部队开荒，池被填平。

郭家花园

此园在齐门内石皮弄，为评弹艺人郭彬卿宅园，面积仅0.15亩。原有半亭和曲廊等园景，已毁。现存花厅和一体量较大的湖石假山。

郭彬卿（1920—1968），弹词演员。本名娄小牛，今相城区北桥镇元介村人，生于北京，因父母离异，不足10岁时随母回到老家。不久，母亲病故，同外祖母相依为命。10岁时拜同村茅雨庵为师学唱评弹，逐步成名。先后与薛筱卿、周玉泉、朱雪琴等拼档，演出《梁山伯与祝英台》《珍珠塔》《琵琶记》《白毛女》等。以弹唱技艺为听众称道。其琵琶铿锵遒劲，婉转流丽，点子清，力度足，音色亮，旋律美，极富功力。

余宅花园

此园在阊门西街38号，是余生佳之花园，为西式楼房配中式庭园的中西式结合建筑。园中有厅、亭、廊、楼等建筑，楼为三层八角形，楼顶有西式风格的围栏；还有一座体量较大的湖石假山及水池等。

新中国成立后，这里是空军驻苏州地区军代表接待站。当今园景完好，为苏州控制保护建筑。

余宅花园三层八角楼

陶宅花园

此园在盛家浜4、6、8号，原为苏州东吴丝绸厂业主陶叔平私邸。西式住宅，前有中式庭园，有水池、假山、亭子、曲桥及桂花、黄杨等花木，尤其是三块峰石姿态玲珑剔透，最为优美。

此园虽已散为民居，但保存较好，2009年被列为苏州市文保单位。

陶宅花园东边毗邻的，本来是吴县律师公会会长吴曾善宅园和上海邮政总局局长王振伯宅园。新中国成立后，这三处宅园皆有居民住进，最多时达20多户。至2005年由政府将三处宅园合为一体，重新修复，名之曰“桃园”，成为公益性的居民游乐场所，颇具园林之胜。

第三人民医院内花园

此园位于广济路上的苏州市立医院北区内。市立医院北区原来是苏州第三人民医院，所以现在仍称其名为“第三人民医院内花园”。医院内现在仍有体量较大的民国建筑，东南角现存体量较大的湖石假山，叠法较好，保存完整。本来山顶有亭子，现已废。

握瑜

此园在今因果巷14号，为民国年间西药店老板李氏庭园，已废，残存湖石小假山和黄杨等树木。住宅楼前“四时读书乐”砖雕门楼甚精。

严斯寿花园

此园在东北街116号。园三路三进，西路原有假山、池亭。

20世纪80年代假山被拆除，其余总体状况尚好，现存花厅、旱船、廊等建筑及棕榈、桂花、天竺等花木，而池亭已废。现为民居。

三多巷12号花园

该园为民国园林，当今仍存残迹。大厅旁有黄石假山一座，树木多株，前后有碎石走道，东部有小型水池。

严衙前48号宅园

此园在今十梓街苏州大学第一附属医院内，原为严衙前48号。这里原是一处封闭式的宅园，展现的是民国建筑风格。现存湖石小假山、水池、小桥及三棵大雪松。2004年被列入苏州市文保单位。

鲁家花园

此园在孔付司巷现苏州大学光学研究所内，园已废，仅存水池。详情无多。

田夏霖宅园

据倪浩文考据：此宅园在平江历史街区内，主人是上海长兴花号业主、棉花商人田夏霖。东路大厅雕刻精美，园内垒黄石假山，有荷花池塘。至今仍存二路四进，园景仍存山池残迹、当年的龙柏三株、木柱上所书“处远”“舒朗”和原月洞门上的“流翠”砖刻等。

拙园

此园在包衙前，为国民党要员严某宅园，现已不存。

吴颂皋园居

据倪浩文考据：此园在之凤凰街107号，建于民国时期，确切年代不详。园主吴颂皋（1898—1953），吴县人，政治家、法学家，抗日战争以前主要在大学教书和从事政治工作。后投靠汪精卫卖国政府，充当汉奸。抗战胜利后被判无期徒刑，病死狱中。吴颂皋园居主体建筑是三层洋楼，西班牙风格。庭园在楼房前，比较简朴，仅有花草树木，勉强称之为园。

王宅花园

此园在庙堂巷，为民国时期一小型宅园，现已无存。

荡琴别墅

荡琴别墅在十梓街，原为一工商业者所有，小巧幽雅。门前小河萦带，过桥步入，有小院缀以树石，最南部有假山叠成的小院，回廊四合。

20世纪50年代为江苏师院教工宿舍。

郑逸梅宅园

郑逸梅（1895—1992），苏州人。据其《我在故乡的居址》讲，他“家无恒产，赁屋而居”。因此，在苏州住过好多地方，如宫巷、乔司空巷、萧家巷、娄门小曹家巷等。下面三处也是他的住宅，都有园景。一在甫桥西街，面对双塔。宅后一圃，春时红杏烂漫，本为清朝士子赴贡院考试时住宿处。另一处在钮家巷他的同学袁丕烈家，即今东大园18号，本是明代建筑，质朴而饶有古泽，园中有明代银杏及多种花卉。第三处是其谱弟赵眠云家的宅园，位在胥门外枣市，颇具园景，有怡寿堂、晋思堂、心汉阁，园中有拳石盆花，室内有古籍书画、商彝周鼎。这是他在苏州的最后一处住宅，之后，他便离开家乡而客居沪上了。

郑逸梅

本书作者儿子魏昆和逸梅老先生为忘年交，因此，得以相稔。先生90大寿时，寄来特制的寿笺，嘱写祝寿诗。我以一首五律遵命："梅苑一枝香，国昌寿亦长。金针度后学，妙笔著文章。九秩云霞满，百年松柏苍。期颐祝嘏日，再拜晋桃觞。"

陈姓·杨姓宅园

此园在今菉葭巷49、50号，先后为陈姓、杨姓所有，花园在西部。现为民居，尚存花厅。

西津别墅

西津别墅在今醋库巷40号，为画家、收藏鉴赏家、古琴演奏家顾麟士别业。顾麟士（1865—1930）乃怡园主人顾文彬之孙，号鹤逸。顾氏世居怡园，创画社怡园画集，办怡园会琴，亦居朱家园，西津别墅乃其别业。别墅朝南两路，东路四进，西路三进，中有备弄贯通，大门开在东路东南隅。有清水砖雕门楼，额"慎修思永""丙寅季夏"款。内立影壁，上嵌砖刻"西津别墅"四字，影壁以西为书房、楼房；西路三进，为厅堂及附房。花园在东路。

此园现为苏州市控制保护建筑。

葛氏宅园

此园在金狮河沿42号，是民国年间著名耳鼻喉科医生葛馥庭寓所，系西式花园住宅，保存较完好，现为民居。

冯姓·张姓宅园

此园在因果巷44号，民国时先后为冯、张二姓居住过。园中有水池、假山、石柱、花架等。

新中国成立后划归东吴丝织厂使用，园景渐失。

蒋宅花园

此园在今西花桥巷2号，前宅后园，内有东西对称的长廊和旱船，南部有水池、假山。

新中国成立后依然有园景。后渐废，曾为缝纫机厂所在处。

沈辉园居

此园在今平江路卫道观前27号，建于民国时期，确切年代不详。

沈辉（1890—1969），苏州人，民国时期苏州钱业巨擘，为苏州宝大裕钱庄老板。此园大门东南向，为两扇对开铁艺大门。主体建筑为四开间二层洋楼。穿过门墙即为庭园，花木扶疏，有玉兰、香樟等花木。后院原为花园，今已不见。

顾宅花园

此园在今干将路216号，主人顾渊硕。园在宅东侧，有水池、假山、树木、花卉等。

新中国成立后尚存，后渐废。

潘宅花园

此园在今大儒巷49号，有湖石、花木等园景，现仍有残存，为民居。

茅宅花园

此园在今曹胡徐巷69号，有假山、水池、花木等园景。新中国成立后园景渐失。1966年在此挖防空洞，园全废。

陆宅花园

此园在今桐芳巷2号，庭院有园景。1958年开展爱国卫生运动时，花木池石被毁。现为民居。

宋氏小园

苏州市地方志编纂委员会办公室和苏州市政协文史委员会编辑出版的《苏州史志资料选辑》2004年刊登的贝克《博望楼文钞》一文，记有“宋氏小园”，未记园址所在，仅略述园景。贝氏和宋氏为吴门世交，父辈为倚声之友，贝克和宋慧君交往亦深。抗战期间，二人曾从上海返苏，游观于小园。园度地不广，而园景差具，园周匝杂植枫、桂、梧、柳之属，皆百年老木，交柯连阴，摇碧晕生。而略显荒芜，园中亭榭，朽蠹日甚。文中有言："自沦为异域，而山泽之幽，烟霞林壑之美，杂以妖氛，芳杜松桂，委于蓬蒿者，且不可指数，夫何有于区区一园！"日寇侵苏，对园林风光之破坏，亦可见一斑。

史家巷32号宅园

此园有楼阁、水池、假山。新中国成立后渐毁，在此建刺绣厂，现尚存白皮松一株。

陈姓宅园

此园在今干将路216号、218号。园共三路，中路有纱帽厅；东路有花厅和庭园，园内有湖石、花坛和树木，各厅均有船篷轩，装修精细。民国年间，陈姓将宅售予顾姓。

现东路仍为顾姓居住，西路为东风通信设备厂。1992年干将路拓宽时没有被拆除，依然保留。

孔姓宅园

此园在宜多宾巷14号，为民国年间国货银行苏州分行经理孔宪镳的宅居，西路有小花园，中有池石、假山、花树，后全废。

现原址上建有民居楼房。

许姓宅园

此园在东麒麟巷3号，本是洋房花园。现前后庭园尚有石包土假山、水池、石笋等景观，保存完好。

李仲公园居

此园在今古城西北隅宝成桥弄22号，建成于1947年，园主是李仲公。李仲公（1898—1978），贵阳人，中华民国时期曾任蒋介石的秘书、交通部次长等职。1949年7月在苏州和卢郁文等45位原国民党立法委员一起发表起义宣言，后为民革中央宣传部部长、国务院参事等。李仲公园居是日式建筑，而庭园呈苏式风格，但较简素，以种花草树木为主，满园葱茏，极富生机。现为苏州市控制保护建筑。

顾祝同宅园

此园在今新桥巷26号，建于民国时期，原为松江人邹公所有。1947年由中华民国陆军一级上将、江苏涟水人、曾任江苏省政府主席的顾祝同买下，供其小妾、京剧演员石琦居住。此园是具有西班牙风格的花园别墅，主体建筑是两层带阁楼的四开间洋房。庭园在楼前，有体量较大的湖石假山、石笋及石榴、玉兰等花木。迄今园景仍有部分遗存。现为苏州市控制保护建筑。

本书作者分析，1932年顾祝同曾在平门内为小妾石琦构建墨园，而墨园在抗战胜利后售与其部署佘念善作农场之用。因此，他则于1947年另买新桥巷这处宅居，以安置石琦。

卫道观前27号宅园

民国时期是洋房花园，现为街道托儿所。

潘慎明宅园

此园在史家巷2号，现为民居，仍有假山、花厅等。

刘家花园

此园在今金石街33号金阊医院内，为刘正康宅园。刘正康（1874—1939），浙江镇海人，社会活动家、苏州木材业巨擘，曾任苏州总商会会董、救火会会长、市民公社社长等职，参与修建虎丘路，参加“一·二八”“八·一三”抗日支前活动等。民国时的园景水池、假山、亭子、花厅等多存留至今。但假山及水池驳岸已经危险，景观已受到破坏。现为苏州市控制保护建筑。

吴宗锡宅园

据1989年第2期《苏州杂志》发表的左弦先生的文章《老宅假山》记载，他家的老宅是一处很精致的小园林。文章写道：“靠墙，一溜高地，比平地隆起两三尺，上面垒着太湖石，插着石笋，种有修竹，旁边是各种花木。前面一个圆形的池塘，池里清水一泓，水面漂浮着田田荷叶，夏天荷花盛开，散发着清香。左侧是石头堆的假山，约三米多高，块垒峥嵘，高低错落。假山里，有一个可容三四个人的小山洞。家里人都叫它仙人洞。池塘前有一片卵石砌的场地，周围种着梅、杏、桂花、丁香等，形成了一个小小的园林。”据考证，吴宗锡（1925—2023），曲艺评论家、评弹理论家、作家。左弦为其笔名。

西大园江宅花园

此园在今平江路西大园1号，民国宅园。现存两栋民国建筑，南为西式楼房，北为苏式楼厅。北楼厅保存完好。两楼之间为花园，现存花岗石水井和部分黄石假山。园主和建园时间失记。

此外，根据本书作者阅览所及，再按照常理分析，有的宅居可能会有园景但却未见文字记述，今日也难以查考清楚。略有：项氏花园（在庆元坊）、勺园（位于民治路皇宫后，今尚存界石）、陆荣廷宅（位于洛水仓桥，一说后归顾祝同，新中国成立后改建为市委招待所）、钱大钧故居（在人民路680号）、岑春煊宅（在钟楼头）、蒋介石妹夫竺芝珊宅、吴昌硕宅（桂和坊4号）、张一麐宅（吴殿直巷东端）、杨荫杭及女杨绛宅（庙堂巷16号，即一文厅）。还有几处不知姓名的花园洋房，如今之人民路1120-8号、公园路25号、沈衙弄4-1号、十梓街29-1号、凤凰街孔付司巷1号，等等。

另，在今苏州所辖太仓市、昆山市、常熟市、张家港市范围内亦有少数新建私园，如南京人蒋东昌20世纪30年代在昆山青阳港所建花园别墅式洋房、世人称之为蒋家花园者即是。此园后来又改建为具有公共性质的铁路花园饭店。但对这几个市（县）当年新建私园，本书未做调查和统计，仅记此一鳞半爪而已。

第二节 民国建造六处私家名园品赏

天香小筑

天香小筑位于今人民路饮马桥处的苏州图书馆内。这里本是一座明清古建筑，民国初年为从事金融业的金氏宅第，有轿厅、大厅、花厅、女厅，金氏又筑十楼十底跑马式洋楼作为内宅。花厅是三开间的楠木结构，门窗均有以楠木精雕细刻的戏文和图案（现该厅尚存，而门窗均非原件），后门在彭耆巷（此巷后并入当时的市政府办公地内，已不存在）。1920年，此园归江宁籍人士、北洋政府陆军中将苏谦所有。苏谦（1875—1942），字坤山，日本陆军士官学校毕业，清末曾任职于苏州盘门外武备学堂。辛亥革命之际，曾随江苏巡抚程德全在苏州宣布江苏脱离清朝而独立。民国初，在苏州任陆军第四旅旅长、吴淞要塞司令。苏谦将金氏住宅买下之后，又向吴县公署买下彭耆巷和张思良巷之间的公产土墩一座，辟作后花园，并将原有内宅部分旧屋拆除改建，聘请宁波帮匠人邵姓匠师增构花园，就土叠石为山，山上筑六角亭，挖池植荷，架石为桥。山南栽竹成林，建茅亭一座。山北掘土成池，堆土为丘，池北构旱舫及回廊，遍植四时花木。后门移至张思良巷。藏书家、江宁人、群碧楼主人邓邦述为题“苏庄”门额。南部则以墙与范补程诊所（范补程诊所，新中国成立之后也被并入市政府办公地内，不复存在）隔开。朝西有大门临护龙街（今人民路）。入门处是黑砖砌成的碉堡石门楼，前行依次为墙门间、轿厅、大厅。厅南有墙与邻宅分隔，大厅后的花厅和内宅，转为南向，成坐北朝南之势，宅前复有朝南大门。在苏庄修建过程中，曾有两名工匠伤亡，其间，家中亦有三人暴卒。苏谦即于1931年将其出售给律师、东山人席雨荪。席雨荪，字裕昌，苏州东山唐股村人，神州法政专门学校毕业，曾任江苏省教育会宣讲主任、吉林全省讲演练习所教务主任，后则在上海执律师业20多年。席雨荪长居香港、澳门，此园由其族兄席启荪居住，易名“天香小筑”。席启荪（1872—1943），本名煜焜。早年在上海从事金融业，历任鼎成、鼎元、荣康诸钱庄经理，20世纪30年代初曾购置柴油轮船开辟东山航线。当此之际，他于太湖之滨建造启园。他还与人一起在屯湾山麓创办东山农业股份有限公司，并在渡水桥开办面粉坊和电厂，皆因经营失利和日军侵华而夭折。1938年日军进占东山，席启荪归居山中，一度被任为地方维持会副会长，以后又曾担任东山地方协进会会长。1943年因中风病逝。席雨荪居天香小筑后，对内宅大加修饰，花园则基本维持原貌，乃成中西合璧的花园别墅。苏州沦陷时期，席氏将其售予绸缎商黄氏、张氏二人。不久，此园又成为伪江苏省省长李士群（1905—1943）的官邸，李士群被日本人以宴请名义施毒后就死在这里。后又归汪伪军长徐朴诚所有。抗战胜利后，归吴县政府使用。

新中国成立后，此园为军管会和中共苏州市委所在地。1966年后，此园荒芜。1975年，园东南部枇杷林及原有假山、花树或移或

天香小筑

毁，改建为市档案馆四层大楼。1978年，整修花园剩余部分，重建山亭，修治假山水池，种植花木。1983年，市委机关迁出，此处为苏州市人大常委会所使用。2001年，此处被辟为苏州图书馆古籍部。1991年，被列为苏州市文保单位，2002年被列为江苏省文保单位，2013年列为全国重点文物保护单位。

天香小筑原占地3亩6分，为中西结合的宅园，宅西园东。住宅南向，本来大门在宅前，构成一个独立的院落。后大门拆除，经几十年的变迁，周围增建楼房，原来完整、独立的小园林模样有些变化。但当年的住宅和花园都在，而且基本上保持着原貌，是民国时期城中小园林现存的范例。住宅具有中西合璧特色，装修兼用琉璃瓦顶、彩色玻璃、花纹地砖与传统的砖细洞门、花窗、挂落、地罩等。总平面为“回”字形，有大厅（鸳鸯厅）、主楼及东西两厢楼，主楼屋顶为硬山式，覆以绿色琉璃筒瓦。屋南北三进，三幢楼组成“品”字形，各楼之间有走廊连接，间以二重小院，各幢建筑间之隙地，缀以山石修竹小景。第二进楼上下落地花窗上，有玻璃烧制的朱长文《乐圃记》、秦观《鹊桥仙》等诗文，所书各体俱备，秀逸遒劲。各出入口门额分别题为“蕴玉”“凉香”“真趣”“涤尘”“选胜”“清源”“正本”等。窗格裙板上雕刻诗文、山石、花卉、古钱、龙、鹿、羊等图文，诗文有王羲之、蔡襄、赵子昂、董其昌、王文治、翁方纲、郑板桥、曾国藩、翁同龢、邓石如、李根源等历代名家集字，古朴典雅。园内曲廊东北角的中式小楼为1993年增建，并非当年原物。

花园在住宅之东，占地1亩9分，作横长方形，小巧自然，以土山为主，砌石阶小径，绕以狭长水池，水池四周布列曲廊、花径、湖石，山顶筑六角凉亭，又散列太湖石峰，因石峰形似动物，又名百兽园。园中植梧桐、广玉兰等，花木葱茏。园北有长廊、半亭。天香小筑以苏州传统第宅园林的结构为基调，又吸收西方建筑风格，使之融为一体，在外观、装修等方面较为别致，富有当时的时代气息。

春在楼（雕花大楼）

所谓私家园林，本来就是园主家的花园。论起花园之美，有的以建筑胜，如沧浪亭之亭；有的以叠山胜，如环秀山庄之大假山；有的以理水胜，如拙政园之水和留园之水；有的以花木等植物胜，如唐伯虎的桃花庵之桃花，民国时期的蒋园之桃花、伍园之菊花、翕园之梅花等。本节记述的春在楼（雕花大楼）乃以主人的住宅建筑见胜，同时花园部分虽小但却精当。因之，品赏春在楼需先在“楼”上下功夫。

春在楼在吴中区东山镇，邻近太湖，因住宅楼雕花精美，俗称“雕花大楼”，又称“花篮厅”。此楼建于1922年，园主为金锡之。金锡之（1876—1960），东山施巷村人，幼年时在家读私塾，少年时到上海学生意。后受雇于上海某资本家，入赘为婿，因和英国人做棉花生意发了大财。金妻为独女，金锡之在岳丈死后，继承了遗产，成了富豪。民国后，曾任上海日商取引所董事，棉纱交易厅党务理事，并在上海和家乡从事慈善事业。金锡之曾将母亲接到上海居住，无奈母亲不习惯沪上尘嚣，要儿子回家乡造新楼居住。为应母命，金锡之卖掉了上海江西路汉茂顿的三层楼住宅，1921年起，请香山帮著名匠人陈桂芳、姚永夫、姚官夫设计，雇用250多名工匠（陈桂芳之子陈庆梁，1906年生，当年16岁，也随其父参加了春在楼的建造），以东山老宅亲德堂（明代建筑）为基础开始建造春在楼宅园。其中雕刻匠人有香山帮20人，南浔帮20人。南浔帮雕刻了全部《三国演义》《西厢记》等戏文和花草；而砖雕门楼和浮雕凤凰、竹节木柱等则是香山帮的雕刻风格，雕刻的领班是赵子康。当时，图纸设计确定之后，金锡之忙于商务，便全权委托其弟金植之在家建造。按照原来图纸设计，楼本来没有如此富丽堂皇，只是请来的工匠为赚大钱，提高了建造规模和规格，才为后人留下了今日的雕花楼。此楼历3年而建成，耗黄金3741两。因坐西朝东，取“向阳门第春常在”之意，名“春在楼”，当时就被社会誉为“江南第一楼”。楼建成之后，金锡之与母亲、妻儿曾入住数年，其母即病故于斯楼。后因乡间不靖，金锡之携家迁回上海。金锡之在旅沪东山人中威信很高，曾主持东山人在沪同乡会工作。日本侵华期间，他继续在沪经营纱号业，但境况日趋衰微。抗战胜利后，从事证券交易，1948年破产，1960年病故于上海。春在楼在1950年土改时被征收为国有。

春在楼整体设计乃中西结合，以中式为主。其建筑设计独具匠心，采取了三楼缩进两檩法，解决了大楼的通风采光问题。2006年，被国务院批准为第六批全国重点文物保护单位。共占地9亩多，布局井然有序。未进门，远远望去，在苍翠的果木掩映中，似一座黑色城堡，高高耸立。四周的风火墙高20多米，两侧是徽派的马头墙，把墙内的一切掩盖得严严实实，使人顿感威严、神秘、幽静。入门，地面上是用彩石铺的大花瓶，里面插着三支戟，取“平升三级”之意。沿中轴线从东到西依次是照墙、门楼、前楼、后楼、附屋。前、后两楼底层分别为两个厅堂，两边有厢楼连接，组成一个整体。楼上有回

雕花大楼

廊前后连接，俗称“走马楼”，也叫“转楼”。门楼之前是院落，南边和金家的老宅、明代建筑施状元府相连，后楼是附房、杂间，北边是一个小巧玲珑的花园……整体布局合理巧妙，是极具特色的园林建筑。

春在楼是平面呈多边形的四合院式结构，两进五开间，总面积3000平方米。它首先美在第一层的雕刻艺术。这是一个十分庞大的观赏内容，有木雕、砖雕、金雕、铸雕、石雕、彩绘等，雕法上又分浮雕、圆雕、透雕、镂空雕、阴阳雕。其中艺术价值最高的就是耗费3500块银元雕成的砖雕门楼。门楼规模宏伟，细砖雕刻，图案多达6层，内容丰富多彩，美不胜收。上上下下有“天赐纯嘏”“聿修厥德”“古城相会”“八仙庆寿”“文王访贤”“尧舜禅让”“郭子仪上寿”“子孙满堂”及“鹿十景”“凤穿牡丹”“和合二仙”等，雕工精细秀逸，是具有东方艺术独特风格的珍品。

过门楼天井，就是前楼。前楼楼下大厅是举办婚丧大事或接待贵宾之处，也是雕刻作品最为密集的地方，凡梁、桁、椽木、楼檀、门窗、栅栏、扶手，无所不雕，无处不刻。图案为传统题材，有二十四孝故事之类。外梁刻“桃园结义”“三顾茅庐”，还有《西厢记》等。所有这些木雕作品，技法都很高超，尤其是那些黄杨裙板，人物刻画得栩栩如生，山水景物颇有空灵之感。往后是中楼，其外貌与前楼相同，楼下大厅的梁、夹堂板、挂落、窗格等亦皆施以雕刻，但技艺稍逊于前楼。

前楼的二楼，原是楼主和家眷的住处，20世纪90年代重新修复，共5间正屋，其中一间现用作陈列室，陈列雕花楼和东山的历史资料、文物图片；一间是影视室，集中展示了如《红楼梦》《阿Q正传》《雷雨》《美食家》等70多部影片在雕花楼拍摄的镜头，因此，雕花楼当今又被称为“影视楼”；还有一间陈列着当代国家领导人和国内外知名人士来参观游览时的题词和书画。另两间和东西厢房最为有趣，布置成当年东山大户人家的家居房间，一间是小姐闺房，内有绣花绷架和琴棋书画；一间是客房，八仙桌上摆着麻将牌；东厢房是老爷卧室，有古色古香的红木家具和脚炉、火盆，西厢房是少爷卧室，博古什锦架上摆着旧式西洋钟……身临其间，就像走进了民国时期江南的富贵人家。

雕花楼的第三层是鲜为人知的藏宝阁，珍藏着明清古瓷和唐寅等人的字画。上楼的楼梯巧妙地设计在第二进大厅的板壁背后，而且上到第二层，楼梯就断了，原来它又藏到了被锁着的门内，顶上还盖着一块板，掀开板，沿着一人弄似的楼梯，才能上到三楼。三楼也是5大间房间，全是木结构，满目雕花。东西两端山墙上各有一方小小的壁洞，原来这是窥视外面动静的窗洞。这暗三楼的巧妙，其实并不是事前设计。当初主人只准备造两层，只因工匠在锯二进的主梁时不慎锯短了几寸，只好另换一根。工匠怕主人生气，趁金锡之回上海时，自作主张将楼加高了一层，将那根锯短的梁柱用在了二、三层之间，而且极尽巧妙，充分显示了香山匠人的聪明才智。今天，这暗三楼成为难得一见的建筑景观了。

雕花楼的建造受到西方建筑技术和艺术的影响，在设计上除了采用传统的规矩方圆、轴线分明、均衡对称的三合院、四合院的格局外，还大胆引进了西式的水泥晒台、阳台，并广泛采用了彩色玻璃、铁铸栏杆、西式壁橱、弹子锁、洋式门等，同时在许多地方运用了西方文艺复兴时期的建筑理念和艺术手法，如基督教建筑文化的十字标号扶梯手栏杆、希腊科林新式雕花檐柱……此楼堪称中西合璧，是民国早期江南民居的佳作。

雕花楼的花园在楼的北侧，名曰“四季园”，面积仅半亩多，只占整个宅园面积的5.7%，但很精致巧妙。这应该视作春在楼的点睛之笔，面积虽小，却收尽了江南名园的精华，自成一格。本来当初设计时庭园很大，因为开始时金家老宅亲德堂加上将要购置的北邻地面，合起来面积较大，后来北邻抬高地价，购买不成，不得已将花园缩小到今天的地步。花园东西长、南北狭，有四组太湖石假山群，大型假山倚墙而筑，咫尺之间，盘旋曲折，山石象形，如狗熊、麒麟、大象、松鼠、猫头鹰及十二生肖，一个个栩栩如生，呼之欲出。另外三座假山，亦玲珑剔透，造型逼真。另有水池、曲桥、亭榭，亦极小巧精美。园艺构造，吸收了江南园林的精华，幽静深邃，像一个浓缩了的苏州园林的盆景。花园入口处的地方，原先铺的不是鹅卵石，而是玻璃花石，形状有长有方有圆，约1米宽、3米长，五彩缤纷，十分好看。花园墙上的石龙，是清乾隆年间名匠的雕刻。园中种植翠竹、紫藤、金桂、蜡梅等四时花木。为克服地域局限，扩大视野，因地因物制宜，用借景方法，楼北设廊，亭上加阁，借壁为纸，以窗为画。在高低起伏的围墙上，开有用蝴蝶瓦组成的13扇花窗，使墙内墙外景色融为一体。只上一层楼，即可越过高墙，尽览东山风光。楼后晒台宽广，外加单檐方亭一座，翘角飞檐，登临其上，更可游目骋怀。还有一棵江南难得一见的孩儿莲，树龄足有300年。如此园景构建，非常值得赞赏。虽然是螺蛳壳里做道场，但是园林要素样样齐全，单假山就有4组。这正说明园林的大小，不仅在于面积大小，更在于园景游览空间的大小。苏州园林的一大特点正是体现在在较小的空间里营造出大的园景空间，所谓“以小见大”者是也。这一点，雕花楼园景体现得尤为突出。再一个突出特点是：花园在高大、庞大的楼体背后，少阳光，视野也不开阔，此园则采取了园景向上发展的办法，在楼后晒台外加方亭，在另一亭上加阁，以此借景，避免了因面积小而造成的局促狭隘，登亭游览，照样置身大自然的怀抱，感受春秋佳日、冬暖夏凉的无限风光，这同样体现了园虽小而不觉其小的艺术效果。

雕花楼，以别具一格的构建艺术闻名于世，它虽然缺乏一些苏州古典园林清雅的韵味，凸显了华贵的气息，但这或许正是要露富显财的民族资本家和不事张扬、清高自赏的封建文人在园林审美上的差别吧。

此园现为全国重点文保单位。

朴园

民国之际，一些富商官宦、文人雅士乐于在苏州造园卜居，平门一带因北靠护城河、东临报恩寺塔（北寺塔）而尤其受到青睐。位于今平门西南高长桥8号的朴园，即是上海最大的蛋品制造出口商汪新斋于1932年购地8亩构建而成的。当时，汪新斋在上海蒲石路有一占地20亩的私家花园住宅，名“朴园”。汪家祖坟在苏州狮子山，为每年清明节来苏州上坟方便，同时，也为晚年能在人间天堂苏州有一处休闲静养之所，汪新斋便决然把上海的朴园移到苏州，虽然仍用朴园旧名，但风格有了较大的变化。从此，上海朴园则成了荒园。

朴园落成，用书法家何维朴所书“朴园”二字作匾额，此何维朴即周瘦鹃紫兰小筑的前身默园的主人。抗战时，朴园被日军占领，受到破坏。抗战胜利后，朴园仍归汪家所有。国民党军队也曾在此驻军养马。

新中国成立后，朴园以1.2万元人民币的低价被卖给国家，由国家公路总局第三工程队开办疗养院，以后历为不同的单位使用，园貌有所变化。1974年，此园归市卫生局，设有防疫站。而“文革”期间加增了几幢有风格不同的建筑，园子的整体风貌更受到影响。“文革”过后，经过几次照应初始园貌的整修，园景基本完好。

朴园，四周以高高的花岗石墙围护，园门东向，河流横前。全园采用传统造园布局，以山水为主景。入门，过小天井，又一八角洞门，门上横书“朴园”二字，虽显漫漶，倒也苍劲。过洞门，一石峰当前，后有翠竹、松柏依偎，此乃造园之障景手笔，意在不让园内景色外显，也不许园外尘嚣入内。左侧绕进，园景则扑面而来。沿小径前行至园之主景区，此处以水池为中心，土石假山环绕，林木蓊郁，颇有山林野趣。水池东西走向，宽阔水面过后，成一狭窄小涧，蜿蜒向西。池水清澈，游鱼可数。静坐驳岸石上，宛见柳宗元《小石潭记》

朴园旧影

中情景。池中有曲桥，连接南北两岸，水盛时，隐没水中，仅栏杆露出水面。南岸假山为全园最高处，杂植罗汉松、五针松、龙柏、白皮松、广玉兰、榆、柳、香樟之属。在此小坐，浓荫蔽日，恰如置身深山密林之中。土山上，点缀太湖峰石，虽不高大精美，却也自然有韵，足令游人生山林之想。由假山西尽处北折，过水闸上小石板桥，一湖石假山当面，体量不大，却又是一障景手法。山有涧，曲折回互。站在南岸土石假山上北望，山洞窈然，山后似隐蔽许多美景。而在假山背后，由洞中南望，又见山石嶙峋，气势非凡。这一带假山洞壑，小中见大，洞中藏秘，可见造园者的高明。由假山折东，临水一亭，四角飞起，古色古香。前有平台，伸入水中，站在平台上，脚下碧水，隔岸山林，在此小憩，可顿忘尘虑，怡然自乐。

主景区之西，在绿树掩映之中，有一两层西式小楼，乃主人居处所在。苏州宅园，以园在宅后为常见，园在左右者亦有之，此园则园在宅前，实不多见。主人归来，先游花园，再进居室，或许别有一番情致。

四角亭之北为又一景区，有花圃，竹篱围护。花圃之西，小径两旁，皆湖石点缀，此假山主峰余脉也。最可观者为香樟一株，约两人合抱。在树干之2米高处，叉分三枝，生机勃勃，绿叶葱葱。香樟树下，有湖石叠成大龟一只，昂首向东，神态生动。

由四角亭东行，不数武，即至入门峰石处。峰石北偏，紧接一狭长土山，山上杂植树木，散置峰石。最名贵者为2株五针松，各有300年历史，老干虬枝，针叶纷披，若老年名士而又青春焕发，周围有铁丝网保护。又有古松1株，粗可合抱，亦勃勃有生机。再北，以玻璃瓦仿古四面厅为中心构成了又一景区。厅南向，为倒凸形，正面3间，四周绕以高廊，玻窗4面，间雕花草。厅之东南，有长廊和侧室大门连接。廊中间建有半亭，四角外翘，虽然破旧，但廊亭安排俱见别致构思。厅之东北，是朴园精华所在。东北角距高墙半米处叠湖石假山，山峰高者可与墙齐。山之造型，胜于主景区的一座，山有群洞，洞洞相连。山前有一弯月形水池，蜿蜒曲折，池水深入洞中。跨过小石桥，于假山东侧拾级而上至山顶。山顶平坦，有凳可坐两三人。立此俯视，有大片开阔绿地，间有松柏几株。假山四周，花木扶疏，玉兰、枇杷、松柏等葱茏繁茂，紫藤一株，缠绕攀缘。一二树枝伸出墙外，有“一枝红杏出墙来”的意境。从山之西北下山，沿北墙至厅西一路点缀峰石、花木和假山迤逦牵连。此处景色，恰似一幅山水画卷：北墙作纸，山水花木点染其上，是不可多见的园林小景。下山后，绕四面厅西，可回至长廊出园，亦可原路返回大门。想必造廊之意，当是游园毕，于四面厅小憩之后，经廊离去。若是，朴园之廊的功能当与他园有别了。

对于朴园的主人，过去苏州地方史志、报刊曾有过另外的说法，认为朴园与汪精卫有关。地方报纸上就曾有人撰文，说朴园是国民党权要汪精卫所建，汪精卫之妻陈璧君曾居此，汪精卫还曾请德国

朴园今貌

驻上海领事人员到园游赏，等等。这篇文章曾引起住在上海的汪新斋的儿子汪玉岑的关注，他向有关部门进行了交涉。为此，《姑苏晚报》的副主编于在泉、副刊主任张昌颐和记者张缮专门赴沪采访了汪玉岑夫妇，他们将朴园的建造史实说得详详细细、确确凿凿。原来，汪精卫字兆铭，汪新斋字世铭，一字之差，世人因之张冠李戴。而汪精卫是广东人，汪新斋是今江西婺源人，二人根本不搭界。于在泉等，采访归来，写成《朴园旧主后辈谈朴园》，发表在1998年5月5日的《姑苏晚报》上，从此还原了历史真实。此亦一段历史佳话，兹将采访文章附录于后，文中对当年园貌的叙述，也可与本书所述互为补充。

此园现为苏州市文保单位。

附：在泉、昌颐、张缮《朴园旧主后辈谈朴园》

在平门校场桥（或称高长桥）河西巷，有一座小型园林，名为朴园。园门朝东，前临小河，砌花岗石为墙。园中以山水为主景，湖石包土假山峰峦起伏，水池、曲桥、凉亭应有尽有。花厅、长廊、半亭、楼宇等建筑散落其四周。花木繁茂，绿荫浓密，其中不乏古树名木，挂牌保护者达20棵左右。园虽小，却颇具山林之趣，不失为一个清幽僻静的去处。目前，经市政府拨款，香山古建集团吴县古建工艺公司第三分公司正在对它进行修葺，施工完毕后，朴园将更具魅力。

朴园为何人所建，始建何年，以及建园的动因等，却鲜为人知。日前，我们为此专门赴上海，拜访了朴园旧主汪新斋的第三子汪玉岑及其夫人丁宗韫。

这对老人虽已年届耄耋，却记忆清晰。据他们回忆，朴园是汪玉岑的父亲汪新斋（1886—1946）一手建造的。20年代初，汪新斋在上海蒲石路（今长乐路）建造了一座花园，因其与上海某些私家花园之豪华相比显得朴素得多，故谦称曰朴园。占地20亩左右。后来，汪新斋考虑到汪家的祖坟在苏州狮子山，每年清明合家来苏州上坟，很需要有一个固定的落脚点。此外，汪新斋也颇想为日后颐养天年找一个清静的地方。于是，在30年代初，他选定了苏州平门河西巷一块8亩左右的空地，决定将上海的朴园移建于此。上海朴园的厅堂、假山、石笋、花木等便被全部拆卸，由水路花了几十天的时间运抵苏州。他还从日本买来了一些名贵花木，增添了一些新颖景观。约在1932年前后，一座花园在苏州平门建成了，仍沿用上海朴园的旧名。苏州朴园与上海朴园在布局设计、艺术风格上有许多不同之处。相比而言，上海朴园以各类建筑为主要特色，苏州朴园则以花木见长。在继承传统造园艺术的基础上，带有一点洋派，是一座中西合璧的现代园林。比如苏州朴园备有自流井（小水塔），恐怕是当时苏州园林中仅有的。汪新斋请清代的一位拔贡钱朔异为之撰写了一篇《朴园移苏记》，刻在木板上，可惜后来遗失了。汪玉岑先生还清楚地记得，文中引用了费长房缩地之术的典故。园洞门上“朴园”两字，是请书法家何维朴题写的。上海蒲石路的朴园被搬空后成为荒园，抗战期间，王元化、林淡秋、巴人、戴平万、钟望阳等进步人士常在荒园内从事抗日爱国活动。

苏州朴园建成后不久，日寇占领苏州，朴园也在劫难逃，被日军强占作养马场，园内景观遭到不同程度毁损。抗战胜利后，朴园物归原主，汪新斋曾出资整修。解放后，汪家以1.2万元的象征性代价将朴园转让给了国家。据说，一度曾作为援朝志愿军的疗养场所。

汪新斋（世铭），安徽婺源（今属江西）人氏，生长在上海。早期在山东以经营蛋厂为主业。鼎盛时期，他的“同新祥”蛋品厂在当地拥有7家分厂，并在上海开设了两爿进出口行，从而成为上海最大的蛋品制造出口商。抗战期间，由于不愿与日本人合作，汪新斋曾一度关闭“同新祥”蛋品厂，并以工厂物资支援军队抗日，显示了爱国的民族气节。汪新斋有五子一女，后裔均受过良好的高等教育，各有建树。第二、四子已于早年亡故，长子汪玉山和女儿汪玉英，现定居美国；三子汪玉岑、五子汪玉海现住上海。

去年10月8日，汪玉岑、丁宗榅夫妇重游朴园，看到朴园保存得如此完好，由衷地感到高兴。他们表示，朴园现在为卫生防疫站使用，能为社会发挥更大的作用，比起一家一姓的私家花园意义大得多。当他们得知朴园正在整修时非常兴奋，深情地说朴园正门地势较低，雨水季节常遭水淹，建议在整修时能进行疏浚；解放后园内新建筑与原有风格不十分协调，在重修时能注意园景风格的一致，那就更好了。

抚今追昔，这对老人感慨万千，汪玉岑当即吟出《姑苏朴园忆旧》一首："朴园旧事未易忘，缩地犹记费长房。层楼绣阁添新景，百年珍木庆荣康。湖石倒映玲珑玉，月桂倾泻馥郁光。创业运开鸡鸣日，国耻沦作饲马场。应知世铭非兆铭，抗贼媚寇各姓汪。"这最后一句，是针对外界讹传朴园是汪精卫出资建造有感而发，一个汪世铭，一个汪兆铭，一个支持抗日，一个卖国求荣，此"汪"不是那"汪"，各姓各的汪啊！

渔庄

距今近百年的1925年前后，上海《晶报》连载了别家报纸不敢刊登的《余觉、沈寿夫妇之南通痛史》，痛斥张謇对余觉妻子沈寿的种种不端和霸葬行为，作者为余觉（当时署笔名为"鹳口孤鹣"）。张謇乃清末状元，曾为政界要员，更是名满中外的实业界巨头，此时他也不得不放下架子和余觉打起官司，一时轰动全国，闹得沸沸扬扬。余觉虽为一介书生，却有据在握，不依不饶，更欲进一步对张謇提起诉讼并追索沈寿遗物。不料，正当纷扰未已之际，1926年，73岁的张謇却病故归天。后来，由张謇之子张孝若出面处理，偿还余觉8000银元，事情才算了结。这时的余觉也是年近花甲，拿到这笔款项，未作他用，想选择一块风水宝地建造一处园居，安静下来，平息这些年的心绪烦恼，并从此安度晚年；再则，把妻子沈寿的坟墓从南通迁回园内安厝，以了却对妻子多年的思念。于是，他就买到了石湖东岸原范成大天镜阁故址，建造了一处园林式居所，取名"觉庵"，一名"觉庐"，世人俗称"余庄"，又因坐落在当时一个叫"渔家村"的村庄旁边，若干年后，人们便易"余庄"为"渔庄"。如此说来，这渔庄的来历，和张謇偿还的8000银元有关，没有这8000银元也就没有渔庄。那么，这8000银元背后有着怎样的故事呢？余觉、沈寿和张謇之间有着怎样的瓜葛呢？只有厘清了这些，才能弄清修建渔庄的根由和原委，也才能明白渔庄特有的文化内涵。

事情还得从头慢慢道来。

沈寿（1874—1921），原名云芝，字雪君。生于苏州城里海红坊。她7岁读书，兼好针黹，跟随母亲学习刺绣。沈寿天生丽质，也天生聪颖，成人之后，技艺精进，名声日隆。20岁时嫁给书画家余觉，从此，沈寿所绣图底及装饰花纹，多由余觉摹绘入绷子，夫妻二人，绘画刺绣，相得益彰。30岁那年，适值慈禧太后70大寿，她绣成一堂8幅的《八仙上寿》图和3幅《无量寿佛》进献。慈禧大加赞赏，称之为绝世神品。乃亲笔书写"福""寿"二字赏赐他们，从此她便易名"沈寿"。

再后，清朝农工商部设女子绣工科，聘沈寿为总教习，余觉任总办。夫妻二人又奉派前往日本考察，学习外国的美术经验，境界大为提高，技艺也更为精妙。1911年，意大利举办万国博览会，沈寿绣制《意大利皇帝像》和《意大利皇后像》参展，获得一等奖，被授予"世界至大荣誉最高之卓越奖状"，意大利皇后亲笔写信感谢，称她为"世界第一美术家"，上海《时报》也赞之为"精绝，为世所未有"。以后，她的《世界救主耶稣像》及花鸟绣品等又多次在美国旧金山、巴拿马等地的博览会上获得一等奖，声名远播，被誉为"针神""绣圣"。

1914年，张謇在南通开办女工传习所，聘沈寿为所长兼教习，余觉任南通平民工场经理。不久，便演绎出了三人感情瓜葛的真实故事。1921年，沈寿病逝于南通，葬于黄泥山东南麓。沈寿死后，曾由其口述、张謇笔记的《雪宧绣谱》印行传世。

余觉（1868—1951），本名兆熊，号冰臣。工诗词，善书法，尤擅草书和楷书，后以绘画为主。浙江绍兴籍，随父母居住上海，其父余

沈寿

余觉

永锡时在苏州经商。不料，10岁那年，父母双亡，葬于苏州石湖（这或许是他后来卜宅石湖的原因之一）。他既无叔伯，亦鲜兄弟姊妹，幸被义父执收为螟蛉，并延师授课。16岁回籍应试，一举高中。之后，投到苏州阊门百花巷的义父家中，习字作画，刻苦砥砺，遂有名于时。26岁时和沈寿结婚，35岁时考中浙江乡试举人。随着沈寿的出名，他陪伴妻子赴京、出国、去南通任职。又由于家庭的原因，曾在沪上鬻画为生。54岁时，回到苏州，担任苏州美专文学和书法教授，直至建造渔庄终老。

张謇（1853—1926），南通海门人，字季直，号啬庵。近代著名实业家、教育家。一生创办20多个企业，其中以大生纱厂最为有名，还有垦、牧、渔业和航运等实业；开办370多所学校，如通州师范、复旦公学（复旦大学前身）、河海工程专门学校（河海大学前身）、同济医工学堂（同济大学前身）和一大批中小学校。他为我国民族工业的兴起和教育事业的发展做出了贡献。毛泽东主席在谈到民族工业时说轻工业不能忘记张謇。张謇于光绪二十年（1894）得中状元，进入政

张謇

界后，多得翁同龢提携，是翁门的决策人物、立宪派的首脑人物。还曾加入康有为的上海强学会，1918年和熊希龄、蔡元培共同发起组织和平期成会，在政治上也是当时的风云人物。张謇亦善书。

张謇和沈寿相识于宣统二年（1910）在南京召开的南洋劝业会上。当时，全国各省把工艺精品拿到会上展览。张謇任审查长，沈寿被聘为高级绣品审查官。张謇有一副露香园绣的董其昌屏幅，请沈寿鉴别真伪。才一展开，沈寿立即肯定："这是露香园顾绣！"张问："何以知之？"沈答："一看针法，便可断定！"对于其他需要鉴定的绣品如湘绣、苏绣、鲁绣等，沈寿也都了如指掌，让张謇佩服得五体投地。后来，张謇在袁世凯手下做农商总长时，曾帮助沈寿领回意大利国王和王后赠送的宝兴钻表及意币20万元，沈寿对他心存感激。再后，张謇回到南通开设女工传习所，聘沈寿前往任职，于是沈寿夫妻双双到了南通。本来沈寿和余觉结婚之后，生活一直和顺，在专业上，余觉的美术与沈寿的工艺相辅相成，人谓"没有沈寿就没有余觉，没有余觉也难有沈寿"，此话有理。在感情上，二人好合无间，情深爱笃，可是偏偏造化弄人，厚于此者失于彼，沈寿一直没有生育。据和余觉、沈寿夫妻有交往的苏州文人包天笑《记余觉沈寿事》说，沈寿好洁成癖，体又娇弱，闺中对丈夫难免冷淡。余觉虽然怜香惜玉，但感情上不能不有所失落。因此，在沈寿到国外参加展览期间，他便娶了两房小妾。当然，这在当时并不悖于法理，如张謇也有一妻四妾。到了南通之后，沈寿任教务长，余觉任国文教授兼庶务主任，一家四口住在有斐馆内，泰然相处，家庭和睦。不久，沈寿突患血崩，张謇遂把他的豪阳小筑前院的房子谦亭让与她住，余觉和两位姨太太仍住有斐馆内。这样一来，张謇和沈寿单独接触的机会就多了起来。老尚多情的张謇，对沈寿怜恤有加，不仅时加问候，而且写诗寄情，沈寿也时有唱和。张謇的诗写得颇具鸳鸯蝴蝶派风格，沈寿的和诗也写得情深意切，请看张謇的《寄雪君》：

一旬小别宁为远，但觉君西我已东。
留得闲花朝夕伴，红梅开了碧桃红。

再看张謇的《谦亭摄影诗》二首：

记取谦亭摄影时，柳枝宛转绾杨枝。
不因著眼帘波影，东鲽西鹣那得知。

杨枝丝短柳丝长，旋绾旋开亦可伤。
要合一池烟水气，长长短短覆鸳鸯。

一个姑苏小女子受到张謇这个大人物如此的感情袭击，难免感动。沈寿的《奉和啬师谦亭摄影》写道：

池水漪漪岛树深，病余扶槛恋清阴。
谁知六尺帘波影，留得谦亭万古心。

余觉察觉之后，当然愤愤不平，便要沈寿辞职返回苏州，可是沈寿硬是不肯，答道："我当献身于艺术，尽瘁于所任职务，不愿忝吾此生！"余觉无奈，一气之下，携同姨太太叶氏搬回了苏州（另一位小妾在被余觉送到日本美术学校学习时已随人私奔）。之后，张謇依然对沈寿体贴入微，关怀备至，如致沈寿函云：“热日易感，切勿伏头事绣，小卧最好。便人去，附书敬问谦亭主人安否？謇，八月二十六日九时。”沈寿也请张謇书写“谦亭”二字，扶病用自己秀发绣成，送给张謇作为留念。张謇还曾写给沈寿《忆昔时》诗共48章，据左顺生《中国现代名人轶事》说“最为缠绵悱恻”，“虽东坡之朝云，樊榭之月上，殆不足过”。乃至张謇在为沈寿写的《美术家吴县沈女士灵表》中，也信誓旦旦地表露出对沈寿的一片衷心：“委子兮林薄，送子兮涕沱。思窈窕而不我得见兮，空谷之石坡坡而陀陀。”“子勿恐兮我在，不日月兮经过。宁我言之匪石兮，炯照夜之星娥。”又据左顺生记载，余觉也曾返回南通小住，思一见沈寿而不可得，乃自撰一联张于门首，联曰：“佛云不可说不可说，子曰如之何如之何？”翁同龢说张謇有霸才，国人亦有讥他为土皇帝者。可知当时余觉非常无助。沈寿死后，余觉奔丧，一恸几绝，声言将披发入山。张謇也是悲悼至极，商得余觉同意，将沈寿葬于南通。张謇为书墓表，但不冠余觉姓氏，又无余觉署名，于礼不合，余觉更为愤懑。丧事过后，余觉则写成《余觉、沈寿夫妇之南通痛史》，并把张謇给沈寿的信函、情诗，精楷石印，公之于众，于是就出现了本文开头写的余、张之间的诉讼官司及最终的赔偿了结。对于张謇和沈寿的这段情，外人难以说清，人以“在于解与不解之间”论之，看来也只好如此了。

余觉本居芳草园。拿到张謇之子的经济补偿七八年之后，他着手买地造园。据余觉所撰《石湖天镜阁故址建筑觉庵自记》所述：“余入山之志久矣，年来探寻于灵岩、光福间，虽多佳处，仍鲜尝意。”而“癸酉(1933)四月，石湖扫墓，闲步至渔家村，始见此高原，面山临水，登临一望，综览石湖之胜，心旷神怡”，乃以4200银元向毛氏购得，面积为2亩3分。(1995年版的《苏州市志》说园址地块为吴子深于1934年所赠。时余觉在吴家作家庭教师。录备一说。)次年开始建屋十余楹，石岸八九丈，长廊六七条，方亭三四座，西、南场圃各一片，栽药种蔬，莳花植竹。建造过程中，余觉曾和施工单位苏州徐源顺水木作的老板徐义祥因施工合同的执行问题发生矛盾，双方在报纸上先后登载启事，互相指责。后来各让一步，才得以解决，完成了建造。

余觉曾书丹精刻扇柄两面，一扇描述渔庄景物："石湖别墅中种葵数百株，高皆两丈，占地半亩，大叶遮天，本本如盖，人行其中，清快无比；一榻一瓯，手书一卷；坐卧其下，从叶缝中望山色湖光、风帆沙鸟，悉在眼前；清风拂拂，非复人间世矣。"另一扇描述自己心情："近居无所事事，作字甚多，题'觉庵'以为额。而室内布满书画也。怡然自得，聊为一乐。"在《石湖赋并序》中，余觉写道："乃择佳滨，乃谋小筑。户接鸥寄，基仍镜阁。扫地无尘，补篱有竹。秋深而落叶盈庭，春去而飞花满屋。"看来余觉对他的觉庵是满意的，心情是闲适的。但基建尚未全部竣工，经费已罄，沈寿衣冠冢，欲建未果，仅有"有情"和"无语"两块砖刻上墙。而只此四字，情含意蕴，余觉和沈寿多年的风风雨雨、恩恩怨怨全在其中了。

园初成，余觉和叶氏夫人携儿女迁于园内。女儿名余洁，善诗词，世人誉之为才女，为庆贺新居落成，奉父命作《石湖渔家村赋》。录如下：

吾家新迁石湖渔家村，就宋参政范成大天镜阁故址建一别墅，题曰"觉庵"。湖山有主，风月无边，家父命作一赋：

红日初升，青山乍碧，沙鸥两三，渔罾千百。橹声蓼渚微闻，人语萱花浅隔。雾破而渐成岸影，远村近村；烟开而顿现山容，旧石新石。昔范参政卜居于此也。波清水阔，岸曲堤舒，垂杨远接，芳草细铺。人筑雅宜之屋，天开名胜之阁。且住为佳，红豆最怜南国；此间可乐，石湖也似西湖。罢钓归余，人影满渠，栊舟系岸，折柳携鱼。日落而人家炊起，秋深而水国花流。试看越来溪头，无村不水；更胜武陵源里，有艇皆鱼。是村也，蚕桑共乐，鸡犬不哗，人来沽酒，客到烹茶。开轩而面场圃，把酒而话桑麻，含烟深柳千层，酒帘处处；临水斜阳一片，渔网家家。歌曰："白云兮出岫，红树兮缭垣，长天兮雁过，近水兮鸭翻。范公去兮千载，吾

渔庄今貌

家来兮一门。旧址重建兮天镜之阁，新居小住兮渔家之村。”

此赋着眼于渔家烟村，放怀于石湖山水，纵情于人文千秋，对“觉庵”仅一语带过，而觉庵环境之美已幽然可见。

渔庄落成之后，余觉的内侄女婿邹韬奋（沈寿侄女沈粹缜之夫，沈粹缜曾随沈寿在南通生活过。）曾特地前来看望余觉，极为赞赏渔庄的秀丽风景。余觉说：“元代诗僧善住有诗句说‘石湖堪比西子美’，这里的确不错，可以终老了。”并出示一幅杨万里题范成大石湖精舍中的一联语：“古往今来真一梦，湖光山色自双清。”他表示与张（謇）家关系蛮好，现在心境也平了。邹韬奋听后也很高兴，两人遂同登上方山，同游石湖，尽兴而归。1943年夏，张謇后裔张范武来石湖游玩，不慎泛舟落水，余觉作《感痛记》，对往事的记述比较客观。余、张两家的是非恩怨终于化解在渔庄。渔庄因“痛史”而得建，“痛史”因渔庄而了结，语云“和为贵”，这在渔庄得到了体现。咏渔庄诗亦多，卫恕庵《石湖棹歌》云：“湖山佳胜爱无加，别业经营近水涯。天假之缘知也未，此村依旧属余家。”“天假之缘”一词应该别有含义，值得品味。范广宪《蠡墅杂咏》咏道：“湖山览胜爱清嘉，别墅经营阅岁华。天派诗人真得计，渔村原不负余家。”

1951年余觉病故，渔庄由叶氏夫人及其养子余鲁、周曼真夫妇分居前后院。1965年，因石湖风景区开发的需要，国家补贴3000元给叶氏，帮她另行安排住处。余鲁夫妇也自愿将所居之处献给国家，迁居到石湖渔家村113号。苏州市园林局接收后，对渔庄进行了全面修复。“文革”期间，修复停止，已修复好的地方也日渐荒圮。直至20世纪80年代，苏州市市政府先后拨款10多万元，重新对渔庄进行全面整修，使渔庄面貌为之一新。1986年10月渔庄对外开放，供人参观游览。1991年，渔庄又被列为市级文保单位。整修后的渔庄依然幽雅。南向，共三进。进石库门，墙上嵌有“宋天镜阁故址”石刻，为余觉当年手书。前院有亭曰“渔亭”，亭北有房六间半，主厅原悬余觉自题“敕福寿堂”，原匾毁于“文革”，现由其婿吴华镳重写。东西厢各有余觉手书门联:“帘卷为白水,隐几亦青山”“水清鱼读月,山静鸟谈天”。另有现代书法家写的对联若干。后院四周有回廊,前庭后门题曰“爱吾庐”,东西廊中各建半亭,东曰“无尘”,西曰“成趣”。西亭北侧廊壁嵌书条石三方,上书余觉五言绝句11首,皆行草,是余觉仅存的书法碑刻,弥足珍贵。西亭有门可通西侧院落,亭后又有半亭,额“有情”,沿墙有廊,廊间有额曰“无语”。

北有平房三间,当年是安放沈寿神主的享堂,此即前文所说余觉欲安葬沈寿之处。其他尚有廊亭水榭,题额种种,多非当年余觉原物。但渔庄当初整体面貌和神韵仍在,而且成了今日石湖风景区的亮点,供游人游览休闲。尤其是它仍然是余觉和张謇后裔们追思和怀念的所在。20世纪90年代,张謇的一位后代来游渔庄,有人委婉问到对当年他们祖上和余觉之间是非的看法,他的回答相当坦诚、大度,也很现代:老一辈人自有他们的生活和交际,后辈不去管他们了。余觉的女儿余洁80高龄时曾来渔庄作故地游,写有一诗一词寄怀:

七律·今日石湖

渔村非复旧时容,一览湖山锦绣中。
吴越春秋添灿烂,亭台楼阁建玲珑。
枫林翠鸟天然美,玉宇黄墙禅意浓。
多少名家题好句,不才何敢试追风。

江城子·别故乡石湖

八月相聚乐融融,笑谈中,意无穷,沪上须还,无奈作归鸿。添我一番离绪也,留不得,苦匆匆。

来时犹记越城东,晓烟笼,淡眉峰,水阔波清,日日看山容。百感茫茫交集也,清嶂远,碧连空。

宋代词人辛弃疾曾经吟道,“风流总被雨打风吹去”,其实未必。人虽去,风流在,这是常理。因之,游览渔庄,如果不去追寻余觉、沈寿、张謇之间的恩怨情仇、风流韵事,恐怕也会少了一些情韵和兴致。

此园现为苏州市文保单位。

启园

启园，面临太湖，背倚莫厘峰，在东山金家湖与杨家湾之间。这里原名叶家浜，是村民种稻养鱼的10余亩洼地。1933年，东山旅沪工商业者席启荪为纪念祖上在此接待康熙皇帝，买下这块地皮，又挖土填湖，扩展到40余亩，建成了这处私家花园。以其名字中的“启”字将之命名为“启园”，民间称为“席家花园”。席启荪之生平事迹，已在前文“天香小筑”中有述。启园之建，席启荪亲主其事，曾邀著名画家蔡铣、范少云、朱竹云等参与设计、议定方案。规模仿无锡蠡园而空旷过之，意境风貌参照王鏊招隐园之静观楼。历时3年，建成十之七八，耗资10万银元。然园未竟，钱庄失利，席启荪乃将园售予东山旅沪棉商徐子星续建，以抵债款。徐子星又施工2年而园成。子星字介启，故园仍名“启园”。园成后，园主的汽船从太湖开来，可从临湖堤桥下入园。园中的四面厅、复廊、水池、假山和新楼无不掩映在波光岚影、花木扶疏之中。遥望园外，巍峨的莫厘峰和无垠的太湖，以及与波升沉的岛屿，尽收眼底，风光无限。徐子星原拟在园中创办医疗慈善事业，因抗战爆发，未能实现。近人许明煦写于20世纪三四十年代的《莫厘游志》有专门对启园的记载，可谓当时园貌实录：“门额有伊立勋题‘启园’两字。内有镜湖厅，取明湖一镜之意，俗称四面厅，以及动物园、花圃、挹波桥、环翠桥诸胜，占地五十余亩，航轮可直驶园中。沿湖短栏可凭眺湖光，烟水浩渺，波涛汹涌，栏挹碧波，门对青山，朝岚晚霞，风景不凡。距启园数十步，有三官殿，屋仅一椽，内祀三官大帝，殿门虽开，无人看守，民风淳朴，由此可知。……今水滨石卵、贝壳，经湖水历年冲濯，光泽无比，游者竞相拾取，以作玩品。”

日军侵占东山，园中建筑多遭破坏，至抗战胜利，已败颓不堪。

新中国成立之后，启园用作苏州专区疗养院及江苏省干部疗养

启园

院，1971年后，又用作吴县晶体管厂。景点建筑多被改成车间、仓库，园林面目全非。1987年起，人民政府拨款重修，历几年工夫，乃有今日面目。1990年对公众开放。

启园现占地70亩。以启园旧物、60米长的复廊（为苏州园林中最长之廊）为界，廊北为旧建，廊南景点多为新构，南北风格明显不同：北空旷，南密集。然靠复廊既隔且通，倒也浑然一体。

当今，作为旅游景点，启园大门在复廊南。为行文方便，我们按照游览的顺序，就从启园的新建部分写起。

启园的新构部分有三多：多庭院小景，多长廊勾连，多漏窗借景。

入园，门厅正中悬“启园”二字，为曾任苏州市委副书记的柳林书写。一过门厅，即是一高墙围护的宽阔庭院。依墙堆叠的假山虽略显粗糙，倒能显出粉墙画本的园林特色；更有人工瀑布湍飞作为对景，为庭院增色多多。院的东北角有圆洞门，自此入园，方可融入满园湖光山色的怀抱。这一封闭式庭院的建造，乃是造园的障景手法，启园的大好风光被高墙阻隔，不能一览无余。如此欲扬先抑，撩人心绪，引人入胜。这一庭院当以启园之序幕视之。《红楼梦》中大观园的入口处也正是这一构建手法，被曹雪芹描绘得有声有色。庭院的精华在东南角，这里花木几丛，绿叶满壁，一派葱郁景色。沿湖石垒砌的石阶曲折而上，至一半亭，飞檐翘角，气势不凡。此亭应是庭院中的杰作，自西边看是亭，从东边看又似楼。立于其西偏俯视，下临庭院深深；于其东偏凭栏，可观远近园景。此亭使封闭的庭院得以和幽远的园景相通连。

由庭院西行，至一名“柳毅小园”者，这是启园最富传奇情趣的一处景点。柳毅传书的爱情故事自唐朝以来流传已久，故事发生地就在洞庭东山，小园亦专为柳毅遗事、遗迹而建。柳毅井本在启园附近的马路边，马路拓宽时，将井栏圈、井周石板及明正德五年王鏊所题“柳毅井”三字刻石等文物，依原样移至启园，并立一石，刻“柳毅井及碑”，以示游人。依外墙建半亭，名“柳毅亭”，亭中刻吴梅村咏柳毅井诗。园内橘林茂密，郁郁葱葱，赏物观景，历史人文，令人兴味无穷。于此，须有一辨：“柳毅传书”的故事发生在哪里，自唐朝李朝威的传奇《柳毅传》问世以来，历来就有几种不同的版本，有岳阳洞庭说，有苏州洞庭东山说，还有山东潍坊说（潍坊的“柳毅故事”甚至还被列入了山东省的非物质文化遗产名录），等等。苏州之所以认为和自己有关，是因为苏州的太湖也有“洞庭”之名，太湖里的东山岛和西山岛就一直被当地人叫作洞庭东山、洞庭西山。且柳毅的故事中有“橘社”之类，太湖之东、西二山恰恰以生产蜜橘闻名全国。宋人范成大《吴郡志》“柳毅井”条就写明“在洞庭东山道侧”。甚至连大宰相王鏊、大诗人吴伟业也都如此认定。其实，“柳毅传书”本来就是传奇故事，哪里会是真的呢？而既然故事美好，大家都想附会到自己那里，那就各说各话，自得其乐、自我陶醉吧。

出柳毅小园，沿廊东行，到建于湖石假山上的四宜。此建筑奇形怪状，西看是亭，东看是轩，南看是台，北看是楼，因名之曰“四宜”。登其上，西壁有六棱窗，可回眸柳毅小园，亦可仰望莫厘峰。

这也是一处独立小院。自四宜而下，婉转而至融春堂。这是一座明代建筑，自东山镇移来。出堂，沿长廊覆盖的阶梯而上到阅波阁，“阅波阁”三字为著名书画家谢孝思所书。依栏东望，景象万千：水池明净，驳岸参差，碧波涟漪，睡莲飘荡；池中曲桥宛转，游人络绎而行。池上有榭，依水而建。榭前土坡高下，绿树成荫。阁、榭、坡，层层叠叠，皆可阅太湖浩渺烟波。间有回廊纵横相连，使这一景区浑然而成一体。

下阅波阁西行，到如意小筑。这是一个小而精的庭院，院之得名，是因所立一湖石山峰状似如意。峰旁两丛翠竹，微风吹处，袅然而动；又有几株芭蕉，昂然而立。前有一亭，其后墙小窗，壶中洞天，偷来院外风光。某日，谢孝思、刘叔华二位老画家偕魏嘉瓒、嵇娴诸君来游，对此小筑赞不绝口，对着如意峰石又写生又拍照，品味多时而依依离去。

出小筑，左折可至东山名人馆，这里荟萃了东山从古到今各类人才的事迹介绍文物，参观过后，令人对东山的地灵人杰有更深的感悟。

折回，则至复廊。复廊亦称“避阳弄”，东西逶迤，曲折有致。多处漏窗，使廊内外景观融为一体。廊中缀以亭台，既增美观，又资歇足。

原来，园之西南角还有石库门三间，两厢有中西式楼房一座，为园主起居之处。

复廊之内方是启园的花园旧观。镜湖厅，乃园中主体建筑，是四面厅，最为壮观，当今上海书画家唐云为题“镜湖楼”三字匾额。楼二层，青山背倚，湖面铺前，建筑重檐翘角，端庄典雅。楼北为当年园主住宅，当门高墙，屋宇中西合璧。镜湖厅为园主观湖赏景之所。登斯楼，或淫雨霏霏，浊浪排空，樯倾楫摧，山岳潜形；或春和景明，波澜不惊，沙鸥翔集，兰芷青青。山水风光尽在襟怀一览之中。此中情景，不独范仲淹之岳阳楼为然。

楼前一圃，置五老峰，真竹假笋，地面全用小石铺成图案。圃中又杂植花木，有含笑、山茶、牡丹、桂花、红枫、蜡梅等，益增生机和美感。五老峰前的宽广水池名“镜湖”，又名“转湖”“涵影池”，湖边一石峰，题为“吟碧”。湖周遍堆假山，无奇峰突起，却高低参差，疏密有致，具有玲珑曲折之妙。其间，模拟独角牛头、狮子头等多种动物，状态各异，虽别见情趣，惜未免落俗。池中种荷养鱼，乃夏季游赏佳处。

由复廊继续向前，内外景观，风光如画。复廊尽处有宸幸堂，是为纪念康熙皇帝幸临东山而建。堂正中康熙塑像端坐，抱柱联为：“湖上清风圣祖名园曾驻跸，山中文藻司农震泽有遗篇。”为当代书画家施仁撰联并书写。堂两端陈列康熙到东山的文物书刊。立于堂前，顾西而望，楼阁亭台，回廊曲桥，碧池假山，古树长林，俱历历在目。

由宸幸堂跨过一拱桥，则至连绵起伏的土山，其上嘉木美竹，一亭翼然，有若拙政园之雪香云蔚亭。坡下有古杨梅一株，老干虬枝，浓叶翠荫，偃卧坡上，传为宋朝遗物，康熙至此曾欣赏小憩。沿土山小径东行，拨开橘树、寿星桃、杨梅、槭树等杂植的花木，到晓澹亭，这是启园观景的制高点。东去不数武，即是浩瀚的太湖，看风帆点点，听渔歌互答，令人陶醉在大自然的怀抱之中，尘虑俱消。西望，莫厘峰巍巍峨峨，满目碧绿，直上云霄。当年园主在此建园，意在“开门见山，出门通湖”，今日视之，园主独运之匠心，收到了预期的最佳效果。《园冶》有言，“相地合宜，构园得体”，此之谓也。

出亭南下，又过一桥，桥下清流如带，绕园而来，逶迤入湖。岸边桃柳间植，颇有西湖“六桥春晓”之韵味。绕过则至风光万千的太湖堤岸，登上挹波、环翠二石桥，太湖水面近在脚下，凝眸远望，水天一色，令人心旷神怡，有飘然登仙之感。堤内绿草如茵，高树参天，此又为启园增加了几分山林野趣。湖堤之北近处，湖石假山一座，峰峦洞谷盘曲。山顶治平台，台上石碑一块，镌胡厥文书“万顷波涛一望收”，可谓恰切！

伸入太湖100米的御码头则是为纪念康熙到东山在此上岸而新建的，有重檐式八角亭，是饱赏湖光山色的绝佳之处。码头牌坊，高5.78米，宽7.58米，正中镌“光焰万丈”4个大字，此系当年康熙来东山时赐给在这里编修《大清一统志》的徐乾学的匾额，现复刻于此。两边刻“圣主御驾巡幸东洞庭山，康熙三十八年四月”，正面刻于右任书“湖海尚豪气，松柏有本心”，意蕴深厚，书法豪放。

启园为江南少有的湖山园林，依山而筑，傍湖而立，藏山纳湖，步移景易，既融苏州园林小巧玲珑、曲折幽深的艺术特色，又具脉接群峰、波连太湖的粗犷气魄。厅堂轩榭，廊舫斋馆，花径曲桥，散落其间，与天然山水浑然一体，风光旖旎，令人心旷神怡。

启园现为苏州市文保单位。

附：钱仲联《启园重修碑记》

吾尝读《大方广佛华严经》矣，云：“善财童子恭敬右绕弥勒菩萨摩诃萨已，而白之言：‘惟愿大圣，开楼阁门，令我得入。’时弥勒菩萨前诣楼阁。弹指出声，其门即开。命善财入，善财心喜，入已还闭，见其楼阁，广博无量，同于虚空。”斯释氏神异之谈，非阎浮世界所实有也。吾又尝登昆明大观楼矣，面滇池一角，景物轩旷。楼边公园，粗具堂阁，无可回旋。夸为大观，循名责实，大有径庭矣。今吾游东山启园，披襟当轩，疑华严神变即在眉睫，而大观境界昆明所有者，吾俱有之，吾之所有倍蓰于大观者，昆明不能有也。唏其盛矣。园原名席家花园，占地三公顷以上，处东山叶家浜昝家岭下太湖之滨，为民国二十二年癸酉旅沪东山金融家席启荪裕焜所创建，故园取启名。后启荪产破，倾资偿债，园工未竟，贷于旅沪棉商东山杨湾人徐子星介启。徐亦名启，故园主虽易，而园名不更。寻东山席氏园林艺术之探究，厥源甚早。吴梅村集有《过席允来山居》诗，称其居“石笋一林云活活，药栏千品雨娟娟”。又为允来墓志，称“允来名元太，世居莫厘峰下，缭垣三楹。兰蕙数盆，怒芽竞茁。檐东有木瓜朱橼一二株，垂实累累。窗前置拳石，面势肤理，似与人同。卧列之石，其下蟆草杂卉，疏密可数，而牡丹数十本尤绝出”。又称“允来之父震湖名启，善种花，允来养花尤擅家风”。夫缭垣三楹之居，故不足为园林，然岷觞一勺之导涉今园者，不应不溯其先。而“震湖名启”，亦若隐为之兆者，斯亦奇矣。秋津入寇，园被蹂躏，其后园又屡作他用，历经沧桑，面目已非。壬申岁，我政府拨款整理扩建，剥穷见复，乃更胜旧观。今园中景点有镜湖楼、融春堂、阅波阁、宸幸堂、柳毅小院等。回廊曲院，粉墙月洞，移步换形，虚实相间，桃霞柳浪，红酣翠舞，珍卉名葩，四时标胜。其外具区三万六千顷，七十二峰沉浸其间，如绝代仙鬟，凌波微步，极空旷冶美之观。余揽胜探幽，近半日而未穷其半。不禁喟然言曰：华严神境，佛家幻相，而启园能现之；大观名楼，雄视西南，而启园能胜之。吴中园林夥颐，各领风华，而假山叠石，胥出人工，乏湖山自然之胜。我临启园，不得不兴观止之叹也。

是为记，乙亥冬虞山钱仲联撰，时年八十又八。

紫兰小筑

紫兰小筑，是现代作家、文学翻译家、园艺家、鸳鸯蝴蝶派的代表人物周瘦鹃的家园，因此，世人每称之为“周家花园”。依当今之地名和园之状况，位在苏州城区凤凰街王长河头3号，东临苏州大学第一附属医院；由于子女分隔居住的原因，南面两个大门在观音巷，北门在凤凰街王长河头3号，西门在一条与凤凰街平行的无名小巷。当年经常出入的是北门；西门为边门，门额上刻着集黄山谷帖的“紫兰小筑”四个大字。园之面积约4亩。

周瘦鹃（1894—1968），原名周国贤，瘦鹃为其笔名。他籍贯苏州，由于父亲周祥伯在上海招商局工作，举家居沪。因此周瘦鹃出生在上海，生活、读书并长期工作在上海。1911年中学毕业之前，他已经在《小说月报》创刊号上发表了8幕话剧剧本《爱之花》。此后，在上海历任中华书局、《申报》《新闻报》等报刊的编辑和撰稿人，主编《申报》副刊10余年。还主编过《礼拜六》《紫罗兰》《半

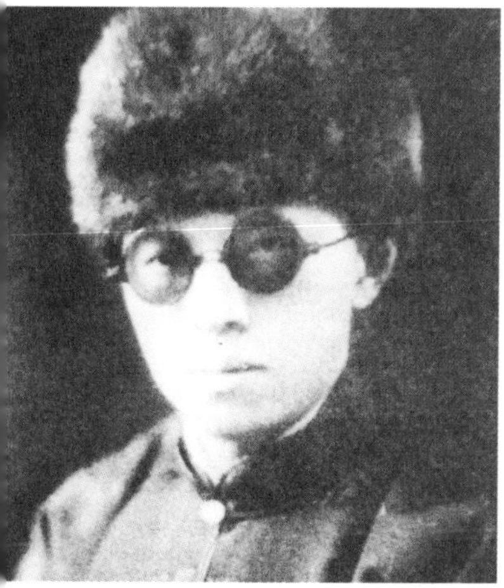

年周瘦鹃

周瘦鹃、俞文英夫妇，1947年摄于紫兰小筑之梅屋（周全提供）

月》等刊物。1917年出版《欧美名家短篇小说丛刊》。《欧美名家短篇小说丛刊》受到鲁迅极高的评价，他称誉其为“昏夜之微光，鸡群之鸣鹤”。周瘦鹃在20世纪二三十年代的上海文坛上别树一帜，自成一派。“九·一八”日寇进犯沈阳之后，他感慨于国事日非，遂起归隐之心，乃于1931年以20年卖文所得，买下了故乡的这处3亩半地的宅园（后又买下南邻的半亩地）。此处原是诗人、大书法家何绍基（1799—1873）的裔孙何维朴所构家园，名默园。何维朴，曾任清朝内阁中书、江苏候补知府，工书画，宗娄东画派，晚年寓居上海盘梓山房。默园并不奢华，仅平屋6间，算不上一处完美的园林，而老树满园，多松、柏、杉、槐及四季名花。周瘦鹃特别喜爱其中的一丛紫罗兰，因为他青年时所恋慕但最终未能成为眷属的女子叫周吟萍。周吟萍的英文名写作Violet，意思是西欧名花紫罗兰，所以他爱人及物，对紫罗兰情有独钟。他在《一生低首紫罗兰》一文中曾经深情地写道：“我之于紫罗兰，不用讳言，自有一段情事，刻骨倾心，达四十年之久，还是忘不了。只为她的西名是紫罗兰，我就把紫罗兰作为她的象征，于是我往年所编的杂志，就定名《紫罗兰》《紫兰花片》，我的小品集定名为《紫兰芽》《紫兰小匣》，我的苏州园居定名为‘紫兰小筑’，我的书室定名为‘紫罗兰庵’，更在园子的一角叠石为台，定名为‘紫兰台’。每当春秋佳日紫罗兰盛开时，我往往痴坐花前，细细领略它的色香；而四十年来牢嵌在心头眼底的那个亭亭倩影，仿佛从花丛中冉冉地涌现出来，给我以无穷的安慰。”“我往年所有的作品中，不论是散文、小说或诗词，几乎有一半儿都嵌着紫罗兰的影子。”直到30多年后，这位让他刻骨铭心的恋人还时常进入他的梦乡。1943年，他在日记中写道：“昨夜有好梦，梦与伊人同饮于市楼，红灯绿酒，与人面相映有致。渠作盛装，奉老母挈儿女俱来；盼睐有情，便娟犹昔。酒半酣，忽侃侃述吾二人三十年来相恋之史，有可歌可泣者，其儿女咸大感动，为之陨泪，老母亦凄然，不能置一词。予方欲有言，讵已遽然而觉。力图重寻此梦，竟不可得，悒悒弗能自已！”因此，周瘦鹃的朋友、上海名医兼诗人秦伯未赠诗中有“一生低首紫罗兰”句，可谓知己之言。周瘦鹃在何宅的基础上修建宅园时，并没有大兴土木，主要还是在这里栽培、侍弄花木盆景。1932年，他携妻带子正式移家于此，住在原有的6间平房内。他每周到上海两天处理《申报》与国泰公司的事务，其余时间则在紫兰小筑中拆房造园，叠山挖池，种植花木，潜心研究盆景艺术。1934年，他与朱犀园等在这里成立了研究盆景、园艺的组织含英社。1936年，在东隅榕圃中曾发生过一件极为不幸的事情：其次子周榕在此处学骑自行车，不幸摔入池中溺亡。周瘦鹃在1943年写的《紫罗兰小筑九日记》中回忆道：“此间本一深池，水深丈许，自吾榕儿堕水死后，即担土填塞，改为浅池，种睡莲其中，著花绝美；一仙童抱鹅喷水之像，植立池心；四周有高柳，缭以矮篱，名之曰‘榕圃’，用以纪念此刻骨伤心之地。池背所植斑竹，阑以湖石；初仅五六枝，盖移自虞山者，今已蔚然林立矣。嗟夫榕儿！月白风清之夜，魂兮归来，睹兹竹上斑斑者，不将疑为而父而母之血泪痕邪？”1937年8月，日寇飞机轰炸苏州，周瘦鹃全家避难安徽黟县南屏村等处，次年3月返沪，周瘦鹃在租界内继续从事编辑工作和园艺盆景活动。其间，紫兰小筑受到破坏，盆景花卉毁坏殆尽，连养的大小24缸500尾金鱼也被第一批侵入苏州的日军吃了。1943年5月，周瘦鹃曾由上海回到紫兰小筑小住9天，他在5月13日的日记中对所见家园情况有详细记述，兹录于下："步行返故居紫兰小筑，旧宇已毁，兴建无力，堂构重新，不知何日？曩之紫罗兰庵故址，今已夷为种菜种豆之地；言念昔尘，祇益今怅！园中浓荫掩昼，蔚为一片绿天，人行其间，衣袂为之俱绿。野草经久不芟，长可没膝；野树亦怒生，与人争道；藤萝缘树缘墙而登，柔条袅风中，若欲撩人小住者。鱼乐国前所陈盆梅，因今春厄于气候之寒燠不时，而人力亦复未至，致有逢春不发，或发而复萎者；第见二十余古干，一一作骨立，如履古战场，触目惊心！温室前盆树百余本，则多欣欣向荣，差堪自慰；惟用以纪念亡儿榕之悬崖形石附老榕一本，亦竟憔悴而死，徘徊凭吊，不期为之陨泪！天竹古木四本俱花，各二三枝三四枝不等；鸟不宿二本均结实累累，入冬殷红若珊瑚珠，大可一餍馋眼也。杜鹃花时已过，而琉球红一本，含苞初坼，红如火斋，致可爱玩。紫兰台上本遍植紫罗兰，因去夏旱魃为患，花根多为烈日所杀，兹仅存十之一二，他日容再补种，俾复旧观。梅丘上梅竹松柏及凌霄紫藤之属均怒发，绿荫如幂，石态几不可见，仅主峰仍岸然向人，作傲兀态而已。丘下荷池中，新荷出水，有亭亭玉立之致；游鱼出没其间，时闻喋喋声，此盖'八一三'事变中历劫余生之金鱼也。百花坡上之'亭亭'已圮，仅余残骸，白香水作花其上，亦柔弱可怜，百花多已凋谢，惟绣球尚余残朵，犹恋枝不去，坡畔锦带花一树，则著花特盛，红白灿然，不愧锦带之称。白梅十余株结实甚繁，悬想梅子黄时，当有可观也。园丁张锦豢老母猪一，胡羊绵羊五，犬一，鹅一，鸡鸭十余，宛然一雏形动物园……"

抗战胜利后，周瘦鹃复迁回苏州，重新整修残破不堪的紫兰小筑。整个园子的爱莲堂等建筑及景点、花木等大多是在此之后完成、完善的。从此，周瘦鹃精心经营着他的紫兰小筑：四周砖墙维护，约比人高。中有平屋数间，两三亭榭点缀于假山池树之中，清幽雅静。室内满陈法书、名画与金石、古玩，室外鸟鸣鱼翔，晴荫雨韵，尤其是几百盆大大小小美丽多姿的盆景疏密错落地安置在室内室外、案头几前与花间树下而成大观，更是悦目可人。民国之际，这个不大的园林就是以花木之盛和独特的盆景艺术闻名于世的。

新中国成立之后，周瘦鹃春风得意，曾任第三、第四届全国政协委员、苏州博物馆名誉副馆长等职。他更在园艺的营造上下了大功夫，以至紫兰小筑成了以盆景花木为主要特色的私家园林。“文革”中，周瘦鹃投井而死，花园受到破坏，之后好多年也没能得到修复。20世纪90年代，其子女开始逐步修建紫兰小筑，方才改变了破败荒凉的面貌。今日之紫兰小筑虽然被分割成几户子女居住，面貌不可能和民国时完全一样，但由于子女的精心打理，从总体上看，规模和景观韵味依然呈现着当年的园景。下文拟将其民国期间和当今的面貌一并采入，再对其园貌作一梳理，既现昔年面目，也见今日风采。

从北门正门入，穿过简陋的门墙和灶间，到达园中，便是一排朝南落北的旧式单间洋房，当中一间即是园主称之为“我家的心脏”的爱莲堂。这是周氏世世代代相传的堂名，出处是周敦颐的《爱莲说》。堂中长年陈列着盆景和瓶供，挂着名人书画。还有养在钧窑大瓷缸里的绿毛龟，此龟已有100多年的寿命。爱莲堂虽是西式建筑，但朝南的6扇红木落地长窗，嵌着黄杨木雕刻的全部《西厢记》，都是传统风格，也是不可多见的艺术珍品。堂前是一个曲尺形的走廊，檐下挂着“养鱼种竹之庐”的旧额。还摆着一大盆百年老干的鸟不宿，到了秋天，结满一颗颗鲜艳的红子，煞是好看。也备置了5缸金鱼，种植了十几杆翠竹，以切合匾额的命意。爱莲堂的左侧为主人卧室，名“含英咀华之室”。前边的草坪石案上，有象征光福香雪海“清”“奇”“古”“怪”的四盆老柏，右侧为且住和寒梅阁。且住和寒梅阁两室内外展现出浓烈的文化氛围，洋溢着浓浓的书香：

张挂着明清两代的书画，陈列着瓷、铜、陶、石、竹、木等饰以梅花的古玩供品，又有刻着金龙的乾隆玉磬和《水浒传》108将的五彩雕瓷小插屏。壁上挂着乾隆漆画《岁朝图》，明代露香园刺绣，雕瓷梅莲、牡丹等挂瓶，明代万历朝成对的细瓷壁瓶，道光御玩用玉石螺钿嵌成的梅花盆竹石大挂瓶，并摆放着墨松、五针松等老干盆景。再向西首是主人的书房紫罗兰庵，庵中陈列着主人自己的著作、编辑的书籍杂志和藏书，并有石供、瓶供，都是清代潘祖荫尚书的遗物。还有一块由南宋贾似道题写“花下琴峰”的大石笋。贾似道是南宋末期的权奸，他留传于世的遗物已毁灭殆尽，这株石笋也就成为罕见的特殊文物。另有号称“江南第一”的一块大型昆石、富有丘壑的柏化石，以及一块有明朝画家居节题写“云迟”二字的灵璧石、张士诚婿潘元绍府中九狮礅石柱础、道光御玩竹石挂屏等。南窗下书桌上的签名簿上有不少英、法、德、日等外文的签名，留下的是远方来客的题词和赞誉。

爱莲堂前为庭园。园中处处花果，触目皆是盆景。庭园南部为梅丘，有20多株老梅、淡红梅、朱砂红梅、胭脂红梅和日本种的鹿儿岛梅、乙女梅等。梅丘上有石砌梅屋，如同西湖孤山上林和靖赏梅之所巢居间。门窗上都刻着梅花图案，壁上挂着5副黄杨木刻挂屏，内容分别是南宋扬补之和元代王冕的画梅名画。还有唐代白居易手植的一段桧柏枯木。中央则安置着一只有浮雕梅花的六角几。每当梅花时节，疏影横斜，暗香浮动，许多友人前来赏花。杨千里前辈曾在题名录上写道：“月之某日，偕同人问梅于我南邻紫兰小筑，时正红萼含馨，碧簪初绽。”嘉宾都把这一带称作“香雪海”，和光福赏梅胜地“香雪海”媲美，其中以“鹤舞”为第一。周瘦鹃在《我为什么爱梅花》中写道：“梅盆中也有好多株老干的绿梅，而以‘鹤舞’一株为魁首，树龄已在百岁外。先前原为苏州名画师顾鹤逸先生手植，先生去世后，传之其子公雄，不幸公雄也于五年前去世，他的夫人知我爱梅如命，就托公雄介弟公硕移赠予我。我小心培养，爱如拱璧，五年来老而弥健，枯干上着花如故，因干形如鹤，两大枝很似鹤翅，仿佛要蹲蹲起舞，因此名之为‘鹤舞’。”

盆景，是紫兰小筑的灵魂，称著国内，蜚声海外。新中国成立之初，周瘦鹃便在苏州各园圃中多方搜求盆景，并且经常远游山水，从岩壑、溪滩、田野、村落及崇山峻岭之间，寻觅奇树怪石，带回来亲自培养加工，制作盆景。日积月累，多达600余盆。苏州的盆景制作本就闻名国内，周瘦鹃腹有诗书、胸藏丘壑，制作出的盆景更是不同凡响，逐渐形成了自己的风格和流派。1939年、1940年间，周瘦鹃就4次参加上海中西莳花会的展擂，有3次得到总锦标杯，获得国际声誉。他的盆景以树桩和水石为主。树桩盆景以古今名画为借鉴，创作有“听松图”“梅月图”“紫竹林”“竹林七贤”“枯木竹石”“田家小景”“孤山放鹤图”“枫林雅集图”“归樵图”“散牧图”等，名画如明唐伯虎的“蕉石图”、沈石田的“鹤听琴图”，清王烟客的“新蒲寿石图”，还有现代画家张大千的“松岩高士图”、齐白石的“独树庵图”等亦被周氏仿照制作为盆景。这类盆景除了树桩之外，再配以广东石湾和佛山制作的陶制人物与亭、台、楼、阁、塔、船、桥梁、茅屋等小型摆件，更加引人入胜。而水石盆景，则有仿宋代大画家范宽“溪山行旅图”、元代大画家倪云林“江干望山图”的作品。自出心裁制作的有“桃源图”“观瀑图”“香雪海”“独秀峰”“赤壁夜游图”“欸乃归舟图”“严子陵钓台”“雁荡大龙湫”等，全用白端石、玛瑙石和矾石、紫砂、白瓷等水盆装置，同时也配以小树和陶制人物，亭台、屋宇、扁舟、风帆等，咫尺千里，气势非凡。周瘦鹃的盆景先后刊行彩色画片，拍摄彩色电影纪录片，多次在全国各地展播。

梅丘前有莲池，也称“玩月池”。莲池种植有主人称为“吾家花”的荷花，但只是红十八、白十八之类的普通品种，比较名贵的层台、佛座、洒金、绿荷、粉千叶、四面观音，则大都种在缸里。还有珍贵的碗莲，是老诗人卢彬士先生赠的。卢彬士是当时吴中培植碗莲的唯一能手。莲池是新中国成立之初挖深的一个池子，其东建一小轩，名“荷轩”。周氏除因为自己为周敦颐后裔而对荷花情有独钟之外，同时又把采菊东篱的田园诗人陶渊明、梅妻鹤子的西湖孤山高士林和靖，作为崇拜的对象。因此周瘦鹃在经营紫兰小筑之时，掘地为池，堆土为山，搭轩建屋，无不以梅、荷题名，植梅种荷，也无不有意造景。而且大规模地栽植菊花，每年总要种上1000多盆，品种达100余种。因此紫兰小筑又以早春赏梅、仲夏赏荷、金秋赏菊而闻名吴中。

挖掘莲池时的泥土，堆了一座土山，种了许多花树、果树，名为“百花坡”。最高处建了一只刺杉木的六角亭，可从2株高柳的柳丝缝隙中，远远望见北面的双塔，命名“亭亭”，与“塔塔”作了对称。这一景点，成了紫兰小筑最妙的借景，可以说是园主的精心之作。苏州古典园林借景最佳者是拙政园借景北寺塔。两处借景，可谓不分伯仲。

园中的建筑，东隅尚有“凤来仪室”，室外种满各式凤仙。因为园主第一任妻室名胡凤君，室名含有悼亡之意。上有小楼，为1955年加盖，名“花延年阁”。主人常在楼头听雨，凭窗看杏，享受“小楼一夜听春雨，深巷明朝卖杏花”的佳致。园之西南部有5座湖石竖峰组成的“五岳起方寸”，5座石峰象征五岳，聊作卧游。紫兰小筑以花木为主，故西部有紫雪堆，紫罗兰庵前有紫兰台及紫藤架、鱼乐国、牡丹台、芍药圃……特别引人注目的还有一尊女花神的雕像，为捷克雕塑家高奇所塑，或许是主人早年大力介绍吸收西方文化的一种纪念和回忆吧。

值得一提的还有园中储存盆栽的温室仰止轩。轩名“仰止”，是和两位名人有关。一是主人早年与之有过一段文学缘的鲁迅，那是他心目中高山仰止式的人物；二是毛泽东主席，1962年4月15日，毛泽东主席曾经在北京单独接见过他，并殷切地希望他继续写下去。周瘦鹃对此更有永恒的知遇之感，于是便取《诗经》“高山仰止，景行行止”来为温室命名，表达的是一种难以忘怀的心迹。

长期以来，到紫兰小筑参观的来宾络绎不绝。在“文革”前的数十年间，有20多个国家的贵宾先后光临。国家领导人朱德、董必武、周恩来夫妇和陈毅、陆定一等6位副总理，副委员长陈叔通，班禅一家及刘伯承、叶剑英元帅等都曾前来观赏。朱德还送了两盆兰花，一盆是产自四川嘉定的雪兰，一盆是四川的夏蕙，周瘦鹃养在仰止轩里，并题了两首诗致谢："兰蕙争荣压群芳，滋兰树蕙不寻常。元戎心事关天下，要共群黎赏国香。""雪兰夏蕙生巴蜀，喜见分根到我乡。此日拜嘉勤养护，年年香溢爱莲堂。"文艺界著名人士郑振铎、田汉等，也专程前来拜访。他们漫步于花木丛中，分享着主人辛勤劳动后收获的欢心。这是鼎盛时期的紫兰小筑。任人观赏，客来不速，如记载在《世说新语》之中的晋代名园"顾辟疆园"一样，看竹不问主人。

今日，紫兰小筑仍为私家园林，各方面不断努力，对其加以整葺。当今，依然经常有许多中外名流和旅游者，特地来寻找这座周家的小园林，在老池、乔木之间徘徊踯躅，凭吊这位为中国文化做出过贡献的文人和艺术家。

此园现为苏州市控制保护建筑。

附：周瘦鹃《紫兰小筑卧游》

本书作者按：周瘦鹃先生的小女儿周全女士曾经告诉本书作者，父亲的这封信实际上并没有寄出，后来就一直保存在她的手上。她分析，这封信极可能是父亲以写信向"××同志"介绍紫兰小筑的发展历史、园林景观和人文往来的形式而写的一篇赞美"紫兰小筑"的优美散文。

亲爱的××同志：

这是1961年8月25日清早4时30分，我早就从睡梦中醒来了，坐在我那小楼——"花延年阁"的东窗下，眼望着天上丰富多采变化无穷的云霞，想起了昨夜的梦，我梦见你瘫痪地斜靠在一张藤躺椅上，正在读我去冬登在上海晚报上的那篇散文《园门长此为君开》。您读了一会儿，两只炯炯有神的眼睛突然停住了，向着窗外望去，似乎望得很远，也想得很远。我梦中怎么会有这个形象的呢？原来是从您一个月前给我的那封信中得来的。可不是吗？您自称：“……是一个可怜的残废青年，平日爱好文学，也爱好花木，不幸被病魔残酷地剥夺了行动的权利，寸步难行。幸而两眼没瞎，还可以随心所欲地阅读书报，整天的靠坐在那张坐腻了的藤躺椅上，借文字来消磨这寂寞无聊的光阴。因为爱好花木，也就爱好园林，读了那篇大作《园门长此为君开》，就神往于您那个园子。可是，‘身无彩凤双飞翼，心有灵犀一点通’，尽管您的园门长此敞开着，而我却欲进不得，因此，只得冒昧地要求您把园子的一切，源源本本详详细细地告知我，好借着您园子里的花天花地，以作卧游……”我读了您这封信，很为感动，对于您的病废抱着十二分的同情，总想设法满足您所提出的要求，无奈这一个月来，我为了写作的任务特别繁重，而又要兼顾园艺，接待来宾，以及参加学习，出席各种会议等等，忙得不可开交，简直抽不出时间来写这么一封长长的信。但是这件事一直搁在我的心上，撇不开去，好象欠了您一笔债，拖着不还，老是觉得局促不安。好了！现在得了一个很好的机会，就象写文章般动笔写了起来；好在以文代柬，在散文中本来有这一格的。××同志，且让我畅所欲言地谈谈我那个平凡的小园子，够不够您卧游的资料，那要请您自己鉴别了。

爱美是人类的天性，凡是人没有不爱美的。而花木恰是美的代表，因此我就爱好花木，园子里少不了花木，分明是花木的家宅，因此我也爱好园子，不单单是爱好而已，简直可说是着了迷。我早年所选定的职业是搞文艺，所读到的古今诗词歌赋文章中，往往有歌颂花木、歌颂园林的文字，给予我的影响很大，于是我时常梦魂颠倒，想争取到一座花木茂美的园子，以作下半世的安身立命之地。

我这样魂梦颠倒，足足有二十年之久，而苦心孤诣的做那准备工作，也足足有二十年之久。我生在上海，长在上海，工作在上海，那么我这梦想中的园子，也似乎应该在上海才是。可是我是一个穷书生，象上海那么寸金之地，断断没有买园的能力，不得已而求其次，就以我的故乡苏州为目标，因为苏州的地价并不太贵，要买一个二三亩地的园子，不是一件绝对不可能的事。

我既有了这志愿和决心，就订下了我个人的一套五年计划。一个五年计划不够，再来第二个、第三个五年计划。无奈我靠着卖文为活，可不能为了买园而不顾衣食；并且还要仰事俯蓄，顾到一家，只能在可能范围内节衣缩食的省下钱来，由五元而十元，由十元而十五元，逐月逐年地积累着，一面节约，一面加紧增产，每天辛勤地从事创作、翻译或编辑书报，往往要忙到夜半更深才罢。十年过去了，所积累的资金还是不够买园之需；然而我之向往园子，恰象一般宗教徒之向往天堂，一股锲而不舍的戆劲，始终如一，终于有志竟成，完成了第四个五年计划，买园于苏州葑门内的王长河头。

这园子名叫“默园”，共有三亩半地，是湖南道州大书家何绍基（子贞）裔孙何维朴的产业。此君也是书家，身有雅骨，只有平屋六间，恰够居住，并没有那种高堂大厦的富贵气派。园中一切布置，虽还不够条件，而好在高大的树木很多，花树、果树、常绿树、落叶树以及紫藤棚、葡萄架，几乎应有尽有。更使我一见倾心的，就是在那株素心腊梅的树荫之下，有一大丛为我一向热爱着的紫罗兰。我以为此园而有此花，可说是与我有缘，于是不惜重价，毅然决然的把它买了下来。大门上的横额，原是“默园”二字，当下嵌上了一块雪白的金山石，改名“紫兰小筑”，这是集了黄山谷碑帖里的四个字刻上去的。为了我不满足于现状，连年经之营之，无休无歇，改建了旧屋，开拓了园址，又费了我不少的心力和物力；然而我是心甘情愿，不以为苦的。

进得门来，沿着一条石子铺的小径向前行进，一面是一列柏树，一面是高高低低的几株棕榈，两面终年常绿。走到小径的中间，向左转便是那作为主要建筑物的六间平屋所在，南向。我给它们一一起了新的名字，中为接待来宾小坐供养莲花器物的“爱莲堂”，西为陈列许多青花瓷瓶瓷盆的“且住”，和以各种梅花文玩及梅花书画作点缀的“寒香阁”。前面有一厢房突出，是杂陈各种奇石而作为书室的“紫罗兰盦”。“爱莲堂”的东邻是我的卧室“含英咀华之室”。连接一间六角形的厢房，恰与“紫罗兰盦”遥遥相对的，是纪念亡妻胡凤君的“凤来仪室”。在我六十岁的那年，儿女们为了表示祝寿起见，就在这上面集资给我盖上了一座小楼，命名为“花延年阁”，含义是借花木来延年益寿，总算是善颂善祷的了。

“爱莲堂”前有一道廊伸展左右，庭下陈列着大大小小的盆花、盆树和山水盆景。阶下是一个长方形的庭除，中为石砌小径，划作东西二区：东区有素心腊梅，一树双干，姿态不恶，配上天竹二十多株，入冬结满了红子，和腊梅的朵朵黄花相映成趣，年景差不寂寞。西区有一个小小花坛，围以参差不齐的大小青石，就中种满了紫罗兰，春秋两季花开如锦，香清一庭。穿过中间的小径，展开在前面的是一片方形的草坪，四周有枫、红薇、白薇、丁香、枝垂挑、木犀、玉兰、紫荆、碟砂梅、玉蝶梅、结实的白梅等花树果树十多株。居中用湖石和石笋布置了一个上下两层的大花坛，遥对“爱莲堂”，上层种牡丹，下层种芍药，坛前和左右种月季。牡丹的中间矗立着一座石峰，让一株大红十姊妹攀援而上。这一带一年四季，都是有花可看的。花坛的右面，有一只长方大石缸，水中种着萍花，而一边立着一块玲珑剔透的小石峰，络满了爬山虎。花坛的左面，有一六角形的小花坛，中央立着捷克雕塑家高奇雕塑的女像，双手高高捧着玫瑰花，我就把它当做是花神了。

草坪的四面，围着常绿的书带草，仿佛镶上了一条绿色清苏的花边。外围就是石砌的小径，作为园中的通道。小径的西面，有一株大杏树，高达二丈以上，春初烂烂漫漫地开满了粉红色的花，初夏硕果累累，甘美可口。树下放着杜鹃、山茶、建兰、珠兰、棕竹等盆景，都是爱好半阴半阳的。杏树的南邻，是一个紫藤棚，种着两株老干的紫藤，一株开花作浅红色，一株是复瓣的紫花，色浓而花大，是绝无仅有的异种。从棚下过去，有小屋一间，定名“鱼乐国”，是陈列各种金鱼的。东窗和南窗外，种着不少芭蕉，入夏绿满窗前，绰有凉意，使人看了心目俱爽。再向南去，就是几百个盆景集中的所在，有香花的，有观叶的，大型、中型、小型、最小型，一应俱全。我不忍说它是盆景集中营，还是作为一个露天的盆景展览馆吧。

回过来再到草坪的南面，隔着小径，见有许多花树和常绿树，如枣绣球、紫藤、白丁香、垂丝海棠、西府海棠、红豆、白桃花、丝兰、龙柏、白皮松等。树身有大有小，而以龙柏为壮观，恰似虬龙般夭矫直上。草坪的东面，是一条丁字形的石砌小径，沿径种着一株二丈多高的香桂树，枝叶不用修剪，自成塔形，入春开小红花，好象无数腊制的小红莲，十分可爱；叶有香气，终年不落，是我园树木中的一宝。另有柿和塔柏，都是年逾花甲的老树，恰和香桂鼎足而三。柿树上每年结实几百个，作铜盆形，核少而味甜，给我们一家人大快朵颐。跟香桂隔径并列的，有大枫三株，春红原已悦目，而到了秋深经霜之后，满树红酣，真的是“霜叶红于二月花”了。枫下种着无数紫竹，竹丛中有一个扇形的小池，竹影映着水光，增添了幽致。

从那紫竹林南面的小径上向东行进，是一座略有起伏的土山，疏疏落落地点缀着青石黄石，山上以及山坡上下，种着许多树，而以棕榈为最多，有枇杷、绣球、绿梅、木樨、枫、橘、李、紫荆、辛夷、木桃、樱桃、花红、太平花、广玉兰、贴梗海棠等；更有一株异种梅树，枝条有绿有黄，花作浅红色，而有的花瓣上，还显现出红色的线条，很为别致。此外更有不少结红子和黄子的天竹，散在山坡上下，每逢开花结实时，真好似锦绣堆一样。这一带又有洋槐、石榴、女贞等几株大树，映带左右。而在两株大杨树旁，种着一株金银藤和一株凌霄。二十年来，一年年地向上爬，把杨树都爬死了，但那凌霄爬到了树梢，夏季满开着火黄色的花，直到中秋节边，还是花开不绝，十分美观。土山高处，原有一座六角形的茅亭，可以远望“双塔”（隋代的古塔，前几年已整修过了），因此命名为“亭亭”，恰与双塔相对，可惜已在抗日战争期间坍塌了。土山的北面，本有一所温室，因与“亭亭”同一命运，就改作了一个半廊。廊下放着“听松图”、“枯木竹石”、悬崖老雀梅、半悬崖枯干、三角枫等几个大盆景，倒也楚楚可观。廊前有一片小草坪，居中有一只精刻牡丹花的圆形大石缸，种着天竺种千叶莲花，是从昆山正仪镇分根移植而来的。石缸的前面石案上，陈列着四盆老柏，是光福柏因社“清”“奇”“古”“怪”四古柏的象征，苍翠欲滴。石案两旁，有两个俗称“九狮墩”的石柱础，是元末张士诚女婿潘元绍府中的遗物，在苏州古文物中也是颇有名的。

在这小草坪的西面，别有一区，陈列着许多大大小小的松柏盆景，松柏长青，吉祥祉祉，再配上五盆大型的松、竹、梅、腊梅、天竹，合为“五清”，相得益彰。另有两大盆半悬崖形的老柏，各有一百多年的树龄，可以算得上是此中领袖了。“五清”后方靠近北墙的所在，种着一株铁骨红梅，枯干虬枝，也已年登耄耋。树下种着一大片紫罗兰，虽是草本，而叶片新陈代谢，还是四季常青，让它跟岁寒不凋的松柏结交，它是毫无愧色的。

××同志，以上种种，是我这个小小园子的主要组成部分，这一小片的花天花地，不知道够不够给您作卧游呢？如果是还嫌不够的话，那么请您跟着我的笔尖，沿着东边几百个盆景集中的所在，由一条石砌小径向南行进。过了葡萄架，折而向东，再向南望，就可看见我于三年前设计布置的“五岳起方寸”，把五个湖石的竖峰，散布在前后左右，作为泰、嵩、恒、华、衡五大名山的象征，含着“虽不能至，心向往之”的意思，借着这起于方寸之间的五岳，也就可以给我作卧游、作神游了。然而我曾经批判过自己，这是唯心主义的表现，要不得！可是朋友们替我辩护，说眼前明明有五个石峰，也可算得是唯物，不足为病。于是我就借此自慰，心安理得了。在这一带，给五岳作陪衬的，有梅、桃、杏、柿、枫、木樨、碧桃、辛夷、海桐、乌桕、紫荆、花叶黄杨、金镶碧玉竹和三大缸深红、浅红的睡莲，在它们先后开花的时节，有色有香，眼和鼻大可享受。这里好在是后有高达三丈的几株刺杉，左有一个茂密的竹林，平添了一派山林气象。在这五个石峰之间，用大大小小的湖石阑在四周，趁此也就贯通着两条曲折的砖砌小径，可以两面进去，上达左面假山高处的“梅屋”。这一带五分多地，还是在抗日战争前二年间收买进来，跟我的园地联系在一起的。只因园子里有土山而没有石山，未免美中不足，就请了蠡口一位堆假山的钟敬士老技师来，向东西洞庭山物色了大批旧湖石，给我堆起了一座丈余高的假山，居然峰峦毕具，小有丘壑。为了四周都种梅树，就在左边一块大石峰上，集了黄山谷碑帖里的“梅丘”二字，刻了上去。在这假山最高峰的后方，隔着曲径，埋下了两只挺大的七石缸，将湖石多块掩蔽起来，堆成小山模样，上通檐溜，下接水管，直达前面的那个最高峰上。利用雨水积井水注满缸中，机栝一开，水就沿着正面的一片平石汩汩下泻，直泻到下面的池子里去。这一个人造瀑布，虽不象一疋白练，而具体而微，也是差强人意的。至于这个池子，是用人工挖成的，西面作等边的三角形，中心立着一个大石峰，池中满种十八瓣红、白莲花；东面作狭长的横披形，而弯曲到南面去。在这东西二池之间，用混凝土隔绝，而把四五块较平的太湖石盖在上面，当作桥梁之用。西池既种了莲花，东池便养着金鱼，这么一来，也就觉得生气盎然了。池子四周，都用高低大小不等的湖石阑住，随在凹进的所在各种一株地柏，柏枝象璎珞般纷披下垂，垂及水面，几乎拂到了金鱼的身上。

在那假山高处的“梅屋”，是一所正方形的小屋，窗门上都用三夹板雕成梅花图案，紧贴在玻璃上。屋内壁上挂着的，都是用银杏板刻成的宋、元名画家所画的梅花，连一只六角形的红木小桌子，也是满满地雕着梅花的。这里是春初梅花时节陈列盆梅的所在，除了供国内外各地光临参观的来宾观赏外，自己也往往到这里来流连片刻，自得其乐。曾作“梅屋”即景诗四首，其一是：“冷艳幽香入梦闲，红苞绿萼簇回环。此间亦有巢居阁，不羡逋仙一角山。”这简直把“梅屋”比作孤山上旧有的“巢居阁”，而不再羡慕那林和靖梅花千树的孤山了。在这“梅屋”“梅丘”一带山上山下，都种着大大小小的梅树，有铁骨红梅、送春梅、绿萼梅、日本种的乙女梅、洒金梅，以及结实的单瓣白梅等，形成了一个梅花的专区。这其间以结实的白梅居多数，当花开到八九分时，从“梅屋”门口望下去，居然香雪丛丛，蔚为大观，朋友们看了，称为“小香雪海”。我说单单这些梅花，即使开得密密麻麻，皑皑一白，也怎么当得起“小香雪海”之称，还是称为“香雪溪”吧。

“梅丘”虽用不少湖石堆叠而成，却并没有山洞可穿，只有曲径石级三层，分作三个阶段，可以自上而下，走到东边靠墙的“紫兰台”上去。这一座较低的土墩，挑选了几块较好的大小湖石，随意布局，上面有案有凳，也全是利用湖石来代替的。这比堆高的假山，觉得自然得多，可以入画。当时我就在石边树下种满了紫罗兰，因此就定名“紫兰台”，这三字遒劲有致，也是从黄山谷的碑帖里找到，而刻在一块大石上的。阳春三月，紫兰怒放，发出一阵阵的妙香，于是我就得坐在磐石上吟赏为乐，流连忘返。

为了梅花虽好，却不是常绿树，因在山上山下，种下了老干的黑松、白皮松、刺柏、龙柏、鸟不宿、竹子等，中如刺柏和鸟不宿，都当作盆景般加工整姿，把枝叶修剪得成台成片，自觉楚楚有致。有了这些大型的常绿树，于是终年郁郁葱葱，乱绿照眼了。

在邻近“紫兰台”而遥对“梅丘”的所在，有一个长方形的小轩，是用带皮的刺杉木造起来的，看上去很觉质朴。中间安放着石案、石鼓凳、瓷鼓凳，以供游客小憩之用。左右陈列着两个山水大盆景，作为点缀。轩前放着大小莲花缸十多只，种的都是细种的莲花，有大绿、洒金、层台、粉千叶、桃红千叶，和昆山正仪来的天竺千叶莲花。花开时节，坐在轩中，就可尽情观赏，并可看到那边“梅屋”下面小莲池里的十八瓣红莲、白莲，红裳翠盖，玉立亭亭；回过眼来看那缸里的大绿，渐渐地由绿转白，更显得圣洁高华，真如古诗人所歌颂的“不许纤尘污秀质”了。只因这个轩是个观赏莲花的好地方，因此命名“荷轩”。荷与莲原是二而一，一而二，没有什么区别的。

轩的西面，有一小片空地，正对“梅屋”与小莲池，面积纵约一丈半，横约三丈，作长方形，用青砖铺地，别开生面。中央安放着一大块汉代的琴砖，好象一张供桌，上面就用石水盆供着一个黄山松的附石盆景，仿佛是黄山一角，富有画意诗情。后面有一座刻着乾隆十二年的大石座，供着盆植棕榈一本，取其终年常绿。左右两旁种着矮小的观音竹和寿星竹，配上英石湖石，各成一区。东面贴近“荷轩”槛外的所在，放着一只马槽形的特大石盆，左角种着一株百年白皮大黄杨，虬枝小叶，上下分作七片，靠在一块洞窟玲珑的横峰大宣石上，倚斜作态；右角种着书带草和飞白竹，布满了石下的空间。西面女贞树下，放着一只海棠形古石盆，下有原配的六脚石座，古朴可喜。盆中供着一块英石的横峰，络上了凌霄花的柔藤，并在石下种着茂密的书带草，作为陪衬。此外有石条凳海棠形矮石和玛瑙石的矮凳等，都可供随意息坐之用。这一带后方的边沿，恰有几株高大的女贞树，绿荫四布，好象终年张着一个油碧的天幕，朋友们都说这里倒象是一座露天的客厅。初春可以赏梅，仲夏可以观莲，红红白白，斗艳争妍，在这里品茗清谈，是多么好的享受啊！

××同志，这真是我所梦想不到的，这几年来，我这园子里一部分盆景的形象，居然映上了银幕，登上了画报，印成了画片；我所写的有关盆景和花木的文章，先后发表于各地的日报、晚报和杂志上，而英文和俄文的刊物上也要我写了文章，由他们译好了刊登出来。于是我这小小的园地上，也先后接待了来自全国各地的党政首长、文艺工作者、园艺工作者、工农兵以及各阶层的广大群众。地区北至内蒙，南至海南岛，西至西藏，东至福建，也接待了来自欧亚的二十个国家的贵宾，而以苏联朋友力最多，这更是我所梦想不到的了。我那一本本“嘉宾题名录”，已积累到十七本之多，留下了千百个光辉的名字，将成为我的传家之宝。

××同志，您虽不能到我的园子里来，但您可不要引为遗憾，因为您读了我这封加工写成的长信，也就好似亲自到我的园子里来一样。平时我虽伴同来宾们参观，口讲指划，说这个，说那个，可是为了时间和我精力的限制，还没有象我给您的这封信中说得详细哩。老实说，我这个园子，不同于苏州市那些古色古香的旧园林，一切的一切，都是不移条件的，不过有一些野趣和山林气罢了。

亲爱的××同志，我的话噜噜苏苏地说得太多了，就在这里打住。末了，我抱着一片至诚，给您祝福，祝您鼓起勇气来，跟病魔作坚决的斗争，终于恢复了健康。也许有那么一天，是一个花笑高歌的春秋佳日，您竟手轻脚健的光降到我的园子里来了。那么我将曲诵三百，距跃三百，率领着孩子们向您献花，以表示热烈欢迎的微意。附诗一首：“庾信小园花木稠，万花如海任勾留。愿君惜取闲花草，花地花天作畅游。”（庾信是南北朝的文学家，曾作《小园赋》）您在无聊时，不妨把它当作山歌般随口哼哼，也许会作会心的微笑吧。

第三节 民国所建私家园林的特点

人类社会不断发展和进步，从古到今，一代又一代人们的生活水平也相应地随之改善和提高。这种改善和提高既包括物质生活，也包括精神生活，而不断改善和提高居住条件是其中的重要内容。私家园林的出现和发展，也正是这种人居环境质量提高的标志。说得通俗一点：想让自己的宅居环境好一些应该是人们的正常要求和向往，因此，在人类社会的发展过程中，只要私有制存在，只要一家一户的家庭存在，人们就会有建造私家园林的追求，社会就会有私家园林存在，因为园林是“高级建筑艺术”（黑格尔语），是优美的人居环境。但是，私家园林的构造方式、构建的艺术形式等都必定会随着社会的变化和发展、具体条件的不同而有所不同。作为一种文化来看待，民国时期的私家园林和封建社会时期的私园之间，必定是既有继承也有发展，既有相同也有不同。从根本上说，它有自己的个性特点。那么，民国之际，苏州私家园林有哪些特点呢？

一、造园者：工商业者最多，文人群体次之，官宦人家又次之

一户人家要建造园林，得具备许多主客观条件，而最起码的一条就是得有一定的经济实力，因为没有钱很多事情都不能办。民国时期，有条件建造园林的主要有三种人，即工商业者和资本家、知识阶层、官宦人家，城里普通的工人和市民则是没有条件造园的。在2000多年的封建社会里，今日苏州市的地面上大致出现过近千处私家园林，园林的主人主要是两种，一是知识阶层、文人雅士，再是官宦。其实封建社会是学而优则仕，官宦也大多是文人出身，说到底，这些人的基本属性还是文人。而随着资本主义的发生、发展，资产阶级成为最有钱的社会阶层，他们的代表人物成为社会的统治者。因此，他们理所当然地也就成了造园的主体之一。民国年间，苏州出现的102处私园的主人就约有41%是工商界人士，而且，他们的私园就其规模和艺术水准来看，多数属于其中的出类拔萃者。在本书列举的民国6家有名的私家园林中就有4家属于工商业者或资本家，如上海金融业巨头席启荪的天香小筑和启园、上海棉纱业巨头金锡之的春在楼、上海蛋商汪某的朴园，另如出版业巨子阙念乔之乔荫别墅、雷允上药店业主的雷氏别墅、商界巨子杨定甫的之园、蜜饯商人张醉樵的翕园、某工商业者的荡琴别墅等。

知识阶层造园约占37%。所谓知识阶层主要是文人、作家、教育工作者、法律工作者、医生、书画家等。苏州历来是“吴中盛文史，群彦今汪洋”，历史上的苏州私家园林就是以文人园为主。造园以居几乎成为文人的积习，民国时期文人在苏州造的园亦多，如叶恭绰的凤池精舍、程小青的茧庐、范烟桥的向庐、周瘦鹃的紫兰小筑、蒋炳章的蒋园、金松岑的韬园、汪东的寄庵、章太炎的双树草堂、吴似兰的葑园和陈石遗的园居、郭彬卿的花园等。

官宦造园者约占22%。园主是官宦的则有汪甘卿的晦园、李根源的阙园、蒋纬国的丽夕阁、顾祝同的墨园和罗訔子（良鉴）的罗园等。

工商业者、知识阶层、官宦这三个不同的阶层，出身背景不同，物质财富不同、兴趣爱好不同，因之，在他们各自建造的私家宅园的各个方面也自然会有差异。

二、普遍的结构模式是中西合璧，即西式洋房加中式花园，俗称“花园洋房”

所谓中西合璧，从大的方面讲，是指主体建筑一般是西式的洋房，而花园则是苏州的传统构建模式。建筑是园林的主要构成部分，所谓“花园洋房”中的“洋房”一般都在园林的中心、主体部位。其构建特点，多是红瓦大屋顶，白框玻璃门，水泥、地砖、平瓦，与传统的粉墙、黛瓦、灰砖、黑白两极、飞檐翘角、砖木结构的风格迥然不同。而这些洋房也风格各异，异彩纷呈，有西班牙式的、法国式的、英国式的、罗马式的，甚至还有日本式的。不少洋房留存至今，一看便知那是明显的民国风貌。至于花园的布局、构建，几乎90%的新建私园全是苏州传统风格。这些中西不同的造园理念和模式，珠联璧合。在苏州的能工巧匠们手上，园林被建造得浑然一体，中西理念相得益彰、相映生辉，以至于形成一代园林的时代风貌。

工商界人士所造之园，在中西合璧方面，西化的特点更突出一些，尤其是洋房的构建。但其花园则依然多为苏式。如人称“江南第一楼”的春在楼，除了采用传统的三合院、四合院格局外，在许多地方运用了西方文艺复兴时期的建筑理念和艺术手法，如基督教建筑文化的十字标识扶梯手栏杆，希腊式的雕花檐柱，西式的水泥晒台、阳台，并广泛采用了彩色玻璃、铁铸栏杆、西式壁橱、弹子锁、洋式门等；花园在楼北，面积虽小，但很精致巧妙，可以说是把苏州的传统造园理念运用到极致。春在楼体现了园林建筑的时代精神，是民国早期江南民居的佳作。天香小筑以苏州传统第宅园林的结构为基调，吸收西方建筑风格，是典型的中西结合的宅园；住宅具有鲜明的中西合璧特色，装修兼用琉璃瓦顶、彩色玻璃、花纹地砖与传统的砖细洞门、花窗、挂落、地罩等；花园小巧自然，以土山为主，绕以狭长水池，水池四周布列曲廊、花径、湖石，山顶筑亭，又散列太湖石峰；园中植梧桐、广玉兰等，花木葱茏。启园基本上按照苏州山水风景园林的风格建造，但其中也有西式楼房。雷氏别墅的东部是西式花园洋房，西部为中式古建庭园。余开嘉宅园以西式楼房配中式庭园，楼为三层八角形，楼顶有西式风格的围栏；庭园中有一座体量较大的湖石假山及水池等。

知识分子和官宦之园，也多中西合璧。如收藏家何亚农园居的主楼灌木楼，即为两层西式楼房，楼前堆土成山，山上花木扶疏。画家吴子深的娑罗花馆，主楼是中西合璧两层带阁楼的民国别墅建筑，窗户以及卫生、供暖、通风、电路、水箱、水井、网球场等设施，亦皆显西式特点。而花园则完全呈中式，假山、池塘、花木等园林要素一应俱全。汪东的寄庵，本在老宅基础上兴建，原有花园，假山、花木，园景齐备，而新建主体建筑则是面阔三间的西式洋房。著名文学家、同光体诗派代表人物陈衍的聿来堂，主楼为中西结合之小楼，花园则杂种奇花异卉，竹树萧森。再如蒋纬国居住的丽夕阁，主体建筑是一座豪华的洋房，花园的整体布局则是苏州园林风格，以丽夕阁为中心，周围有荷花池、假山、琉璃瓦亭子，遍植各种花卉。顾祝同的墨园，主体建筑是一幢中西合璧的二层楼房，楼后开凿自流井、建造水塔，宅旁设淋浴房，马赛克地砖铺地；有长廊、小桥，琴室，湖石花坛，以荷花池为中心，栽柳养鱼，遍植白玉兰、紫玉兰、龙柏等，满园鸟语花香。吴忠信的吴家花园，主体建筑为西式楼房，花园则完全中式，有湖石假山、池塘，水边构亭，园中杂植各种花木，也是一处典型的中西合璧的民国园林。现阊门饭店内的谢氏别墅，建筑是一幢砖木混合结构的二层西式楼房，花园以草坪为主，中间植四株雪松，周围植花卉树木，以漏窗围墙护卫。律师邹某的宅园也拥有一幢砖木混合建筑罗马式洋房和一个中式花园。

民国时期的私园建造，主体楼房建筑也好，花园也好，其构建形式虽然有中式西式的区别，但也并不是完全泾渭分明，而是双向渗透，相互影响。洋房建造有的也会参照中式的建筑手法；花园，偶尔也有学习西方置草坪、设喷泉之类做法。但是必须强调说明，就花园部分的景观和风格来看，展现出的主要还是苏州造园的传统风貌。这是因为苏州有着悠久、辉煌、成功的造园历史，尤其是在私家园林的建造方面。民国年间的苏州人造园，当然不会忘记老祖宗留下来的造园审美情趣和艺术、技能，传统的苏州私家园林的花园模式和风格依然为人们所钟爱，而对其情有独钟的更是那些文人雅士们。他们私园中的花园，展现出的主要还是传统风貌。如叶恭绰的凤池精舍，楼堂精致，有亭榭水池，梅花盆栽尤盛。范烟桥的向庐，假山数垛，有池长年不涸，而梧桐、蜡梅、天竹、桃、杏、棕榈、山茶等，点缀有致。程小青的茧庐，完全是苏州庭园风格，雅致小巧。金松岑的韬园，有亭翼然，有假山峦嶂壑谷，遍植花卉绿竹。潘姓之壶园，是民国之际比较雅致的一处苏式小园林，园在宅西，以水池为中心，池上架两座小桥，池周散置石峰，池东构廊，中部筑六角半亭，间植海棠、白皮松、天竹等。如斯，哪一家不是苏州古代私家园林风貌的再现呢！而且像凤池精舍、向庐本身就是从前代园林的基础上脱胎演变而来的。这样的园林，在具体的造园手法上西方的特点并不明显，如很少有西方园林多见的草坪；园中道路依然以曲径通幽为主，不像西方园林那样笔直规整；水池形状多不规则，不似西方园林那样方方正正；花木虽有修剪，但基本上顺其自然而造型，不似西方园林硬把花木修理成几何形状，甚至满园绿壁、绿雕。再如蛋商汪某之朴园，虽然有西式小楼，有玻璃瓦仿古建造的四面厅，但全园采用传统造园布局，以山水为主景。作家周瘦鹃的紫兰小筑，以中式建筑为主，而主要建筑爱莲堂却是西式洋房。……这说明，苏州的优秀造园传统永远会为人们所继承，而在当时先进的文化思想也必然会浸染着每一个人、每一种艺术。因此，中西合璧而造园，又不失传统风貌，正是民国苏州私家园林时代特点的正常体现。

对于这种私园，有人写诗状其景道："中式园亭西式楼，古香犹自逐潮流。洋房拔地耸天立，也有丹青挂上头。"倒也十分贴切。

三、由于主客观原因的局限，民国苏州私家园林，一般面积较小，许多园林的园景比较简素，美学价值逊于古代私园

民国苏州私园的面积大小，多数不见史志记载。仅据现有资料看，最大的是翕园，五六十亩，其次是罗家花园20亩，但它们偌大的土地面积却没有用来构建完备的园林景观，主要用来种树：梅树、桃树等。面积10亩以上的还有晦园、墨园、朴园、启园，其余多是二三亩、三五亩，甚至仅二三分地和一分多地的也不在少数。究其原因，除了可能有历史上的苏州园林一向尚小的传统因素之外，主要还是和城市的变化、发展，人口的增多，商业的繁荣等使用地紧张有关。地皮紧张也正是清朝末年苏州古典园林走向衰微的原因之一。

如果按照园林的叠山、理水、花木、建筑的四个要素来要求，民国期间苏州的不少私家园林都比较简易，有的甚至只能说略具园景、栽些花木而已。如程小青的茧庐主要是栽植花木；汪东的寄庵有红绿梅数株，假山石是靠掘地而得；蒋炳章的蒋园以桃树繁盛闻名苏城；张家瑞宅园的园景主要就是竹林、桃林和两块草坪；罗詧子的罗家花园虽然占地20多亩，屋宇仅占几分地，其余地面也只是种植花木，桃树尤多，因为他要用卖桃子的收入补贴生计；陈衍的小园子杂种奇花异卉，竹树尤多；伍百谷的伍园以种菊为特色；李鄂楼的“庐”以千杆绿竹傲人。就是紫兰小筑，虽然因为周瘦鹃的原因名气很大，但作为园林，主要还是以盆景花木取胜。周瘦鹃自己也曾谦虚地说：“老实说，我这个园子，不同于苏州市那些古色古香的旧园林，一切的一切，都是不够条件的，不过有一些野趣和山林气罢了。”其他如章太炎的双树草堂、李根源的曲石精庐、吴似兰的葑园等都属于这一类。蜜饯商人张醉樵的翕园，虽然占地约五六十亩，也主要是种植几千株果木，尤其以梅树为多，因为他要靠梅子制作蜜饯。审视一下这些园主的身份，当然做什么的都有，但以文人雅士居多，究其原因，除了客观上城面隙地不多、地价昂贵等因素外，还因为民国时期学优而不仕的文人们没有那么多钱大兴土木去造园。因此这些园林的美学价值也就大为减色了。

四、具体园林景观，亮点很多

总体来看，民国苏州私园，和当今被列入《世界遗产名录》的古代园林拙政园、留园、网师园、环秀山庄、沧浪亭、狮子林、艺圃、耦园、退思园等相比，虽然其审美价值有所逊色，但它们不仅时代特点明显，就其艺术特色来看，也依然有着诸多的亮点，它们的总体价值依然为其他地方同时期的园林所弗如。这是因为苏州一向富足和人文荟萃，特别是造园艺术源远流长，人们的造园感情一直延续着，造园技艺一直流传着。就其102处私园来看，亦有景观灿然、艺术水准较高的，本章第二节所品赏的天香小筑、春在楼、朴园、渔庄、启园、紫兰小筑等都是。可以相信，这些园林，再经过若干年的历史文化积淀，将来有的也一定能够成为历史名园。而像春在楼、天香小筑当今已经被列为全国重点文保单位。就连阙茔村舍这处李根源建造的墓庐园林，再加修整，并保持原有的特色，也会成为一处极佳的山地园林。不仅如此，102处私园中，不管是从时代精神的体现来看还是从造园传统手法的继承来看，也有许多精彩之笔，闪耀着现代私家园林的艺术光辉。请看：

建筑

建筑，是园林的重要组成部分，春在楼之“楼”，是苏州香山匠人运用传统建筑手法、吸收西方的建筑理念而建造的佳作，这一作品必定会载入我国现代园林建造的史册。其他如天香小筑“回”字形格局、中西合璧的楼房，余开嘉花园的三层八角形洋楼等，都是极为精美又极富时代特征的园林建筑，是历史上的苏州园林未曾出现过的。

廊，是园林不可或缺的建筑样式，它的基本功能就是分隔景点而又连接景点。苏州园林建廊有非常悠久的历史，最早就是吴越春秋时期灵岩山上馆娃宫里的响屧廊；而拙政园的廊桥小飞虹和水廊、留园的爬山廊、沧浪亭的复廊则是苏州古代园林中著名的廊。复廊并不多见，沧浪亭亭子北面临水复廊的花窗将园内山林景色和园外明镜般的池水景色互相渗透，从而拓展了园景，也具体展示了沧浪亭这个园林名字的内涵。而启园的复廊则是苏州民国私园中唯一的一条复廊，它是启园一处精美而又重要的景点建筑。从目前的园景看，它把启园的原有建筑和新建部分区分开，而又使之浑然一体。透过花窗，两面景观既历历在目又朦朦胧胧，给人以移步换景的美感。这条复廊的建造，虽然不无借鉴，但出现在近代私家园林中，堪称弥足珍贵。

叠山

园之叠山，亦有精品。阙念乔之乔荫别墅的山石，张荣培在园记中说：“虽方诸元之倪元镇、清之戈裕良殆不相让，谓非胸罗丘壑以人巧而夺天工者乎？”紫兰小筑的假山也值得“点赞”。这座假山是蠡口的叠山老技师钟敬士的手笔。他以太湖东山和西山的旧太湖石堆成了这座一丈高的假山，又用雨水积井造成人工瀑布；旁边开凿水池，形成山因水活、水因山转的意境。

花木

栽植花木，是造园的四大要素之一。苏州古典私家名园不仅满园花木蓊郁，而且许多私园还有自己的花木特色，如拙政园之荷，沧浪亭之竹，留园的白皮松等等。位于今之和令坊的宋朝寺庙园林竹堂寺也是这种情况，在100多亩的面积里屋仅数椽，其余都是种树，绝类山居。此寺元朝为陆志宁寓馆，其重要特点是满园种竹，竹树茂密，禽声上下，使人如在山林中。民国苏州的私家园林有几处也都是专以花木为特色，如蒋炳章、罗訾子的家园，山水楼台的园景并不多，而是专种桃树；张醉樵的翕园则主要种植梅树。花开之日，这些园林都吸引城中士女前往游园赏花。伍园则主要以菊花吸引游人。周瘦鹃的紫兰小筑特色更为精彩，周瘦鹃就曾说它是“花天花地”“分明是花木的家宅”。尤其是他擅制盆景，盆景就成了园子的主要景观，以至紫兰小筑就以盆景之盛而成为著名的园林，周瘦鹃也因此成为国内外知名的盆景艺术大师。有些园林专以花木为长，从园林所应具备的四方面的要素来看，显然欠缺完美，但园林有花木，恰是园林的本色之一。因此，就花木本身来说，这样花木繁盛的园林，值得赞赏。

依山傍水

依山傍水而建的启园、渔庄十分珍贵。早在园林的肇始时期，苏州西南濒临太湖的山水之间就是造园的首选之地，吴王阖闾、夫差父子建造的长洲苑、姑苏台、馆娃宫都在太湖之滨的山水之间。之后历朝的一些名园也有很多建造在这方土地上的山畔湖滨，如宋朝林屋洞西的道隐园、范成大的石湖别墅；元朝光福西的耕渔轩；明朝东山风月桥北的集贤圃、灵岩山麓香溪的秀野园、天平山和灵岩山之间上沙村的潭上书屋、光福东崦湖滨的东崦草堂；清朝光福马驾山麓（今吾家山）的云壑藏舟、吴山之麓的泛月楼、东山武山麓的依绿园、西碛山麓的逸园、灵岩山南的灵岩山馆、邓尉山的香雪草堂等等。（详见拙著《苏州历代园林录》，1992年北京燕山出版社出版）可惜，这些园林今天有的荡然无存，有的最多留有点点痕迹。而启园和渔庄的出现和存在，弥补了这类园林无存的缺憾。从地理位置上看，启园和渔庄极具艺术特色，在湖山空阔的天地里建起斗方幽居，达到了柳宗元《永州龙兴寺东丘记》所说的“游之适……旷如也，奥如也”的生活和游览效果。生活于斯园，入之奥，出之旷，可以杖藜过桥，可以独钓寒江，佳境也。这样的私家园林不是在山清水秀的锦绣江南是难得见到的。

园名

从园名来看，民国苏州私园，也完全继承了唐宋以来以园林名字抒发心志的写意手法，苏州历史名园如沧浪亭、狮子林、拙政园、网师园、艺圃、退思园等，都是内涵较深、体现园主思想的园名。而民国园林如金松岑的韬园、程小青的茧庐、范烟桥的邻雅、金锡之的春在楼、李根源的曲石精庐、周瘦鹃的紫兰小筑、席启荪的天香小筑等，也都各有寄托，蕴藉而雅致。这同样是对苏州园林传统的继承。

借景

计成《园冶》有言：“构园无格，借景有因。”借景，是造园的重要手段，也是苏州造园的优良传统。（详见拙著《苏州古典园林史》第九章第一节，2005年上海三联书店出版社出版）民国苏州私家园林继承了这一传统，也构建了多处经典的借景之作。苏州的双塔精美绝伦，现在是全国重点文保单位，宋朝苏舜钦的沧浪亭、明朝末年王心一的归田园居都曾借之入园。而周瘦鹃紫兰小筑的土山上，建有一座六角亭，从亭上可远望北面的双塔，这一借景真可与沧浪亭、归田园居相比肩。此亦可谓紫兰小筑的精彩之笔。朴园之东北角距高墙半米处叠湖石假山，山峰高者可与墙齐。居山顶，园外之护城河、东之北寺塔、西之唐伯虎故居遗迹皆可一览无余。此一借景手法与清末补园的两宜亭有异曲同工之妙，诚如童寯《江南园林志》所说“斯非借景，真可谓劫景矣”。居高望远，纳远方烟景于眼底，历来是借景的一种方法，历史上苏州城内的许多园林都可眺望太湖山水，形成小园林、大世界的格局，堪称造园一绝。启园的镜湖厅亦有同样的借景效果，登上厅之二楼，凭栏望远，太湖烟波揽入胸怀，胸襟一放豁双眸，美哉，妙哉！

障景

园之障景手法，苏州古典园林中以拙政园为上，诚如范烟桥《拙政园挹爽亭记》所谓：“入门即见山，隐隐闻弦索声，则弹词也。过山即觉清光大来，对面为远香堂，歌唱即于斯，甚嚣尘上。”民国私园，则以朴园为妙。朴园，走过洞门，一石峰当前，把园中胜景遮拦无余，意在不让园内景色外显，也不许园外尘嚣入内。左侧绕进，园景方才扑面而来。曲径通幽、移步换景的妙处在苏州古代园林中随处可见，民国园林则以渔庄、朴园为胜。至于仄径蜿蜒、山水相得、廊腰缦回者，则以天香小筑为上乘。

民国苏州私家园林，对于封建社会的私园而言，是为余绪，造园艺术，多有不逮，然时代特点也极明显。这是时代发展使然，园林内部规律的演变使然。但这102处私园是苏州园林一个时代的记录，假以时日，百年、千年之后，当它们由“现代园林”变成“古代园林”的时候，它们的历史价值和艺术价值，当和今天不可同日而语，其中有和宋朝沧浪亭、元朝狮子林、明朝拙政园和留园、清朝网师园而并美者，亦未可知。

第四节 新建宾馆园林、茶馆园林、教堂园林、祠堂园林、校园园林

在苏州的古典园林中，曾有过宾馆园林、祠堂园林、书院园林等园林形式。如今之大井巷，原称“大酒巷”，唐朝时有酒店，植花浚池，建造亭台，是一处高档次的花园酒店。明清之际，祠堂、茶馆、义庄、书院而有园景者，也不乏其例。祠堂园林其实是一个家族的公共园林，一般都有完善的管理和修建体制。书院园林是儒家文化传播的重要阵地，也是公共园林的一种。据《庄子·渔父》记载，孔子当年讲学即是“游乎缁帏之林，休坐乎杏坛之上。弟子读书，孔子弦歌鼓琴。”至宋朝，杏坛之周，遍种杏树。可知，孔子讲学之处，就是有园林风光的。入民国，书院改成学校，许多学校依然遵从了校与园合一的格局，栽树种花，叠山理水。这不仅有助于教学实习，也给学校造成优美的环境，有利于莘莘学子的读书学习。以上所述诸种园林，有的属于国家，有的属于家族集体，也有的属于个人。它们一般不再单单供个人或家庭享用，而是面向一定的人群范围甚至公众。这种园林可以称之为“扩大了的私家园林”。民国苏州园林，也有几处就属于这种类型。

江苏省女子蚕桑学校

此校园在今虎丘区浒墅关镇上塘南街18号，始建于1912年秋。

其前身为史良才1903年在上海创办的私立女子蚕桑学堂，1911年改为公办，迁址苏州后改为现名。1912年新校开始招生，第一任校长是章孔昭，1918年起郑辟疆开始担任校长。学校兼设中专和大专，男生女生兼收。新中国成立后，部分并入浙江农学院；部分仍留苏州，1995年并入苏州大学。当年，学校除教学建筑外，西部有花园，部分园景残留至今。此外，民国建筑西陵堂、绿叶楼、更楼等依然存在。

吴苑深处

吴苑深处是茶馆，但具有园林的要素，名字叫“吴苑”而且还是“深处”，也能看出它的园林属性。当年曾在此处吃茶的王世勋先生就直接说“它是一个庭园式的建筑”。

吴苑深处，位在苏州市中心的观前街附近太监弄和宫巷相连处，正门开在太监弄，朝北，后门在珍珠弄，也就是当今老正兴菜馆所在的地方。在1912年初建时，这里叫作“怡和园茶馆”，是一处有园林景观的一开间、前后两进的小茶馆。后来不断扩大，门面五间，两层楼两进，乃成为苏州市的茶肆之首，易名为“吴苑深处”。主人是世居天官坊嘉寿堂的陆仲英。此公为当时苏州著名士绅，曾任苏州市临平市民公社社长、苏州市救火会会长。曾为贝润生设计狮子林的画家、苏州美专教师刘临川当时家境贫寒，是陆家清客，即为其构图设计了吴苑深处，并做室内的绘画书法布置。吴苑深处五开间门面，外表看极为普通，西面是香烟店，东面是饼馒铺。从中间甬道进去，才渐渐现出它“柳暗花明又一村”“曲径通幽处，禅房花木深”的庐山真面目。朱底金字、扇形的“吴苑深处”高高悬挂在底层的门楣上面。

茶馆的前进房屋，是一座面向太监弄的临街楼房，左旁有一转折的大楼梯，由此进楼，楼下正厅是方厅茶座，可容纳一二百人，茶客多是一般普通市民。这些茶客，苏州话叫“茶撑头”，他们捧上一壶茶，可以坐上一整天，优哉游哉、从容不迫地在这里“讲张”（闲

遗存至今的蚕桑学校西花园园景

聊、侃大山）。当时有位朱先生还专门为这种“孵茶馆”的景象写过一首小诗：“吴苑客常满，杯中茶不空。静听邻座话，奚必通姓名。”方厅之东是当时的光裕书场，上午卖茶，下午开书。来此献艺的都是评弹响档，徐云志、周玉泉、魏钰卿等常来演出。后部是报社的记者们常来吃茶的地方。西侧门内，别有天地，是贵客常来之处。书场之东也是一栋楼房，楼上是话雨轩，是作家、画家、教师、学者雅聚之所，包天笑、周瘦鹃、范烟桥、程小青、郑逸梅、程瞻庐、范子明等都是这里的常客。其东南角的三开间茶座名爱竹居，窗外隔栊里翠竹成荫。来这里的茶客常有变化，有士绅、律师，20世纪40年代初期，也有一些年轻的画家、作家常来此谈文论画。厅外竹林幽深，有山林野趣。到此的茶客常自诩为“竹林群贤”。爱竹居楼上是话雨轩茶座，来此吃茶的，多是些纨绔子弟、游闲之客。开窗眺望，能看到后院四面厅茶座的庭院小景。四面厅与前进楼房之间，通过一个月洞门，有一条靠墙微曲的短廊相通。四面厅是一座中小型老式厅堂建筑，顶角翚飞，绕以回廊，玻窗敞亮，内外明净，“吴王靠”式的栏杆，前摆茶几。四面厅的背后，园景清幽，有一座玲珑的假山，石笋矗立，山上有亭，花木繁盛。茶余漫步，足以流连。来此吃茶的都是苏州的地方士绅、工商巨子、知名律师、文人墨客，如做过教育总长的张一麐、画家颜文樑、胡粹中、陈迦庵等。

到吴苑深处除了吃茶、游园、赏景之外，还可吃到苏州的名点小吃，如甘草翠梅、盐金花菜、黄莲头、制萝卜、肉饼子、火腿粽等，应有尽有，还有各色古董任你淘宝观赏。还有理发的、擦皮鞋的、挖耳的……一向爱吃、会吃、爱玩古董、会白相的苏州人，来到这里可以得到最大的满足。可以说，那时苏州人悠闲的生活，都体现在吴苑深处了。著名作家郑逸梅对此也有过描述，他在《苏州的茶居》里写道："我们苏州人真会享福，只要有了一些小家私，无论什么事都不想做。他们平常的消遣，就是吃茶。吃茶的最好所在，就是观前吴苑深处。那茶居分着什么方厅咧、四面厅咧、爱竹居咧、话雨楼咧、听雨山房咧……好得有闲阶级，大都把吴苑深处，作为俱乐部，尽可谈天说地，不愁寂寞。"其实，到这里来的客人，不单是苏州人，也有外地人，尤其是上海的文化人。周作人、苏青也都来过。周作人在1944年写的《苏州的回忆》中写道："我特别感觉有趣味的，乃是吴苑茶社所见的情形，茶食精洁，布置简易，没有洋派气味，固已很好，而吃茶的人那么多，有的像是祖母老太太，带领家人妇子，围着方桌，悠悠的享用，看了很有意思。"著名新闻记者曹聚仁说他到苏州，"第一件大事，就是

吴苑深处门面旧影

上观前街，进吴苑吃茶”。有一次上海作家徐懋庸和苏州作家、《文学青年》主编周愣伽同来吃茶，为鲁迅发表的文章《答徐懋庸并论抗日民族统一战线问题》争吵起来，甚至差一点动了拳脚。当时，上海的电影导演桑弧、作家唐大郎、文华影片公司老板吴性栽等也常专程来吴苑深处，并且“乐而忘返，进去了不想出来。”以致1949年后，桑弧来苏州旅游，还拉着朋友要到吴苑深处，并说“我太想念它了”。其实此时吴苑深处已经不存在了。

花园饭店

花园饭店，在今地铁四号线山塘街站4号出口东侧广济路238号，亦即新民桥近处，现为苏州市广济医院宿舍和居民区。

此园属于宾馆园林。先是有美国医生詹姆斯·惠更生（James R.Wilkinson，1862—1935）于1918年在当时的苏州西北角护城河渡口四摆渡（今广济医院处）购地30亩，建更生医院，惠更生自任院长。医院有床位80张，分内、外、妇、儿科，偶尔收治较轻的精神病患者。据此处老居民相传：之后，惠更生又在医院南不远处建造了这座花园饭店。花园饭店面积较大，有较大的湖石假山和水池、亭子等园景，是一处高档次的饭店。居民世代相传，抗日战争时期，宋美龄赴上海劳军，曾在此住过。此园曾被日军占用，抗战胜利后，也曾被国民党军队占用，都受到不同程度的破坏。

新中国成立之后，此处逐年建造住宅，园景渐渐减少。直到20世纪90年代，仍存部分房楼、水池、湖石残块以及香樟、广玉兰、罗汉松、墨松等树木。现已全废。

传德堂庄祠（鲍氏义庄）

传德堂即鲍氏义庄，在今山塘街787号，由祖籍歙县而生于苏州的上海德国西门子洋行买办鲍宗汉（1883—1957）于1913年所建。此园从式样到雕刻、题款、楹联及所有装饰，都洋溢着浓郁的中国传统文化。门前高大而具气势的石牌坊上镌刻“宗仁主义”四个大字，由当时的民国大总统徐世昌书丹。牌坊两侧的对联是：“鹿车世泽钟人杰，虎阜清芬挹地灵。”园三路，中路沿街为门厅，大门两侧墙上浮雕三只蝙蝠和两枚古钱，喻含“福在眼前”。朝南外墙的透雕，东墙雕双鹿，西墙雕松鹤。门厅后为“一枝香”鹤颈轩廊。正厅三开间，高大气派，上悬“传德堂”匾。传德堂的北门是砖雕门楼，规模阔大、气势雄伟、图案丰富、技艺精湛，令人叹为观止。其砖雕尤为精彩，共五层，透雕着竹林七贤、三狮绣球、吉祥三宝、岳母刺字、尝粪忧心、代父从军、桃园结义、煮粥焚须、韩康卖药、卖剑买牛、雪中送炭等吉祥如意和体现忠孝仁义思想的图案，反映出鲍氏家族的传统美德。

中心庭园在正厅的南面，其东廊有“半馨”“暗香”字额。“暗香”门北，有2米宽、10米长的廊庑，廊庑北有后花园，在曲径通幽的各个门额上镶嵌着“甘池”“烟柳”“通幽”等字样。园中有翠竹、芭蕉、山石等园景。

此园已经整修，现为苏州市控制保护建筑。

虎啸桥放生池园

此园在胥门外虎啸桥，今三香路禾家塘岸45号，始建于1924年。当时有中国佛教济生会上海分会的陆维镛居士来苏州，经会商、协调，由居士沈某捐地6亩、杨达淦居士捐资，建造放生池。1926年建成，以后又扩大面积，增建园池，名为“虎啸桥放生池园”。1935年经灵岩山寺印光大师等商量，成为灵岩山寺下院，并重新修葺，占地近10亩，假山参差，湖石环池，曲桥迤逦，亭榭映波，栏杆整齐，一派园林风光。由放生池、湖心亭、济公殿等构建。

1958年后，园渐荒芜。1964年，明开法师见其凋零破败，乃将济祖殿的梁架移到灵岩山寺山顶花园，建成迎晖亭。“文革”中此园又受到严重破坏，变成工厂，遭填池拆亭，毁林建房，全失原来面目。“文革”后，得到恢复，现北部为苏州市佛教安养院，不仅园景幽然，而且当年的8块原碑嵌于壁间，更增加了“济园”佛教文化、园林文化的厚重感。这8块石碑乃1936年所刻。左4块为《中国佛教济生会苏州分会捐赠虎啸桥放生池园永为灵岩山寺下院功德碑记》，右4块为《苏州佛教放生会缘起记》，皆为印光法师撰文。“文革”中有两位比丘尼冒着危险，用纸筋石灰将石碑涂抹，隐藏于墙中，才使之避免了造反派的破坏，得以保存了下来。

蒲庵

蒲庵位于原山塘街后李埂上，前为放生池，园可50丈，内植莲荷，周围杂树幽绿。

裕社

裕社在西美巷，是一处以西式风格为主要特色的招待所，1947年严庆淇建。入门有大片草坪兼作网球场，四周满围着挺拔的龙柏、庄严的雪松、摇曳生姿的杨柳、婀娜万方的倒槐、整列的清梧和白杨，葱葱郁郁的林荫和草花，馥郁芬芳。主体建筑是一座棕红色有热带风味古典美的钢筋水泥建造的别墅洋房。其内部布置也全是西式的：大理石和柚木构建的会客厅、阅览室等，长列的皮沙发，玻璃面，铁花边……花圃在洋房之后，有康乃馨、郁金香、石榴红等各种花木，色香俱全。当时来这里入住的都是权财显赫的要员和国际贵宾。人们称其为天堂里的天堂。20世纪末苏州市人民政府在此附近建造苏州会堂，将裕社并入其中，原有部分草地建为楼房，缀以假山小池。但旧貌依稀尚在。

木渎天主教堂

此教堂在今木渎镇小窑弄10号，1920年由中国近代知名实业家、慈善家、天主教徒、上海法商电气公司董事长陆伯鸿斥资建造。此教堂由教堂、洋楼、庭园组成。庭园展现的是苏式园林风貌，地面用卵石铺成莲花图案，杂植枇杷、桂树、翠竹、含笑等花木。教堂环境生机勃勃，一片清幽。

现为苏州市控制保护建筑。

曹沧洲祠堂

此祠堂在瓣莲巷4号，本为东山马家底严氏务本堂主人在苏州城里的园居。东山务本堂是明朝弘治年间刑部郎中严经的住宅，延续300年仍为严氏所有。瓣莲巷务本堂不知建于何年，曾为名医曹沧洲（1849—1931）的诊所。曹沧洲去世后，曹家后人将之建成曹沧洲祠堂以作纪念。

新中国成立后，此园曾先后为幼儿园和工厂所使用。至今仍存两路四进住宅，构建考究，雕刻精细。有庭园，园内湖石磊磊，翠竹藤萝，小径以卵石铺地，曲径通幽。迄今仍见老树蓊郁，昭示历史沧桑。

现为苏州市控制保护建筑。

潘家祠园

此园在干将路26号，占地很广，内有小花园。日军侵占苏州后毁。抗战胜利后，曾为当局关押壮丁之处。

新中国成立后，曾作遣返俘虏之用。1985年后，曾为第三监狱宿舍。

培德堂

这是一处公所。公所是近代出现的最低层级的行政管理体制，是公众出入办事的地方，也往往有花园。培德堂在白莲桥浜。宇舍窈窕，有香国花天厅、微波榭等构，所内累石嶙峋，牡丹盛开时任人游赏。

侵华日军宪兵司令部

这个司令部是日军侵略苏州时留下的罪证，位在今广济路242号，是1937年日军占领苏州后所建的，当时是日军沪宁线宪兵司令部。日本投降后，这里曾为国民政府二〇二师司令部。现存四幢民国建筑，主楼为“H”形二层楼房，其西南还有两幢楼，这两幢楼前有花园，详情失记，现已不存。西南面尚有一处小花园，内有假山、树木等。

此园现为苏州市文保单位。

其他

其余略具园景的公共建筑还有：茶馆如金狮巷小仓别墅，先为私家园林，后改作茶馆（详见第三章第一节），还有“皋桥茂苑”等。饭店如铁路饭店也具园林要素。祠堂如山塘街原404号的宋氏先贤祠，祠后有荷沼，地僻景幽。学校如乐益女中也园景幽然。

第四章

古代遗存园林的生存状况

苏州的古代园林建造，肇始于春秋，历经先秦、两汉、魏晋、隋唐、宋元至明清而达到高潮，清朝末年走向衰落。据拙著《苏州历代园林录》统计，自公元前514年吴王阖闾、夫差父子定都苏州至1911年清朝消亡的2425年间，在当今苏州所辖城区和县区范围内建造的皇家园林（早期为苑囿）、寺庙园林、私家园林等各种形态的园林约有1000处，其中在今日苏州城区的地面上约有500多处，所辖太仓、昆山、常熟、张家港4个市（县）约有400多处。而经2000多年间天灾、人祸尤其是战争的破坏，至中华民国政府成立，在今日的苏州城区加县市范围内尚遗存各种形态的园林只用221处（其中私园176处，皇家园林、寺观园林、祠堂园林、宾馆园林、校园园林等45处），园景面貌虽然各有不同，但展示的依然是古代的园林风貌，而且这些园林历经千百年的反复修建，保留下来的多是精华。这220处古代遗留的园林和民国期间新建的131处公园、私园、宾馆园林等加在一起，共有351处，它们依然显示出苏州民国园林的洋洋大观和精美程度。而这220处古代遗存园林不仅是苏州民国园林的重要组成部分，而且，是中国园林的佼佼者和精华所在。

本章节就主要阐述这些存世古代园林的生存状况和面貌。

第一节　古代遗存皇家园林和寺观园林等各种形态园林的生存状况

一、皇家园林

我国历史上的皇家园林，一般都是建在国都所在地的近处，而以苏州作为国都的只有春秋时期的吴国。公元前514年，吴王阖闾、夫差父子把国都从无锡正式迁至今日的苏州（当时名“阖闾大城”）

地面。这两代国君，皆喜营造苑囿别馆。据统计，他们在治吴的38年间，共建皇家园林30多处。历史车轮滚滚前进，沧海桑田，历2000多年而至民国，目前只有馆娃宫和姑苏台尚有遗存。

馆娃宫

馆娃宫是苏州历史上保存到民国乃至今天的最早的一处园林。春秋时期的皇家园林保存至今，而且依然清晰可见，这在园林史上应该是一个奇迹。

馆娃宫系当年吴王夫差为西施而建，在吴中区木渎镇北的灵岩山上，相传现在的灵岩山寺大殿，就建在馆娃宫殿堂旧址上。馆娃宫至今遗迹尚多，可知民国时期更是如此。园门有明朝宰相王鏊题额的“吴中胜迹”。入园，便是方形的玩花池（又名“浣花池”），传说此池专为西施赏荷而开凿。当时池内种有四色莲花，荷花盛开时，清香四溢。夫差常陪西施荡舟采莲，避暑取乐。玩花池北有两口井，圆形的叫“吴王井”，又叫“日池”，相传西施常在此以水为镜，对镜梳洗，夫差即为之插花理妆。再向北，是假山环绕的八角形的月池（或称“玩月池”）。传说西施喜欢临流照影，她懒于仰首望月，吴王便造了这个“玩月池”，让月亮倒映在池中，西施常在月明之夜，与吴王并肩赏月。兴浓时，西施伸出纤纤素手，遮住半爿月影，戏言为“水中捞月”。玩月池东边的假山上，有亭名“长寿”，乃西施梳妆台遗址。由此向西，有一堵两丈多高的石墙，由块石砌成，似冰梅花纹，相传这便是宫墙遗址。再西行，攀上山巅，见有凿平之台基，上刻“琴台”二字，相传为西施操琴处。琴台在灵岩山绝顶，在此远眺湖山，令人心旷神怡。据说明朝大画家文徵明也常在此对景写生。民国时，琴台处还发现有明朝书法家都穆等人的题字刻石。自“琴台”下，左折而东，直到灵岩塔西侧，传说为曲径约70多米长的响屧廊遗址。当年夫差为与西施取乐，别出心裁建造了这一长廊，

1936年所摄馆娃宫照片中所见之日池和月池

并挖空地下，以楩梓木铺地，让西施和宫女们在上面款款行走，发出响声，“响屧廊”之名便由此而来。白居易有“娃宫屧廊寻已倾”诗句，可知响屧廊在唐时已倾毁，但遗址迄今可辨。另外，灵岩山上上下下还有很多与西施有关的景点，从古到今一直存在。1940年5月12日，日本人高仓正三在日记中做过这样的描述：“初次看到了西施洞，从山前到香山有一条笔直的箭泾河（采香泾），不管什么时候看它，都给人以一种美感。”

姑苏台

姑苏台是春秋吴国的又一处大型离宫别馆，因建在姑苏山上而得名。此台为阖闾十一年（前504）始建，“后夫差复高而饰之”（《吴地记》）。

当年，姑苏台既是吴王的治事中心，又是游乐场所，实际上属于官署园林一类。姑苏台建造得十分壮观华丽，南朝任昉《述异记》描绘道："周环诘屈，横亘五里，崇饰土木，殚耗人力，宫妓千人。又别立春宵宫，为长夜饮；造千石酒钟，又作大池，池中造青龙舟，陈妓乐。日与西施为水戏。又于宫中作灵馆、馆娃阁，铜铺玉槛，宫之栏楯，皆珠玉饰之。"《吴郡图经续记》更赞美它"虽楚之章华未足比也"。从这些描述可知，姑苏台的确是不同凡响的早期园林。本书作者曾于20世纪80年代末多次考察过姑苏台，苏州的考古工作者也曾对它的遗址进行过部分考古挖掘，虽然所得不多，但从中知道它的建筑从山上到山下，迤逦密布，甚至向南可以延伸到携手相连的花园山、万禄山、凤凰山……它占地面积很大，"横亘五里"。"台"高立于山上，是这处园林的主体建筑，辅助景观尚有不少，如春宵馆、灵馆、馆娃阁等，而且建造华丽："崇饰土木""铜铺玉槛""珠玉饰之"，为夫差、西施游乐服务的宫妓就有千人。姑苏台有大池（一作"天池"），这是它作为园林很重要的特点。元朝以降，咏姑苏台之作亦多，但寄兴亡感慨而已。今人苏籍史学家顾颉刚也不得不发出"予有意寻姑苏台之遗址，而考文征献，迄不能定其所在"（《苏州史志笔记》）的感叹。

姑苏台虽然早已圮废，但至民国，依然有遗迹存在，因而引起人们探寻、游赏的兴趣。李根源于1926年2月29日到姑苏山进行过察访，他在日记中写道："巨石峭拔，有石池石壁，皆人工造作，非天然物。台四周隐隐有旧建筑遗迹。台内外有丛冢数十，左隅有僧塔……其确为姑苏台遗址乎？待考。"（李根源《吴郡西山访古记》）园林专家童寯于1937年全面抗日战争之前写就的《江南园林志》对其有极高的评价："楚灵王之章华台，吴王夫差之姑苏台，假文王灵台之名，开后世苑囿之渐。"这是说，姑苏台实开后世园林之先河。本书作者1990年在苏州市文化局主管文物工作时曾偕同事进行过认真察访，认定姑苏台确在姑苏山上（详见拙文《姑苏台考》，载拙著《歌风楼诗文集》，1993年古吴轩出版社出版），这也是从古到今多数学者们较为一致的看法。

附：魏嘉瓒《姑苏台考》

一

姑苏台，《吴地记》谓之“因山为名”。姑苏山，本名“故胥山”，盖胥者舜臣名，佐大禹治水有功，封于吴，故名山为故胥。历代音转而为姑苏、姑余。因之，姑苏台，又名“故胥台”，简称为“苏台”“胥台”。后来山又因台得名，亦有称山为胥台山者。姑苏台，是春秋之际吴王的离宫别馆，是二千五百多年前的一处豪华建筑。东汉袁康、吴平所著《越绝书》载，阖闾“秋冬治城中，春夏治姑胥之台”。又载：“胥门外有九曲路，阖闾造以游姑胥之台，以望太湖，中窥百姓。”可知姑苏台是当年吴王的治事中心，又是游乐场所。又，童寯《江南园林志》：“楚灵王之章华台，吴王夫差之姑苏台，假文王灵台之名，开后世苑囿之渐。”姑苏台实开苏州园林之先。

然姑苏台盛景不长，吴王夫差十四年（前482），越王勾践伐吴，“烧姑胥台，徙其大舟”（《吴越春秋》）。烧到何种程度，史籍不见记载，而“秦始皇东巡会稽，还走吴，上姑苏”（《木渎小志》），司马迁弱冠之年（公元前116年）东南壮游，“上姑苏，望五湖”（《史记》）。寻绎语意，此处“姑苏”当为“姑苏台”之省略，可知，司马迁之时，姑苏台尚可登临观览。在唐代诗人笔下，姑苏台则是另一番景象：“人静台空花自开”（陈羽），“旧苑荒台杨柳新”（李白），“万古台荒人不回”（曹邺），“台今遗迹平芜”（李绅），“故国荒台在”（刘禹锡），等等。显然，台虽荒凉冷落，还有遗迹存在。

迨至宋朝，台已渺然难寻，这有嘉祐进士、元祐间苏州府学教授朱长文所言为证，他说，“昔太史公尝云，‘上姑苏，望五湖。’而今人殆莫知其处。尝欲披草莱以访之，未能也。”（《吴郡图经续记》，以下简称《续记》），朱长文为苏州世居，所述又为史家者言，当为的论。但是也有不同说法，此说见诸崔鶠的《姑苏台赋》。崔鶠，《吴郡文粹》等书以为唐人，而《全唐诗》不见其人其诗，《新旧唐书人名索引》《新旧五代史人名索记》皆未录其人。而《宋史》却赫然有传，谓其字德符，雍丘人，徒阳翟，元祐进士，历官殿中侍御史，擢右言正。工诗，清峭雄深。有《婆娑集》三十卷。言之凿凿，当为宋人无疑。《姑苏台赋》显有模仿苏轼《前赤壁赋》之迹，虽不失为佳作，然意境和语言逊于苏赋多多。赋中有言，崔氏“与客游于横山之下，有台岿然，出于群山。荒基峻级，高切云间，荆棘为之蒙翳，麋鹿为之回环”。这里的“有台岿然”和朱长文所讲“莫知其处”互相龃龉，该当如何解释？笔者以为，崔鶠之赋为文学作品，文学作品多靠作者想象发而为诗、为文，又多夸饰之词。即如苏轼所到明明不是三国时周瑜战曹操的赤壁，他却写出了《念奴娇·赤壁怀古》这首佳作。对《姑苏台赋》亦当作如是观。况且赋的下文也认为“此其遗址”，而非台在；又两次发问，“而今安在哉？”。当他“与客伛偻而上”所抵为“其上之绝呤”，而不是其上“姑苏台”。显然，崔鶠并未真正看到姑苏台，看到的只是“荒基峻级”而已。因之，宋代姑苏台是否存在，当以朱长文所论为是。元朝以降，咏苏台之作亦丰，然皆意定，并非真迹，不足为苏台所在佐证。千年以来，文人学者，对苏台何在，多有考证，然众说纷纭，莫衷一是，姑苏台成了苏州历史文化之谜，以至当代苏籍史学家顾颉刚也不得不发出了“予有意寻姑苏台之遗址，而考文征献，迄不能定其所在”（《苏州史志笔记》）的感叹。

二

对姑苏台址所在，据笔者读书所见，有四种不同说法，兹列陈如下。

（一）在胥山

北魏郦道元《水经注》：“胥山上今有坛石，长老云胥神所治也。下有九折路，南出太湖，阖闾造以游姑胥之台而望太湖也。”元朝高德基《平江记事》所述与此同。

清金友理《太湖备考》在引述了《越绝书》《山水记》《续记》《洞冥记》诸说之后写道：“由诸说观之，曰望太湖，曰高见三百里，曰在县西三十五里，皆与胥山合，姑苏台当在此山。”

（二）在皋峰山

《渎上编》载顾龙光《皋峰纪略》云：“峰之尾直抵胥口，吴王游姑苏之台正此山也。尧峰麓小紫石山名姑苏台，然云高见三百里则必以皋峰为正。”

《太湖备考》以为胥山连皋峰，筑台也必相属。题为东汉郭宪撰的《洞冥记》所云横亘五里也，紫石山无此广袤。

（三）茶磨屿

《见闻录》：姑苏台在横山东麓，下临石湖。即今茶蘑山是其遗址。与拜郊台前后相望，故云两台。上皆平夷，俨然台殿之迹。或谓在姑胥山者，恐非。

宋施清臣《洌泉记》：横山治平寺梵刹之旁两台对峙。南宋初周必大《南归录》：初吴王筑姑苏前后两台，为城三重，遗址俨存，夫差、西施宴游之地。

元陆友人《吴中旧事》：“范文穆公成大晚岁卜筑于郡之盘门外十里，盖因阖闾所筑越来溪之故基……别筑农圃堂，对楞伽山，临石湖，所谓姑苏前后台，相距亦止半里耳。”

（四）在姑苏山

《越绝书》云：“阖闾造九曲路，以游姑胥之台。……吴王将起此台。子胥谏曰：‘王既变禹之功，而高高下下，以罢民于姑苏，吴民离矣。’弗听。”这里的“姑苏”，当确指姑苏山。

唐张守节《史记正义》：“姑苏台在吴县西南三十里，横山西北麓姑苏山上。”

唐陆广微《吴地记》云：“阖闾十一年，起台于姑苏山。”崔鹍《姑苏台赋》：崔子“与客游于横山之下。”“其东吴城，射台巍巍，其西胥山九曲之达……”

另外，《续记》《吴都文粹》等亦持此说。

诸多说法，孰是孰非？经过对历史资料的分析和日前偕我市文物工作者进行实地考察，笔者认为：姑苏台在姑苏山上，而不在其他山峰。

要弄清这个问题，首先必须明白苏州西南的山脉形势。苏州西南至太湖之间，山峦纵横起伏，以木渎为中心，西北里许为灵岩山；西南为皋峰山、胥山；东南为横山。横山山势复杂，所谓“横看成岭侧成峰，远近高低各不同”者也。从不同的方位登山看山，则会有不同的纵横方向观感。横山（今名七子山）是其总名，支脉也各有名。最北，近木渎处为姑苏山，姑苏山亦名合和山、紫石山，南为花园山、万禄山、凤凰山……西下为尧峰山，向南为陆墓山、王登山等。主峰东南向为吴山，山脚入吴江县界。主峰东侧，下临石湖，山峰自北向南，依次为茶磨屿、射台、拜郊台、楞伽山（上方山）。自楞伽山西折即和主峰等山相连。诸山当中，作为姑苏台址，最有资格和姑苏山抗衡的是皋峰山、胥山。皋、胥二山紧相连属，实不可分，又统称为清明山，近处距木渎不足10里，主峰190米，自东向西，绵亘而至太湖。顶峰平夷，登高临远，确有任公叔在《登姑苏台赋》中所写“高天放旷，平湖泱漭”的意境。《水经注》《洞冥记》《太湖备考》诸书之所以认为此山为姑苏台所在，主要理由就在于它符合“临太湖”“高见三百里”“横亘五里”的条件。其实这些理由并不充分，亦并不具排他性。因为上述各山都在太湖之滨，都可谓“临太湖”，站在山上皆可“高见三百里”，况且，“高见三百里”只是约数，而非实指。清人汪中《释三九》指出：三、九表多数；郭沫若《中国社会研究》中进而指出：三之倍数也表多数，如十二、三十六、七十二、三百六十等。显然，这里的“三百里”只是极言所见之远而已。再者，诚如《横山志略》所说：“人之目力所到，远不过三四十里耳，乃云‘高见三百里’，人人具仲尼、端木之目而后可。”因之，以“高见三百里”作为是否为姑苏台址的条件不能成立。“横亘五里”之说亦非仅皋、胥二山所可能。前人还有言：皋峰山顶留有石筑基址，传为吴王殿基。此次考察，我等有意寻石基而不见。自山腰以上确有人工开凿痕迹，如石壁整齐，有沟痕、有洞孔等，皆现代工具所致，非古人所能为。又时见乱石，古今难辨。山顶有测绘三角架，为当今所设。山顶土墩诸多，密迩相望，《太湖备考》谓，“岭各有墩，墩各中空，相传吴王夫差时藏军洞。”中空者为石室，以石垒砌，山上乱石，或为石室遗物。又，《越绝书》：“阖闾之时，大霸，筑吴越城，城中有小城二。徙治胥山。”既然“徙治胥山”，必有治事构筑。因此，即令有石筑基础，或为其他殿基，不必定为姑苏台遗址。由上述可知，姑苏台不一定在皋峰山、胥山上。

然而，认定姑苏台在姑苏山上，则有比较充分的理由：（一）《吴地记》所谓，台“因山为名”，则必在姑苏山上。否则应叫皋峰台、茶蘑台等等。有人会说，姑苏台又名“姑胥台”“胥台”，是否和胥山有关呢？答曰：否。《寰宇记》引《吴录》：“吴王杀子胥，投之江，吴人立祠江上，名其山为‘胥山’。”可知胥山定名在伍员死后，而姑苏山得名在前，即有“姑苏台”之名时尚无“胥山”之称。（二）姑苏台所在的一个重要条件是，必和灵岩山相近，而且来往交通便利，这是因为灵岩山上有馆娃宫，是夫差和西施游乐之处。当年他们常往返于馆娃宫和姑苏台之间。而姑苏山去木渎三四里，和灵岩山携手相望，最具来往之便。现在灵岩山向东南姑苏山方向伸延的矮峰名“由姑岭”，即是因吴王自馆娃宫至姑苏台之道而得名。（三）否定台在姑苏山者，其重要理由是说此山矮小，不可登高临远。此山的确不高，仅58.9米。过去笔者也曾因此怀疑它是否具备建姑苏台之条件。此次登览，则知站在峰巅，有两处方位可望太湖，一为尧峰、皋峰之间，一为皋峰之北，皆空阔高远，具有游目骋怀之胜。至于“横亘五里”，姑苏山向前与花园山、福寿山等山峰相连，场面亦极壮阔。（四）至今姑苏山仍和大面积土山相连，浑然一体，使姑苏山益为广大，此是人工所为，非天然而成。土层、土质年代古远，相传为当年建造姑苏台遗存。（五）据《木渎小志》，宋之前登横山各峰皆从西上。从西上则必经姑苏山。当年的姑苏山实为城西南登山览胜的第一峰。姑苏台选建于此自然也有这方面的理由。（六）《吴越春秋》载：吴王“将与齐战，道出胥门，因过姑胥之台”。出胥门北征，所过必是木渎之东的姑苏山，而不会是西南近太湖的胥山。（七）崔鶠赋中所述“其东吴城”“其西胥山”，也正与姑苏山合。综上所述，姑苏台在姑苏山上是不容置疑的。

那么，又如何解释姑苏台在茶磨山上的说法呢？春秋之际，阖闾大城西南至太湖一带亦为吴国活动中心，许多山峰都有生活、军事等设施，如茶磨屿处有吴城、拜郊台、射台，因此，说有前后台，完全可能。但却不一定是姑苏台，顾颉刚就曾猜测所谓前后台，其一即为拜郊台。再者，茶磨屿为横山最东峰，离太湖较远，山不高，前方视线为其他山峰所阻，望太湖极难。在此建台的有利条件不多，且和灵岩山之间有姑苏山在，吴王要建高台，当然不会舍利就弊，舍近求远。

三

姑苏台何人所造，向来有不同说法。《红兰逸乘》引《绢柳编》："姑苏台者吴王齐玄所造也。"查齐玄其人，见诸《礼记》，早寿梦十余世，事迹已不可考。当时吴之国都尚未东迁，不可能在姑苏山上筑台，此说不可信。其他诸书，有说阖闾造者，也有说夫差造者，但较为准确的说法是：（一）《越绝书》先说"胥门外有九曲路，阖闾造以游姑苏之台"；又详述越国文种献礼，伍子胥劝夫差勿受，夫差不听，"遂受之而起姑胥台"。（二）《吴越春秋》亦有类似记载，不过更明言阖闾"治姑苏之台"。（三）《吴地记》："吴王阖闾十一年，起台于姑苏山……后夫差复高而饰之。"（四）《续记》："台始基于阖闾，而新作于夫差。"这四种说法基本一致，即姑苏台始建于阖闾，而建成于夫差，此说合理，比较可信。而且《越绝书》和《吴越春秋》都成书于东汉，去古未远，所述尤为可靠，有人以《左传》"阖闾食不二味，居不重席，器不雕镂，宫室不观，舟车不饰"为据，否定阖闾建台。其实吴王阖闾同样好治宫室、喜欢逸乐。《吴越春秋》载，阖闾"自治宫室，立射台于安里，华池在平昌，南城宫在长乐"，便可以证明。

姑苏台高大、巍峨、壮观。范成大指出"台高三百丈，广八十四丈，可见三百里，作九曲之路以登之"。任公叔《登姑苏台赋》描述道："因垒土以台高，宛岳立而山峙。或比象于庐巫之峰，或倒影于沧浪之水。"崔鶠《姑苏台赋》："神材异木，饰巧穷奇，黄金之橹，白壁之楣，龙蛇刻画，灿灿生辉。"《续记》则说："虽楚之章华未足比也。"显然，这些记述、描绘都用了夸张的修辞手法。考"台"，《说文解字》称："观四方而高者……与室屋同意。"《尔雅》："四方而高曰台。"台，实是高出地面类似房屋的建筑。根据当时的建筑条件，不可能像文学作品描绘的那般高大。《横山志略》就曾指出："世之宫殿唯帝王所居，高不过十丈……

云台高三百丈，虽阿房宫之不若，何不审如是，真所谓尽信书则不如无书也。”笔者推测，姑苏台专是为登高临远而建，大概比馆娃宫要高，但也绝不会高过后来的七级浮屠。

春秋之时，各国都有建台之举，如秦之章台、凤台、琅琊台，楚之章华台、云梦台，越之灵台，赵之洪波台、野台，魏之文台，燕之黄金台，韩之望云台等。台的作用，各有不同，或观天象，或祭神祇，或望敌情，或赏远景，抑或用于娱乐。随用途各异，主建筑之外，各有相应辅助设施。姑苏台主要用于观赏游憩，除巍巍一台外，“上建春宵宫，作长夜之欢；造千石酒钟，又作大池，池中造青龙舟，陈妓乐，日与西施为水戏。又于宫中作灵馆、馆娃阁，铜铺玉槛，宫之栏楯，皆珠玉饰之。”（《述异记》）其华丽之状，可见一斑。童寯谓之园林滥觞，实非虚言。而当初吴王夫差建造如此雄伟、豪华、齐全的游乐场所实是中了越王勾践的奸计。勾践欲伐吴，问计于文种，文种告以九种权术，其五则为“遗之巧匠，使起宫室高台，尽其财，疲其力”。于是神材异木，源源运来，竟至堵塞了河流港渎，连附近的村落亦因此取名“木渎”。夫差不听子胥劝告，大兴土木，以至“三年聚材，五年乃成”，“民疲士苦，人不聊生”（《吴越春秋》）。崔鶠赋更形象地描绘道：“受邻越之贡，竭全吴之力，千夫吟山，万人泣道”，真是耗尽了民脂民力。原来这座供王侯逸乐的胜地实是劳动人民血汗的结晶。

姑苏台后来被越国毁于一炬，吴王阖闾和夫差两代国君经营30多年的华丽建筑，从此成为废墟。今天，我们只能从前人的点滴记述和诗词描绘中略窥其风貌，而难知其详。但它却是苏州历史上一大名胜，是吴国的历史见证。为此，笔者以为，我们应该在姑苏山上勒石标志，以示世人。有朝一日，条件许可，应重建姑苏台，作为今人疗养休憩的场所。士民百姓，可登台临远，纵览三万六千顷烟波浩渺的太湖和繁荣、富庶、秀美的苏州城乡风光。

诚如斯，必将是一件无愧于前人，造福于今人的大好事。

1990年秋于苏州南门二村歌风楼

南园

五代十国之际，苏州属吴越国管辖。吴越国虽然偏居江浙一隅，但得天时地利之便，国富民强，世代奢华。吴越王钱镠及其子孙亲戚皆喜园林建造。其第四子钱元璙任苏州刺史，凡30年，连同亲戚共造园4处：南园、东墅、金谷园、孙承祐池馆。南园，位在今书院巷南，新市路北，人民路西，东大街东，即今苏州中学、植园饭店和无线电厂地面。清朝末年，在诗人袁学澜笔下，它还是“剩有崇岗绕碧流”“流杯遗迹未全荒”。至民国则大部为桑田民居，但少许余韵尚存于苏州中学内。

织造署花园

此园在今苏州第十中学内，现有面积约20亩。此处本是明朝文渊阁大学士王鏊的别墅旧址。因苏州盛产丝绸，顺治之时在苏州设织造局，后亦称“织造署”，专管供奉皇室丝织用品之事。当时面积约50亩，连明朝景泰间进士孔镛之墨池园亦被囊括其中，规模宏大，体制宏敞，有厅堂、廨宇400多间，花园在西侧。康熙二十九年（1690）至三十二年（1693）曹雪芹祖父曹寅任苏州织造，后其内弟李煦继任。李煦将织造署西花园改建成皇帝行宫，康熙皇帝、乾隆皇帝南巡至苏州皆驻跸于此。行宫内楼阁连亘，假山曲池，林木葱郁，别有幽致。乾隆皇帝于乾隆四十五年（1780）来苏，太监将原置于留园的宋徽宗“花石纲”遗留下来的太湖奇石瑞云峰移至此，立于水中央。池周环列配峰10余座，奇姿异态，若众星拱月。而咸丰年间建筑和园景毁于兵火，至光绪三十一年（1905），王谢长达女士在此创建私立振华女校。

进入民国，行宫、织造署不复存在，园景已大部衰败，而“瑞云峰”却巍然未动。顺治《织造经制记》和乾隆、同治年间的重修记等

振华女校时期的园林状况

5方碑刻等也在，园景规模依稀尚存。而只要瑞云峰存在，花园则可永远留名，因为瑞云峰名闻世上，乃江南园林三大名石之一。1935年，童寯教授曾来此考察，在其《江南园林志》中记述道："近人李印泉尝称苏州三绝，为文衡山手植藤、汪氏义庄（环秀山庄）假山及瑞云峰。……瑞云峰在织造署。""即今振华女校址，石立池中。"瑞云峰除了审美价值为人所称道外，宋朝时由朱勔开采及明朝时浙江南浔高官董份将其作为嫁妆陪女儿嫁给留园主人徐泰时等动人的传说，也为它增加了观赏的向心力。园林不在名峰在，这就是民国时的织造署花园。

现苏州织造署是全国重点文保单位，瑞云峰是省级文保单位，均属苏州第十中学校管理。

二、寺观园林、祠堂园林、义庄园林、府署园林、校园园林、会馆园林及其他形态的园林

佛寺道观，既是人们拜佛求道的所在，又是公共游憩场所。它是

宗教建筑和园林景观的结合，因之谓为寺观园林，乃我国几种主要园林形态之一。寺观园林的园景所在一般有三种情况：

（一）建于郊野山林之中者，寺观和周围自然景观浑然一体，寺观完全融入自然风景之中，自然景观是园林景观的重要组成部分，即所谓“天下名山僧占多”“深山藏古寺”是也。诚如计成《园冶·山林地》所说：“园地惟山林最胜，有高有凹，有曲有深，有峻而悬，有平而坦，自成天然之趣，不烦人事之工。”就苏州而言，如云岩寺建在虎丘山上。虎丘前山、后山风光无限，古人说它“幽岩曲沼，树木山石之秀在前山；遐披远眺，空蒙浩渺之趣在后山”，而云岩寺就藏在它的怀抱之中，因此寺内寺外之景一下子全都成了寺庙的烟景。兴福寺，背倚青葱高山，前有幽深大道，大道两旁修竹如海，古木参天，浓荫蔽日。右盼，山峦重叠，岚翠含烟，古枫环抱，绿荫铺地；左顾，飞泉石桥，殿宇错落，气象雄古，遥望西南山腰，怪石嶙峋，涧谷中分，流水淙淙。这自然山水、花木与寺庙融为一体。寺庙园林如此丰富的园林景色，主要是由自然形成的，也靠僧侣的保护和开发，因为“山僧野性好林泉”，僧侣们也是乐于园林之美的。

（二）在寺庙建筑之旁单独构置园林。这种园林多属舍宅为寺者，其格局颇类明清之际的宅园。苏州的报恩寺、灵岩寺、重元寺、永定寺及常熟的顶山禅院等都是舍宅而为寺的。这种寺庙的特点就是在原庙宇部分之旁再单独建园。如报恩寺有果园、笋园，重元寺有药圃，顶山禅院有碧菽园。灵岩寺的园景除了有自然山石林木，更有春秋时的馆娃宫为西花园。到了元明时期寺庙园林这种单独成园的特色就更为明显。狮子林菩提正宗寺就是在前代贵族别业的基础上建造的，而在寺旁所建之花园就是留存至今的狮子林，园林尚在，寺则不存。明朝徐溶在元代归元寺废地上建园，因东面有其父徐泰时建的东园，此园即名“西园”。不久，徐溶即舍园为寺，名“复古归元寺”，而园林部分则成了寺庙的园林景观。虽然如今这里香火很旺，但许多人却仍称之为“西园”。

（三）绿化寺庙庭院和在庭院内进行园景构建。苏州寺庙园林众多，可以说几乎无寺不园，就算是一些较小的寺院，限于面积，无法再单独建园，但也要在庭园之中或窗前、檐下，种植一些花草树木，点缀几块山石，以美化环境。如永定寺院中多栽竹、报恩寺院内多峰石、重元寺院中草木芬芳等。寺庙为什么如此重视园林化呢？究其原因，宋人陈最在《（苏州）澄照寺记》中说得最为清楚：“苟非背山而面林，左泉而右石，则何以延大千之开士，启独孤之名园。是故鹫岭雄标，世尊因而说法；双林秀拔，惠远由是奠居。”说到底，园景是为寺庙服务的，是为了体现佛教高僧的尊严，是为了吸引众多的信徒。

和皇家园林与私家园林的亭台楼阁一样，寺观里众多的殿阁楼台也是它的园林景点。而寺庙园林之园景的特别之处则更表现在塔和钟，这是皇家园林和私家园林所不具备的。塔这种建筑是随着佛寺一起传入中国的，本来作埋葬高僧尸骨之用。可是一传入中国，建筑形式和作用都逐渐中国化，和中国的阁楼式建筑相结合而被建成寺庙园林最具特色的园林景观。苏州不仅有闻名世界的千年古斜塔虎丘塔，还有足以为苏州象征的北寺塔及定慧寺内的双塔、灵岩塔、瑞光塔等。这些塔不仅是寺庙园林内的景观，而且有几处早已单独成景，成为人们游赏观光的胜地。有的塔后来还成了私家园林的借景，丰富了私家园林的内涵，如拙政园借北寺塔，沧浪亭和紫兰小筑借双塔、虎丘山下诸园借虎丘塔、木渎园林借灵岩塔等。“晨钟暮鼓”是寺庙园林以声音形式表现出来的景观，一般是早晨先击钟以鼓相应，晚上先打鼓以钟相和。苏州寺庙园林的钟是有名的，“灵岩晚钟”是木渎八景之一。寒山寺的钟更是闻名遐迩，张继的“姑苏城外寒山寺，夜半钟声到客船”成了千古佳句。唐寅《姑苏寒山寺化钟疏》中的诗偈亦极精妙：“姑苏城外古禅房，拟铸铜钟告四方。试看脱胎成器后，一声敲下满天霜。”这寒山寺的钟声，不仅引人入禅境，也进一步强化了寒山寺幽深清净的园林氛围。

寺观园林比皇家园林和私家园林有着更强的生命力。它的兴建和生存，除了靠官府的扶持之外，主要资金来源则是信徒、香客的捐赠，这些信徒既有达官贵人、巨商富贾，也有平民百姓。因此，除了天灾（如地震）人祸（如战争）可能对它造成破坏，正常的情况下，只要官府不禁止信教，寺观都可以有群众奉献的香火作资金保证，因而能够长期存在甚至不断有新的建造。

中华民国时期，从理论上说，倡导的是“自由、平等、博爱”，人们有信教自由。因此，苏州也和全国一样，寺观园林能够依然存在和发展。但在民国的37年间，苏州新建的上规模的寺观不多，而历史上留下来的寺观则依旧正常地生存着、运转着，抑或不同程度地变化、发展着，而且作为园林景观依旧美丽着。

司徒庙

司徒庙在今吴中区光福镇，相传是纪念汉朝大司徒邓禹之祠庙。邓禹（2—58）是汉朝末年辅佐刘秀光复汉朝的功臣，曾隐居光福邓尉山（邓尉山原名“大尖山”，邓禹曾做太尉之官，因更此名）。邓禹死后，人们经官府批准为之建此庙。然历史沧桑，庙宇时毁时建，今日祠庙已非汉朝原貌。现存建筑多为清朝之后所建。而作为寺庙园林，其主要园景是被称之为“清”“奇”“古”“怪”的4株柏树，历代相传为邓禹手植，迄今亦有2000多年历史，依然生机盎然。祠庙也因此而得名“古柏庵”“柏因社”。

民国之际，司徒庙庙门冷落，而园景仍在，尚有明代建筑一座，惜于1976年拆除。此庙为西庙东园格局。全园以“清”“奇”“古”“怪”4株柏树为主景。“清”“奇”“古”“怪”之名，乃乾隆皇帝南巡时所赐。他6次下江南，每次必访此庙，对4株古柏赞赏不已，“清”“奇”“古”“怪”也因此益加享名于世。而据民国之际的古琴家、北大教授、皖人郑颖孙所记，黄山之松，也有

“清”“奇”“古”“怪”4品，想来这种题名，亦多相因袭者。清末民初的大书法家王雍熙为题“清奇古怪”四字匾额，更加引发游人关注和兴趣。1925年农历三月初四，李根源吴郡西山访古，有如下记载：“下至司徒庙，门额‘柏因社’，嘉庆己卯韩葑书，内刻‘香林第一’四字。殿奉邓司徒像……侧屋曰‘古柏山房’，归安吴云联：‘清奇古怪画难状，风火雷霆劫不磨’……入园，古柏七株，即世称之清奇古怪。余尝谓：苏城有三绝，曰织造府之瑞云峰，曰汪氏义庄之假山，曰拙政园之文藤。今合此七柏，两为有机物，两为无机物，可称吴郡四绝。”（据1987年中共吴县县委宣传部所编《吴县文物》说：“庭院中有古柏六株，其中四株尤古，分别被命名为‘清’‘奇’‘古’‘怪’。”说法不一，记此备考。）又记：“庭植牡丹数十本，干高齐檐，花时繁艳可人，幽境也。”而1939年的园景，尢玄父编著的《新苏州导游》有所记载：“庙中有古柏数株，势极盘曲，最著者即‘清’‘奇’‘古’‘怪’。四柏，皆千年物，经清高宗赐以佳名，而司徒庙古柏遂亦为光福诸胜之一。‘清柏’挺直如笏，群枝四垂；‘奇柏’一干上矗，及至顶上，始分为二，左右竞苍；‘古柏’干大十抱，全身苍皮斑剥若龙鳞，纹成左纽，而秃其顶；‘怪柏’则干横卧土中，向左右挺生，枝柯曲屈，绿叶四出，宛如狮虎伏地，昂首举爪，洵奇观也。近患游人攀折枝条、刮取柏香，以铁阑护之。旁有魁星阁，阁下有清帝御案，漆绘殊工精。相传清圣祖、高宗南巡临幸香雪海时，特置此案，后移庙内云。”

这4株古柏历2000多年风吹雨打、霜欺雪压，依然郁郁苍苍，四季长春，常年吸引着游客专程前来观赏。它不仅给人以大自然造化之美，而且也令人从中感悟到历劫不衰、搏天斗地的大无畏精神。赏柏厅外的黄杨也是千年古树，为园中一景，迄今枝丫蓬松、绿叶婆娑。在古柏之南的长廊里，嵌着原藏于狮林寺的84块《楞严经》石刻，全文近7万字，为明末崇祯年间所刻，由著名书画家王时敏书丹。长廊中还有《金刚经》碑一块，经文布局作7层宝塔形，造型别致，构思奇巧，也是少有的碑刻珍宝。其他如千余年前出土的铜观音像和“松风水月”碑等也值得驻足观赏。

司徒庙现为苏州市文保单位。

报恩寺

报恩寺是苏州最古老的佛寺，始建于三国时东吴赤乌二年（239）。位在苏州古城之北，今人民路平门桥处，故俗称“北寺”。南朝梁代始在寺内建11层宝塔，谓为北寺塔。南宋建炎四年（1130）金兵略苏，塔被毁，僧金大圆募众重建，今塔即为南宋遗物。此塔为苏城一大胜景，是苏州标志性的建筑，名响中外。自宋至清，报恩寺或毁废，或重修，但始终盛名不衰。明人祝允明说：“浙西之佛刹，其最大且久者无过于苏城之报恩寺。”（《报恩寺功绩总记》）对报恩寺的园景之美，唐代诗人即多有记载和题咏，如李绅《开元寺诗并序》：“此寺多太湖石，有峰峦奇状者。”陆龟蒙诗：“水榭初抽寥泬思，竹窗犹挂梦魂中。”程公辟诗：“携觞步入千花界，借榻清临一水间。”

延至民国，报恩寺依旧兴盛。1919年曾加以修葺，由留园主人盛宣怀之妻庄氏出资重修大雄宝殿。1928年修复楠木观音殿。

1921年朱揖文编辑、1928年范烟桥重修的《苏州指南》对当时的庙貌园景有所记述：“塔后门额署曰‘三吴首刹’，大殿之左为观音殿，右圣母殿，后庭两旁曰‘五观堂’、曰‘迎宾堂’，中曰‘古铜佛殿’，有古铜佛二尊，配以檀香木佛一尊。再后曰‘梵音堂’，额曰‘法海潮音’，中悬光绪间主持昭三联：‘梵宇旧高寒，当年二像著灵，尘世别开清净境；浮生都梦影，我愿一堂说法，香花共悟上乘禅。’……塔前大雄宝殿，于十年开始重建，将落成。”

当年登塔需纳铜元三枚，同时登塔者限200人。

该寺民国年间常举行传戒仪式，1931年著名人士陈去病就曾在

1928年，报恩寺大门

1936年的报恩寺塔

这里皈依受戒。1933年著名学者俞平伯曾来游，写道："独登北寺塔，生长吴下十六年中未一往，今始如愿。塔九级十八梯，登临一望，全郡在目，吴地人稠，故向南极目，唯见万瓦如鳞。西方则见虎丘塔及群山，北则田野，东则水光浮动，云系阳澄湖。下塔更至大殿一观三世佛，极巨伟，尚未毕工。"

建筑学家刘敦桢曾于1936年来苏州考察，他在《苏州古建筑调查记》中记道："寺之大殿，新构未久，规制虽宏，徒增伧俗，无足取也。惟殿北砖塔九层，宏伟壮丽，甲于苏城他刹。循级而登，南及石湖，西届天平，皆收眼底，为之徘徊浏览，不忍遽去。"褒贬分明。

1936年中央大学教授朱偰在《苏台访古录》中写道："过报恩寺，俗称北寺，九级浮屠，矗立天空，夜色深沉，备觉伟大。"

日军占领苏州后，驻兵寺内，僧众全部外逃，大雄宝殿被烧毁，珍贵文物浮海石像，不知去向。寺内空地成了日军杀戮抗日人士和平民百姓的场所。

抗战胜利之后，报恩寺曾1949年初对外开放，由旁门进出。同年

4月，塔曾被游人香烟屑焚烧，稍有损坏。苏州解放前夕，报恩寺占地51.26亩，寺内住满了难民。

报恩寺塔现在为国家级文物保护单位。

真庆道观（玄妙观）

玄妙观是一座道教宫观，1700多年来，一直是苏州古城内的一方游览胜地。它始建于西晋咸宁二年（276），称“真庆道观”，元朝元贞元年（1295）改名为“玄妙观”，迄今仍之。南宋赵构高宗建炎年间，金人南侵，曾毁于兵火。后重建正殿，名“三清殿”，至今仍存。玄妙观三清殿为江南最宏大的宋代木结构殿堂，现在是国家级文物保护单位。明正统年间，巡抚周忱、知府况钟建弥罗宝阁，此阁是玄妙观中最壮观的建筑，《百城烟水》说它“巍然云表”。明朝始建的五岳楼，亦极壮观。

玄妙观历代增修，殿宇很多，有外十八景、内十八景之说。观中宋时多桃花，因此观前之街又名“碎锦街”。对“玄妙观”的林泉清幽之胜，前人亦多诗咏，如“榴皮书壁走龙蛇，池上芭蕉又见花”，“啼鸟数声风习习，碧桐阴下立多时”，等等。

玄妙观盛时，曾占地500余亩，而近百年来由于天灾人祸及城市发展等原因，规模不断缩小。但和位于市内的其他20多处道观相比，规模依然不小。民国初年，正中和两厢有大小殿宇26座，连绵不绝，东抵洙泗巷，西到大成坊，北至旧学前河，南面有黄色照墙横亘正山门两侧。多数殿宇各有山门、照墙，观内广场上商贩和百戏杂陈。观内方丈殿高悬戒规。1912年，“七月既望，玄妙观弥罗宝阁焚，虽白昼肇祸，而我家亦遥见火光”（赵善昌，1890—1973，《拙斋纪年》）。后在原地建起了中山堂。据当年12岁的“玄妙观”道士许鹤梅回忆，弥罗阁焚毁的原因是阁内尘灰多，留有火种未灭而复燃所致。弥罗阁建筑艺术价值很高，后来卢树森设计的中山陵藏经阁、杨廷宝设计的南京鸡鸣寺山麓的中央研究院，都是模仿“弥罗阁”之精华而出新意的建筑佳构。至1926年北伐时，玄妙观总共尚有近百间房屋，账房、文书及香工10余人，厨师2人。20世纪20年代，由阊门至玄妙观游览，不仅可以坐人力车，也有骡子可坐，价钱都是一角半。至1939年，则有公共汽车可达。1931年至抗日战争爆发，祖师殿、灶君殿、八仙殿、寿星殿、水府殿、关帝殿相继圮废、改建或被日机轰炸震坍。三清殿内摆满字画摊，屋面被敌伪人员捉鸽子践踏得严重漏雨。机房殿曾开设赌场，长期出租和被典卖的有神州殿和痘司殿。1917年、1943年及以后几年曾先后修葺东岳殿、真宫殿、雷尊殿和观音殿，其余诸殿日趋破败。而这期间的三清殿构筑依然精美，1936年8月，中国营造学社的刘敦桢等曾来苏州考察古建筑，他对三清殿极尽赞美，赞美它“重檐九间，外列柱石，厥状甚伟。而内部中间数间，施上昂及插拱，尤为海内不易多睹之例。无意获之，惊喜无艺”。三清殿于1982年被列为全国重点文物保护单位。

尢玄父编著、1939年5月出版的《新苏州导游》对玄妙观记之颇详，略录之：三清“殿广九间，深六间，石柱满刻天尊圣号，中供金塑三清像三，高约五丈。殿之阴，供九霄天尊，两旁神像罗列，六十花甲星宿在焉……殿外四周通以走廊，围以石栏，栏上俱有刻画，甚精。殿前有露台，广五间，三面围以石栏，通以石级……檐下有‘妙一统元’匾额，相传系金兀朮手笔。今殿中设有书画肆，又有洪钧老祖碑，刻甚工细，可以摹拓。殿后巨屋今为中山堂，建于民国二十年，省立图书馆设于此……圆妙观中殿宇约有二十余所，不胜述……观之东侧，祖师殿中有铜鼎一，形长方，式若殿宇，色黝黑，不镌年代，考古家谓系宋物。元都仙馆之左，有蓑衣真人殿，祀宋何立……观前观后及甬道两旁，卜者、相者、唱曲者、耍技者，三教九流，南北江湖，熙攘喧扰，纷纭杂沓，大者设肆，小者设摊。食用各物，纷然杂陈，令人目不暇给。入观者恒觉尘嚣，其景象与上海之城隍庙、南京之夫子庙略同。观前大街为全城最繁华处，车马毂击，人踵相接，商肆骈列，争

1930年，玄妙观、三清殿及前面的广场

异斗妍，市招临风招贴，可拂人额。入夜电炬照耀，恍如白昼。远望则如繁星点点，闪烁隐现，人比之上海霞飞路，谓颇有异国情调焉。”

1935年的《太白》杂志上登载过署名浮萍的作者写的《苏州观前大街的黄昏》一文，把当年玄妙观的人文活动写得极为生动，摘要抄下，与读者分享：“玄妙观里是以三清殿为中心点。那里供着的偶像很少人看清他的脸样。但是，你常可以看见有人跪在那儿膜拜。……殿左是茶馆区，但是只有两家茶馆，此外算卖鸟的摊子最多，那么为什么称它为茶馆区呢？那是因为卖鸟的人和看鸟的人，都是坐在茶馆里先品鸟，然后仍坐在茶馆里谈买卖的交易。你坐在那里可以看见一个人将栗子向上抛去，膀上的黑鸟会追到空中将那栗子将嘴接了；你又可以看到一个人将一叠香烟包里的画片放在桌子上，从笼中放出一只麻雀来，它会将嘴从那一叠中衔出一张画片；你可以听到一只鹦鹉对着你高声地说：‘傢阿要买之我去？’你也可以听到一只鸟得意地唱着。……（另一个地方）是一只一只桌子，坐着‘算命先生’，设着‘命馆’，围着、挤着很多旁听的人。你可以看见那些‘算命先生’，脸上是那样的正经，认真地一字一句地对他的顾客说。……（三清殿后）是平民的娱乐场；在那儿可以拣你喜欢的娱乐，只要花去五六个铜元就很可以快快活活地度过一个黄昏。一群人围着的是男女对唱的苏州滩簧，另外一群是听唱‘马前泼水’，又一群是看一个穿红裤子的斜眼的女子走索子，再一群是看‘魔术’，而最大的一群是在听‘小热昏’……那两个人说一阵，于是唱，于是再说，于是再唱。大约一刻钟就歇一会，就了一把茶壶嘴喝一阵，于是就叫听众买他们的梨膏糖。你可以不抛铜元上去，但是你不能在这个时候溜走，不然他们会用各种不堪听而听了必使你脸红的话骂你，……听完了‘小热昏’必是六时左右，你可以就在你站的地方相近的帐篷中去吃一碗‘豆腐花’，那只不过是五个铜元就够了。……那是以最嫩的豆腐，以酱油、麻油、虾米、肉松拌和的。”

至1949年新中国成立时，玄妙观尚存正山门及殿17座，即三清殿、方丈殿、真人殿、肝胃殿、药王殿、东岳殿、火神殿、三茅殿、天后殿、真宫殿、文昌殿、机房殿、三官殿、雷尊殿、观音殿及斗姆阁、太阳宫等。

云岩寺（虎丘山寺）

苏州的虎丘山，自然风光幽奇，自古号称“吴中第一名胜”。它早就是集自然风光和人文景观于一处的吴中胜地。东晋时居住在苏州城内日华里（在今景德路）的尚书令王珣（350—401）及其弟、黄门侍郎王珉在山前造东西两宅作为别业，咸和二年（327），兄弟二人舍宅为寺，名“虎丘山寺”，从而形成寺包山的格局。唐朝诗人白居易等有“入门见藏山”“山在寺中心”“平生只见山中寺，今日来看寺里山”“尽把好峰藏院里，不教幽景落人间”“出城先见塔，入寺始登山”等诗句，正是描绘虎丘山寺的这一特色。宋时合两寺为一寺，重建于山上，不久改名“云岩禅寺”，今之五十三参之上的殿堂即是其一部分。当时寺貌雄壮，为东南一大名刹。

自宋至清，云岩寺被焚七次。但屡毁屡建，殿宇楼阁，祠墓古迹，遍布虎丘。粗略统计，仅与佛寺有关的建筑就有几十处之多，如悟石轩、千人石、生公讲台、可中亭、双吊桶、憨憨泉、枕头石、石观音殿、二仙亭等。这些景点，民国仍在，迄今亦大多仍在。

始建于隋朝、重建于北宋、迄今依然名扬中外的云岩寺塔（虎丘塔）是云岩寺的千年景观。塔高7层，平面八角形，砖身木檐楼阁式。现在人们看到的虎丘塔是斜塔，塔顶中心点向北偏离塔底垂直线2.34米，为仅次于意大利比萨斜塔的世界第二大斜塔。此塔现为全国重点文保单位。

咸丰十年（1860）太平军战事后，云岩寺殿宇十不存一。

1918年重修山门。金松岑、费仲深等发起建冷香阁，于1923年建成，阁名为华阳十五龄童洪蘅孙书写。冷香阁周植红绿梅数百株，别无杂树，汪东曾称冷香阁赏梅兼有孤山、邓尉之胜。其后又陆续疏浚第三泉，修葺石观音殿，建申时行祠等。1926年在此建救火会员墓，于右任题碑。1928年，当时的吴县政府拨地181亩，令其扩大。当年，虎丘游众极盛，重九登高，游者四五千人，山塘河中几有“行不得也”之叹。同年，驻军苏州的钱大钧以军力筑虎丘路，后市政亦来助力，乃于1930年竣工。从此，市民往虎丘多走此道，山塘街、河渐次冷落萧条。1933年，在致爽阁下建国魂冢，安葬“一·二八”淞沪抗战中牺牲的十九路军战士7人。1934年，刘正康等士绅发起整理虎丘名胜：加阔望山桥，改铺弹石路。刘敦桢1936年来苏州考察，从建筑的角度对云岩寺多有赞美，如云：“次二山门，柱上无普拍枋，内部次间，复于斗拱后各施平闇。就余所知，自河北蓟县辽独乐寺观音阁与山西五台山佛光寺外，此门与之鼎足而三耳。”抗日战争前，虎丘的整体面貌已显得败落荒凉，碎砖颓瓦处处，山左为荒地，山右为墓地，佛像古迹不少已残毁。抗战事起，寺僧挥霍，不事修理，庙宇更

1925年前后的虎丘山寺全景

趋衰落。抗战胜利后，当时的吴县政府曾加以修整，并发动学生植树，但未改衰败面貌。

对于民国年间虎丘山寺的状况，王世勋的《沧桑忆旧录》有及。那是他青少年时亲游亲历的记载，可为信史，摘录如下：“由苏城去游虎丘，出了阊门，可以步行去，不过一个多小时就到；可以骑马或驴去，只要半个小时；可以坐船去；交通非常方便。春秋佳日，游人及香客摩肩接踵，热闹非凡，山塘道上直似山阴道，洵非虚也。进了虎丘山门，循山径前进，路旁有一大石，中劈如削，称为‘试剑石’……再前进路左有一平坦的大石坪，可容百人坐，称为‘生公台’……由此再前进，至一处，山坡陡峭，筑以宽大的石级，共五十三级，级顶有一观音庙，为虎丘山上唯一的丛林，朝山进香的香客，其虔诚者到此必须一级一参拜，经五十三级才到山上的庙宇，故称呼这石梯为‘五十三参’。山上的庙宇当然供奉的是观音大士，香火之盛，自不待言。山左有一山丘，丘顶就是虎丘塔……

另在一处山腰，山坡平坦，建有楼阁，阁前一片梅林，植梅数百

1936年时的剑池

株，游客至此，可以上楼品茗，休息，远眺山景，近看梅林。当春之初，梅花怒放，清香四溢，一阵风来，花瓣飞落，片片如雪花飞舞，满地花瓣，一片银色，故题名此处为‘香雪海’。”

新中国成立之初，云岩寺仍归僧侣管理。1953年由苏州市园林局接管。

兴福寺

兴福寺在常熟虞山北麓，建于南齐延兴至中兴年间（494—502），为邑人郴州牧倪德光舍宅而建。唐代，兴福寺殿宇宏敞，景物清幽，飞泉石桥，修廊复阁，气象雄古，为江南名刹之一。唐朝诗人常建的《题破山寺后禅院》最能道出兴福寺的林泉之趣：“清晨入古寺，初日照高林。曲径通幽处，禅房花木深。山光悦鸟性，潭影空人心。万籁此俱寂，惟闻钟磬音。”宋人朱长文《吴郡图经续记》说兴福寺始终“为海虞之胜处”。兴福寺有东西两园，疏密相见，曲径

1931年前后，兴福寺山门（吴建刚提供）

通幽，间有放生池、白莲池、空心潭、君子泉、廉饮堂、米芾碑亭等点缀其间。原有唐桂、宋梅两棵古树，惜乎宋梅于1936年枯死，唐桂也于1953年枯死。

佛教所传有八大宗，自唐至清兴福寺所传宗派不同，民国初期月霞和尚前来主持，改依华严宗，直到现在。月霞和尚对兴福寺贡献多多，寺中的主要建筑多数是1917年至1932年间由月霞、应慈、持松和尚主持修建的。当初，月霞和尚承康有为邀请，在上海犹太富商哈同家后花园开办华严讲堂，后学堂亦随月霞迁到兴福寺。学制是预科3年，正科3年，弘宣佛义，传授戒律。兴福寺30余年间，为佛门培育出了上千个有道僧尼。而兴福寺也成了民国年间复兴华严宗的佛教本山宗寺。兴福寺的丛林风貌，也因之益加兴盛。

至今，大雄宝殿内两副楹联也是民国年间所撰。一副是月霞的高徒、兴福寺的继任方丈持松法师所撰：“破宇宙人生大谜，舍我佛谁敢置喙；证实相色空真理，在诸仁自觉皈心。”另一联则是文化名流、皈依佛门的弘一法师所撰：“愿尽未来，普代法界一切众生，备受大苦；誓舍身命，弘护南山四分律教，久住神州。”前者言法相威严，后者述悲苦人生，各尽法理妙悟。

兴福寺现在是全国重点文保单位。

保圣寺

保圣寺在今吴中区甪直镇，梁天监二年（503）建。原寺院规模宏大，相传有屋宇5000多间，僧侣千人。保圣寺最动人之处是罗汉塑壁（俗称“海子山”）。《吴郡甫里志》说：“大雄宝殿内供有释迦牟尼，旁列罗汉十八尊，为圣手杨惠之所摹，神光闪耀，形貌如生，诚得塑中三昧，江南北诸寺所不能及。”元代大书法家赵孟頫曾为保圣寺大殿楹柱撰写过一副对联，十分恰切地概括了当时保圣寺的美：“梵宫敕建梁朝推甫里禅林第一，罗汉塑源惠之为江南佛像无双。”但因罗汉为泥塑作品，极难保存，自唐至清，一直是屡圮屡修。至20世纪初，大雄宝殿已年久失修，岌岌可危，18尊塑壁罗汉有的已经完全破损，剩余的则残存于蛛网鼠穴的颓垣之中。而民国期间历经10余年的保护和修复对保圣寺今天的面貌功莫大焉，这在当时曾是惊动全国众多文化名流的一项文化工程。

1918年，甪直有金家凤（1902—1979）其人，是中共建党前57位党员中之最年轻者，曾向家中谎称与未婚妻出国求学筹取6000银元交给陈独秀，帮助解决建党经费困难。为怕家族追究索讨，由陈独秀介绍赴北京大学政法系学习。他在与堂兄金里千（1899—1985，1980年被江苏省卫生厅授予“江苏省名老中医”称号）一起翻阅7世祖金成的《甫里竹枝词》——“唐塑保圣寺遗稿”时，了解到保圣寺唐塑的重要，便将当前唐塑的破损惨状告诉了他的老师胡适、蔡元培、马叙伦等人。

此时，在设于保圣寺内吴县第五高等小学教书的叶圣陶（1894—1988）和王伯祥（1890—1975）闻知同窗好友、在北京大学教书的顾颉刚（1893—1980）丧妻不久，便和金家凤一起邀他前来散心。

1918年夏天，顾颉刚来到保圣寺，大赞大殿中罗汉之美，他在文章中写道：“一见这罗汉，就使我发生了惊诧的感情。原来我在各处看见的罗汉像，尽是直顿顿、呆僵僵的立着坐着，而这里的竟是栩栩欲活的各人做着各人的事……别处的罗汉像总是排班，这里的是或在山巅，或在水涯，或在洞中，竟是在一个大天地之中，可以随着各人的意境去安身的。别处的罗汉像是装金的，金面目，金衣服，金器具，只觉得酒肉和尚的拜金主义的可厌；这里的是着色的，未修过的几尊颜色尤特别浓重。至于衣褶座褥的轻柔欲动，筋肉从衣服里透露出来，骨骼从筋肉里表现出来，更是别处的塑像所不能梦想的。”在《题甪直闲吟图题记》中他也写道：“入殿见罗汉像错列两壁，高下不齐，为他处丛林所未见。除下层经后人修饰外，皆奕奕有神采……信可博人倾倒也。”顾颉刚此行甪直，还有喜出望外的收获：娶到了第二任妻子——甪直人殷履安。这成了他日后持续关心保圣寺塑像的一种机缘。

1922年的保圣寺

1922年的保圣寺壁塑

1922年夏，顾颉刚陪同北大校医陈万里来甪直游览，却看到大殿正梁折断，屋顶出现破洞，罗汉或全毁，或倾倒破碎，地上满是瓦砾，他最欣赏的那尊一手捋着袖子、一手举笔在山石上写字的“题诗罗汉”更已化为黄土。这令他们十分痛心。陈万里善摄影，拍下了尚存的罗汉。他们把这些照片分别寄给北大校长蔡元培和国学门主任沈兼士，请求这些有影响力的北大师友出手相助。顾颉刚当时即撰写了《记杨惠之塑像，为一千年的美术作品呼救》一文，发表于1923年的《努力》周刊，呼吁各界捐款拯救杨惠之塑像，但收效不大。

1924年，顾颉刚继续写了《记杨惠之塑像》之一到之五共5篇文章，刊登在《小说月报》上。顾颉刚和陈万里的这些举动在全国引起了很大反响。有日本东京美术学校教授大村西崖其人，曾著《东洋美术史》，经他曾经的留日同学、时任南开大学秘书的陈彬龢翻译到中国。此次他收到陈彬龢寄去的顾颉刚的文章、照片和邀请，经日本外务省批准并发给补助费，旋即带了一名助手来甪直考察了5天，拍了20多张照片，归去后写了《吴郡奇迹·塑壁残影》一书。书中记载，所谓塑壁，只剩东壁一堵，有罗汉像4尊，另有5尊是先前拆存的；西壁早已坍塌，只剩碎片若干。书中还说，除罗汉塑像外，塑壁上的云石洞窟树木海水等，制作之妙，虽山水名手，也难与比肩。

德国人某君亦到甪直考察观看，惊叹其为难得一见的艺术珍品。著名考古学家郭沫若也于1926年因为吃友人严良才的喜酒来到甪直。他看到壁塑“被锁在一间新修的矮小的平房里的，门外挂有一道小牌，似乎是杨惠之塑像保存所那样的字样。……所内靠着后壁，泥塑的几尊罗汉，冷飕飕地坐在土面上，觉得和所谓‘保存运动’是有些名实不相符的”。但郭沫若对这些壁塑评价很高，他说：“尽管受着宗教的题材束缚，而现实感却以无限的迫力向人逼来，使人不能不感受着一种崇高的美。”1927年，吴县第十区（甪直区）区长鉴于各界的评价和反映，曾向县政府申请资金，欲求维修，但未获批准。直到1928年，大雄宝殿已半边坠塌，半数罗汉已经被毁。此时北京大学校长蔡元培和第三任妻子周峻女士准备在苏州留园举行婚礼，顾颉刚的老师胡适致贺电时趁机提醒请他关心甪直塑壁，叶恭绰也向他提及此事。之后，蔡元培委派妻兄、苏州医专校长周仲奇对甪直进行了调查，并和胡适一样慷慨解囊了100元银元襄助。他同时致函江苏省教育会会长蒋维乔及上海美专校长刘海粟，以及当时甪直乡教育会会长兼五高校长、日本早稻田大学毕业生沈柏寒，指出："保圣寺中的罗汉塑像是塑圣杨惠之留下的稀有艺术品，应当保存传世，请即顾工将罗汉塑像连座拆下，放在屋内玻璃柜中，备用。"

沈柏寒接信后，立即写信给苏（苏州）常（常州）道尹蔡师愚，请其支持。蔡道尹倒也认真，立即派员到甪直做了调查，并制定了经费7万元的修复方案，但在实施的过程中，蔡道尹确实拿不出这么多钱，修复实际上无法进行。但蔡道尹是个负责任的人，他命令吴县第十区区长殷克维做了三条规定：一是按照蔡元培的要求，将罗汉塑像连座拆下，放在屋内保存。二是在大雄宝殿周围筑一道竹篱围墙，避免外人进入。三是责令甪直警察分局为保圣寺设岗，日夜派人守卫。其间，叶恭绰、张继等人也在上海成立了唐塑保存会和古物保存会。同时经教育部部长蒋梦麟和次长马叙伦及蔡元培、叶楚伧、叶恭绰、顾颉刚、陈去病、陈剑修、钮永建、张一麐、陈万里、金家凤等名流学者共19人发起提倡，由教育部出面组成了官方性质的教育部保存甪直唐塑委员会，教育部拨款1万元，江苏省政府拨款3000元，另有其他捐款，公推蔡元培为会长，马叙伦、叶恭绰、陈万里为副会长。叶恭绰为主持建馆、修置罗汉塑壁的实际负责人。他请画坛巨匠徐悲鸿、刘海粟制订罗汉像、壁的保存方案。毕业于美国宾夕法尼亚大学建筑系的年轻设计师范文照负责建馆设计。曾经游学法国的著名雕塑家江小鹣和他的助手滑田友负责罗汉塑壁具体实施工程。总务保管是殷克维。这是一个强有力的修复工作班子。为一个文化工程汇集了如此众多的民国文化艺术领域的顶尖高

蔡元培（1868—1940）

马叙伦（1885—1970）

叶恭绰（1881—1968）

陈万里（1892—1969）

刘海粟（1896—1994）

陈去病（1874—1933）

沈柏寒（1883—1953）

蒋维乔（1873—1953）

江小鹣（1894—1939）

手，可谓空前绝后。

方案定好之后，1929年，即按照范文照的设计开始建造中西合璧式的罗汉堂，但因战争、返工等原因，历时3年，始告建成，初定名为“古物馆”。

“古物馆”动工之同年，江小鹣、滑田友也着手对残存塑壁进行修复。他们仔细观察和研究后，拟定了《修理唐塑罗汉及塑壁计划大略》。其间，江小鹣因要到南京赶制中山陵的孙中山纪念像，修复工作由滑田友继续进行。滑田友，淮安人，1901年出生，乃徐悲鸿和江小鹣的学生，当时还不满30岁。他精心思考，缜密动手，辛勤工作。其间，妻子难产病危，他也未能及时赶回。待他回到家中，妻子已撒手人寰。返回甪直后，他就吃住在中医金里千家里，花了2年多的时间，1932年终于把幸存的9尊罗汉塑像修好，放于古物馆中。在塑壁的修复过程中，叶恭绰特别值得一记，他是整个修复工作的具体负责人，经常奔走于甪直、苏州城、上海、南京之间，参与修复指挥工作，并和徐悲鸿、江小鹣、陈去病、滑田友等各方有关人士沟通商量。最后，他甚至也干脆住到金里千家中，和滑田友朝夕一起专事塑壁的修复。工程全部完工之后，拱门和馆前廊沿两处题额分别由谭延闿和于右任书写，蔡元培亲自撰写《甪直保圣寺古物馆记》，由马叙伦手书，然后刻碑竖立。

据记者赵君豪1932年写的《甪直罗汉观光记》（载汉文正楷印书局1934年4月出版的《游尘琐记》）记载，古物馆1932年11月12日上午11点举行开馆仪式，十分隆重。这一天恰是孙中山的生日。来自苏州、南京、上海、北京的100多人参加了这一活动。当时，金家凤和顾颉刚分别用汽轮把嘉宾从苏州阊门和昆山接来，“警士列队先导，同人随行于后，镇人夹道相望，欢迎甚盛”。仪式开始，乐队奏乐，鞭炮齐鸣，蔡元培夫人周峻女士登台剪彩。立时，破旧、沉埋多年的一堂古壁雕塑群像向世人展现了它的面容。蔡元培登台致辞，其中讲道：“塑像为我国特殊之艺术……自甪直保圣寺唐塑罗汉之发现，各国艺术家乃为之一震……（馆）经营三年之久，今日始克告成，此实为我国艺术界、考古界所可庆幸之一事……”继而，叶恭绰报告建馆经过，姚梅君讲述塑壁保存历史，词曲家吴梅吟唱他的《八宝庄·保圣寺罗汉像》一曲。塑壁修好的消息传出后，人们交口称赞，观者如堵。而中有一人，赞叹之余，又说：“惜乎这手不像印度罗汉之手，而是江南才子之手。”江小鹣、滑田友听到后，感到言之有理，便将补塑好的罗汉手小心卸毁，重新再塑，臻于完美。对于10多年来保圣寺壁塑的保护，叶恭绰曾有诗记其详：“年来寡所营，万事付休莫。法门勤外护，矢志非有托。甫里唐塑像，神物九鼎若。历劫荡烟灰，随风臂枯箨。我来不自量，辛苦强营度。中遘万迍邅，危途轻峍崿。观成幸有日，茹苦乃成乐。涌现弹指间，华严几楼阁。因思塑造工，历朝颇彰灼。戴颙称圣手，惠之多杰作。元代得刘兰，工堪继疏凿。所惜兵火余，遗制久凋落。杨塑仅此堵，亦几归冥漠。愿力保区区，孤怀殊硌硌。有为固如幻，卫道要自薄。”从此诗可看出叶恭绰的苦心，也可见塑壁修复之不易。而中华民族文化的保护和传承就是需要这样的志士仁人啊！

1939年，尢玄父编著的《新苏州导游》对保圣寺壁塑有如下记述：“保圣寺由香火桥而进，约行百余步，即达寺门。门上有‘辅扬显秘’四字。门右侧有小石塔一。再前行，为过风亭，折而左为光明殿。惠之遗塑罗汉五尊即设于此。兹分述之。

正中一尊瞑目定坐，高四尺，以御龙袍，故邑人呼之为梁武帝……

后面右边一尊高四尺五寸，颅圆、颏大、眉长、目巨、鼻隆、口阔、耳肥、颈粗，宛然一天竺人也。左手不可见，右手按膝，食指微翘，手背上筋脉隐约可见。屈左足而坐，右足大番鞋犹未坏损，是像神情极自然，的是神品，为塑像中之最。

后面中间一尊高四尺，屈双膝而坐，道貌温和，眉目上斜，右手紧握，左手伸置膝上。

稍左一尊高三尺八寸，面作狞笑，张口若欲向人语者，神情栩栩如生，右手仰举，指略断损。

最左一尊高三尺七寸，眉目清朗，作俯视状，神情亦佳。

惠之遗塑之存于保圣寺者仅此。据日本东京美术学校教授大村西崖氏谓‘此五罗汉尚存有崇祯时所补修之色彩，其技术之精，即其状貌衣褶，较之南宋罗汉专门画名手西金居士之作，实亦未遑多让’云。五像周围，碎土累累，皆塑壁残块也。

甪直唐塑初不为邑人所重，迨民国七年里人顾颉刚始发见之，始得保存。嗣为日人大村教授所知，因语之东京美术学校校长正木氏，氏乃复为教授与外务省文化事业部长冈部子爵谋，遂由该部给以膏秣之资，令大村氏出国，作甪直之游。氏至甪直，居寺五日，摄影二十八幅，挟以回国，著《吴郡奇迹　塑壁残影》一书，洋洋万言，考据精详，抱残守缺，有足多焉。”

《新苏州导游》出版时是在1939年，甪直古物馆落成、九尊罗汉存入的1932年，此距又过去了7年时间。从《新苏州导游》看，九尊罗汉只剩有五尊，“五像周围，碎土累累，皆塑壁残块”，其他几尊想来又遭破坏。且存放地点，不是古物馆，而是光明殿。这种变化真实与否，有待考证。由书中所记亦可知，当年大村西崖到甪直来，也不完全是他个人的行为，而是日本政府出资令他成行的。

这些古典艺术瑰宝保存至今，杨惠之及现代一批学者、艺术家如金家凤、金里千、蔡元培、顾颉刚、陈万里、叶圣陶、叶恭绰、范文照、江小鹣、滑田友等各方人士都应功垂千秋。古物馆建好之后，保圣寺似乎变换了功能，从此极少有人在此参禅、烧香拜佛，反而成了以塑像为主要内容的一处人文景观。

滑田友于1933年赴法国留学15年，回国之后，曾立即到甪直探访。新中国成立后，他一直在中央美术学院任雕塑系主任。1978年重访甪直，和金里千老友重逢，他们同为今日保圣寺罗汉塑壁重放光辉和受到重视而万分感慨和欣喜。

1961年，保圣寺罗汉塑像被列为全国首批重点文物保护单位。

寒山寺

寒山寺位于苏州西郊的枫桥镇，始建于梁天监年间（502—519），原名“妙利普明塔院”。唐代贞观年间（859—877），高僧寒山、拾得自天台山来此住持，因之改名“寒山寺”。“寒山寺”在唐代即已声名远播，张继的《枫桥夜泊》更使之“人天鬼神，所共瞻仰”。千年以来，寒山寺不仅殿阁雄丽，花木清幽，而且历史积淀下来的碑刻也是它重要的可供游览的看点。

入民国，进门有御碑亭，镌清帝诗。假山亭台，幽雅曲折。再后几年，又显荒芜。1923年，诗僧、琴棋书画兼擅的大休上人前来担任住持。此时的寒山寺已是殿宇破败，屋漏墙塌，僧众云散，是一座不折不扣的冷庙。大休上人卖字鬻画筹措款项，得到社会各界的支持。经过他的修缮治理，很快，这座千年古寺又渐渐恢复了盛时景象。据1928年范烟桥重修的《苏州指南》记载，寒山寺20世纪20年代的园貌大致是：门额署曰“妙利宗风”。内有文徵明、唐寅所书石碑，残毁不全，嵌以壁间，寺僧拓以售人。旁立俞樾补书张继《枫桥夜泊》诗，又有康有为诗碑。殿中有碑镌寒山、拾得像，两旁壁上石刻寒山诗36首、韦应物诗10多首。有程德全联：“遁迹笑丰干，从知舌灿莲花，地近虎丘曾讲法；宗风传刺史，幸得诗钞贝叶，劫余龙寿共藏经。”陆润庠联：“近郭古招提，毗连浒墅名区，渔火秋深涵月影；傍山新结构，依旧江枫野渡，客船夜半听钟声。”又陆钟琦联：“踏春西去，傍十里横塘，水木湛清华，曾移茂苑扁舟，访吴铜造像，梁塔残砖，古迹重搜，余亦北平人，濡笔拟赓翁氏记；生佛南来，振千年名刹，池台新结构，补此天台真相，与待诏遗新，解元妙疏，墨花争拓，客归东海澨，行滕宛载米家船。”旧钟为日人取去，近年日人摹铸一钟，归还本寺，悬殿之右室内。殿后芥舟、大觉楼及回廊

清末民初时期的寒山寺

等，均亟待修葺。因此，1929年7月著名学者钟敬文来游，他所看到的是“破落而一无胜致的古刹”（钟敬文《重游苏州》）。

日军侵苏后，寒山寺被占为物资仓库，受到极大破坏。

张继《枫桥夜泊》诗碑，是寒山寺的重要景点，蕴含着厚重的文化内涵。历史上第一块《枫桥夜泊》诗碑是北宋翰林院大学士、文学地位显赫的王珪（王珪是李清照的外公，也是秦桧王氏夫人的爷爷）所书，早已不存。第二块是明朝书画家文徵明书丹，但字迹也早已漫漶不清。第三块则是光绪三十二年（1906），江苏巡抚陈夔龙主持修复寒山寺时请大学者俞樾书写的刻石，也就是至今享誉世上、为寒山寺增光添彩的《枫桥夜泊》诗碑。1990年，本书作者在苏州市原文化局工作，主持修复曲园时，文保所复刻了一块俞樾《枫桥夜泊》诗碑，立于春在堂后，也算是物归原主了。现在要说的是第四块诗碑，即抗日战争胜利后的1947年，与《枫桥夜泊》作者同名的现代人张继书写的诗碑。张继（1882—1947），字溥泉，河北沧县人，早年留学日本早稻田大学，是中华民国时期的著名政治家，1947年时任中央监察委员、国史馆馆长等职。当时，清代金石学家吴大澂的曾孙、画家吴湖帆从上海回苏州探亲，游览寒山寺后，突发奇想：如果能请当时的名人、与唐代诗人同名同姓的张继也书写《枫桥夜泊》，刻碑立于寒山寺内，当也不失为一桩趣事。但吴湖帆不认识张继，于是就委托友人濮伯欣帮助办理。没想到没过多久，即见到张继突然病逝的讣告，吴湖帆懊恼不已，后悔此事晚办了一步。而几天后吴湖帆却意外地收到濮伯欣寄来的邮件，正是他梦寐以求的张继所写《枫桥夜泊》诗。诗后有跋："余夙慕寒山寺胜迹，频年往来吴门，迄未一游。湖帆先生以余名与唐代题《枫桥夜泊》诗者相同，嘱书此诗镌石。惟余名实取恒久之意，非妄袭诗人也。中华民国三十六年十二月，沧州张继。"原来，张继是在书写此诗当日，猝发心脏病而卒，真绝笔矣。吴湖帆得字后，立刻寄给当时的苏州碑刻圣手黄怀觉，请其刻石。黄怀觉接手之后，抓紧刻碑，当年即完成，送立于寒山寺内。此碑高1.33米，宽0.66米，碑文行书流畅，娴雅飘逸，灵秀神妙，为寒山寺增添又一文化亮点，也平添了一段人文佳话。

但是，到1949年苏州解放前，寒山寺荒烟蔓草，冷落衰败，无一僧人，江枫楼成为瓦砾堆。

新中国成立后，经人民政府多次大修，寒山寺成为闻名世界的江南名刹，现为江苏省文保单位。

灵岩山寺

灵岩山寺初名"秀峰寺"，唐代称"灵岩寺"，1932年易名"灵岩山寺"。它位于苏州木渎镇近旁的灵岩山上，始为东晋末年司空陆玩舍宅而建，是全国有名的大丛林。其园林景观，主要是春秋之际的馆娃宫遗存和寺庙景观。清朝释殊致在《叙诸圣师传说》中说它"越唐宋元明清以迄于今，时或辉煌金碧，俄而蔓草荒烟，迭著迭微，随倒随起"。清朝咸丰十年（1860）太平军与清军的战事，使灵岩山寺

1930年前后的灵岩山寺

受到极大破坏。

进入民国，灵岩山寺迅速得到修复并重新开始兴盛。可以这样说，现在人们看到的宏大殿宇，多为1919年至1932年所重建。1926年即又开拓为十方净土道场。其间，常明等二僧在一年四个月的时间内，间日刺舌，滴血书《大乘法宝经书》81卷，60多万字，成为镇寺之宝。1928年又加修建，建筑大师姚承祖为擘画，大雄宝殿于1934年竣工。在灵岩山寺15年重建的过程中，香山匠人除姚承祖外，还有一些人是功不可没的，如陈少渔（1898—1987），自1919年钟楼开建至1934年大雄宝殿竣工，他一直负责大殿的预决算和施工总监，参加了施工的全过程。而徐永富、姚桂泉则是建造大雄宝殿的作头师傅，徐永富还是大殿的主要设计者。

1936年，刘敦桢等来苏州调查古建筑，考察了灵岩山寺，写道："大殿七间重檐，鸠工数载，犹未完竣，为苏匠耆宿姚补云先生所擘画也。东院有砖塔九级，残毁过半，传建自赵宋。其前钟楼三层，崒然山举，虽建造年代稍晚，亦足窥此寺旧日规模之宏巨矣。”

1937年，印光法师驻锡灵岩山寺，全国各地皈依印光者众多，灵岩佛事更加兴旺。南宋遗构、七级八面的多宝佛塔依然巍然屹立。而其固有的奇石景观如灵芝石、披云石、醉僧石、望月石、牛眠石、袈裟石、猫儿石、献花石、佛日岩、槎头石、升罗石、出洞龙、石马、石鼓、石龟、石城等也耸然而立，可供游人摩挲、指点，联想话趣。作为园林景观的馆娃宫遗存，亦即人们所说的山顶花园里的吴王井、玩花池、玩月池、梳妆台、琴台、西施洞、智积井、方亭、长寿亭、冰梅石墙等安然存在，依然供香客、游人前来观览吊古。

灵岩山寺现为苏州市级文保单位。

江苏省苏州中学园林景观

江苏省苏州中学在今人民路三元坊。这是一所既古老又时新，人文景观和园林景观并美的校园。这方区域，本是唐朝末年吴越国钱元璙治吴时所造的庄园式南园的一部分，园景诸多。至北宋，范仲淹在这里建府学。这是中国历史上首次将文庙与学校相结合的创举。自此，这里一直是学校所在。民国之前，校名则有苏州州学、平江府学、平江路学、苏州府学、紫阳书院、江苏师范学堂等名称。民国成立前一年即1911年，改名为江苏省立第一师范学校。1927年，国民政府改教育部为大学院，蔡元培任大学院院长。他把江苏省立第一师范学校和省立二中、苏州工专等合并成第四中山大学区苏州中学，后也曾易名为“江苏大学区苏州中学”“中央大学区苏州中学”。1928年10月，随着大学院体制的废除，中央大学区苏州中学乃正式改为“江苏省立苏州中学”，其中，今校址处为高中部，草桥处为初中部。抗日战争时期，学校迁徙外地，校名也有变化。抗战胜利后，仍然恢复“苏州中学”原名。作为学校，千年以来不管叫什么名称，都

20世纪30年代的校园建筑

始终有当年南园的园林景观延续保存下来，以迄于今。

这是一所教育家办学的学校，是一所人才辈出的学校。清朝时期紫阳书院的27位山长全部是进士出身，其中还有状元、榜眼，有诗学家沈德潜、乾嘉学派名家钱大昕等著名学者。在名师的指导下，当年的紫阳书院培养出彭启丰、钱棨、石韫玉、吴钟骏、陆润庠等状元，王鸣盛、邹福保等榜眼。民国年间及稍前，在这所学校担任校长的亦皆卓荦之士，举其尤著者，如罗振玉、章钰、蒋凤梧、汪懋祖、吴元涤、杭海槎等。这一时期的教员亦皆一时俊彦，如国学家王国维、吴梅、钱穆，语言学家吕叔湘，史学家吕思勉，美术家颜文樑，地理学家胡焕庸等。其间为国家培养的文化精英更难计其数，如教育家叶圣陶、匡亚明，历史学家胡绳、顾颉刚，物理学家李政道、吴健雄、钱伟长、冯端，数学家冯康，生物学家冯元桢，作家陆文夫、李善基（武侠小说作家还珠楼主），重要官员如博古、金人庆，等等。

说到民国时期的园林景观，当是其作为优秀学校、培养众多人才

千年泮池

不可或缺的环境因素。学校基本上是以园景为中心，教学区环绕园景而建。园景主要是道山亭和其前后的碧霞池和春雨池。1920年，校长汪懋祖建造智德之门并题词。

道山亭建在石包土山上，为四方歇山式砖石结构，始创于宋，亭中原有理学鼻祖周敦颐石刻像。周敦颐故乡湖南道州有小溪名濂溪，溪上石壁有古刻“道山”二字，因以“道山”名亭。后亭湮废。明朝苏州知府况钟又建。清朝末年，曾归植园管辖。民国年间，重又划归学校，之后则颇为破败。1918年，当时的校长、常熟人王朝阳对其进行了修葺，亭前绕以石栏，山之上下，铺上砖道，杂植花木。亭中有碑刻若干，其中就有王朝阳的《重修道山亭记》。还有对联和题款，如清人所撰“种道得道，学山至山”，民国年间武进人庄蕴宽所题“远吞山光”等。

附：王朝阳《重修道山亭记》

紫阳书院西南隅，土山隆起，有亭翼然于其上，曰“道山亭”。考志

民国初年的道山亭

碧霞池

乘：地为钱氏南园遗址，千载以上，穷极泉石之胜。自钱氏去国，地归府学，而亭之创建，聿始宋时。肽读黎氏扩撰记，则谓明宣德间，南昌况公钟始筑亭山上，并载当时亭之构造、深广，与今多所符合。然则亭虽不始于明，而今所留者非有宋物明也。

有清末造，紫阳书院改为江苏师范学堂，民国初元，又改称“江苏省立第一师范学校”。余始肄业是校，后任教职，游息于此者逾十年。每于课余散步，辄登山望远，天平、灵岩、上方诸山历历在目，匈襟为之顿豁。然睹斯亭之日就颓废，则又未尝不叹教学之凌夷而师道之不立也。宣统末年，地归植园管辖，稍稍粪治。未几苏省光复，郡城久驻重兵，亭以矗立道旁，摧毁狼藉，益不忍睹！民国五年，前校长蒋公凤梧规画农场，先得请于省吏画归校有。自余继总校事，西北缭以高垣，地始不与外通，而樵人牧竖不得更事凌践。肽荆榛塞涂，亭壁委地，苟非重加修治，在校等诸瓯脱，抑非所以重古迹也。

今年春，乃鸠工缮葺，期月而成。亭之前绕以石栏，可供游息，山之上下，通以砖道，杂植华木百数十株，数年以后，庶几蓊肽可观。亭中原

奉周子石刻遗像，道山之名昉此，以周子生濂溪，溪上石壁有古刻“道山”二字，因以名斯亭云。慨自五季之末，道术凌替，天地闷，贤人隐。自宋周子出，穷究天人之故，始开一代学风。今昔何时，道衰文敝，殆去五季之世不远。

吾校以培植师资为务，岁聚徒数百，耗公帑累万，其果有补于当世人心否？则师若生游息其间，能勿缅想先贤、交相警勉，以图学业之精进而维斯文于不隳？若徒登临凭眺，作流览风物之资，则又非重修斯亭之本旨也。爰撮其要而为之记。

民国七年。常熟后学王朝阳谨撰，吴县后学汪克壎谨书，濂溪后人梅谷刻石。

碧霞池，本名“裕德池”。明嘉靖年间府学教授有钱德洪其人，他是理学家王阳明的弟子。王阳明曾经在一个叫“碧霞池”的地方设宴与弟子聚餐，并借机讲道。这次活动给钱德洪留下极为深刻的印象，以至记载在他自编的《年谱》里。因此，当钱德洪主持修道山亭的时候，便把裕德池易名为“碧霞池”，以纪念他的恩师王阳明。

1933年，毕业于苏州中学师范科的张协先生在校时曾经写过一篇作文，记述了校园的主要园景，写得很美，引录于下。

附：道山亭畔的风景

我常这样说：“风景是供观赏的。但最好的风景，不单可以观赏，并且可以咏味的。”

道山亭畔的风景，我是爱看，什么时候都爱看，其原因即是在此。

山并不十分高，差不多等于一个矮小的丘陵，东西的宽度比南北狭长些，山路便是隐嵌在这两旁狭长的斜坡上。这路也不怎样的崎岖，是用寻常的砖块铺成的，阔有三四尺，同时两人可以并排走，但若是对面来了一个人，那么两人中非让开一个到路旁不可，好在路两旁的地方，也大多很平坦，让开并不是什么困难的事情。山质是土的，虽然也有很多的石头：大的、小的、尖形的、方形的、长方形的，或是嵌在泥中，或是露在地面，或是互相倚恃，表现“参错”“枕藉”的姿态，或是遥相对峙，成观望互应的形势。然而毕竟不很自然，和天然的石山是有区别的。

山上多的是树，有栎、梅、桃、枫、柏、樱桃、梧桐……粗的直径可有一、二尺，细的也有碗口大小，有一些树的躯干上都挂着标明着名字和植物学上类别的牌子，但也有许多是没有的，大概是人们最容易认识的吧，而挂着铅皮牌上的字迹，也很多是模糊了，依旧不能辨别。

这许多的树中以柏为最多，几占总数的一半，且大多是排列在山路的两旁，所以在这山上：春夏的时候，万木欣欣向荣，固然是奇花异色，各自竞秀；就是到了秋冬的时候，万木凋零了，柏依旧是郁郁葱葱，苍翠欲滴。虽然浸沉在秋冬肃杀的气候里，却看不出秋冬衰残的景象来，便是这山的最大特点，无论什么时候在山路上散步，沿路的一片清色，总是掩映着你的衣襟，你若是身材再长些，那么，上面垂挂着的枝儿会拂着你的发丝，而将叶缘边游离的翠绿浸在你发丝的缝里。

道山亭是在山的顶巅，亭子也不十分大，只有一丈见方的光景，左右两旁砌着半人高的砖墙，其余是开昶的，日月的光辉、和煦的清风、虫鸟歌声，都可以自由地透过来。后面是全墙，墙上除了嵌着几块小字的石碑外，有朱熹的石刻遗像，像上有“光风霁月”的狭而长的横碑。亭的外表完全是古代庙宇的形式。前面是一块平坦空地，约摸两倍于亭内部的面积，上面安置着两三条长方形的石凳。你若是站在这里纵目一看，首先映进你眼帘的，我想，一定是西南角上的斜歪着的古塔了，这塔孤单单地竖在旷野里，仿佛是意大利的比萨斜塔，你也许立刻就要联想到那位试验“轻重不同的两球体自由落下而同时着地”的伟大的物理学家伽利略吧。塔的后面映衬着灰青色的城墙，城墙后面更映衬着窈远苍碧的青天。东南是一座庄严雄伟的庙宇——夫子庙——虽然是古旧了，残破了，荒凉了，然而当年孔老夫子的精神，好像从这庄严伟大里尽情地流露出来。

在山腰的两旁，又新建着两个精致的小亭，躲藏在丛丛的树枝的叶片里，东边是懋思亭，西边是春风亭，式样也都是古化，但是和道山亭的朴素比较起来，已显然地表明是两个时代的建筑物了，并且在这里尤其可以显出道山亭的优雅逸致、古色古香的意味来。

山脚的前后，各有一个椭圆形的小池，清水涟漪，掩映着全山的倒影，若是偶有微风的鼓动而兴起极细的皱纹时，那么，山也动了，亭也动了，树也动了，石也动了，山摇着亭，亭拂着树，树击着石，石上下地跳跃舞蹈。一会儿，大小的石块，又渐渐地拉长了，破碎了，飞散了，粘在树上，碰在亭上，浮在空中，跟着树也分散了，亭也破碎了，摇动的山也裂开了，远离了，山挤在树里，树夹在亭里，亭跨着石上……又渐渐地纠拢，凑合，堆砌，装饰成山、亭、树、石，不久又渐渐地拖长了，破碎了……仿佛是电影院里开映着的滑稽影片。

道山亭畔的风景，最奇幻有趣的，我以为还在傍晚的时光。这时候你若是在碧霞池——山前的池名——周围踱着散步，那么，你一定会看到斜挂着的阳光，一丝丝地摊在山一面的每棵树上，每片叶上，其实连池边的娇柔的垂杨也同时浸浴在这阳光里，嗣后阳光渐渐地从最下面的部分卷起了，垂杨于是沉浸在淡淡的灰色里。阳光继续不停地卷到山顶的时候，纯白的面孔逐渐变为淡白了，微红了，深红了，终于娇体含羞，一溜烟逃走了，融合在附近的灰色空气里，于是整个的山、树、亭，一齐沉浸在灰色里。这时，山上、山下、前后、左右、池边……更散有许多的人们：活泼的儿童、摩登的女郎、英武的青年、沉默的学者，伫立着的，徘徊着的，相互谈笑着的，各种不同的姿势、态度、语言、动作，各自任性地表现着，在这变幻奇巧的晚景里。但是，最易引起人们注意的，我想，却要算是池塘边的曲桥上面伫立着的几个娇巧秀丽的女郎了，她们经常是着了浅蓝色的制服，斜倚在桥旁的栏杆上，嘻嘻地轻笑细语，表现出种种窈窕醉人的姿态，仿佛是挂着的一幅天然的图画，会使你心里感到另一种不可形容的快意。

暮色是格外浓厚了，四周灰黑，渐渐从及低洼的池塘里、空隙里、墙缝里，各自偷偷地爬了出来，爬上了平地、枝头、叶缘、山顶、亭尖，各处的灰黑又渐渐地拉拢了，联络了，满布在空中，“当当……当当……”不知从什么地方传来了幽窈的钟声，钻到全山的上下、左右、前后，仿佛是寻找着什么，温存着什么，使唤着什么。钟声渐渐地细微了，杳远了，隐遁了，闲谈的声音、嬉笑的声音，也跟着渐渐地远离了，低微了，消失了，于是热闹的秀丽的山、亭、树、池……一齐睡眠在深深的寂静的灰黑里。

轩辕宫

轩辕宫在今祥符寺巷36、38号，又名“仙机道院”，坐北朝南，两路四进，始建于宋，至清朝末年，已经多次重建，今存者乃同治年间重构。有冯桂芬题额门楼“为章于天”。

民国时尚存，有假山、旱船、古树等园景。

现为苏州市文保单位。

竹堂寺

竹堂寺在今之槐树巷南口的和令坊，为宋绍兴年间将领杨存中别墅，杨居此30年。地近百亩，屋仅数椽，余皆艺树，绝类山居。元朝为陆志宁寓馆，既而舍为僧寺，号大林庵。明初废，永乐中重建，易名“正觉寺”。明人吴宽在《正觉寺记》中写道：“志宁故大家，在当时园亭最胜，尤好植竹，至今美种蔓延不绝，人尤以‘竹堂’称之。地既幽僻，入其寺，竹树茂密，禽声上下，如在山林中，不知其为城市也。”明朝祝枝山、唐寅皆曾读书于此。清康熙间，中部改建为万寿宫，东西两院则分别称为“东竹堂寺”和“西竹堂寺”。咸丰十年（1860），寺毁于太平军战事。民国初年，重建西竹堂寺，1931年，有殿宇20余间，地基200余亩，为苏州城内著名梵音丛林。虽然杨存中、陆志宁时期之盛况早在清初已不复存在，但园景余韵历代延续，民国时尚存些许。

新中国成立之后，西竹堂寺为工厂所用，东竹堂寺变为民居。

圆通寺

萧退庵

圆通寺在今阔家头巷，网师园东邻。始建于南宋淳熙年间，清光绪年重建。南向，三路四进。东路略有园景，居中为放生池，池边有黄石假山，临池建水榭，五开间。民国年间，住在网师园的张大千、叶恭绰等名流常来此与和尚谈文论艺，近现代大书法家、民国时有"江南第一书家"之誉的萧退庵（1876—1958）生命的最后20年居此庵内。这是一处颇有文化内涵的寺庙。

2008年由私人出资修复，并用作美术馆。现为苏州市文保单位。

清微道观

道观而有园景者，不如寺庙多，即便有，园景也并不显著。在今之东支家巷15号，南宋端平年间有隐士沈清微舍宅而成的清微道院（又称"清虚道院"），除有祖师殿、三官阁、偏殿、客堂等道观建筑和碑刻外，另有一处桑园，一处竹园，这就是它的园景所在。花木是园林景观的重要内涵，我们的先人之所以移天缩地地造园，就是要把花木、山水移置到自己的花园中。位于今之桃花坞的苏州最古老的私园——汉朝张长史的园林就是仅仅种植了5亩桑树。因此，虽然清微道观的园景并不完备，本书仍将之列为园。民国期间，园景大致仍在，有徐志清其人曾任道院院长。

2008年，有关部门对其进行了修复，但其不再是道院，而是被改作油画雕塑院。现为苏州市控制保护建筑。

1940年前后的西园寺、湖心亭一带景观

西园戒幢律寺（西园寺）

西园戒幢律寺在今之桐泾北路西园寺弄18号，这是一处典型的寺庙园林，殿宇在东，以放生池为中心的园景在寺之西。创建于元代至元年间，始名“归元寺”。明朝末年东园（今留园）主人徐泰时之子徐溶，把已经衰落的归元寺改建为宅园，名“西园”。园多美石，有太湖甲族、不染尘、移云三亭。园建不久，即重新舍而为寺，名“复古归元寺”。崇祯八年（1635），改称“戒幢院”。惜于清咸丰十年（1860）毁于兵燹。光绪十八年（1892）复又重建。

入民国，继续施工。1912年，大雄宝殿落成；1925年，罗汉堂竣工；直至1926年，金刚观音殿、方丈室修葺一新，至此方才全部完工，全称为“西园戒幢律寺”。此时的西园寺有屋宇190多间，占地60多亩，规模居当时苏州城内丛林之首，成为江南名刹。每逢佛诞节，寺内几无隙地，香烟迷目，烛焰炙人。

王世勋的《沧桑忆旧录》对民国早年西园寺的状况记述道："虽名西园，却不是花园，而是一座寺庙，庙宇甚大，僧侣众多，庙前有一大放生池，池中蓄养巨鼋颇多，其大者，背如小圆桌面。大殿建筑巍峨，香火鼎盛，殿西有一'戒幢寺'，内塑有五百尊罗汉，均如真人大小，每尊罗汉的面目神态均各不同，莫不栩栩如生，必为名手所塑造，有极高致艺术价值。"

1928年，范烟桥重修的《苏州指南》记载了它20世纪20年代的园貌："园在寺之西。其入门处，署曰'西园一角'，旁有联：'西已种竹栽花，培心培地；园则放生育物，养性养天。'园中胜景以放生池为最。东西架曲桥，以通池心之亭。亭之额曰'月照潭心'，联云：'圣教名言，独乐何如同乐；佛家宗旨，杀生不若放生。'池内多鱼多鼋，游者每以饼饵投之，麇集可观。池西有轩，临水爽恺，池东有四面厅，颇宽敞，河内窦镇山联：'地拓三弓，喜几净窗明，柳眼花须齐掩映；塘开一鉴，看鸢飞鱼跃，山光云影共徘徊。'上海陆云荪联：'三吴选佛场，此处居然能结构；百族消劫运，上天无处不慈悲。'天台刘文玠联：'最难得过来人，相逢香火有缘，即色即空，正婆娑春梦一场，苏台归鸟；何处寻干净土，大好园林无恙，宜晴宜雨，却仿佛西湖三月，花港观鱼。'又应时雨联：'大江东去浪淘沙，试问江上青山，年年常住江头，曾记否六朝时四百八十梵宇；巨苑西开金现粟，最喜苑中绿水，处处倒涵苑景，能救得一池间万千亿兆生灵。'此外园中布置，有田圃垒石等，颇雅好。"

《苏州指南》还记载，当时游西园，园资半角，茶资每壶一角。

童寯《江南园林志》记载了它1932年至1936年的状况："咸、同兵火，寺园均毁，今寺虽重新，而园未全复也。园之主眼在放生池，亭立池中，有曲桥达两岸。岸西荒芜不治，近放生园。东岸有四面厅及长廊，与罗汉堂比邻。"并称其"为今寺园中著称者"。还说"苏州西园大门前十字花纹地，颜色式样，独具匠心"。1934年10月号的《旅行杂志》的游记《江浙漫游记》对这一时段的西园寺也有描述："到西园寺，参观五百罗汉堂及放生池，上有九曲桥通达彼岸，中有湖心亭额曰‘月照潭心’，池内蓄有五色大鱼及大鼋，游人每投饼入池，观鱼鼋浮水抢食以为戏。”此乃抗战前的园貌，与当今风貌差似。

此后，驻兵不断，日显破败，寺庙门窗受损严重，荒芜满目。

在瑞典人喜龙仁《中国园林》的记述中，西园寺在1860年遭太平天国运动毁坏后，“虽然建筑已经重建，但园林依然不完整，光秃干涸的两岸间有一个大湖，看起来平淡无奇。缺失的不仅是丰富的植物，还有与水相互映衬的中空弯曲的石头。失去了这些基本要素，中国的园林看起来多么空洞乏味！”

西园寺的再度兴盛乃在新中国成立后的修复。现为江苏省文保单位。

江苏省按察使署衙门花园

这个衙门在今道前街170号。此地明朝初年为江苏水利分司署，后为兵备道衙署，因此署前之街道就叫“道前街”。清雍正八年（1730），江苏提刑按察使署由南京迁来苏州，就设在这里。按察使署是主管司法刑狱的机构，1840年虎门销烟的林则徐也曾在这里任过按察使之职。当年这处衙门巍峨庄严，属深宅大院，至今依然气势不凡。现存主轴线上的门厅、北部的二堂、内宅和东面的二路各四进建筑；工字殿与楼厅均面阔五间，中以卷棚顶穿廊相连。东路有一贯通南北的巷，最北端为一内宅，楼前为花园。当年的建筑规制、园貌仍依稀可见。

这里民国年间是江苏高等检察厅和江苏高等法院。对民国年间江苏按察使署衙门的园林景观，沈庆年先生主编的《古城遗珠——苏州控保建筑探幽》有诗意的描述，兹摘引两节以见其详：“东面一路是四进三开间建筑，每进之间有天井相隔，走廊连接。天井中分植树木、太湖石、假山小品，第二、三进的天井中，有一株树龄300年的紫玉兰，还有一株130年的桂树。……第四进则是两层楼厅，楼厅与第三进之间是花园。”“大宅有园，是苏州府第民宅的传统样式。按察使衙门的园林小巧精致，集山水亭廊之美。坐在楼厅前石凳上南望，园中绿树翠竹之间，是一潭碧水。左侧临墙处是一座半亭，即半只小亭。临水池岸由太湖石镶嵌，绵延至远，连接着层层叠叠的假山。间或可见莲叶浮水荡漾，间或可见有石板小桥映水，间或水中有山石踏步可登假山，间或可循假山小径钻洞探幽。右侧的复廊用美人靠连接，可临水可看园。试想，按察使署的人们在办公之余还可坐此休息、观园赏景之况。”

江苏省按察使署衙门现为江苏省文保单位。

范公祠

范公祠在苏州市古城区西南上方山下，明朝正德十五年（1520）监察御史卢雍为纪念范成大而建。范成大（1126—1193），苏州人，宋高宗绍兴二十四年（1154）进士，诗人，曾出使金国，不辱使命而归。后曾任参知政事等职。晚年退居苏州，在石湖依越来溪筑石湖别墅以居。此别墅置于山水怀抱之中，有月北山堂、千岩观、天镜阁、说虎轩、绮川亭、盟鸥亭等景观。当年杨万里、姜夔、周必大等文人名流都曾来此雅集。周必大说：“吾行四方，见园池多矣，如芗林盘圃尚乏此趣。”（《横山志略》）以后园景渐次衰败乃至完全圮废。

范公祠建成之次年，有人将范成大手书其诗作《四时田园杂兴》60首摹刻成诗碑，嵌于祠壁。时至今日，依然存留7块，分3处嵌于寿栎堂的墙壁上。范公祠代有修建。清乾隆年间宫廷画家、苏州人徐扬的画作《盛世滋生图》中，绘有祠宇的全貌，可见祠宇背山面湖，规模宏大。石湖别墅虽然早已不在，但在其遗址上所建之范公祠俨然又成为别墅的后继景点。

1926年，李根源前往访古时尚有祠宇三进，享堂正中供有范文穆公神主。此后又年久失修，日渐倾圮。

1984年祠宇进行了全面整修，1986年对外开放，是石湖景区的主要景点之一。现为苏州市文保单位。

瑞莲庵

瑞莲庵在齐门路星桥巷13、14、16、18、20、22号，始建于明朝崇祯九年（1636），道光年间重建。

1932年，苏州市佛教协会会长释修文重修。此庵坐北朝南，四路三进，有大殿、佛堂等构建。花园在庵之后部，属前殿后园格局。有荷池，名七星池，池底凿有7口水井。湖石驳岸，池中构亭，名“观荷亭”，并架曲桥。池中广植荷莲，不乏五色荷花等名品异种，“瑞莲”之名即由此而来。又有荷花厅、船厅等。当年这里曾是苏州文人雅士游赏观荷佳处。园中遍植花木，有丹桂、黄杨、香樟等。

新中国成立之后，瑞莲庵成了工厂，佛像等被搬入西园。1977年荷池被填，九曲桥被拆除。现为民居。现存大殿、佛堂等建筑和“佛日增辉”“法轮常转”等字样的几块碑刻。系苏州市控制保护建筑。

钱江会馆

此会馆在桃花坞大街。园景在会馆西侧，有水池、假山、蜡梅、天竺等。据潘贞邦写于1941年至1951年间的《吴中访古杂录》记载：“馆额四小篆。中有一额，书‘俨同乡井’，上款‘乾隆丁亥年七月谷旦’。下款‘晋阳申梦玺书’。内有一碑，系‘吴阊钱江会馆碑记’，仁和杭世骏撰，钱塘梁同书书。末署‘乾隆三十有七年龙集壬辰正月望日’。此碑尚完好如新。”

善行潘公祠

此祠即潘世恩祠，在今之混堂巷中段。规模颇大，几类网师园。祠内有大厅3座，有假山荷池、亭台楼阁、旱船曲桥、花卉树木等诸多园景。民国时园景略存。

新中国成立之初，曾为协成布厂所用。

先蚕祠

先蚕祠位于吴江区盛泽镇五龙路口，又名“蚕花殿”或“蚕王殿”，是祭祀蚕丝行业祖师的公祠，于清道光十二年（1833）由盛泽丝业商人公建。此祠是古典庙堂式建筑，正面门楼飞檐斗拱，气势轩昂。过门楼不远就是戏楼，戏楼两侧与厢楼相通，戏台朝北，下面的广场可容万人。正殿雄伟高敞，供奉中华民族人文始祖轩辕、神农和嫘祖三座塑像。嫘祖是黄帝的妻子，她教会百姓养蚕缫丝，是我国丝绸行业的祖师。殿上挂“先蚕遗泽”“衣被苍生”匾额。蚕民每到祠里叩拜，祈求神灵保佑，所以，先蚕祠里香火鼎盛。正殿西南，月洞相隔是三上三下的议事厅，议事厅前有水池曲桥，亭榭回廊，树石花卉，幽雅清逸，别有洞天。

摄于1941年的先蚕祠砖雕门楼

晚清、民国年间，盛泽大小丝行近百家，从业者千人，常在此集会议事，盛况空前。园景亦大致依旧。

盛泽镇于1999年耗资200余万元加以修缮，先蚕祠重放异彩，

2013年3月被国务院公布为第七批全国重点文物保护单位。

王氏怀新义庄

此义庄在今西花桥巷24、25号，为太原王氏后人王师晋建于清同治十二年（1873），南向二路八进。本有花厅、船厅、水池、湖石花坛等构筑，西路有园。

民国年间园景大致存在，大约于全面抗日战争前夕开始衰落。

新中国成立之后，园景有存。1966年因假山坍塌伤人，故拆山填池，园景渐失。至20世纪八九十年代，尚存水池、花厅、船厅、书房、湖石花坛等园景。现为民居，是苏州市控制保护建筑。

善庆庵

此庵在今娄门内库里弄6号，光绪三十四年（1908）重修。原有假山，遍种桃花。现为丝绸印花厂职工住房。

三山会馆

此会馆在阊胥路泰让桥畔，由清末民初福建商人公建。中有小型园林，水石、曲桥、亭阁俱有。

民国早年，有园景存在。废于何时，不见记载。

新中国成立后，曾为工厂所用。

湖南会馆

此会馆在通和坊，建于清末民初。内有小型园林，有假山、水池等。民国年间园景仍在。

新中国成立后，曾为塑料三厂所在。

之园（全浙会馆）

之园即全浙会馆，在长春巷。光绪年间，由浙人宦吴者集资公筑，有水石花木之胜。民国年间园景尚存。

新中国成立之后，为印刷厂所在，园不复存在。

春晖义庄

此园在今南石子街10-1号，乃徐氏义庄，由徐淑英创办。有宣统年间门楼题额。坐北朝南，二路。本有园。民国年间仍有园景。

现为苏州市控制保护建筑，尚存厅堂、老树、碑刻。现西路在大儒巷小学内，东路前为小游园。

赵氏宗祠

此宗祠在砂皮巷2号，清代建筑。民国早期尚有园景，后假山、曲廊、花木渐毁。迄今尚残存部分建筑。

净心莲社

净心莲社在今之姑苏区葑葭巷31号，民国时期失记。新中国成立后仍有园景、假山、树木等，均毁于1966年。现为佛教居士林。

福音医院花园

福音医院在齐门外洋泾塘，系光绪二十一年（1895）美国传教士戴维斯所建，戴维斯自任院长。同年，美国医生詹姆斯·惠更生（*James R.Wilkinson*）也来此医院主持医疗工作。医院后有花园。1935年惠更生病故，即葬此花园之内。

第二节 古代遗存私家园林的生存状况

苏州古代园林，以私家园林为主，其数量大约占各种形态园林总数的90%以上。就今日苏州古城区在民国期间尚遗存的134处私家园林来看，其始建年代，汉朝1处，宋朝3处，元朝1处，明朝17处，其余112处全部为清朝所建，而且多数园林经过了清朝末年的改建，保存下来的也就具有较多的晚清痕迹。这些园林在民国年间或基本完整，或部分残存，或毁废严重，情况差别很大。大致是“凡园史越久远者，则与原园相类处越少”（童寯语）；而建造时间愈晚者，则存世者愈多，而且也保留愈完整。清朝末年所建之园，更有相当数量的园主活到了民国。因为清末之时已经西风东渐，遗存园林的修建、改建也开始融进许多西式风格。

限于篇幅，本书不可能把遗存的古代园林在民国时的状况逐一详加介绍，只拟根据其今日的历史地位和保存的完整程度进行详略不同的进行梳理。行文的顺序将以园林始建时间的先后为准。

苏州古城区（约今姑苏区范围）

五亩园

五亩园，在今之桃花坞处。它是苏州园林史上最早而且园景绵延时间最久的一处私家园林。始为汉朝张长史植桑隐居地，并有高大的灵芝石。北宋时梅宣义在此基础上筑园，始名“五亩园”，世称“梅园”，有双荷花池等景观。之后，章楶在南邻构桃花坞别墅，广

700亩。金兀朮侵苏，园俱毁。明朝，吕毖在此筑小桃园。清朝乾嘉年间，叶昌炽又在此筑园，景甚多，名“叶家花园”，庚申年毁。光绪年间捐归文昌宫轮香义塾，不复为园第。此时的五亩园又成了苏州文人猜灯谜、结谜社的场所。清末，著名学者、社会活动家谢家福（1847—1896）购得残存的五亩园，主持轮香义塾事务，并设苏州电报传习所于此，培养电报人才。他对五亩园进行了较大的修复，园景有桑园、梅坞、更好轩、双荷花池、碧藻轩、小桃源、采香亭、轮香局、义塾（儒孤学舍）、中丙舍（停棺之所）等及连接各处的长廊。谢家福去世后，其孙谢安生继承五亩园家业和事业。

进入民国，园景大致仍在。1921年8月，张紫东、贝晋眉、吴梅等12人组成董事会，在园之一角正道书院故址设昆曲传习所，培养昆曲人才，后来的许多传字辈昆曲艺人均出自这里。昆曲传习所现为苏州市控制保护建筑。1941年后，此处正式用作城北殡仪馆，谢安生为最后一位殡仪馆馆长。

新中国成立后，20世纪60年代初，此处被林机场使用，但依然残存更好轩、碧藻轩、碑廊及古木、亭池等园景，最后消失于1974年。

纵观五亩园，自汉代至民国，兴废无常，但园林文脉始终未断。清末至民国，先后为义塾、谜社、昆曲传习所，主要为文化教育单位所在，虽然园景渐衰，但并未完全消失。尤其是为文人聚会地，栽树莳花，立峰掘池，必不可少。因此，此时之五亩园，谓为残园，当为恰当。如此园林文脉，历2000多年，犹有园景存在，实属罕见。双荷花池存留至今，更可为证。

沧浪亭

沧浪亭在今沧浪亭街3号，现占地16.5亩，是全国重点文保单位，2000年被联合国教科文组织列入《世界遗产名录》。它是苏州现存且对外开放的古代私家园林中最古老的一处，为宋朝苏舜钦

（1008—1048）于庆历五年（1045）建造的别业。3年之后，苏氏病逝，园先为章、龚两家分住，后为韩世忠占住。元、明两朝，为僧人所居，改名“妙隐庵”“大云庵”。至清朝，地方官员宋荦等屡加修建，而咸丰十年（1860），太平军入城，沧浪亭被破坏。同治十一年（1872）张树声权抚苏州，又加修葺，从此奠定了后来沧浪亭的基本格局。而有清一代，沧浪亭基本上仍由僧人居住管理，市民亦可进出游览，乾隆皇帝曾有4次幸临。

进入民国，沧浪亭基本完好，其管理体制一如元、明、清三朝，产权属国家，管理归僧人，对市民开放。但是，自同治十一年（1872）张树声最后一次修复至1912年，又是40年过去，当时的穷僧人不可能把沧浪亭管理得很好，有所破败亦为难免。1913年，沧浪亭曾被驻苏第二师第四旅旅长苏谦占据以为旅部所在。之后，一度借设修志局，又两次发起修葺未成，破败不堪，荒草漫径。1926年，戏台坍塌，园景多有损坏。

对民国早期沧浪亭的面貌，王世勋的《沧桑忆旧录》有所记述：“它的四周都为水围绕，有似一小岛，在前门有一石桥，与陆上沟通。该园四周临水，均砌有假山，高低错落，园中也有假山、山洞，筑有厅阁，树木蔽荫。”

1921年朱揖文编辑、1928年范烟桥重修的《苏州指南》较为详细地记载了它的构建和面貌：“今虽日久荒芜，而大概犹存，倘得修之葺之，不难恢复旧观焉。前有石坊，额曰‘沧浪胜迹’。园前积水弥数十亩，遍植芰荷。跨以石桥，门面北，额曰‘五百名贤祠’。祠之东偏为面水轩，张之万联：‘短艇得鱼撑月去，小轩临水为花开。’又洪钧联：‘徒倚水云乡，拜长史新祠，犹为羁臣留胜迹；品评风月价，吟庐陵旧什，恍闻孺子发清歌。’又东有亭，额曰‘静吟’……屏门上，勒方錡书苏舜钦《沧浪亭记》。山则横当其前，东西亘数丈，洞壑玲珑，山径曲折，山巅之亭，即沧浪亭也。额为俞曲园书。由亭南下，为明道堂，杜文澜联：‘清斯濯缨，浊斯濯足；智者要水，仁者要

民国十九年(1930)前后的沧浪亭外景

山。'薛时雨联:'百花潭烟水同清,年来画本重摹,香火姻缘,合以少陵配长史;万里流风波太险,此处淄尘可濯,林泉自在,从知招提胜游仙。'堂之东北为瑶华境界。见心书屋与临水之静吟亭通。堂之西南,有三层小楼一座,曰'看山楼',中祠二程夫子,下层为石室,题曰'印心书屋',西为翠玲珑馆,又西为宋苏长史祠。北即五百名贤祠,壁间环列石刻五百名贤绘像。……堂之后东菑西爽,与正门隔山遥对。余如清香馆、闻妙香室在西偏,亦皆临水。其中石刻,有康熙赐吴存礼诗及楹联、御题文徵明小像……美术专科学校附设其中,对面有可园。"

沧浪亭的重大变化在于苏州美术专科学校(以下简称"苏州美专")的迁入。

1922年,苏州画家颜文樑(1893—1988)创办美术专科学校。之后因为学校规模不断扩大,校址不断变迁。1923年,即租赁沧浪亭西部、中州三贤祠河南会所房屋三间,作为西校(东校是原在沧浪亭对面的县中）。1927年，颜文樑应苏州公益局之聘，任沧浪亭保管员，并受命将沧浪亭西部两大间沿河房屋，辟为中国第一座美术馆——苏州美术馆。之后，苏州美专经市公益局和教育局批准，也迁至沧浪亭内。但此时的沧浪亭，诚如颜文樑在后来的《重修沧浪亭记》中所说，“巨石颓仆，荒芜塞径，台榭池观栋折垣圮”。于是1927年与颜文樑交情颇深的苏州富绅、国画家吴子深乃仗义疏财，捐资4000银元对沧浪亭加以修复。加之通过举办美术展览、书画家联欢会等形式广泛集资，当时如徐悲鸿、汪亚尘、叶恭绰、商笙伯、贺天健、江寒汀及刘临川、颜纯生、蒋宜安、余觉、徐康民、许幸之等名家都积极参与并慷慨解囊。嗣后，由地方士绅张一麐、叶楚伧、朱文鑫、金松岑、王謇、许厚基、汪懋祖、徐嘉湘、龚鼎、朱梁任、章骏、眠云、陶小沚、吴子深14位组成董事会，吴子深为校董会主席。修复一年后竣工。《重修沧浪亭记》有言：“阅一载之久，于是看山楼、翠玲珑、面水轩、明道堂、闻妙香室、见心书屋、清香馆、藕花小榭，向之凡百废驰者，今得而一新之。若云已渐复子美之旧观，亦无不可。”可见此次沧浪亭修复之完美。1929年，蒋吟秋在其主编出版的《沧浪亭新志》序言中对吴子深此举赞美道：“同邑吴子深先生雅尚士也，慨亭之将废，独任巨款修治之，前后栋宇，均还旧观。”1929年3月，吴子深从日本考察美术归来，又捐资3万银元，买下沧浪亭东侧徐姓的4亩土地，扩建校舍。嗣后，在园之东偏建造具有意大利文艺复兴时期建筑特色的希腊式列柱拱廊的3层大楼，俗称“罗马大楼”。此楼由上海工部局建筑师吴希猛按照希腊建筑设计图样，苏

1928年，当时的沧浪亭大门，左右各挂“苏州美术馆”和“苏州美术专科学校”牌子

州张桂记营造厂中标营造，建楼钱款5.4万元银元仍由吴子深捐献，于1932年底建成。此楼由14根粗大的石柱支撑着宽阔的门廊，柱后是顶天立地的大玻璃门窗，建筑风格与沧浪亭形成鲜明对比。另有房屋50间，布局合理，设计科学，其规模为当时全国美术学校之冠。1932年9月，当时的国民政府教育部正式为学校定名为“苏州美术专科学校”，列入全国大专院校序列。吴子深感慨万千，对颜文樑说：“虽总共花费五万四千银元，但为学子造福，我从心底里都高兴了起来！”颜文樑则激动地答道：“没有校主的资助关心，岂有文樑的今日，岂有学校的今日！”当时苏州和上海的报纸都对苏州美专的发展做了报道。此时的苏州美专，经常陈列包括徐悲鸿在内的全国各地著名书画家的作品，艺术气氛极浓，苏州美专因此更为社会所看重，沧浪亭也因苏州美专而享名。

其间，因为和颜文樑的友谊，徐悲鸿曾于1927年和1932年两次莅临沧浪亭讲学和游览。此后沧浪亭和苏州美专浑然一体，沧浪亭成了苏州美专的组成部分。至1936年，连同沧浪亭西部在内，整个校舍面积已达70余亩，诸多古典式园林厅堂建筑均为学校所使用。这一时期在苏州美专读书的尢玉淇在《春风不改旧时波》一文中对当时沧浪亭的情况有过具体描述：“‘藕花水榭’是美术陈列馆，除了师生的作品之外，还有当代大师们的名作；‘面水轩’这座会客室，曾接待过徐悲鸿、梅兰芳、章太炎等名人，真是一时多少俊杰。‘五百名贤祠’是当年的国文教室，朱梁任、蒋吟秋等，都在这里讲过课。记得当年我上课时，思想要开小差，曾对墙壁上唐伯虎画像的碑刻，产生过无数遐想；‘翠玲珑馆’里，我看到过最年青的老师张星阶（辛稼）挥毫泼墨；我也曾在‘看山楼’上，谛听邻院南禅寺的梵呗，和纵目远眺南园一陌青青的田野；假山之巅的‘沧浪亭’，同学们常在这里谈古论今，笑谈风月……”此时之沧浪亭，园景依然优美，钓鱼台、看山楼、印心石屋等，各处均有回廊相通，回廊均有漏窗，两面可看。外则荷池环绕。东部为新建之西式建筑，为苏州美专

1936年之前的园林景观

之教学大楼。当时，如此环境优雅、高质量、高水平的美术学校，吸引了各方名流前来参观、讲学，连京剧大师梅兰芳都慕名前来，并与颜文樑校长合影于面水轩前。

对此时的沧浪亭，童寯《江南园林志》写道：“今改为美术专门学校校舍，园中屋宇，渐易旧观。园外曲水当门，石梁济渡，园内一勺而已。沿水尽设廊牖，内外兼顾。不筑高墙，自无畛域，可谓别具匠心者矣。”童寯还赞赏园林之墙“或纯用曲线，以苏州沧浪亭各墙洞为最佳”。王世勋在《沧桑忆旧录》中回忆了大约20世纪30年代的沧浪亭，文中写道：“沧浪亭在城南学宫附近，南邻南园，占地不广，但它的四周都为水围绕，有似一小岛。在前门有一石桥，与陆上沟通。该园四周临水，均砌有假山，高低错落，园中也有假山、山洞，筑有厅阁，树木蔽荫。”

当年的中央大学教授朱偰在1936年写的《苏台访古录》中对沧浪亭颇多赞美：“沧浪亭果然名不虚传，看它的回廊，如何的高下升降，曲折有致。沧浪亭高踞丘上，飞檐凌空，玲珑剔透。五百名贤的石刻，也是吴中瑰宝。”

1937年日军侵华，苏州沦陷后，沧浪亭曾被日军占用，设为司令部，遭到严重破坏。此时，苏州美专一部分迁至上海租界，大部分西迁四川，后又在宜兴设立分校。1941年，汪伪江苏省政府主席高冠吾醵资修葺，历时两月，乃复旧观。因此，1943年，著名学者谢国桢来游，赞美道：“门临荷塘，曲径通幽，建筑的非常灵巧。”（谢国桢《阊门纪游》）

1945年抗战胜利，苏州美专全部返回沧浪亭复校。沧浪亭仍然归苏州美专使用和管理，如藕花水榭、翠玲珑、五百名贤祠等都先后用作教师宿舍。但是，直到新中国成立之前，“沧浪亭”的面貌总体景象是衰败的，这有专业作家宋词先生的回忆为证。宋词（1932—2013）曾在1948年夏由河南开封迁来的河南大学文学院读书，而文学院就设在沧浪亭内。宋词在《寻找仓米巷》中写道：“1948年的沧浪亭是一座废园，经过战乱和日寇占领尚未恢复修整，满目颓败荒芜景象。残碑断墙，衰草满地，竹林半枯。山上奇石倾斜，沿山径盘旋而上，那一座上书‘沧浪亭’的四角石亭巍然屹立，历经风吹雨打、岁月沧桑。还有那几株百年以上的老树依然枝繁叶茂，郁郁葱葱，显示出旺盛的生命力……每当薄暮时分，我喜欢登上山顶的沧浪亭，向远处眺望。虽然已望不见诸峰环拱、远岫浮青的景象，仍有高旷轩敞、心舒目开的感觉。”而1948年上海大中舆地学社出版的《最新苏州指南》却有这样的记载：“进内芳草遍地，绿波映辉，一泓清水，围绕粉墙，遥望洞壑玲珑，林屋云峦，有亭翼然，即游人回念之沧浪亭。”《最新苏州指南》是一本旅游指导书籍，它对园林名胜的描述，多溢美之词，可能是出于招徕游客的需要，它的着眼点主要在园林美的一面。对今天的读者来说，以上对沧浪亭的不同的记述，可互为补充，或许更能看出当年园林的真貌。

可以说，民国年间，沧浪亭的命运和苏州美专紧紧地联系在一起，正是因为苏州美专设在沧浪亭内，沧浪亭才得到了较好的保护。

1949年之前开敞的长廊

但是，对此也有不同的声音。作家王统照在1936年写的《古刹——姑苏游痕之一》中写道："固然荒园利用，而使这名胜地与'美术'两字牵合在一起也可使游人有一点点淡漠的好感，然而苏州不少大园子一定找到这儿设学校；各室里高悬着整整齐齐的画片、摄影、手工作品，出出进进的是穿制服的学生，即便不煞风景，而游人可也不能随意流连。"尤其是对新建的"罗马大楼"，诚如郑逸梅在《老同学颜文樑》中所说："有人认为和传统园林的沧浪亭颇不协调，破坏了小桥流水、曲榭回廊的境界。"瑞典人喜龙仁在《中国园林》中写道："又在此建立美术学校。园林因此免于被彻底毁坏，但仍然遭到了很大不幸，因为园林中美丽的建筑已被带有仿古柱廊的大型宫殿所取代。"本书作者赞成这种观点。但是，在1949年9月出版的《旅行杂志》所刊《苏州轮廓（二）》一文说："美术专门学校新建校舍西式洋房甚为雄伟，与原有古色古香各建筑物相凑成趣。"见仁见智，录备分享吧。

1949年4月，苏州解放，1952年，苏州美专迁往无锡，并入其他学校。沧浪亭也从此被收归人民政府所有和管理。之后，苏州美专再经合并而成为南京艺术学院的一部分。迄今在“南艺”校园的山坡上还立有“苏州美术专科学校”的牌坊，以示纪念。

苏州美术专科旧址现在是江苏省文保单位。

附一：颜文樑《重修沧浪亭记》（写于民国十七年九月，即1928年9月）

吴郡之有沧浪亭，自宋迄明，迭有兴废。逭前清康、道、同间，宋公荦、吴公存礼、梁公章钜、张公树声先后治吴，从事修葺。维时政治清简，从容暇豫，彼不视当官为传舍，而邦人君子宜有以继其美。距今七八十年矣，巨石颓仆，荒芜塞径，台榭池馆栋折垣圮。文樑于去岁五月担任沧浪亭保管之职，提议捐修，事不果行。子深吴君盡焉伤之，既立美术专门学校于其中，以主其事，复独立输银四千，庀材鸠工，阅一载之久，于是看山楼、翠玲珑、面水轩、明道堂、闻妙香室、见心书屋、清香馆、藕花水榭，向之凡百废弛者，今得而一新之，若云已渐复子美之旧观，亦无不可。因感今之士大夫治别墅、营宅第者比比，其于胜地名迹，引为己任，如子深吴君者，岂数数觏耶，是不可以不记。民国十七年九月。

附二：蒋吟秋《沧浪亭新志·自序》（写于民国十七年七月，即1928年7月）

沧浪亭宋苏子美建，特著为吴中之名胜。清康熙间宋牧仲中丞继章、韩后为之葺而复之，并辑《沧浪小志》上下卷。循是亭之续修者有吴立庵中丞、梁茝林时为方伯，张振轩中丞，则正庚申乱后同治季年也。迄今逾六十年，日渐荒落，同邑吴子深先生，雅尚士也，慨亭之将废，独任巨款修治之，前后栋宇，均还旧观。予居邻沧浪，且童稚弦诵之所。比年治事之地又俱与沧浪亭密迩。十余年来，滋益情亲，每有赓继小志之愿，网罗中丞以后记述题咏，当时漏未搜采者补之。卒卒未及专力为之。幸值兹重新之际，亟草成增辑《新志》八卷，自惭拙陋，所赖指示赞辅，则如金先生和羹沈先生载华，缮校竣工，附书志感。民国十七年七月吟秋蒋瀚澄序于沧浪可园。

蒋吟秋

1946年之前的可园景观

可园

可园在沧浪亭对面，宋朝时本为沧浪亭的一部分。清乾隆年间，经学大师朱琦寓于此，先为其取名“乐园”。因庭宇清旷，有山林野趣，亦名“近山林”。乾隆重臣沈德潜曾读书于此。园有池，清泓可挹；有亭，可临风观月；有碑，可考曩迹，四周绕廊庑。有人以为此园简朴，可否谓园，朱琦循孔子“无可无不可”之意，断然曰“可”，故易名“可园”。嘉庆年间，两江总督铁保与江苏巡抚汪稼门在此创建正谊书院。光绪十四年（1888），苏州布政使黄彭年在此建学古堂，筑浩歌亭，遍植花木。此时园有八景。光绪三十一年（1905）科举制度被废除，光绪进士、苏州草桥学舍创办人、苏州市公所董事长蒋炳章在学古堂开办新式学堂，设立游学预备科，培训官派出国留学生。

辛亥革命时期，湖南湘乡县人、民主革命家、妇女运动先驱、中

1920年左右，图书馆工作人员在可园的合影

华民国教育家、记者张默君（1884—1965）女士曾在园中办《大汉报》。1914年，此处被设为江苏省立第二图书馆，接收了原正谊书院、学古堂的全部图书财产。园中又植梅百株，其中黄彭年时所植铁骨红有“江南第一枝”之誉。1922年，蒋吟秋（1896—1981）任馆长时，园景幽雅，图书累累。

1936年，在此举办梅展，除了园梅、盆梅外，还展出古今名人关于梅的书画，一时轰动全城。同年，张默君故地重游，与邵元冲、汤国梨在此诗词酬唱。1937年2月20日至3月2日，叶恭绰、李根源等又发起举办吴中文献展览会，共展出苏州地区的方志、史传、乡贤遗像遗著、书画作品和金石拓片等4000余件，可园又因此而风光一时。展品中有一件特别稀罕的文物值得一提，即顾炎武留给子孙的一只鞋子，长八寸许，黄缎子面，极厚的白布鞋底，鞋头鞋跟都有梁，是典型的明朝式样。这可是昆山千灯顾氏后裔世世代代精心呵护保存下来的宝贝啊！此鞋现存于博物馆。对这一时期可园的园景，作家、书画家、当年正读中学、常进出可园的尢玉淇先生在其《吟秋先生是吾师》中有所记述："可园很美，一进门，穿过敞厅，右边是一条修长的临水回廊，一个很宽很宽的荷花池就展现在眼前，环绕荷池，有轩有榭，还有小小的石桥。在那所坐北朝南的正轩后面，有一座高高的土岗，岗上有一座四方形亭子，叫作'浩歌亭'。土岗上下，遍植梅树，在亭内可以登临送目，以舒积愫。还有廊外曲槛边，那只临水的铁骨红梅'胭脂红'，每当早春，花蕾齐放，馨香四溢，而且花色红得深沉，正是胭脂之色。庭园清幽，景色宜人。在园内正既可享受这清幽景色，又可以浏览群籍。"此时的可园为省立图书馆。

1937年"七七事变"之后，驻苏州的日本领事馆气焰嚣张，以"加强中日文化交流"为名，派人到可园索要图书目录，被馆长蒋吟秋婉拒。事后，蒋吟秋迅速将名贵秘籍装在8只大柳条藤箱内运到东山鉴塘小学密室内；把精本、善本书籍，装了40箱，运到西山包山显庆寺，安全保存起来，使敌人多方搜索而不得。

苏州沦陷后，日本的马队进驻可园，木刻书版被当作柴火烧掉，报纸用来擦枪，满园军马屎尿，可园一片狼藉。尢玄父编著、1939年出版的《新苏州导游》对可园是这样记述的："入园门，自右折而入，通以曲廊，有亭翼然，曰'思陆'，壁嵌刻象，即陆春江氏也。再进又有亭一，嵌壁有陈鹏年刻象……亭后土阜上亦有亭。园内植红梅数百，白、碧、红三色俱有，以铁骨红梅为最贵，佐以池渠亭阁，亦颇饶画意。园后有屋栉比，即当年游学预备科学子藏修息游之处也。"

抗日战争胜利后，书籍从东山、西山运回，蒋吟秋重掌馆政。余彤甫绘《载书返棹图》，金松岑撰《完书记》，潘由笙书册页一本，蒋吟秋遍征题咏，借留纪念。可园逐渐恢复原貌。

新中国成立后，可园曾归苏州医学院所用。1975年，蒋吟秋先生旧地重游，感慨万千，曾有一绝句抒怀："曾记藏书满载回，可园邺架喜重开。看碑稽古同欣赏，历劫犹存铁骨梅。"可园现已修复，对外开放。

此园现在是苏州市文保单位。

网师园

网师园在今带城桥路阔家头巷11号，现有面积约9亩，是全国重点文保单位，1997年被联合国教科文组织列入《世界遗产名录》。网师园的历史可以上溯到南宋，当时江都人史正志在此筑万卷堂（称“渔隐”），史氏之后，园归多家。至清朝乾隆年间，苏州知府、苏州人宋宗元在此基础上构建了网师园。有清一代，园的主人换了四五个，其中有一位是江苏巡抚程德全的朋友、吉林人达桂将军。达桂有园仅4年，1911年即归冯姓所有。

其后东北军阀张作霖以30万两银子购得此园，于民国六年（1917）赠予其师张锡銮作庆寿大礼，园子易名“逸园”，黎元洪为此园书匾额，世人称“张家花园”。张锡銮（1843—1922），杭州人，生于成都。清末曾任奉天将军，民国之后曾任直隶都督、东三省宣抚使、吉林都督、湖北将军等职。当年在清廷招安张作霖时，张锡銮曾对张作霖有所帮助，张作霖为报恩德，便买园以赠。此时之园，大门造得十分气派，对面有宽阔的照墙，东西两侧各有辕门，这在当时的苏州是不多见的。园中又筑琳琅馆、道古轩、殿春簃、篗月亭诸胜，别饶风趣，其间尤以十二生肖象形石为他处所无。因此，本少有人涉足的废园，又时常有人光临。张锡銮后死于天津，5年中从未在园中住过。后其子张师黄继为园主。

网师园张大千（左）、叶恭绰与虎儿在网师园合影

1932年，暨南大学附中迁来苏州，其部主任、后来的著名记者曹聚仁曾居此园。同年，画家张善孖、张大千昆仲曾因和张师黄友

1918年，网师园之月到风来亭

善而借寓园中，同时张氏弟兄的母亲曾友贞和张大千的原配夫人曾庆蓉、二夫人黄凝素、三夫人杨宛君也都一起住在园中。另外借居园中的还有金石书画家叶恭绰和王秋斋等人，居住时间长达4年。据吴湖帆日记记载，1933年1月3日，“晚在（彭）恭甫处宴。（张）大千、（何）亚农合作仿石涛画，大千画水仙及瓶座，亚农画松，（谢）玉岑画梅，（陈）子清画柏，恭甫画竹，余（吴湖帆）画兰及瓶”。1月26日（春节），张氏兄弟特邀请在苏的知名学者章太炎、陈石遗、李根源、叶恭绰到网师园殿春簃欢聚，午餐后在园中合影留念。可知此时之网师园，文人雅士荟萃，谈文论画，颇似文艺沙龙。

当年，殿春簃就是张氏兄弟的画室大风堂，张善孖善画虎，自号虎痴、虎髯，他曾画虎十二幅，由大千补景，戏称为“十二金钗图”。他曾在园中养虎两只，以供写生。后来从松江带来的一只老虎死去，适国民党军长郝梦龄的部队在贵州山中捕得一乳虎，带回汉口，送给了当时的总参议朱伯林。朱养了数月，便转赠友人张善孖。张氏自汉口将乳虎抱回，经过护龙街（今人民路）一路到网师园，观者如

民国时期遗留下来的殿春簃庭院

堵。张氏将虎养于殿春簃院中，不加锁链，将其称为“虎儿”。虎儿善解人意，与猫、狗、鸡雏和平相处，日相嬉戏。主人一呼，立即依偎身旁，常常夜间踅到张善孖卧室，掀动帐子，轻轻嗅吻主人。张氏每以牛奶、鸡蛋、牛肉食之。有一次，画家马公愚往游，张善孖抚着虎，请马公愚跨在虎背上，摄一小照，郑逸梅为之题为《伏虎图》。张大千曾携虎儿到灵岩山皈依印光法师，印光为之取法名“格心”。不久，虎儿病死，张氏瘗于园中并立碑纪念。抗战胜利后，著名学者汪东在四川遇到张善孖，问起虎儿尚在否，善孖答曰：“乱前先死。所豢二鹤，则倭兵杀之以充庖厨矣。”直到1982年，张大千居台北，怀念兄长及虎儿，听说原碑已废，乃亲题“先仲兄所豢虎儿之墓”寄回，现嵌于殿春簃西墙内。

对全面抗战之前的网师园，童寯《江南园林志》记道：“辛亥革命后，达（本书作者按：达，指达桂）售园与张金坡，最后归何亚农。园东部有宅数进，中部假山荷池，古木参天。西院小筑，乃画师含毫命素之所，园宅兼具，典雅古洁，别具一格。自李氏迄今，主是园者，间为画家。据林泉之胜，养丘壑之胸，至足羡也。”（本书作者按：童寯考察苏州园林约在1932—1935年，1937年写成《江南园林志》和序言，直到1963年此书才由中国工业出版社出版。而何亚农有网师园是在1940年，这里时间上有误差。“最后归何亚农”一句想来是出版之前，由作者所增加。）

1940年，网师园为文物收藏家、鉴赏家何亚农从张师黄手中买

网师园景观（载1949年纽约出版的喜龙仁《中国园林》）

长廊水亭（载1949年纽约出版的喜龙仁《中国园林》）

下。何亚农延请能工巧匠，亲自擘画，用了3年时间，对屋宇、亭台、假山、园池及门窗、家具等，全面加以整修、完善，力图恢复旧观；复又充实文物字画、增植花木，仍用“网师园”旧名，多处建筑仍用原有旧题。而有些地方也稍有改动，如把原封闭式的竹外一枝轩改为敞轩，拓宽了射鸭廊，在曲桥与殿春簃隔墙处新辟一洞门，前镶“潭西渔隐”旧额，背嵌手书“真意”二字。此等虽属小修小改，亦见园主手眼妙笔。当时，何氏另有住宅在十全街蔡贞坊，网师园只作别业，因此门虽设而常关。鉴于张大千兄弟曾在此绘画、养虎和张、何二人之间情谊深厚，何亚农每至网师园，必至殿春簃。虽是人去楼空，老友不在，也总是寄托了一份牵挂，一种慰藉。后来，张大千去了北京，住在颐和园。抗战胜利前夕，何亚农也去了北京，就住在张大千的住处，这也是友情的延续吧。可惜1946年何亚农病故于京华，在苏州的网师园由其妻王季珊继承。

瑞典人喜龙仁在《中国园林》中写到了被何亚农买下以后的网师园，并且多有赞美。他写道：

“网师园给人的印象也截然不同。与其他苏州古典园林相比，网师园最大程度地保留了现代气息，因为园林内现在仍有人居住。”“网师园规模不大，但是有一种深邃、神秘和不可捉摸的神韵，特别是树木繁茂的时候。小水塘是这里的中心，周围有石块、古树、桥和长廊，就像林中的水塘一样。这里几乎没有多余的空间，有些地方的树木穿过廊顶或者石头，伸到水中，支撑着水上的桥或亭子。湖岸是园林的构图中心，周围的建筑随湖岸的形状错落分布……在空间充足的地方，这些建筑就与自然景观相融合。这样一来，在僻静的角落里就可以看到，几块石头堆在古树周围，旁边是开着白牡丹的花坛……这里可以欣赏到水面上的光影变幻，鱼儿在摆动的荷叶下悄悄地游动，不必担心受到打扰。不过，这种园林最好是在春天观赏，那时树叶已经长出，木兰和果树也已经开花，华丽变换的倒影美得无法形容。”

1950年，王季珊去世，何氏子女何怡贞、何泽慧、何泽明、何泽涌将园捐献给国家。1958年10月，网师园经当时的苏州市园林管理处全面整修后对游人开放。

狮子林

狮子林在今园林路23号，现在占地16.7亩，是全国重点文保单位，2000年被联合国教科文组织列入《世界遗产名录》。这本是一处典型的在寺旁单独构园的寺庙园林。始为元朝泰定年间惟则和尚创建，前“寺”后“林”格局，即庙宇（菩提正宗寺）和花园（狮子林）浑然一体，花园在庙宇殿堂之后，是后花园。清初，“寺”和“林”之间始筑墙隔开，“寺”从此单独存在，并于乾隆、嘉庆、同治朝多次修复。入民国，也一直为僧人住持。1949年之后，“寺”变为工厂，今为民居，寺庙痕迹，了然全无。“林”则在清朝初年被苏州文人张文萃、张士俊父子买下，从此单独成为私家花园，园景范围约在今狮子林中部山池一带。乾隆朝，狮子林归安徽休宁人黄兴祖，易名“涉园”。黄氏有园，一直到清朝灭亡。

清末，狮子林已见衰败。1912年5月3日，叶圣陶记述道：“惜荒废已久，径草蔓延，亭榭倾颓，无堪徘徊矣。”同年，园被李钟珏以10万银元买下。李钟珏（1854—1927），上海宝山人，清朝时曾先后任广东陆丰、遂溪等县知县，因反对法国侵占广州湾而被革职。之后，居上海，曾任闸北水电公司经理。辛亥之年，参与革命，后任沪军都督府民政总长兼江南制造局总理、江苏都督府民政长。李钟珏买下狮子林的第二年，还没来得及修缮，就因参加“二次革命”反对袁世凯而避难日本，园也被当局充公。1916年，李钟珏回国，定居昆山，建平泉书屋和梅园以居，时邀苏州吴昌硕、陆廉夫、俞粟庐、穆藕初及昆山人朱湘波、殷震贤等到园中绘画唱曲。1917年，他以9900银元的价格，将园转卖给贝润生。李钟珏晚年以书画、金石自娱。1932年，上海民众为纪念他创办自来水公司，为其立铜像。铜像在“文革”中被拆除。

贝润生（1870—1947），名仁元，祖籍浙江兰溪，祖上于明代迁居苏州，他是迁苏后的第13代。贝润生16岁时到上海颜料行学生意，28岁做经理，并渐渐成为富豪。1912年，任上海总商会协理，1914年，任全国商业联合会副会长。第一次世界大战后经营颜料业而成为巨富，号称“颜料大王”。其间，他在苏州建义庄、幼稚园、修桥，在上海开办职业学校，多慈善之举。1917年因事回里，考虑建造族校、家祠。而相地多处，终不适意。恰李钟珏欲售狮子林，于是买下，创办承训义庄。此时之狮子林，已远无元朝时的园林景色，仅存水、旱假山，四曲小桥，仙老爷堂及残存的乾隆御碑与“真趣”匾额等。之后，贝氏又购得园东民宅，着手修建狮子林。主持修建事宜的是著名画家刘临川。刘临川（1859—1932），苏州人，居吉由巷，原名世照，字临川，取《滕王阁序》“光照临川之笔”句意，截为名字。刘临川早年家境清贫，曾为天官坊嘉寿堂陆氏清客，寄寓陆家十多年。陆

贝润生

贝润生初改建狮子林时园池西北的石舫、厅堂、楼宇等建筑景观

氏乃明朝建文帝后裔，当年永乐篡位，建文落难，其子孙之一支易姓为陆，后落户苏州。刘临川早年学王原祁，后学王石谷，善画江南山水，有吴门画派遗风；也善花卉，得恽南田遗韵。其书法，正草隶篆，无所不能，尤精篆隶。其为人也，厚道诚恳，有长者风。对园林文化研究亦深。1925年开始，刘临川任苏州美专国画科讲师，他的书画作品曾多次和颜文樑、张一麐、吴子深、费仲深等的一起展览。苏州美术会曾将他与颜纯生（颜文樑之父）、蒋宜安尊为书画界福禄寿三星和画坛三老，可见其地位之高。刘临川曾为天官坊陆氏建造吴苑深处，从构图设计至绘图书法，均一人总揽。当下，贝氏欲修狮子林，恰巧陆家的姑娘嫁给了贝家。因此建造狮子林的差事就落到了刘临川身上。当时，贝润生建造狮子林的经费账目也全交陆家账房代管。为了把狮子林建造得胜甲苏州，贝润生出资让刘临川游历全国名胜，览胜取经，借资创构园景。

贝氏狮子林的总体布局是东祠西园，这和原来的前寺后园格局有了很大不同。刘临川精通天干地支、阴阳五行之学，深谙堪舆之道，根据狮子林原为佛门善地的特点，此次修建仍旧把园之主题定位在“从善纳福”的境界上。因此在祠门处镌“福”字。这个祠堂完全是按照天官坊陆家祠堂的格局和式样仿建的。祠堂和住宅，南北一条中轴线到底，有正厅、二厅和后厅、小方厅和燕誉堂，建筑规整，雍容华贵。宅门向北开在潘儒巷。西部是一个绝佳的山水花园，弯曲高下的长廊环绕花园一周，将厅、堂、楼、阁、亭等建筑勾连成串。大假山是狮子林的灵魂，贝氏对此着力进行了整修，增添九狮峰，突显狮子林的“狮”意。假山下设了暗道，增加了出口。大假山洞中凿鱼池，使之一分为二，寓意为“二龙取水”，使风水得以贯通，这强调的仍然是“福”。扩大了水池面积，有九曲桥将全园假山连通。池中建湖心亭、荷花厅、“牛吃蟹”，又置狮形石，使中秋之夜得现“潭狮衔月”奇景。刘临川造园十分敬业，为了设计好这一景观，他曾在陆家宅园东南角先堆叠类似的景点进行试验，但规模略小，此假山现仍存于陆家宅园。沿花园西墙堆叠假山，上设人工瀑布，这一水景可为苏州园林之最。园西南角的扇亭也别具匠心。中国古建筑对拐弯阴角的处理大多是开设门户，而此亭却设亭切角成圆，靠墙植芭蕉、竹石。每遇长廊和围墙出现回风，扇亭则会风声大作，产生特殊的音乐效果。南面廊壁嵌《听雨楼法帖》、乾隆御诗碑、文天祥诗碑等。西北角的石舫也是此时所建的。这是贝家为让客人在园中享用船餐专门安排建造的，现在常有人诟病其体量太大而显得不够协调。但也有人说，在整个的组景中，石舫的存在，冲淡了高楼压抑水面的感觉，也避免了这一带建筑的一览无余。而多数游客倒是对这一景点乐游不疲。在增建新景点时，采用了西洋造园手法，用了水泥、彩色玻璃等材料。这是刘临川外出考察时学来的，当时北京香山碧云寺正在建造安放孙中山灵柩的建筑，就用了玻璃装饰、水泥紫藤架等手法。狮子林整建之后，刘临川曾绘全景图，现仍留于燕誉堂的后屏隔上。

贝润生在《重修狮子林记》中说：“旧有指柏轩、问梅阁、卧云

20世纪30年代湖心亭景观

室、立雪堂诸胜，悉循故址，重建新楹，复旧观也。”其实所谓“循故址”“复旧观”，只是笼统言之。仔细对照欧阳玄、危素、郑元祐所写的记，方位多有不合，总体面貌变化很大。但“此外，若堂、若庑、若楼台馆阁，以至亭榭池沼，凡今所布置者，皆随地点缀而已，不足数也”（引同上）。这一说法倒是比较客观。整个修建耗资银元80万，费时7年，最终奠定了今日狮子林的格局和风貌。其楼台之宏丽，陈设之精美，被誉为民国时苏州各园林之冠。

王世勋在《沧桑忆旧录》中记述了他大约20世纪20年代亲游亲见的狮子林园景：“进门以后，在面前，是一排山峰（以太湖石垒成），无路可通，须由山峰下之山洞，穿越而进，而山洞内路径狭窄，左曲右折，分歧之路甚多，往往不得其径，转来转去又回到了老地方，走了半天，好不容易才找到了出口，只觉眼前一亮，豁然开朗，前面有一荷池，荷叶田田，鱼游水中，荷池四周，围以假山，曲折逶迤，而池中孤峰插天，上干云霄，池外则回廊围绕，有厅阁水榭，垂柳拂水，花木扶疏，听树枝蝉鸣，数水中片片金鳞，荷花飘香，暑气全消，

20世纪30年代问梅阁雪景

诚为消暑胜地。我每于暑假期，携三五同学，携带了食物，到园中去饮茶、聊天，消磨一整天，傍晚始归，其乐无穷。相传这园是吴门大家倪云林所设计，所以才有如此曲折幽雅也。”

据1928年范烟桥重修的《苏州指南》记载，当时自阊门到狮子林游览，可以先雇人力车到齐门，车资一角半，再从齐门至园，车资一角；如果直接从阊门过去，车资两角（1939年涨到四角，不收园资，但需经园主许可，方得入内）；或雇快船去亦可。《苏州指南》记述其园貌云：“狮子林湖石玲珑涧壑宛转。其大概分为东西两部，各成一大环形。东部叠石，游其中者登降不遑。西部则盘旋曲折，有如回纹。相传元至正间，僧天如惟则延朱德润、赵善良、倪元镇、徐动文共商叠成。而元镇为之图，取佛书狮子座而名之。近人误以为倪云林所筑，非也。中有狮子峰、含晖峰、吐月峰、立雪堂、卧云室、问梅室（旧有梅曰‘卧龙’）、指柏轩（旧有柏曰‘腾蛟’）、玉鉴池、冰壶井、修竹谷、小飞虹、大石屋诸胜。山上有合抱大松五枝，又名‘五松园’。后为黄殿撰轩居第，已久废。惟叠石池沼及松树十余株尚存。近归贝氏所有，于其前建义庄及学校，并将故址修葺，扩充面积，有石船、九曲桥、高楼，其侧为贝氏宗祠。”

童寯《江南园林志》对它的记述是：“元末僧维则叠石吴中，盘环曲折，登降不遑，丘壑婉转，迷似回文，迄今为大规模假山之仅存者。”“近属贝氏。除大部假山外，殆皆新建。不特证之倪图，景物全非，即徐贲图中，亦仅一二相似而已。斯园主体，全在叠山，堆凿鬼工，湖石奇绝，盘踞蜿蜒，占全园之半。惜屋宇金碧，失之工整。”在对假山赞赏的同时，童寯又将狮子林假山和叠山名家戈裕良、张南垣所叠之山作对比，认为“狮子林仅得其形，戈得其骨，而张得其神矣”。又说：“狮子林铺地，参用鹤、鹿、莲、鱼诸形，亦有精者。”这里有褒有贬，可称公允。

而民国年间的著名记者曹聚仁1932年曾居苏州，对狮子林颇有微词，他在《吴侬软语说苏州》中写道：“城中名园，游客艳称狮子林，乃是富商的家园。古代狮子林不知是否这样的铺排。在我们眼前，总觉假石太多，拥在一堆，什么都舒展不开，一个‘逼’字足以尽之。”

中央大学教授朱偰在1936年写的《苏台访古录》中也对狮子林假山颇多贬抑，写道：“一般游苏州的人，往往盛称狮子林的假山，谓出于倪云林之手。据我看来，过于雕凿了，虽然曲折，但不免跼蹐，只有□□堂前一株枯松，几根石笋，一则霜干虬枝，一则孤峭挺拔，颇错落有致，其他部分，不免堆叠过甚。看过倪云林淡抹的山水，决不信是真出于倪高士之手，也许当年不是这样的。”

在著名学者谢国桢的笔下，这“原来元代倪云林隐居的地方，现在收拾得过于华丽，反失去了原来幽闲的境象”（《阊门纪游》）。

著名学者汪东《吴中园林琐记》中也有记载：“未归贝氏前，余曾往游，虽稍有倾圮，而陟降其间，如入盘谷，玲珑深窈之致，信不可及。……贝氏重加修葺，补以新石，色与质俱逊其旧，斗接处，复以水泥涂甃，法诚便捷，然颇损美观。倪徐而后，擅叠石之巧者，惟李笠翁，世无名手，转不如任其颓卧荆棘中为犹愈也。”

时人有吴双人者，也写道：“池旁添建石舫，施金碧，涂丹垩，砌水泥，辉煌富丽，气象豪华。然恬静古雅之风，不可复见；元高士倪云林匠心布置之遗迹，亦不可复睹”（引自汪东《寄庵随笔》）。

补白大王郑逸梅在《狮林易主》中也说它的一些新构景点及新的建筑手法“反为名胜之玷疵也”。

刘敦桢1936年来苏州考察，对狮子林记述道：“狮子林叠山传出倪瓒手者，亦曲径盘纡，崎岖险阻，了无生趣，与瓒平生行事，殊不相类。”看来也颇有微词。

还有个叫弗洛伦斯·露丝·南希的外国人，在1936年出版的《苏州，一座园林城市》中，在赞扬了狮子林“超凡的营造技艺”之后写道：“它的问题是在狭小的空间里堆砌太多。在这里，参观者感受不到中国园林最有魅力的宁静祥和，而是觉得很拥挤。”

诸家所论，褒贬不一，见仁见智吧！

词人、画家夏敬观（1875—1953）1931年绘《狮子林图》（魏昆提供）

抗日战争之前，外人可凭名片进园游览，园中有照相服务及提供茶水。照南希的说法，就是“参观者一定要记得这是一处私家园林，能够入内参观都源于主人家的善意，出示本人名帖方能进入”。

抗战期间，狮子林和前面的寺庙又连成一体。1941年，被汪伪政府占为特工队训练班、汉奸的贵宾官舍和别墅，这里也曾被日伪政府用来关押抗日志士。此时，东大门关闭，改走狮林寺庙门。庙内东长廊可通花园。其间，暗香疏影楼后的房舍被汪伪省政府秘书长唐惠民租用，荷花厅成为宴会厅，指柏轩成为会客室，五松园成为卫兵休息室等。汪伪政府在此办过“清乡党政干部训练班”。此后，寺与园又分开，寺由和尚当家管理。据日本外务省派出的“赴华特别研究员”（据说是专门做吴方言的研究工作的）高仓正三1939年9月30日的日记记载：“在亭子里听人们哼唱昆曲，曲调优美，连一窍不通的我都感到很有兴趣。”这次，他还在那里拿到了60张京剧老唱片。

1945年，贝润生病逝，其孙贝焕章接管狮子林。是年抗战胜利，国民政府在狮子林举行了接受侵苏日军投降仪式。这是发生在狮子林的一件大事，值得一记。据当时在现场采访的《苏州明报》记者尢玉淇在《一弦一柱思华年》中回忆，当时主持受降的是国民党第三军的中将副司令张雪中。“举行仪式那天，狮子林四周，满布岗哨，禁止通行，实行特别戒严，我是凭记者特许证入内的。会场设于荷花厅内，桌椅排成马蹄形；马蹄形的两对面，中日双方各占一排，中日军官循序而入，肃立而侍。此后便是张雪中中将带着随从，步入马蹄形的正中位。仪式开始，中将讲话，宣布受降，非常简短，然后按军品内容，日方交出清单，中方验收清单，例如管骡马组的日本军官，恭恭敬敬，走向对面负责接收骡马组的中国军官面前致敬，并恭呈清册，然后垂头丧气的退回原位。每一个项目，都由中日双方各一名军官完成。短短一小时，日寇屠杀中国人民的武器、辎重，就全部缴到了中国人的手里。笔者幸运地目睹了这一历史性的场面。会后，我随中国军官，乘吉普，去仓库点验，原来城内的武器绝大部分贮存在平门内一带的军火库内（现在的绸缎炼染厂一带），连北寺塔内，也是一层层塞满军火，枪支弹药，随处皆是。”这值得苏州人骄傲的一幕，就永远留在狮子林里。1946年，狮子林被国民党青年军202师占用，两年后撤走；1948年，曾被河南农业大学借用。1949年中国旅行社印行的《旅行杂志》第23卷9月号《苏州轮廓（二）》记载：“现为贝氏所有，管理周到，为吴中首屈一指之名园。”

同济大学建筑与城市规划学院教授、苏州人阮仪三在《江南古典私家园林》中记载：在抗战胜利后那几年，他曾随父亲到狮子林游览，曾见“那里有名人借园开堂会，到门口凭请柬名片才放进。正厅指柏轩里演的是昆曲……只见亭子里一个先生捧着笙，一个姑娘竖着箫呜呜咽咽地吹着，四周有四五位男士、女士都是远远地靠着柱子、栏杆静静地听着。在船舫、在厅堂里也有些宾客或座谈或品茗，也有一群群四处游逛赏景的游客，总共也不足几十人，在偌大一个花园里绝不见拥挤”。

1949年新中国成立之后，贝焕章于1953年将该园捐献给政府。经修建，狮子林于1954年2月正式对外开放。

附一：贝润生《重修狮子林记》

我吴园亭，沧浪最古，师林次之，顾沧浪建于子美，故在师林百余年以前，而规复于文瑛，实在师林百余年以后，是虽谓师林古于沧浪，亦奚不可。仁元世居茂苑，侨寓淞滨，市廛阛迹，非无鲈脍之思；林壑怡情，敢笑菟裘之筑，吾将老矣。戊午之岁，因事旋里，时固有建祠之议，胥宇度地，辄以询诸邑人，而旧家宅第与夫荒墟故址，足以当我意而适于用者，殊不数构。或有以师林告，曰是休宁黄氏之废园也，久而莫能售，殆至民元，始归玉峰李氏，拟修葺而未果，今待价而沽焉。仁元心识之。未几晤李，举以询，慨然允诺。夫以数百余年荒芜之区，不越十稔而一再易主，殆非事之偶然者也。虽然园之废也，故无非荒榛蔓草，碎瓦颓垣，增后人之感喟；即其兴也，亦惟是画栋雕甍，名葩嘉卉，恣时人之游观。沧桑变幻，物理循环，了无足异。矧余以建筑祠宇，购觅基址，于园之或有或无，初不介意，又奚暇经营土木，以自取娱乐耶？园之四傍多隙地，而东南隅为尤广，乃于其间建家祠焉。祠左有余址，复筑室若干楹，以为校舍。载阅寒暑，次第工竣，由是而斯园荒秽残废，得从事于缮葺矣。园以山石著，故为吴中名胜之一。自有元至正以迄于今，中更两代，垂四百余祀，而诸峰如旧，丘壑依然，鲁殿灵光，若有呵护，师林之名所以不致湮没者，唯此而已。至于车驾南巡，翠华临幸，当年盛迹，回首茫然，惟真趣御额暨御碑各一，虽剥落残缺而宸翰犹存，谨即旧额而新之，悬诸厅事，仍曰‘真趣厅’，别筑一亭，植碑其中，曰‘御碑亭’，志胜迹也。旧有指柏轩、问梅阁、卧云室、立雪堂诸胜，悉循故址，重建新楹，复旧观也。此外，若堂、若庑、若楼台馆阁，以至亭榭池沼，凡今所布置者，皆随地点缀而已，不足数也。夫因袭陈旧，本无匠心之可言，况踵事增华，未能免俗，谬为纪载，能勿惭惶？所冀庙貌常新荐馨香于奕祀，弦歌不辍，宏教育于后人。俾区区初衷，得因兹胜地名园而贻诸久远，固所愿也。不揣谫陋，爰为斯记，以申微悄云尔。

民国十四年岁在乙丑三月上浣，吴县贝仁元识，新安铁生朱鍊书。

附二：包锡成《重修狮子林记》

古今盛衰兴废之数，虽曰由天，岂非人事哉？我吴之有狮子林也，有元以来四百余年矣。其间河山易姓，号令递嬗，世变沧桑，不可究诘，斯园尚丘壑依然，岂以释子之所首创，高人之所经营，益以翠华临幸，宸藻晖煌，若有神物为之呵护者邪？余窃疑之。夫数十百季以后之人，必不能述数十百年以前之事，其可述者，志乘详之矣，故不具论。论其近者，园东北隅有厅事数楹，盖斯园之隙宇，而余园非黄氏有矣。岁壬子，归玉峰李氏，越戊午，归同邑贝氏。今乃重整园林，建校于西偏，建祠于东偏，盖将为大规模之建筑，不惟存名胜，复旧观已焉，余闻而识之。岁月荏苒，众工络绎，历祀六七乃观厥成。夫物由盛而衰易，事由废而兴难，古来宫室苑囿不可胜数，方其始也，绿野平泉擅一时之胜，及其继也，兰亭梓泽兴后世之嗟悦，所谓天道无常，盈虚有定，非人力所能挽回者耶。虽然昔大云庵为沧浪亭，浮屠文瑛能复子美之构，震川称之，今狮林荒残灭没几什百于沧浪，而主凡三易，宏工告成于濒危垂绝之境，为更新作始之计，规模宏远，非其人孰能任之。故吾谓盛衰兴废由乎人而不由乎天也。抑闻之斯园结构，即小而一亭一榭，悉主人意匠经营，躬自规划，少不当意，虽毁之重劳不惜，其不苟也如是。夫不苟于一事者，必不苟于凡事，即小观大，并以告世之游览者。

乙丑暮春之月，吴县忏庵包锡成识，越三载丁卯荷夏中浣并书。

附三：朱剑芒《游狮子林》

喝酒和游览名胜，是我生平最最喜欢的两桩事。可恨我早被造物者注定命宫：只许享些口福，不许多享一点眼福！自从离乡背井，在外混了二三十年，可怜只在苏州、杭州、南京、上海一带，什么“五岳攀登”，什么“重洋远涉”，完全是青年时代的一种梦想，现在连这梦想也差不多消灭了！

我的家乡，本来隶属于苏州的，相距也不过百里之遥。除了小时候跟随长辈，做了几回“乡下小儿上苏州，玄妙观前团团走”，后来居然当过桃坞中学的教师，称过金昌亭畔的寓公，做过苏关公署的幕友，约略合计，至少也住过五六年以上。在这五六年中间，域外的虎丘、天平、枫桥，城内的沧浪亭、拙政园等等，倒也游历过好几次。但是，很著名的狮子林，却始终没有到过。连我自己都不相信，狮子林就在城内，况且又非常著名的。好游的我，怎么不去瞻仰一番呢？啊，我记得了，当时住在苏州，也曾几次想去游览，不是临时发生了什么事故，阻住我的游兴；便是停止游览的告白贴在门上，使我不得其门而入。那真所谓“缘悭一面”！

今年元旦后的第三天，放假空闲，湘忽然发起，要到苏州去游历虎丘。湘虽在阊门寄居过二年，那更笑话，不要说狮子林与虎丘，连玄妙观的山门都没有见过。我就答允了她，立刻动身，并且带了圣儿同去。及至游毕虎丘，本想坐夜车回申，哪知老天留客，连连绵绵地下起雨来。只得在阿黛桥畔的旅馆中，开了房间住下。次日清晨起来，很娇艳的太阳早已爬进窗口，似乎在那儿招呼道：“您俩既然来了，再玩一天回去吧！”我的脑海中，也突然想起了狮子林，得了湘的同意，携着圣儿，坐上人力车，进老阊门——新辟的金门，俗称新阊门，所以本城的人，常在阊门上加一“老”字——直望临顿路以西的潘儒巷进发。不过三十多分钟，已到了平生所渴慕而从没有游过的狮子林的门首。

狮子林现为富商贝淞泉所有。当开放时，和铁瓶巷顾氏的怡园相似，只须掏一张卡片给那司阍的，便可扬长直入。

我们初进园门，经过几处绝没有陈设的房屋。一条很曲折的走廊，和留园相仿佛。园林的建筑式，不过如是，见惯了，实在也引不起什么快感。到了正厅的庭前，才望见对面高高叠起的玲珑假山。相传这些假山，还是元代大画家倪云林打的图样。我所经游的园林，凡是人工堆叠的假山，果然要推狮子林的最为奇特了！倪老先生毕竟胸有丘壑，才能打此图样！我想，《红楼梦》上所说，胡山子野打的大观园图样，一丘一壑，都出人意表，大概也不过如此吧？

假山所占的面积很大，当我们去穿那螺旋式的山洞时，那真受累不浅。因为圣儿是非常顽皮的，他常看了《西游记》戏剧，最喜穿了短衣，左手在额上搭个遮阳，右手提根金箍棒——那是眠床上的一根帐竿竹，在家里专模仿孙行者的踪跳。现在他可大得其所了，把外罩的大衣脱下，抛在假山洞口，抢了我虎丘买来的一根司的克，向黑暗的山洞直蹿进去，真像齐天大圣打罢蟠桃宴，重回到花果山一般。我和湘都是皮袍大衣，着得非常臃肿，并且穿了皮鞋，哪里追得过这小猴儿。又怕他驾不成筋斗云，反栽了个筋斗，只得且赶且喊着："慢走！慢走！"这假山涧的回环曲折，很像我从前在精武体育会所走过的迷阵。明明看见圣儿露出半身在相距咫尺的对面，要想悄悄地赶去抓住他，哪知穿来穿去，仍旧回到初进来的地方。狡猾的圣儿，看见我们找不着跟踪他的途径，却反站在那里哈哈地笑。及至找到，他又脱手望别个山洞中一蹿，去得无影无踪了。闹了好半天，才被我找着抓住，已累得气喘喘而汗津津了！

后来在园的西部，突见了那座金碧辉煌的真趣亭，不觉忆起自己像圣儿同样年龄时所听到父亲讲述过的一段极有趣味的掌故。我便照着当时父亲所讲的演述一遍，不但湘听得津津有味，并使最顽皮的圣儿也怔怔地听，安静了好一回。这段掌故是这样的，据说清朝乾隆帝下江南游历，见了苏州狮子林，非常赞美。乾隆帝是酷喜文墨的，遇到名胜地方，总是御笔亲挥，题了许多诗歌，地方上得到这些墨宝，马上雇匠镌石，建筑起御碑来，表示珍重帝王的手泽，足使胜地胜景，增加了不少光彩。哪知乾隆帝书法虽佳，真正的文才却很有限，并且提起御笔，总要一挥而就，不加点窜，那才合得上"天资文藻，下笔成章"的两句赞美词，假使也像老冬烘摇头播脑的推敲，岂非失了帝王的体统？因之乾隆帝出游，常有一班翰林学士随从扈驾。驻驾到哪里，这班翰林就把哪里的所有名胜，预先做成诗句，蝇头小楷写在所留的长指爪中间。御驾到了一处，想要题咏，一声旨下，预备笔墨，长指爪中写就此处题句的这位翰林，早已趋步上前，假作铺纸，把几根长指爪伸张开来，献给龙目观览，乾隆帝仗了这些捉刀人的妙法，所以到处题咏，信笔挥洒，好像真有特具的天才。这回到了狮子林，可是糟了，那位早预备狮子林题句的翰林，还没有走到御桌旁边，偏来个狮林寺接驾的老和尚，兢兢地捧着匹黄绫，跪在地下，请求万岁爷赐题，乾隆帝一时兴到，绝不思索，竟提起大笔，写了“真有趣”三个大字，那时左右侍从的许多大臣，面面相觑，以为这样鄙俗的字句，如何用得。好在那老和尚见了御笔亲题，不慌不忙地向前启奏道：“苏州地土平薄，御赐三个大字，恐怕载不起，可否分一字赐给臣僧，把去供奉在佛殿上吧？”乾隆帝何等聪明，也明白自己写的太不成话。但是删除哪一字好，一时竟想不起来。便对老和尚道：“你爱哪一字，就把哪一字赐你。”和尚又启奏道：“首一字臣僧万万不敢求取，请把中间的‘有’字见赐了吧！”于是“真有趣”改为‘真趣’，觉得非常雅致，一斑翰林学士，也很佩服老和尚的大才。

父亲所讲的这段故事，究竟确不确，也不必去考求它，但是何等地有趣啊！我可要把真有趣的“有”字收回来，再把“真”字删去，连连地喊他几声“有趣”“有趣”了！

[朱剑芒，(1890—1970)原名长绶，江苏吴江黎里镇人。南社成员，曾任世界书局编辑。1951年，经柳亚子介绍，到常熟从事教育工作，1956年起历任常熟市政协副主席、县人大代表等职。本文写于民国二十年，即1931年，当时发表在《红玫瑰》第7卷第17期。]

灰堆园

志书载，灰堆园在吴县凤池乡鱼城桥东北，即今干将东路，唐家巷东侧。元朝始建（详见拙著《苏州历代园林录》）。据2006年12月19日《苏州日报》许宗祺先生的文章，可以推测这里民国时期还依稀有园景存在：高台土墩，青松翠柏，杨柳依依，池塘清清，平平皱皱，但是，也已经墙塌基废，柱石瓦砾，鼠兔出没。抗日战争胜利后，一些苏北渔民由运河转干将河弃舟登岸，在灰堆园处搭建泥墙矮屋，繁衍生息，乃至开垦种地。花菜蚕豆，时令菜蔬，蜂飞蝉鸣，金龟子、纺织娘、萤火虫、蛐蛐儿等，飞舞鸣叫，灰堆园俨然成了鲁迅笔下的百草园。其遗迹残痕直至新中国成立之后的20世纪60年代仍然可见。80年代以后，随着城市建设的发展、干将路的拓宽，灰堆园就淹没在高楼大厦之下了。

半园（南）

半园（南）在今之仓米巷，此园明朝初年为陶姓所有，咸丰兵火后，俞樾曾赁居于此。同治十二年（1873）转售给溧阳人史伟堂。园不大，当时旁邻尚有隙地，有人劝史氏笼而有之，而史氏不求其全，甘守其半，故名“半园”。南向两路，东宅西园格局。此园虽小，但藻室华椽，山石磊磊，池水粼粼，崇丽而幽雅。其园景之美，视苏城名园，所让无多。

民国初，园曾对外开放，游人甚多。又有隐社、女子诗社、女学研究会设于此，女界名流、文人雅士经常雅集于此。20世纪30年代，曾参与办理“七君子案”的大律师陆鸿仪曾在此设律师事务所。

陆鸿仪（左四）一家住在半园（南）时的合影

王世勋在《沧桑忆旧录》中回忆民国早年的半园（南）道："园虽不大，但有山石、有水池、有亭榭厅堂，也有曲折回廊，小巧玲珑，为游人的好去处。是园曾开放卖茶，且有点心，也是一处具有庭园之茶馆，所以游人甚多，座上客常满，生意不恶。"

1940年5月，汪伪政府曾做文物古迹调查，时半园（南）仍为史氏后裔居住，但已见颓败。据1947年《吴中僻园散记》记述，半园（南）诸胜，面积较小，而建筑则颇精雅。

新中国成立后，宅园尚有9.2亩，其中花园面积近4亩，后私房改造，半园（南）归公，曾先后用作机关和工厂，"文革"中大多毁废。至今仍存半园草堂、还读书斋和部分亭廊。"文革"之后虽曾小修，但尚未恢复原貌。

现为苏州市文保单位。

陆家宅园

陆家宅园在今天官坊8、10、11号肃封里，始为王鏊之子王世延于明正德四年（1509）所建之怡老园。清乾隆年间，有徽商陆义庵其人购得其中一部分，从此世代居住于此，以迄于今。这个陆氏家族颇有来历，本是明朝建文帝的后裔。建文帝因皇权之争，敌不过永乐皇帝，便逃离金陵。其后裔一支易姓为邓，落籍湖南；再一支易姓为陆，落户苏州，这就是天官坊陆家。因此，陆氏家族明确规定，不得与凤阳朱氏和湖南邓氏通婚。

民国年间，陆家是苏州的名门大户，主人陆兆鹏在上海经营钱庄典当业，建造汇丰银行，曾任上海典当同业公会会长；同时经营房地产，鼎盛时期，在上海拥有房产近千幢。陆家宅园面积很大，宅西建祠堂，颇具规模。祠堂包括头门、大堂、二堂，大堂和二堂之间有花圃。祠堂西侧为西花厅，保留至今，是一个花篮厅。陆家花篮厅与众不同，两只精雕的花篮，装饰在左右两根堂梁的正中间，并无柱

民国年间仍存的陆家宅园内的明代须弥座

刘临川建造狮子林时在陆家宅园试验建造的假山

头相连。四角有角门砖额，东南题“映雪”，西南题“过云”，东北题“眠阴”，西北题“挹爽”。祠堂后面是果木蔬菜园，主人家曾在这里搭竹棚施粥行善；园的东界到学士街，连同梵门桥河的北岸，都是陆家用人家属的住宅区。1934年三房陆孟达又以1万余银元购下笑园，因此陆家宅园南面连笑园也囊括其中了。从20世纪50年代初陈从周测绘的《苏州旧住宅》看，陆家宅园计有轿厅、清荫堂、嘉寿堂、藏书楼、账房2处，书房5处、花厅2处、子厅1处、上房8处、下房5处、花园3处、果木蔬菜园1处、家祠1处，等等。陆家宅园园景繁盛而经久不衰，屋宇堂庑多而精美，名人题额诸多，庭园亦多。中路庭园依墙叠石，栽植芭蕉、葛藤等花木。东路花园，民国年间曾经改建，有假山、廊亭，小巧精致，曲廊环抱，山石磊磊。西路楼厅前后都是花园，环境清幽。

当年帮助贝润生建造狮子林的刘临川曾在陆家试验的假山，还有含晖、望月两只狮子头的形象，留存至今，已有文物价值，应视为陆家宅园一宝。而且，狮子林的贝家祠堂也是用陆家祠堂的图纸建造的。

新中国成立后，仍有住宅、祠堂、义庄、砖雕门楼和小型园林里的厅、廊、假山。占地20亩，被誉为苏州住宅之冠，惜已不完整。

此园现为苏州市控制保护建筑。

拙政园

拙政园在今之东北街178号，现有面积4万平方米，是全国重点文保单位，1997年被联合国教科文组织列入《世界遗产名录》。自明朝正德八年（1513）王献臣始建，至清朝灭亡，400年间，它曾经先后为30多位主人所有，诚如袁殊在1943年写的《拙政园记》中所说："这个园，几番为私人所有，又几番归官，变迁极多。"至清朝末年，拙政园面貌和范围是：今之中部和前面的房屋，改为八旗直奉会馆，仍名"拙政园"；今之西部归吴县商务总会总理张履谦所有，名为"补园"。今之东部当时并不是拙政园的范围，而是荒废了的明朝王心一的归田园居。

1912年，中华民国成立之后，八旗奉直会馆易名为"奉直会馆"。后来八旗奉直人士宦游苏州者日渐减少，会馆经济不佳，于是拙政园对外开放，变为游乐、吃茶、说书、唱戏的场所。1919年，曾先后被辟作时疫医院、戒烟所、区公所。约在1920年，李鸿章的侄子李经羲，买下会馆部分房宅（今园林博物馆处），对其大加修缮，使其颇为精致。李经羲去世之后，子孙继续居住。袁世凯的孙女袁慧泉（袁克定之女）亦曾寓此，后嫁桃花坞费仲深之子费巩。袁克定和费仲深分别娶了吴大澂的两个女儿为妻，因此，费巩和袁慧泉实际上是姨表兄妹。再后李氏子孙他去，房宅抵押给某银行。

1925年，程小青、钱释云主编的《新月》1卷2期上刊有胡石予（1868—1938，曾在苏州草桥中学任语文教师、南社成员、诗人，是后来的文化名流叶圣陶、王伯祥、顾颉刚、吴湖帆、范烟桥、蒋吟

拙政园入口之景，此景可追溯到建园之初

民国年间仍存的拙政园明代门枕石

秋、江小鹣、郑逸梅、顾廷龙等人的老师）写的《游拙政园记》，及述当时拙政园之园景，并极为赞赏。摘引如下：“尝怪山水园林之胜，亦随人世风俗好尚为转移，一游览之细，往往前后一二十年间，已令人有今昔不同之感。闻今游杭明圣湖（本书作者按，即西湖）者，戏为西子新装一语，知通都大邑之名胜地，不改弦易辙者鲜矣。闰四月乙丑晨游拙政园……既至，遍历亭台池馆，则犹曩日之拙政园也。其中池水环流停汇，实有全园三分之一，以多水、多树、多空旷处胜。时当首夏，枣花莲叶清芬袭人，弱草不除，满园皆绿，幽鸟声相呼，恍入山林深处。小憩梦池馆，吴祭酒拙政园山茶花诗勒于屏……远香堂外石榴数株，花开方盛，惜不得梅村咏之。余客吴门十有九年矣，每过此辄徘徊不欲遽去，城内外诸名园当首推是，顾游人绝少，殆僻处东北隅故，抑以其荒率耶？余以是园佳处，正在荒率有山野气游之。明日以语女弟子樊秀。秀前数日曾往游，即首肯余言，因谓狮林结构一新，以视是园草木蒙龙、丘壑天然、不雕不斫，殆不可同日而语也……余既屡游是，未一记，余为是文，喜名园之不与世俗风尚相

20世纪20年代拙政园之待霜亭、雪香云蔚亭

民国年间出入拙政园的腰门（在今苏州博物馆东部小弄内）

转移为不多觏也。文中提到梦池馆，据汪应千宣统二年十一月晦的日记中有‘瀹茗梦池吟馆，馆三面环水，陆舟水馆’之语，则当是今日的香洲了。”

1928年，范烟桥重修的《苏州指南》也记载了当时拙政园的园貌，引述如下：“入门，有老藤，旁有石，署曰‘文衡山手植藤’。门有太仓王藻林联：‘拙补以勤，问当年学士联吟，月下风前，留得几人诗酒；政余自暇，看此日名公雅集，辽东冀北，蔚成一代文章。’垒石一座，横当门内，山后有水一曲，通以小桥，桥后有堂，曰‘远香堂’，张之万联：‘曲水崇山，雅集逾师林虎阜；莳花种竹，风流继吴画文诗。’西曰‘南轩’，俞曲园署曰‘听香深处’。隔水而西，有屋如舟，曰‘香洲’……悬有吴梅村《山茶歌》。阁之上署曰‘澂观’。远香堂北池水曲折，有地一区，四围皆水，俨如小岛，跨以曲桥，筑屋其上，署曰‘雪香云蔚’，在最高处。左有亭曰‘勤耕’，右有‘荷风四面’，联云‘四壁荷花三面柳，半潭秋水一房山’。园西北沿边皆廊，循廊而北而东，曰‘拥翠亭’、曰‘藕香榭’、曰‘潇湘一角’。后面临水多竹。东部曰‘梧竹幽居’、曰‘半窗梅影’、曰‘绣绮亭’。园之东南隅，曰‘枇杷园’，有湖石数座，玲珑有致，故署其屋曰‘玲珑馆’。由此而西，即为面山面水之远香堂也。”

当时从阊门到拙政园旅游，坐人力车，需要二角钱（到10年后的1939年，车费则要四角了）。园资半角，茶资酌付。

1930年，园中回廊因年久失修倒塌压伤游人。1932年上海“一·二八”抗战时，十九路军六十师师部曾驻此。在抗日战争全面爆发之前，拙政园已是廊塌楼毁。

20世纪30年代前半期，年轻的园林专家童寯考察了苏州园林。他对苏州园林情有独钟，说：“对其中十几个最著名的，我几乎熟悉它们的每一块石头。”而拙政园“特别使我着迷，提及这名字对我就像一种神灵的召唤，在其静谧的怀抱中悠闲地待上几个时辰，便是我的完美度假方式。我能无数次回到那里而毫不感到乏味”。他甚至说“拙政园或称‘满洲园’”，那或许是因为拙政园曾名八旗直奉会馆的缘故。（以上引文见《满洲园》一文）童寯在其所撰《江南园林志》中多次论及拙政园：“盖为园有三境界，评定其难易高下，亦以此次第焉。第一，疏密得宜；其次，曲折尽致；第三，眼前有景。试以苏州拙政园为喻，园周及入门处，回廊曲桥，紧而不挤。远香堂北，山池开朗，展高下之姿，兼屏障之势。疏中有密，密中有疏，弛张启阖，两得其宜，即第一境界也。然布置疏密，忌排偶而贵活变，此纡回曲折之必不可少也。放翁诗：‘山重水复疑无路，柳暗花明又一村。’侧看成峰，横看成岭，山回路转，竹径通幽，前后掩映，隐现无穷，借景对景，应接不暇，乃不觉而步入第三境界矣。斯园亭榭安排，于疏密、曲折、对景三者，由一境界入另一境界，可望可即，斜正参差，升堂入室，逐渐提高，左顾右盼，含蓄不尽。其经营位置，引人入胜，可谓无毫发遗憾者矣。”“盖咸、同之际，吴中诸园，多遭兵火，今所见者，率皆重构。斯园得以幸存，数十年来，并未新修，故坠瓦颓垣，榛蒿败叶，非复昔日之盛矣。……今虽狐鼠穿屋、藓苔蔽路，而山池天然，丹青淡剥，反觉逸趣横生。正门内假山虽不工，而有屏障之妙。远香堂居中，四顾无阻。东北空旷，自多山林；而西南曲折，北望见山楼，实为全园点睛。布置用心，堪称观止。爱拙政园者，遂宁保其半老风姿，不期其重修翻造。按嘉靖十二年，文徵明曾作拙政园图，共三十一景。道光十六年，戴熙复将文图各景，收归一幅，其大体与今日犹未多乖。斯园虽屡易主，意者旧制尚不尽失也。其西本乾隆间叶园，光绪初张氏改筑，名补园。东邻故为明季王氏归田园，已荡无一物矣。”“江南园林，创自宋者，今欲寻其所在，十无一二。独明构经清代迄今，易主重修之余，存者尚多，苏州拙政园，其最著者也。”这里把当时“拙政园”的布局、构置、风貌以及作者对它的审美情趣的理解，都写得真真切切、清清楚楚。而“其经营位置，引人入胜，可谓无毫发遗憾者矣。”“惟谈园林之苍古者，咸推拙政”“布置用心，堪称观止”“苏州拙政园，其最著者也”等语句，可谓把拙政园赞美到了极致。同时，“爱拙政园者，遂宁保其半老风姿，不期其重修翻造”更看出童寯的观点所在。

无独有偶，抗日战争期间，中共地下党员袁殊就住在拙政园，他在《诗巷》一文中写道：“我在苏州，离开市街颇远，住在一个丘石桥池的园里，我称之为‘废园’，也称之谓‘寒园’。”这“废”“寒”二字也就是童寯所说的“半老风姿”吧！

周劭在《葑溪寻梦》中对这一时期拙政园的情况也有大致类似的记载：“我每星期天下午必到之处却是拙政园，爱的是它的阔大萧瑟荒凉，不像其他园林的紧凑狭窄，令人喘不过气来。偌大的一座名园，那时游人实在稀少，空荡荡的有时只剩下我一个人。园的主要建筑旁边，有一座小阁，人称‘大仙阁’，供着一座牌位，倒有些断香残烛。‘大仙’是什么东西？凡是读过蒲松龄《聊斋志异》的人都一定知道，不过留仙先生是三百多年前的古人……因之我在空荡荡的荒园中会疑神疑鬼，甚至拔脚而逃。无神论者的我，处境如此，也会毛发森然，自己觉得非常可笑。但是下一个星期天，我还是照来不误。”

1943年，著名学者谢国桢来游，其所见所感和童寯颇为相似。他说拙政园："虽然颓坏了，但是奇情幽致，颇有苍茫荒寒之意。小小的竹阁子，数丛的水竹，半颓的荷花，飘荡着，好像有临风依人之意。我们到画舫上，坐了一会，舫前石几上，摆了几棵盆景的古松，一边是荷塘，一边是曲廊，真是幽邃极了。"（谢国桢《阊门纪游》）

1936年前，拙政园之小沧浪和与谁同坐轩

还有，瑞典人喜龙仁《中国园林》也对拙政园进行了与童寯等几位殊相类似的记述和感受，写道："从外面穿过大门，沿一面高墙走几步就来到了园林入口。这是一个椭圆形的门洞，门旁有株古老的紫藤，可追溯到文徵明时期。再往里才可真正称之为园林。形态各异的石块堆成迎客石。从这里开始，参观者可以沿着不同的方向继续缓步。大块的石头摆成曲折的人行桥通向远香堂。旁边是南廊，大荷塘现在已经成了一片绿色的洼地，另一边几座建筑的名字充满诗意，如'雪香云蔚亭''秫香馆''梧竹幽居''荷风四面亭'等，然而有一些已经名存实亡。一个僻静的角落里种着橘树和枇杷树，旁边是以前的画室。""近几十年来，拙政园逐渐衰落，无人过问，腐朽破裂的地方没有人去修复。但也正因如此，真实的环境才得以保留，园中弥漫着伟大而真实的气息，这种古朴使人信服，令人着迷。"

弗洛伦斯·露丝·南希在1936年出版的《苏州，一座园林城市》中写道："尽管拙政园如今已经倾颓，但仍然有着自己独特的美感和魅力。留园的设计和装帧是贵气的，狮子林是极端现代的，怡园是精致秀丽的，让人想要饮宴于此，而不是静思。而拙政园则是造梦之地。”“一位中国朋友，同时也是一位诗人和学者，这样写道：‘欲品此园，须熟知历史，静心入园，心态放宽。其次，用尽全力去感受园中的布局和建筑样式。园中各处并不是独立的，互相之间有着紧密地联系。残存的楹联书法精妙——成对的竖匾书写着含义隽永、平仄和谐的句子。最后从可以触摸的表象出发，努力与园林的灵魂对话，理解笼罩和统一这片风景的潜藏的玄妙之处。’”“这座园林最为华丽优雅的部分在西边的高墙之后。那部分园林被张氏家族购买，成为私产，并不对普通公众开放。园子的一切——精巧的花园建筑、蜿蜒的流水、样式奇特的亭台都被保护得很好。”“远香堂里挂着的对联写道：曲水崇山雅集，逾狮林虎阜；莳花种竹风流，继文画吴诗。”南希的这些话，记录了历史，也道出了她欣赏拙政园时的心境。

王世勋在《沧桑忆旧录》中对20世纪40年代的拙政园回忆道：“园址宽广，亭台楼阁，布置错落，有假山、有曲径、有花木、有鱼池，平时开放，四时可游，我曾数度去过，只记得园内樱花和碧桃，花放满枝时，特别的娇艳。”

“见山楼走廊下有一仙殿，祀福德正神，谛视殿中所悬匾额及楹联，似是肇建于同治之初，谅系庚申以后所筑。”“园中古木甚多，除紫藤外，有丛桂，木瓜树、卧松、皂荚树等，皆大可合抱，一望知为数百年物。民国癸未（1943）冬，园董鸠工伐树，不意远香堂对面之土阜上，有卧松二株，亦为工匠砍去，减色不少。壬午夏，与邑人陶孝象同游是园，曾言梅村所咏宝珠山茶在枇杷园前，远香堂左，绣漪亭之下。抗战前根株尚存，其时邑中爱好园艺者，拟迁往他所，未果。今则并其根株亦不可迹矣。又园之尽头处有菜花楼，毗连北园，传系旧时更搂。园中有三曲石桥三：一在远香堂前，一在远香堂右，一在见山楼前。石桥下芦苇丛生，每屈深秋，白头摇曳，高如成人，宛如小桥之眉。远香堂前亦有一小池，有三曲石桥一，围以铁拦，昔年亦种芙蕖，据云曾蓄金鱼，今则无矣。某岁之秋，桂花盛放，落于水面，远望之，宛如淡淡之秋阳，颇足玩赏。某岁之冬，旱甚，池水具涸，冰冻之日，可以行人。在‘一亭秋月啸松风’之水榭旁，有古梅一株，花时烂熳可人。园中鸟类以青鸽及啄水鸟为最多，池中鲤鱼及龟鳖亦多。某岁夏，余与友人同游是园，见见山楼后有并头白莲两株，鲜丽可爱。园之后有一小溪，溪边遍植碧桃，花时灿熳如锦。迤墙俱植翠竹，遥望之如有里许之深，亦当年布置者之妙笔也。”

1937年冬，日军轰炸苏州，远香堂受震破损，南轩被焚毁，全园亭阁倾圮、枯苇败荷，荒芜不堪。1938年，伪江苏省省长陈则民租用拙政园为办公处，同时又向张履谦租借了西部的补园。其间，略有修葺，重建南轩。陈则民任伪省长时，又在补园靠北处仿日本茶室的风格建木屋一所，供日军将领、特务头目吃喝玩乐。此时拙政园的情况，袁殊在《放眼亭畔话往事——忆打入汪伪的四年》中写道：“忠王府大门西边原为奉直会馆（本书作者按：现为苏州博物馆办公室），那时馆内停了很多东北人的灵柩。还有那时的戏台也很破烂，整个拙政园显得衰败荒凉，我晚上进出时常碰到蛇。唐惠民当秘书长时，弄了一大笔钱，说要修园，实际上大部分都落入他们的腰包，只把卅六鸳鸯厅和十八曼陀罗花馆修了一下，因为那是伪省政府经常开会的地方。十八曼陀罗花馆的花圃里，当时只剩了一株山茶花，孤零零地伫立在墙边。”1947年7月号的《旅行杂志》有过描述：“只有损坏，而无建设，已成一片瓦砾场了。”

今之拙政园东部，原是明朝时王心一的归田园居，晚清至民国期间，现兰雪堂至南面临街部分为苏州望族贝氏之宅园。抗日战争期间，部分散为民居，其余皆成荒地废池。又于此设置殡舍，放置棺柩，与今之拙政园中部用墙隔断。1944年，贝氏宅园被迫卖给日商福田洋行，亦曾建一洋楼，为伪省教育厅所用。此时之归田园居有门与西邻拙政园相通。其东有房数间，名“长春别墅”。中共地下党员、奉党委派打入敌伪内部以汪伪江苏省政府教育厅厅长名义为伪装的袁殊曾居此4年，栽花叠石，读书撰文，从事抗日活动。1943年，缀云峰

1949年之前桥下的水塘长满了植物

倒塌。

抗战胜利后，拙政园被借作从四川璧山（今重庆璧山）迁来的国立社会教育学院院址。此时西部补园仍属张氏私园。社教学院曾向张氏后人张逸侪租借房屋以补校舍之不足。此时的拙政园，1947年的《旅行杂志》2月号写道："经学校一年多的积极修建，现在园内屋宇亭台焕然一新，荷花池畔，石桥道上，正是游人闲情逸趣的佳所，每当黄昏时候，乌鹊汇集于此，名声震耳，益增园中热闹。清晨梦中，小鸟歌声婉啭，令人不禁有'好鸟枝头亦朋友'之感呢。今日吴中，拙政园可称为诸名园之冠了。"至1949年8月号的《旅行杂志》则记其景观道："入门即见古藤一架，枝干矫劲，花时缨络四垂，甚为美观。相传为文徵明所手植，旁立一石曰'文衡山手植藤'。正中为远香堂，额题'静观自得'四字；前面有平台，台前有石山如屏；堂侧为南轩，俞樾署曰'听香深处'；过石桥为荷风四面亭，有联为'四壁荷花三面柳，半潭秋色一房山’，颇恰实景。此处荷花繁茂，夏日花开，清香袭人，为品茶佳处。石山上有雪香云蔚亭，过石桥为烟波画舫亭，又名‘梦池吟馆’，内有文衡山所写‘香洲’两字。楼上有澂观阁，建筑颇精美。此外有藕香榭、梧竹幽居、半窗梅影、玲珑馆、绣绮亭诸胜。”著名学者汪东对这一时期的拙政园亦有过记载，他在《吴中园林琐记（三）》中写道：“今则社会教育学院为校址。先是西首所谓叶、程二氏者，今亦无有。唯张氏宅比邻，宅后有园，与拙政园通，疑亦蒋氏旧物，学院并借赁之。其东久废为民田，今筑操场，场侧有沼，沼之南，叠石为峰，则知亦必园中遗迹。本属贝氏，乱后，贝氏宅为他姓所有，尽撤其屋材而货之，荡然无遗。叠石佳者，亦为伪省长李士群运载以去。”此处汪东所记东部贝氏宅园出售情况与上述略有不同。

1949年新中国成立之后，拙政园由苏南行政专员公署使用，1951年交由苏南区文物管理委员会管理，文管部门立即对其加以整治修缮，1952年竣工。同年，拙政园和补园部分对外开放。1954年，市园林管理处成立，再次大加整修。后又在一直荒废闲置的东部归田园居旧址基础上大加修建，新建了芙蓉榭、涵青亭、秫香馆等景点和与苏州古典园林风格极不相称的高大园门，1960年完工。至此，拙政园形成了今日东、中、西三部分的园林格局。

附一：范烟桥《拙政园挹爽记》（载于1922年十月《申报》）

自狮子林至拙政园，半里而弱，是地为娄门大街，又称北街。清乾隆时归蒋氏，曰“复园”。吾里顾青庵虬士尝馆于其家，见其主人藏有《复园嘉会图》，沈归愚、袁子才皆与焉。图中宾主仆从都二十九人，有诗仆曰朱尚山，青庵犹及见之，则道光时也。洪杨后，易为奉直会馆，今仍之。

入门即见山，隐隐闻弦索声，则弹词也。过山即觉清光大来，对面为远香堂，歌唱即于斯，甚嚣尘上。左折有池甚广，驾以石桥数折，栏低可坐。若在盛暑，荷香四面，仿佛在西湖三潭映月间矣，今仅存荷叶，尚碧绿可观。桥尽为廊，转入舫室，题曰“烟波画船”。坐鷁首，瀹茗以憩，歌声渡水，颇见清越。惜所歌俗陋，不堪入耳，后易新剧，更为恶俗。池水渟潴不流，故无鱼乐，而萍藻满浮，几如绿玻璃地。园中多大树，枝叶敷漫，又如碧玉之幕，吾人处此，真在绿天深处，眉宇皆碧矣。时有西方少年伉俪，从树间来，挟书与干食，并坐露庭石墩，展书默视，盖深得“坐对青山读异书”佳趣，令人意远。

余与徐子泉声四走穷其胜，有见山楼，叠石成坡，以砖平铺，渐上而高，不复有级，惜楼破残矣。楼下盘曲而前，为潇湘一角。盖背水而岸，琅玕无虑万竿，青葱茂密，幽静涤尘，有桥中断，否则可以为竹林之游也。由此循柳阴路曲之廊，而登荷香四面之亭，左上培塿，可尽全园景色于四眺中，而北寺之塔亦得望见其眉目也。更前有枇杷园，别成门户，小有结构，草地一碧，孤亭一角，夕阳射之，殷然如画。唯以地处僻隅，坍坏更甚，蛩啼阶砌，蛛罥窗棂。倍增秋气矣。

余与徐子登临既遍，遂返茗所，张子也负手徘徊于柳荫下，此时俱各爽然。盖吴中林木之众，无逾乎是，而舒朗清凉与他家不同。适游狮林，疲于登渡，颇觉闷损，竭来此间，胸臆顿舒。盖惟此间有秋爽可挹，而吾辈秋士，更自相宜耳。念夫嘉会，不再古人，永思拂壁间归愚《复园记》之作，深慨风雅之衰也。

附二：袁殊《拙政园记》

一年以前，没有预知地住到这个苏州有名的拙政园里来，曾经十分喜慰。像这样一个清幽的名园胜景，使惯于闹市生涯的我，改变了环境，于那所说“耕读”的想像，多少有些近似。所以住进来之后，就很想在晚间多读些书，并打算写作题为《拙政园夜课录》之类的读书笔记，或是生活杂感之类的文字。……然而人事蹉跎，站班点卯，这种想法，何尝能够如愿？

我是住过日本的，深知道日本的庭园，影响于日本人的生活很大。自己亦很爱好庭园花草之美。苏州的庭园，在中国本是很有名的。但我实在不欢喜狮子林那样的庸俗。像沈复《浮生六记》中所云“小中见大，实中有虚”的庭园美，在拙政园可算当得起这种形容了。哲学家康德曾经把庭园的美和绘画的美并为一谈。但在我看来，提到庭园，很容易使人联想到寺园或邸宅。因为庭园与建筑是相关的，是人的实生活场所的一部分，绘画只不过是美术的鉴赏而已。所以最初来住此园的时候，有人问我住在哪里。我曾笑答，我是住在“庙里”。实在就是住在“园”里的意思。

因为我住在这里，我爱好这住的地方，所以很想把园的来历弄个明白。同事沈寿鹏君最先告诉我的园的近史是：

拙政园一名复园，三吴名园也，历史失修，亭阁倾圮，事变后择为省址，东连李氏，西接张氏补园，于是一府四厅及警处设矣，乃拨资重行修理。荷池浚深，加种荷藕，养鱼铺桥。初，远香堂后对山顶之亭，危危欲倒，见山楼板残缺，四周走廊倾斜，远香堂受震破损，他若旱船，木兰堂，均一一修砌，焕然一新。远香堂西侧之南轩，仅存基地，……重建为四面厅，……于园之东后方建官舍一所。在官舍门前之旧亭，亦重行修建，更于枇杷园内，建图书馆数楹。

这是简略不足道哉的。查同治重修《苏州府志》卷四十六第宅（园）林门，关于“明拙政园”，有如下的记载：

“拙政园在娄、齐二门间，嘉靖中，王御史献臣因大宏寺废地营别墅，以自托潘岳拙者之为政，文待诏徵明为图记。后其子以樗蒲负，失之，归里中徐氏。国初，海宁陈相国之遴得之。中有连理宝珠山茶，花时烂红夺目。相国谪塞外，此园入官，为驻防将军府。旗军既撤，迭居营将，又为兵备道馆。既而为吴三桂婿王永宁所有，复籍官。康熙十八年，改苏松常道新署，缺裁，散为民居。后归蒋氏，名曰复园。又归海宁查刑部世倓，复归平湖吴氏。咸丰庚申，粤匪踞为王府城。复归官。同治十年，改为八旗奉直会馆。”

这是说明园的历史。最初起于明嘉靖年中。但据钱梅溪《履园丛话》所记“元石础”，此园之来历，当早在元代。原文云：

“吴郡齐女门内，有潘氏巷及拙政园、任蒋桥一带，皆元时张士诚女夫潘元绍故宅，故今尚有驸马府及七姬庙之称，俱为元绍遗迹。嘉庆二十年春三月，偶同潘榕皋、畏堂两先生及其令子理斋户部、树庭中翰，游拙政园。园西有粉墙，露出桃花几枝，因问两先生为何家所居，曰程氏也。遂通知主人，并往游焉。见后园有石础八枚，制作奇古。每一础上，蟠螭六面，下列三兽穿于螭兽之下，高二尺许，围圆四五尺，心窃喜之。主人曰：'此元时潘元绍家中物也。'隔三四年，闻此宅已为他人所有，遂从程氏购归，置之履园报春亭下。余所得者仅四础，其余四础，为榕皋先生取去，置之须静斋中。"

又"吴门补乘"（见《吴县志》舆地考古迹门）所载：

"拙政园在北街迎春坊。明嘉靖中，御史王献臣以道观废址及大宏寺改称。寻为徐鸿胪泰时居之。清初，为陈相国之邃宅，缘事宅尽入官。后改为驻防将军府。康熙十八年，改为苏松道署。二十三年十二月二十六日，康熙帝南巡，从齐门而幸焉。"

可知道观废址及大宏寺者，当为明嘉靖以前之遗址。此外，《履园丛话》及《吴门表隐》关于拙政园都有断片记载，但事迹大同小异，目的不在考据，且不赘录。

所得到的这些残缣断索，当然不足以说明园的整个来历。要紧的是在纪念我曾住于此园，因此就费了一个多月的时间，和相当的高价，把所有尚存在园中的碑石，统统鸠工拓印了，这才得到了许多的收获。

全部拓本或拓片，共计有二十七种，目次如下：

拙政园金石碑拓目录

一、严人骥书谱　一七页

二、文徵明千字文　一页

三、文待诏像及文先生传　二页

四、沈石田像及传　二页

五、李邕少林寺戒坛铭　一页

六、赵孟頫吴兴赋　一页

七、赵孟頫大雅　一页

八、八旗奉直会馆记　一页

九、四宪创建记 一页
十、复园记 三页
十一、王氏拙政园记 四页
十二、听云山馆墨拓黄庭经 二页
十三、新建林文忠公祠堂碑 一页
十四、董其昌骨董三说 四页
十五、冯桂芬间架结构百法 五页
十六、颜真卿麻姑仙坛记 一页
十七、文徵明书千字文 一页
十八、王履吉山水石刻 一页
十九、李文田塔铭残经 六页
二十、吴梅村咏山茶花 四页
二一、伊念曾隶联 二页
二二、董玄宰苏轼行楷 二页
二三、米襄阳黄庭坚行楷 二页
二四、郑板桥行楷 二页
二五、郑板桥画竹 四页
二六、杨沂孙篆屏 四页
二七、契兰堂法帖 九页

（卷二之一、二、三、十二，卷三之一、卷八之一，二、十三、十四，余残。）

二八、其他（残缺不全） 十页

这里面有着珍贵而丰富的艺术史迹与史料，一览可知。而关于园本身的，亦有五种之多，当为信史。且分别录述如下：

其一，为乾隆十二年沈德潜（归愚）所撰《复园记》，虞山王凌书，顾觐侯镌。记园之来历及归王氏后之情形：

“吴中娄、齐二门之间，有名园焉。园以复名。蒋司马茸旧地为园而名之者也。前此为拙政园，创于王氏，后归于陈相君，先后为王、严两镇将所有。其中飞楼画栋，崇岩广池，与夫连理奇花，靡曼歌舞，胜概甲于吴下。百年来废为秽区，既已丛榛莽而穴狐兔矣。主人得其地而有之。谓奢侈可戒而名区不容弃捐也。于是与客商略，因阜垒山，因洼疏池，集宾有堂，眺远有楼、有阁，读书有斋，燕寝有馆、有房，循行住还，登降上下，有廊榭亭台，碕片村柴之属。既已经营缔造，历有年所矣。戊午、庚申，余两经其地，谓是园告成，将丰而不侈，约而不陋，百里之内，可以接踵乐郊，而郓莒学山茧园也。时予方之京师，未及俟其断手何日。日月既久，常往来于心。丁卯春，以乞假南归，复游其中，觉山增而高，水浚而深，峰岫互回，云天倒映。堂宇不改，而轩邃高朗，若有加于前，境地依然，而曲盘合沓，疑新交于目。秾柯蔽日，低枝写镜，岸嵚怪状之石，砌列不明之花。主人举酒酌客，咏歌谈谐，萧然泊然，禽鱼翔游，物亦同趣。不离轩裳而履间旷之域，不出城市而共获山林之性，回忆初游，心目倍适。屈指数之，盖园之成，已四五年于兹矣。旧观仍复，即以复名其园。”

其二，为同治壬申（十年）潞河李翰文所撰并书《八旗奉直会馆四宪创建记》。仅记侨寓于吴郡的八旗奉直官民，备价购吴园地，改建为会馆的经过。主其事者是当时的榷使德寿（静山）、粮道英朴（茂文）、抚君张之万（子青）、恩方伯（竹樵）等，即所谓四宪者。

其三，光绪十二年，长白世勋所撰并书《奉直会馆记》，是改会馆十余年以后重加修葺时的记录。关于园史，有云：

“在明为王氏别墅，名拙政园。国初，海宁陈氏得之。旋入官，为驻防将军府，又为兵备道馆。既为吴三桂婿王氏所有。籍没，复入官，改苏松常道新署。裁散为民居，历蒋氏、查氏，最后归吴氏。咸丰庚申，粤匪入踞为伪府。城复，由善后局拨白银三千作价，付吴氏，而以园归公，暂为巡抚行辕。同治十年冬，今南皮相国来抚吴，适德静山尚衣，恩竹樵方伯、英茂文观察三君皆同乡，乃倡建立会馆之议，以价银三千修理，银二千汇交藩库，改称今名。”

关于园的内容云：

"其中文槐参差，修廊迤逦，清泉贴地，曲沼绮交，峭石当门，群峰玉立。吴中园亭之美，未有出其右者。"

其四，嘉靖癸巳（十二）年，文徵明所著《王氏拙政园记》，这是一篇最先的、最具体的、最有系统的记录。记此园当时之胜景云：

"槐雨先生王君敬止所居，在郡城东北，界娄、齐门之间，居多隙地，有积水亘其中，稍加浚治，环以林木。为屋其阳，曰'梦隐楼'；为堂其阴，曰'若墅堂'。堂之前为繁香坞，其后为倚玉轩，轩北直梦隐，绝水为梁，曰'小飞虹'。逾小飞虹而北，循水西行，岸多木芙蓉，曰'芙蓉隈'。又西，中流为榭，曰'小沧浪亭'。亭之南，翳以修竹，经竹而西，出于水澨，有石可坐，可俯而濯，曰'志清处'。至是水折而北，滉漾渺弥，望若湖泊，夹岸皆佳木。其西多柳，曰'柳隈'。东岸积土为台，曰'意远台'。台之下植石为矶，可坐而渔，曰钓砦。遵钓砦而北，地益迥，林木益深，水益清澈。水尽，别疏小沼，植莲其中，曰'水花池'。池上美竹千挺，可以逭凉，中为亭，曰'净深'。循净深而东，柑橘数十本，亭曰'待霜'。又东，出梦隐楼之后，长松数植，风至泠然有声，曰'听松风处'。自此绕出梦隐之前，古木疏篁，可以憩息，曰'怡颜处'。又前循水而东，果林弥望，曰'来禽囿'。囿尽，缚四桧为幄，曰'得真亭'。亭之后，为珍李坂，其前为玫瑰柴，又前为蔷薇径。至是水折而南，夹岸植桃，曰'桃花沜'。沜之南，为湘筠坞。又南，古槐一株，敷荫数弓，曰'槐幄'。其下跨水为杠，逾杠而东，篁竹阴翳，榆槐蔽亏，有亭翼然而临水上者，槐雨亭也。亭之后为尔耳轩，左为芭蕉槛。凡诸亭槛台榭，皆因水为面势。自桃花沜而南，水流渐细，至是伏流而南，逾百武，出于别圃丛竹之间，是为竹涧。竹涧之东，红梅百株，花时香雪烂然，望如瑶林玉树，曰'瑶圃'。圃中有亭，曰'嘉实亭'。泉曰'玉泉'。凡为堂一，楼一，为亭六，轩、槛、池、台、坞、涧之属二十有三，总三十有一，名曰'拙政园'。"

关于园之命名，复记之谓："王君之言曰：'昔潘岳氏仕宦不达，故筑室种树，灌园鬻蔬，曰：此亦拙者之为政也。'"

上记文徵明撰记的原石刻，早已湮失，是光绪甲午（二十）年经当时的补园主人张履谦发现后重刻者。故在原记之后，尚有补记，述此园自明嘉靖至清光绪的四百年间的兴废。是亦世换物移之好话题也。全文云：

“岁己卯，卜居娄门内迎春坊。宅北有地一隅，池沼澄泓，林木蓊翳，间存亭台一二处，皆欹侧欲颓，因少葺之，芟夷芜秽，略间端倪，名曰‘补园’。园之东即故明王槐雨先生拙政园也。一垣中阻，而映带联络之迹，历历在目。观其形势，盖创造之初，当出一手，后人剖而二之耳。金秋顾君若波客予家，偶检得旧藏文待诏《拙政园记》石刻，首尾完好，举以见赠。因就两园遍索是石不可得，询好古者，亦鲜知之。《记》中所谓胜处三十有一，各为赋之，既未知待诏集中诗尚在否？即其标举诸胜，亦旧观尽改，无复可征。盖居是园者，迭有变置，自嘉靖迄今，垂四百年，衣裳钟鼓，固以屡易主矣？予恐待诏手迹，久已湮没，属钱新之重摹上石，以永其传，且俾游者。虽不获睹当时之胜，而三十一景具载其名，尚足资考订一助也。曩得徵仲、石田两先生遗像，为构一椽，勒石奉之。曾未几时，适获是刻，毋亦先生之灵，式凭有在，是固拙政园一大幸，而吾补园亦与有光已。遂忘不文，爰赘数言，志诉慰焉。光绪二十年岁在甲午除夕前三日，吴县张履谦月阶甫识，嘱古娄俞宗海粟庐氏书于拜文揖沈之斋。”

其五，李士群氏知道我正在搜集关于此园一切史料，特地自清顾燮著《消夏闲记摘抄》中，见示《拙政园》之一则。所记园史，与前列各项，大致相同。但其中记园归王永宁时，谓“内有斑竹厅一座，娘娘厅一座，即三桂（吴）女起居处也”。这两座厅的遗迹，当然已不可考，然也可以想见当时豪家生活之风流了。

拙政园的历史，大概具如上述。此外，从拓碑、杂记或现在遗迹中，尚有可记之事甚夥。如有人说曹雪芹写《石头记》内之大观园，是以此园为Model而模拟描写的。姑亦付存疑。因为时间不容许从容模仿，再摘其要者，杂记如后：

第一，现在我所记的称为拙政园的，实在是有三部分。即一、中部应是拙政园本身的遗址，所有的碑石楹联，也大多采自此中部，特别是吴梅村山茶花诗等重要的碑刻，都在这里。二、左首大概应是八旗奉直会馆的原址，中进尚有完好之戏台与戏厅，当为清时所筑。戏厅之前小天井中，即有名的“文衡山先生手植藤”（有光绪卅年端方题记），紫藤架下有文先生碑，又有石刻横额“蒙茸一架自成林”七字。此花架在不久前曾加修理。三、右首为张氏补园，有鸳鸯厅，洪钧所书“卅六鸳鸯馆”横额，及陆润庠所书“十八曼陀罗花馆”，及董其昌、何绍基、郑燮等所书的拜文揖沈之斋的联对。

第二，提到拙政园，无有不提到吴梅村的咏山茶诗。《梅村家藏稿》卷十《咏拙政园山茶花并引》云：

“拙政园，故大弘寺基地。其地林木绝胜，有王御史者侵之以广其宫，后归徐氏最久。兵兴，为镇将所据。已而海昌陈相国得之。内有宝珠山茶三四株，交柯合理，得势争高。每花时，巨丽鲜妍，纷披照瞩，为江南所仅见。相国自买此园，在政地十年不归，再经谴谪辽海，此花从未寓目，余偶过太息，为作此诗。他日午桥独乐，定有酬唱，以示看花君子也。”

但园中所留的诗的刻本，则为同治癸酉年张枢所书录的，当系张相国创议改建会馆的时候，刻诗与《家藏稿》略有字句出入，今据拓本录其诗如下：

拙政园内山茶花，一株两株枝交加。
艳如天孙织云锦，赪如姹女烧丹砂。
吐如珊瑚缀火齐，映如蠕蛛凌朝霞。
百年前是空王宅，宝珠色相生光华。
长养端滋鬼神力，优昙涌现西流沙。
歌台舞榭从何起，当日豪家擅闾里。
苦夺精蓝为玩花，旋抛先业随流水。
儿郎纵博赌名园，一掷流传犹在耳。
后人修筑改池台，石梁路转苍苔履。
曲槛奇花佛画楼，楼上朱颜娇莫比。

千条绛腊照铅华，十丈红墙饰罗绮。
斗尽风流富管弦，更谁瞥眼间桃李。
齐女门边战鼓声，入门复作将军垒。
荆棘从填马矢高，斧斤勿剪莺黄喜。
近年此地归相公，相公劳苦承明宫。
真宰阳和暗回斡，长安日日披薰风。
花留金谷迟难落，花到朱门分外红。
独有君恩归未得，百花深锁月明中。
灌花老人向予说，园中昨夜零霜雪。
黄沙淅淅动人愁，碧树垂垂为谁发？
可怜塞上燕支山，染花不就花枝殷。
江城作花颜色好，杜鹃啼血何斑斑。
花开连理寸来少，并蒂同心不相保。
名花珍异惜如珠，满地飘残胡不扫？
杨柳丝丝二月天，玉门关外无芳草。
纵费东君着意吹，忍经吹折春光老。
看花不语泪沾衣，惆怅花间燕子飞。
折取一枝还供佛，征人消息几时归？

这诗也写了园的故事和人事的沧桑。我住在此园一年。虽还看到山茶花的娇艳，当然是没有当年的浓盛了。所谓花已凋落、诗成遗韵矣。

第三，在拓碑中还有一种《新建林文忠公祠堂碑记》。是否此园曾为林文忠公的祠堂？本文已拉得很长了，且存疑。不过，这个园，几番为私人所有，又几番归官，变迁极多。在太平天国时曾为忠王李秀成的司令部。据说这位忠王到了苏州后，住在园中，以胜利者的姿态，杀了许多人。因此园中关于鬼的传说甚多。在见山楼之右侧，还有一个狐仙堂，亦称“灵验堂”。当局对此般迷信者，亦不予阻止。在中国凡废园故邸，无有不与狐鬼相关的，拙政园未能例外，兼亦有之。

关于鬼的故事，同事吴杰君有亲笔记述的亲身经历的故事一则。他在文中说:“吾家附近之拙政园,为邑中名胜之一。余好其无狮林之俗艳,无惠荫花园之萧索,无留园之富贵气。园中亭树池木,皆疏朗有致,秀而不丽。抗战前,每岁初夏,荷花将放,园丁设座售早茶。余贪其近,每日晨兴,必披衣挟书而往,向园丁索藤椅坐下,在晓色蒙蒙中,听蝉嘶,挹清香,近午而归,习以为常。与拙政园毗邻之奉直会馆,湮废已久,殿宗芜廊,尘封剥落。父老相传,云太平天国时,忠王李秀成设行辕于此,杀戮甚惨,至今有鬼,但未闻有人见之也。民国十八年夏,暑假归里,长夏光阴,半日消磨于园中。某日,与同学俞起民、俞国尧、金震东同往,俞君携照相机,坚欲摄影。择见山楼东之高亭下,踞石临池,余为之捩机。时约六时左右,云气未开,光线甚暗。先后共摄六帧,交观前柳林照相馆冲洗。翌日往取,店员云底片已损坏一张。余素不善摄影,欲一看坏至若何程度,店员面现难色。顿起疑窦,询之再三,始云因底片上发现鬼影,恐增君等之不快。因是益奇。店员乃吾等素识,务要一观,举日光下照之,见二人之左傍石上,坐一人,御棉袍,戴瓜皮帽,面目臃肿,依稀难辨,自头至足,直如木片,了无人相,不禁兴悚然之感。反复思索,终不明其因。斯片后存金君处,友好索观者甚众,事变中已遗失矣。”

这园中白昼见鬼之事,我自己虽未亲及,但考之于掌故记载《归田园》(见《履园丛话》)有云:“归田园在拙政园东,仅隔一墙,明季侍郎王心一所构,中有兰雪堂、泛红轩、竹香廊诸景。今王氏子孙尚居其中。相传王氏欲售于人屡矣,辄见红袍纱帽者,隐约其间,呼啸达旦,似不能割爱者,人亦莫敢得也。余少时尝见侍郎与蒋伯玉手札,其时在崇祯十六年之十二月二十四日,书中言小园一花一木皆自培植,分付园丁,时加防护云云。其明年,侍郎即归道山,宜一灵之不泯耳。”此与吴君所遇,似相拍合。若然,则此鬼当亦是自有园以来的一位古鬼了。

拙政园确是很古老了。不但点缀了吴中的名胜,它还象征了兴废的长流。我爱好园庭,燕杂的记了这么些,实在是多余的事。虽然其他还有许多可资述录的材料,但对于我们现在生活的人有什么意义呢?文徵明注《王氏拙政园记》下半段,很有些慨乎言之的话,赞美园主人的。

如谓“古之明贤胜士，固有志于是，而际会功名，不能解脱，又或升沉迁徙，不获遂志，如岳者何限哉……所谓筑石种树，灌园鬻蔬，逍遥自得，享闲居之乐者……究其所得，虽古之高贤胜士，亦或有所不逮也”云云，这真是说明了“拙政”的旨趣了。法然和尚的诗有“我家好隐沦，居处绝轻尘”之句，亦是这种意思。像日本一友人送给我的字，题为“本来无一物，亦无尘可拂”，也是功名利禄、死生的超脱观。总之，住在如此隐沦而绝尘的园地，而又是如是出世的想望，甚至是一些不着边际的幻想，此种巧于方术之伦相观，是可哀亦是可危的。我还是抚拾残卷，做园的史记，此为无文之文，尚聊得自慰吧。

一九四三年一月一日

惠荫园

惠荫园在今南显子巷13号，始为明朝嘉靖年间归湛初宅园，名“洽隐园”。园中小林屋水假山可与环秀山庄之大假山媲美。清顺治时归韩馨，名“洽隐”。乾隆时归倪莲舫，名“皖山别墅”。至清朝同治年间，江苏巡抚李鸿章将其置为安徽会馆，始名“惠荫园”，益美，有惠荫八景。

入民国，安徽会馆在政治、经济上失去依靠，开始衰落。民国初年，园中曾设阅报社，一度被租作游艺场，对游人时开时闭。大体1924年之际，园尚完好，小林屋洞中积水为池，有曲桥可入洞内。洞中较暗，游者须携电筒。路径曲折幽邃，钟乳石下垂，时有水滴沾湿襟袂，如入荒山幽壑，然依旧是清凉世界。沿小池边上下盘旋，渐见一线天光，出洞须伛偻缓行。朱梁任在游园后有诗写道：“韩氏有隐居，留此小林屋。人巧夺天工，入洞忘寒燠……”

1933年中秋节前三日，民国诗坛领袖陈石遗、曾和章太炎一起在苏州办国学馆的江南大儒金松岑及王蘧常（无锡国专教授）、张大千（画家）、谢玉岑（词人、画家）、蒋庭曜（字石渠，上海交大教授)、钱仲联(无锡国专教授)、王个簃(画家)、郭竹书(诗人)、吴元涤(苏州中学校长)、杨咏裳(吴县图书馆馆长)、屈伯刚(诗人)、范烟桥(东吴大学教授)、汪己文等28位文化、教育界名流仿右军兰亭故事,在惠荫园举行了一次修禊雅集,有题为“惠荫园秋禊图”的珍贵留影。

童寯在《江南园林志》中对抗日战争之前的园景有所记录:“园之南部,高下曲折,洞壑幽深,上置重阁。今之栖云处,即小林屋一带地,昔日之琴台犹存焉。稍北方池围廊,敞轩数进,渐就凋敝,有待修补。”

尤玄父编著、1939年出版的《新苏州导游》对其这样记载:“游者须纳游资……园有‘小林屋’,为全园最胜处,有洞窈然,外视之若极窄,迨入则又甚深邃。洞门镌‘小林屋’三篆书,盖仿林屋山林屋洞而辟,故名。洞中殊黝黑,潴水架梁。洞上虹隐楼,回廊屈曲,复室杳深,登览可望城市。比出洞,则仍离洞不远,是洞之胜即在此。又有桂苑及丛桂山庄,植桂树于四周。仲秋之际繁若绚烂,金粟飘香,亦足以供士人之赏览焉。”

1942年前后惠荫园的状况,当时居住在园中并在设于园内的育英女中附属小学读书的吴加昌先生在《六十年前的“小林屋”》一文中有所回忆(该文载于《苏州园林》2002年第3期,由张学群先生整理),摘引其主要内容如下:“在假山北面(现为平地),原是一方荷池,在池的东、西、南三面都是回廊,廊底皆铺方砖,木栏雕刻精致。介于菏池和水假山之间的南廊是条波浪形的曲廊,婉蜒至池东南而尽。池东的廊则是双层的楼廊,廊后有圆洞门通至一座房舍,这可能就是朱偰先生《记苏州的惠荫花园》中说的‘碧环小舍’吧,这双层楼廊与房舍也都尽于池东南端。这样,在曲廊、楼廊与房舍的交会处南面出现了一小块隙地,此处靠墙有斜廊一条筑于土坡之上,迤逦通向水假山顶上的轩屋。从隙地偏西南稍行数步,即见一棵二人合抱的柏树挺立在山石之间,树后的土坡上有一棵饭碗粗的山茶树,在

惠荫园秋禊合影：右起第一排第一人为钱仲联、第五人为陈石遗、左起第三人为金松岑、第七人为王蘧常、第八人为张大千、第十一人为谢玉岑、第十二人为蒋庭曜（蒋庭曜为本书作者魏嘉瓒的大学老师。此照片由蒋劭提供）

柏树东侧、山茶下端、几拳山石之旁，自右而左横刻的‘小林屋’三字赫然入目。人们自翠裳红盖、回廊曲径间施施行来，一转步在老树虬枝、山石荦确之间骤睹一个阴森幽暗的洞穴（非如现在的较为敞亮），顿感出入意外，诧为得未曾有，这是小林屋洞入口布局的匠心所在。”“从入口的石梁前行，愈感洞内幽黑深邃，洞口西部当年稍有塌陷，其状况难以记忆。我这次由东向西重新走在绕池壁的石径上，感到这条路丝毫未变，一下子仿佛重新回到童年时入洞潜行嬉戏的情景。洞顶钟乳欲滴，虽在盛暑宛如清凉世界。但折西至池水尽头进入旱洞时，我感到原来的通道被石块堵塞，只有上端剩下一个透光的小洞；于是按现在的通道向西北转弯入旱洞，即出口处，在我记忆中，这里洞口极小，童年时要弯着身子才能出进，现在则是一米六七的成人也可挺身出入了。旱洞口东侧即是那口水井，当时住户都在此汲水。”“至于水假山顶上及其西侧的建筑，那是今昔大不同了。60年前，这里是一排长轩，先后住过顾、周两家，方砖铺地，朝北外墙上尽是半透明的螺壳（俗称‘明瓦’）制成的多格窗棂，即所谓‘棂轩’，

1942年前后，惠荫园之小林屋洞前的面貌

最东瑞（现假山上石台石凳处）与前述土坡上的斜廊相接；轩的中部无窗棂，只设栏杆；这些与童寯先生《江南园林志》中的图35、图48所示完全一致。栏杆旁设门，有石磴通至水假山旁。凭栏望去，一棵含丹绽红的山茶（位于小林屋洞入口处上端）亭亭植立在轩窗之外，满坡都是山石玲珑，藤萝萦垂。纵览全园，足以吟啸自适。轩中悬有匾额，今已不能记忆。（本书作者按：此处匾额历年所题不一，1929年6月《蓓蕾》说阁上有匾曰“小住为佳”，檐下有匾曰“更上一层”；1933年《旅行杂志》说此处题名为“苔青花绣之居”；1947年7月11日《大江南报》说此处额为“虹隐楼”。）轩屋之南是块空地，一棵百年银杏昂然兀立，偏东为紫藤，枝蔓绕树，我童时常攀藤作荡秋千之戏，紫藤之东是一尖顶的两层小方阁（并无亭子），破旧阴暗，儿时进去玩竟有些胆怯。顾家所住轩屋的西隔壁即是我家，是简朴的三开间两层楼房，底层的房屋（其位置即水假山西）前也是老树浓荫，茑萝绿草，尤其是那一个个的假山洞（无现在的石台石凳），可穿来穿去游戏，我家底屋的入口处就藏在一个山洞里，放眼这样一片幽碧茂蔚、参差错落、小屋雅朴、斜廊迤逦的景观，外人到此只以为是个幽雅的住宅小区，哪里想到棂轩之下还深藏着一座水假山呢？这是小林屋洞布局的又一精妙之处。”“惠荫花园有南北两荷花池。在上述荷花池之北，有一排平房，曾用作书场，向外招徕听客，前有两棵桂花树，秋时芳馨浓郁。书场西北有一斜廊，通向北荷花池，池上小桥三曲，池边错落布置湖石假山，山巅一亭耸峙，周围

尤多老树，绿云蔽日，大人小孩最爱在此乘凉。清风阵阵，荷蕖幽香，令人心旷神怡。池通悬桥巷河，有水窦可启闭，蓄泄池水。池北是家姓包的住户，包宅后部临河，河对岸就是悬桥巷了。”

至1946年初，民国侠女施剑翘（1905—1979）在冯玉祥、陶行知的支持下，在惠荫园创办从云小学，冯玉祥担任校董。主要招收贫民子弟、孤儿和流浪儿童，最多时有400多名学生。园之东部则为民户杂居，而胜迹小林屋尚存。此时之小林屋的状况与前差别不大，据1947年7月11日《大江南报·惠荫园》所述，依旧是：“洞殊黝黑，绕渊而行……更进则又豁然开朗矣，其大小可容一桌，光线亦宜，更前有一小洞，自此出则如狗入窦，勉能通人，若块头大者则须循故道返矣。”

1952年，施剑翘将从云小学移交给苏州市人民政府。政府在园中设立苏州市第一初级中学。惠荫园于1963年被列为苏州市文物保护单位，现为江苏省文保单位。

五峰园

五峰园在今阊门西街47号，始为明朝嘉靖年间长洲杨庄简尚书所筑，俗称“杨家园”。园中主景是五块太湖石峰，即丈人峰、观音峰、三老峰、庆云峰、擎云峰。这五座石峰是苏州现存园林中最古老的石峰，皆汉晋、唐宋遗物。主景之外另有水池、峭壁、峡谷、山洞、石桥、古树、亭台、旱船，还有为唐朝人李朝威的传奇小说《柳毅传》中的柳毅所堆的柳毅墓。

此园延至民国仍有园景，抗日战争前始散为民居。虽然石峰倒地，水池填塞，房屋坍圮，而石峰等主要景观大致仍在。土墩上有亭翼然，中供柳毅神像。其后，曾用作煤炭厂、织布厂等。

新中国成立后，布厂撤并，沦为民居。1958年调查时，园已荒芜，仅五峰尚存。1983年政府对其进行保护性维修。当今已修缮一新，对外开放。

1963年被列为苏州市文保单位，现为江苏省文保单位。

艺圃

艺圃在今阊门内文衙弄5号，是全国重点文保单位，2000年被联合国教科文组织列入《世界遗产名录》。它始建于明朝嘉靖二十年（1541），取名“醉颖堂”，主人是袁祖庚。第二代主人是文震孟，改园名为“药圃”。今日艺圃之格局乃由文氏所奠定。明末清初归山东莱阳人姜埰，并最终定名“艺圃”。道光年间，姜氏售与商人吴斌，吴氏再售与绸业同仁，建为七襄公所。1905年，以王同愈为首的绅商在此成立苏州商会。

延至民国之初，七襄公所经济不景气，房屋乃出租为民居，此时艺圃面积大为缩小。而1911年在此成立的苏省商品陈列所，1914年参加了巴拿马商品大会，为我国民族商品争得了荣誉。抗日战争期间，日伪当局占用艺圃，在门口竖起了“闲人莫入”的牌子，市民百姓不得进入。艺圃所遭破坏较大，亭榭坍圮，莲花憔悴。但花木仍有可观者，据高仓正三的日记记载，他以日本人的特权曾经进入艺圃，所见是“虽已荒凉，但还保持着原貌”的艺圃，“眼前满池荷花盛开，全是桃褐色单瓣，没有从前的湖南种白色复瓣”。抗战胜利后，为湖州民族资本家章荣初所办之苏州青树中学借用，当时著名学者金松岑亦曾在此任教，专教经文。

1949年之后，艺圃先后为机关、学校、工艺社等单位所用。1982年，按原貌进行全面修复。

春晖堂

春晖堂在今景德路330号，本是明朝名臣申时行故宅。当时，占地阔大，规模宏伟。主人常于园中会友，诗酒吟咏。申家衰落以后，数易其主，先后归阳山富户朱鸣虞、清朝刑部侍郎蒋楫、太仓状元毕沅、文渊阁大学士孙士毅等。光绪年间归珠宝商杨洪源，易名“春晖堂”。坐北朝南，两路，占地约10亩。

入民国，详情失记，但尚存大厅和楼房三进。大厅即名“春晖堂”，面积很大，五开间，宽21.26米，深13.5米，前后有翻轩，檩枋间均设斗拱，规制宏大，可置100桌酒席，号称“百桌厅”，是当时苏州“两只半大厅”之一。西路尚有荷花池。园内栽花垒石，略有园景。民国之际有花厅名“拜石轩”，此轩1983年移至双塔西院。

进入21世纪，苏州中医院买下春晖堂，修复了大厅和荷花池。同时堆叠假山，筑亭开池，栽植花木，复见园景灿然。东路秋声馆，亦有庭园之胜。可以这样说，今日所见之春晖堂，既有民国的宅院底蕴，亦有依照原来意蕴的新构。

环秀山庄（汪园）

环秀山庄在今景德路272号，现有面积3.26亩，是全国重点文保单位，1997年被联合国教科文组织列入《世界遗产名录》。环秀山庄所在是块风水宝地，早在东晋就有吴国内史王珣、王珉兄弟居此。后二人舍宅而改为景德寺。延至明、清，有申时行、蒋楫、毕沅等官宦在此相继建园。清嘉庆十一年（1806），官散秩大臣而擅书画、篆刻的孙均（号古云）请常州叠山名家戈裕良（1764—1830）在他位于此处的园居百一山房的大厅前堆一座假山，即存留至今的环秀山庄大假山。

戈裕良堆叠这座大假山是有原型参照的，这个原型就是位于苏州西北30里的树山村的阳山大石坞（村民称之为“大石山”）。苏州人称，华夏之镇山当数华山，太湖之镇山当数阳山。《阳山志》谓“大石在云泉之上……有石梁飞跨岩上，又有石龛、石磴、石牖，皆天然奇胜”。《浒墅关志》亦称“大石峰涌出山腰如莲花”。细观其岩壑，绝似环秀山庄假山。宋朝以来，大石向为游览胜地，朱长文、高启、王鏊、沈周、汪琬、王穉登、沈德潜皆有诗咏及。吴宽更称之为“吴中一奇物”。明成化二年（1466），吴宽、李应桢、张渊、史鉴、陈瑄同游大石，有大石联句诗。王鏊和唐伯虎也有游阳山大石联句，沈石田亦有图并诗。如此幽胜和风雅之阳山大石，宜乎戈裕良以之为叠山蓝本。但环秀山庄假山一旦经戈裕良叠成，就绝不再是阳山大石，诚如金松岑在《颐园记》中所说：“凡余所涉天台、匡庐、衡岳、岱宗、居庸之妙，千殊万诡，咸奏于斯。”环秀山庄假山显然已是诸多名山雄峰的融合。

道光二十九年（1849），园归工部郎中汪藻和吏部主事汪堃叔侄所有，并被建为汪氏义庄，取名“颐园”。因园中有别业名“环秀山庄”，从此园则以“环秀山庄”名世，但世人习惯称其为“汪园”。此时的环秀山庄山重水复，移步换景，造园手法简洁洗练，得真山水之妙，尤其是大假山，乃是环秀山庄灵魂之作。

延至民国七年（1918），园主汪鼎丞邀友人于园中觞咏度曲，苏州名流金松岑与其盛，次年为作《颐园记》，章钰书丹，周梅谷刻石，今俱存园中。由园记可知，民国初，环秀山庄可赏可游。

对于环秀山庄在约20世纪20年代这段时间的园貌，1921年朱揖文编辑、1928年范烟桥重修的《苏州指南》有所记载：“堂前叠石，地积极窄，而洞壑冈峦，回环曲折，是正以少许胜多许者也。东偏之亭，署曰‘半湾秋水一房山’，西偏之亭曰‘问泉’，北曰‘补秋舫’，汪开祉联：‘云树远涵青，偏教十二阑凭，波平如镜；山窗浓叠翠，恰受两三人坐，屋小于舟。’又汪惟韶联：‘隔院听黄鹂，最宜婪尾花开，四壁凝香帘半卷；新醅浮绿蚁，恰好醒心泉澈，一炉飞雪酒初温。’”

当时进环秀山庄，不须买门票，如果吃茶，则要视情况付钱。

童寯《江南园林志》记载了环秀山庄20世纪30年代前期的园貌：“现有假山，出自戈裕良手，下有洞，上置亭，其所作洞，即前章所谓‘顶壁一气，成为穹形’者也。环以小池，微以拳勺，而风味殊胜。……现久经驻军，装折四散，涧瀑不流，幸假山完整，花木扶疏，两亭一舫，犹可登临。西部划为义庄，南部厅堂，曾一度散为民居。”

全面抗日战争之前，著名政治活动家、书画家、收藏家叶恭绰来游，曾赋一绝：“万壑千岩指掌中，一重一掩势深雄。棘狮豆马论功力，巧艺还应傲五松（狮子林一名“五松园”）。”相传此时文徵明的停云馆旧物停云石仍在此园之内。

1936年9月7日至9日，中国营造学社的园林建筑学家刘敦桢、梁思成及学社成员卢树森、夏昌世第二次来到苏州调查古建，共考察了怡园、拙政园、狮子林和汪园（环秀山庄），刘敦桢认为怡园和拙政园“皆布局平凡，无特殊之点可供记述”，“惟汪园结构特辟蹊径，在诸园中最为杰出。园在申衙前路北，题‘耕荫义庄’，自庄门经甬道，至东北隅，有门西向。门内建方亭，下为小池一泓，横亘南北，池东假山峥嵘直上，纯用大劈法，其下析为幽谷，深窅婉转，势若天成。池北复构敞轩，一径蛇盘，经小亭导至山巅，深树参差，蓊蔚四合，几忘置身尘世中。园为乾隆间蒋楫所建，全园面积，不足一亩，而深谷洞壑，落落大方，一洗世俗矫揉造作之弊，可云以少许胜多许者也。”又云：“以山为主，以池为辅，组合方式可称特辟蹊径，是为罕见作品。山之结构，于园之东北部积土为斜阜，而西南部则累叠湖石，峥嵘峭拔，落落大方，如国画中之大斧劈法。其间析为二幽谷，一自南向北，一自西北向东南，交汇于山之中央。又构石室二，再架石为梁。而山石之间，藤萝衍蔓，枫柏杂植，俨然城市中之山林。其下池水狭曲，环绕山之西、南二面，且一部深入谷内，颇觉自然。传此山池，为清乾隆间为戈裕良之杰作，信非名手不能如此。山北侧建补秋山房三间。其西复有石壁一段，自东徂西，与东侧的主山相呼应。补秋山房前构东西二亭。东亭稍后，高踞山上，西亭略前，四面临水，再以走廊与西侧园门相接。而西北角于走廊上建南北狭长之楼，既可凭眺全园，又隐于石壁之后，虽高不与主峰争胜。又利用楼

20世纪40年代环秀山庄之补秋舫

1945年前，环秀山庄之问泉亭

上雨霤流注池中，如飞瀑奔腾，设想尤为奇巧。目前池南之四面厅与其他亭、廊都已拆除，山上藤萝多已枯死，暴露出石骨嶙嶙及其堆砌痕迹。而近年补秋山房所装配之长窗，比例过于狭长，未能与其他部分配合，亦嫌不足。”（刘敦桢《苏州古建筑调查记》）可见刘氏对环秀山庄的赞赏溢于字里行间，同时也指出了当时环秀山庄的败损和不足。这是对当年环秀山庄面貌的真实写照。

1939年，环秀山庄曾遭台风侵袭，园之东墙被吹倒，部分厅堂坍塌，幸山石未受损。此后汪氏后裔将园出售，由伪省长陈则民出面买下，转归中南火柴厂厂主李昆松及经理包熙善。李氏曾将山坡上的两个亭子和左旁的偏楼全都拆去，山石倒塌了不少，也不修理，园子受到破坏。

尤玄父编著、1939年出版的《新苏州导游》对其有记载：“园占地不广，而叠石堆垒，萦旋曲折，升降左右，迷离惝恍，俨如置身千岩万壑中，是能以少许胜人多许，与狮子林假山异曲同工焉。其东偏之亭，署曰‘半湾秋水一房山’；西偏之亭曰‘问泉’；北曰‘补秋舫’。

庭前植婆尾一本，春来发花甚盛。旧有飞雪泉，今已淤塞，现已通以铅管，若逢大雨，仍有澎湃激荡之观。”

1945年，大部分建筑被园主拆除，园西侧改建成洋楼。1947年7月12日《大江南报》载：“终年门虽设而常关……山上有大可数围之古樟一株荫覆全院。飞雪泉淤塞已久，乃改以铅管收全院檐际之水。”新中国成立之前，此园仅假山、补秋舫尚存，其余建筑全部颓毁。

新中国成立后，于20世纪50年代和80年代，政府曾对环秀山庄进行过两次大规模整修，使其原貌得以完整保存下来，成为世界文化遗产。

附：金松岑《颐园记》

坐我以华堂，饮我以美酒，而使我旷然游观乎山水之间，斯非异境欤？境之在于幽遐崭绝者，天之功也。天弛其功，地谢其能，灵驱秘助，来献斯异。崒而巘，陷而谷，閜而宫，崖绝而梁，缭而岞者岭，隈而隩，裂而涧，涧悬溜丁鸣而赴于溪，溪上有亭焉，实绾山之两口。溪南为堂，颜曰“环秀山庄”者，以其面山也。苏之城，廛次而墉比，举薪之户十万家。尘埃嚣然。而一入斯园之门，则镜澜屏碧，纷荂罨蔼，朝岚倒景，夕彩晕光，隐几寂视，若出云表。其山，皱瘦浑成，自趺至巅，横睨侧睇，不显斤斫。凡余所涉天台、匡庐、衡岳、岱宗、居庸之妙，千殊万诡，咸奏于斯。斯盖宋钱氏金谷园之故基，朱氏继有之而为乐圃者也。清道光朝，汪氏于此始建义庄，其先后易主，互详钱梅溪《履园丛话》及冯敬亭《耕荫义庄记》。园在义庄东偏，其阖之额署曰“颐园”者，汪西溪书也；构此山者，毗陵戈裕良，为晚清名手，自诧以为驾狮林而上之，不虚矣。汪子鼎丞，数柬余饮于兹园。戊午春，毕节路金坡、贵阳许肇南来苏，鼎丞复邀之饮，度曲于补秋舫。舫位于山之北隩，余踞磐石听之，笛声摇曳出翠微间，而涧瀑自墙外来，应节相和，时玉梅二株方怒花，辛夷亦垂垂坼，罄无算爵，宾主尽欢。汪子因举觞属余为文以錾之石。汪子有儒雅风，诺不可逋也。越一载，乃命笔志其胜，以备吴中名园掌故。

吴家花园

此园在今梵门桥弄大众里1号，本是一处规模较大的宅园，两路五进，相传是明朝大学士王鏊怡老园的一部分。几经辗转，归吴氏。清末曾被借作紫阳书院，大学者俞樾亦曾寓此。

民国时期的归属、变化情况不详，但至今尚存建筑面积2000多平方米，有面阔7间的楼厅，呈明代建筑风格，还有旱船式书房、方亭等。中部庭院以湖石假山为主。至今宅和园如花厅、书房、半亭、湖石假山等都保存尚好。

1982年被列为市级文保单位。现为民居。

留园

留园在今留园路338号，现有面积28亩，是全国重点文保单位，1997年被联合国教科文组织列入《世界遗产名录》。自明朝万历十七年（1589）年徐泰时始建，至民国建立，323年间，留园曾属三个家族所有：徐泰时家族有园约200年；第二代主人刘蓉峰家族有园约80年；清同治十二年（1873）园归第三代主人盛康，盛康死后，其子盛宣怀（1844—1916）继之。

盛宣怀和辛亥革命的爆发有关。此人当时是清朝邮传部尚书，假收归国有之名，将商办的川、汉、粤铁路修筑权送给了外国列强，使民众手里的铁路股票一夜之间成了废纸，于是激起公愤。此导火索一燃，早已革命情绪高涨的官民则高举义旗，于1911年10月10日进行武昌起义并取得胜利。11月5日苏州光复，次日，即将盛宣怀庶母等看管起来，几天后，又将留园及其他盛氏产业全部查封，留园成了民军事务所。盛宣怀被迫流亡日本。同年12月1日《申报》写道："苏州光复之后第一快心之事，莫如抄没盛氏之财产……若留园若西园联而合之，绝妙一大公园也。"次年，盛宣怀回国，由江苏都督程德

盛宣怀

1917年盛宣怀孙女等在小蓬莱合影

全下令将留园归还盛家。1913年，盛宣怀在给友人的信中写道：“归国后故园独处，书画自娱，如梦初醒，不欲知秦汉以后事。”今日留园西部缘溪行一带的桃花源意境，或许就是盛宣怀此时桃源避世思想的反映。不久，留园等盛氏所有财产被民国政府没收，而因盛宣怀和孙中山当年有过数次交往等原因，后又归还。1916年，盛宣怀病逝于上海，棺椁归厝留园义庄。为办丧事，盛家开拓了留园路，修建了石路，“盛杏荪大出殡”成为当时的大新闻。

1927年，留园再次被民国政府没收，北伐军二十一军司令部曾住此园。经盛宣怀之子盛恩颐多方奔走，又因宋霭龄当年曾在盛家做过家庭教师，宋氏家族出面帮助，才得以再次发还。对这段时间留园的园貌，1928年范烟桥重修的《苏州指南》记之甚详。这是20世纪20年代留园园景的实况记录，兹引述于后：“园之中部为‘涵碧山房’，署曰‘胸次广博天所开’，楹有张之万联：‘卅年前曾记来游，登楼看雨，倚槛临风，俯仰已成今昔感；三径外重增结构，引水通舟，因峰筑榭，吟歌长集友朋欢。’全椒薛时雨联：‘迤逦出金阊，看青萝织屋，乔木干霄，好楼台旧址重新，尽堪邀子敬重游，元之醉饮，经营参画稿；邻郭外枫江，城中花坞，倚琴樽古怀高寄，犹想见寒山诗客，吴会才人。’左旁之屋曰‘恰杭（杭通航）’，亭西有石直立，曰‘济仙石’，以其形似济颠故称之。前临荷花池，庭有金鱼鸳鸯，池之西北，皆叠石成山，植树其上，桂树丛杂中有轩一，署曰‘闻木犀香轩’。郑文元联：‘奇石尽含千古秀，桂花香动万山秋。’山之顶有亭曰‘可亭’，山之阴有半野草堂，郑文元联：‘园林甲天下，看吴下游人，载酒携琴，日涉总成彭泽趣；潇洒满江南，自济南到此，疏泉叠石，风光合读涪翁诗。’池之东有轩，署曰‘清风起兮池馆凉’。池之南有轩曰‘绿荫’，池之中有亭曰‘濠濮想’，周有长廊，壁间多嵌石刻。以东有楠木厅，额曰‘藏修息游’。庭有叠石，势极雄伟，石亦玲珑，园主人联云：‘历宦海四朝身，且住为佳，休辜负清风明月；借他乡一廛地，因寄所托，任安排奇石名花。’厅之角有亭，署曰‘佳晴喜雨快雪’，中有灵璧石作台，石本磬材，叩之有声。厅北有屋，署曰‘花好月圆人寿’。左有‘揖峰轩’，曰‘石林小院’，其对面之屋，署曰‘洞天一碧’。东园由揖峰轩入，有高大之湖石三座，岿然兀立，中曰‘冠云峰’，最高，左曰‘岫云峰’，右曰‘瑞云峰’（本书作者按：非现十中之瑞云峰，乃另一石，袭其名而已）次之，下有‘冠云沼’，金鱼活泼，南有四面厅，额曰‘奇石寿太古’。……楹有朱霆清联：‘此峰疑天外飞来，历劫饱风霜，夐绝尘寰谁伯仲，斯地为吴中最胜；后堂绕丝竹，婆娑岁月若神仙。’又联云：‘胜地长留，即今历劫重新，共话绉云来父老；奇峰特立，依旧干霄直上，旁罗拳石似儿孙。’池之右有冠云台，署曰‘安知我不知鱼之乐’，左有冠云亭，联云：‘飞来乍讶从灵鹫，下拜何妨学米颠。’北面有楼，署名‘仙苑停云’，壁间嵌歪尾光鳞鱼化石，两旁悬云石极多，俱合画意，此处有仙鹤孔雀、玉兰丛桂。偏东一屋，为园主人当时参禅处。联云：‘儒者一出一入即大节，老僧不见不闻为上乘。’又俞曲园联：‘何处白云归，有乡里古招提，步西郊不半里而至；前生明月在，是佛门新公案，

民国初年，留园之又一村外部景观

言东坡为五戒后身。’南面有屋题曰‘亦不二’。自四面厅前廊西行至又一村，旁有屋，署曰‘少风波处便为家’，径西行曰‘小蓬莱’，园主人署云：‘戊子秋，余从东海观政归，适园西小筑成山，层累而上，仿佛蓬莱烟景宛然在目，亦即名之曰小蓬莱也可。’此处有花房，有蔬圃。过小蓬莱，即为园之西部别有天也。潘志万联：‘小园新展西南角，明月谁分上下池。’临溪有阁，署曰‘活泼泼地’。面南处署曰‘梅花月上杨柳风来’，联云：‘水转桐溪约秋禊，路寻花步赋春游。’西部佳胜处有丘陵、有小溪，丘有树，溪有荷，尤适于长夏。丘之上有亭二，一曰‘至乐’、一曰‘月榭星台’，又署其房曰‘其西南诸峰林壑尤美’。以上方、狮子、天平、灵岩诸峰，一登斯丘，靡不历历在目故也。前有草地曰‘射圃’。”

《苏州指南》还记载，当时游留园，园资一角，茶资每壶一角。

1927年，第二十一军司令部曾驻此，1929年，此园又被国民政府以盛宣怀生前贪污、侵蚀国币之罪而查封，由吴县政府派员管理并

20世纪30年代前期的留园园景

进行修葺，然后向公众开放，春秋佳日，游客如云，为当时苏州第一游览胜处。1932年，上海“一·二八”淞沪抗战爆发，留园曾关闭。其间，抗战名将张治忠曾在此建高级教官室，旋即又对外开放。1933年，留园又还给盛氏。是年，著名诗人、学者俞平伯曾经回苏州故里，游留园，他在《癸酉年南归日记》中写道：“留园池水浓碧，语润儿（本书作者按：“润儿”指俞平伯之子俞润民）‘绿净不可唾’之谛。一亭临水，而两老树荫之，景致绝佳”。

童寯《江南园林志》记载的则是20世纪30年代前半期，即抗日战争开始之前的园貌：“园分三部，中部为涵碧山房，老树荫浓，楼台倒影，山池之美，堪拟画图。大而能精，工不伤雅。东部以冠云峰为主，乃明徐氏东园旧物。水石台馆，皆以‘云’名之。措置适意，胜境天成。戏台部分，已划出园外。西部有丘陵小溪，便于登临，富有野趣。园内装折铺地女墙，各尽其妙，而以铺地为尤。山石亦非凡品。自公开游览后，修缮之余，未改旧观，更不可谓非林泉之幸也。”并和赞赏

20世纪30年代中期的曲溪楼

20世纪30年代末，留园东部之冠云亭

狮子林一样赞赏它的铺地“参用鹤、鹿、莲、鱼诸形，亦有精者”。看来抗战之前的留园，虽经没收、发还、没收、再发还的折腾，但始终都是一个美丽的园子，而且还曾对公众开放。这应该归功于当时政府的维修，也归功于盛氏家族的保养。而当年的名记者、曾在社会教育学院任教过的曹聚仁则这样回忆道：“城外名园，首推留园，也是大格局……只记得园中有几株大樟树，上栖白色水鸟，千百成群，把那一院子弄得满地鸟粪，斑斑点点，有如一幅花布。抗战时期为军队所占住，园林渐废，不复成游览胜地。”（《吴侬软语说苏州》）

王世勋在《沧桑忆旧录》中回忆了20世纪30年代早期的留园面貌：“留园在阊门外，马路可以直达。园甚宽广，占地数十亩，园内有许多厅阁，如楠木厅、桂花厅等，回廊曲折，树木扶疏，假山堆聚，错落有致。游至后面，几疑无路，乃入一圆门，又是一番天地，名又一村，小桥流水，茅屋错落。田陇菜畦，一幅乡村景色，真是‘山穷水尽疑无路，峰回路转又一村’，这题名极为恰当而应景也。园中多高树，浓荫蔽天，有老桂多株，每到秋季，凉风习习，桂花飘香，沁人心

1936年时的水池倒影

牌。桂花厅及楠木厅等，以四周之树木而命名。此园为文人逸士所布局，故不落俗套。当清朝末年，园为显宦常州盛宣怀（字杏荪）所置为别业，但在民初，都一直开放，收取门票，任人游览。”

周劭在写于1935年的《苏台怀古札徐讦》中写道：“倘使你一定要问我姑苏山水何处最好，则留园尚可说一声不差。留园是敌产，现在充公了……留园布置得确是不凡，中国士大夫怎样消磨其晚年生活，这里颇可看到……现在归商人经营的狮子林，和留园就差得远了。”又在1938年写的《春来忆江南》中称赞道：“虎丘道上的留园，足以代表中国的名园。”看来这位当年东吴大学的学生周劭先生对留园是颇为赞赏的。

日军侵华、苏州沦陷后，日军驻扎其中。开始几年尚好，盛家仍雇人照看，假山、花树尚完整，日人高仓正三在1940年5月5日的日记中写道：“又和日比野去游览了虎丘、西园、寒山寺和留园，那些地方显然经过了精心整修而显得十分美丽。”

1939年5月出版、尢玄父编著的《新苏州导游》有言：“言苏州

20世纪40年代留园一景〔载《最新苏州指南》（第九版）〕

园林者必推留园，故留园可谓苏州之唯一园林而遂不可不游。”又说：“留园为苏州园囿之最。前东吴大学校长美人文乃史氏于其所著《苏州花园城》一书中述及留园。有曰：‘中国花园物质上与太西花园不相同者，即此乃园中屋，而直解之，则为屋中园，有四壁围之。’文氏又曰：‘如留园即其一例也’。”而据俞啸泉《抗日时期苏城沦陷记》，当时留园的情况是“栋折榱崩，墙倾壁倒，马屎堆积，花木枯萎，玲珑之假山摇摇欲坠，精美之家具取之一空”，园几荒废。

抗战胜利后，留园又成为国民党军队的驻军养马之所，五峰仙馆、林泉耆硕之馆梁柱均被马啮成葫芦形，五峰仙馆内马屎堆积盈尺，门窗挂落破坏殆尽，残梁断柱，破壁颓垣。园中一片瓦砾，满目疮痍，惟存山池老树。此时的留园实际上处于无主的状态，路人可以随便进出，邻人可以随便在里边饲养禽畜。1949年9月出版的《旅行杂志》对留园的记载是：“各建筑物以历驻军队，破坏不堪，仅余石山荷池一部分供人游览。”而1948年大中舆地学社出版的旅游书籍《最新苏州指南》则描述为“园内泉石之胜，花木之美，亭榭之幽，堂阁之宏，甲于吴中名园”。以上种种记述，多有差异者，究其原因，或许是作者目的不同、视角不同、侧重点不同所致吧。本书作者以为，倒是1947年7月号《旅行杂志》的记述比较客观：“此园风景，在战前为吴中名园之冠，惜乎沦陷以后，为敌人破坏，今已变成废墟了。”

瑞典人喜龙仁《中国园林》的记述视角不同一般，有褒有贬。他赞赏留园是苏州“面积最大、主题最丰富的园林”，并对留园的水面景观做了细致的描述。他说留园的水面“不是一般的园林水塘，而是一个真正的湖，沙嘴和植被丰富的岛使其变得多样。岸边停着几条船可随时划到湖心岛……岸边能看到白色建筑的正面，门窗上有砌砖做成的装饰栅栏。这些建筑确实有梁柱结构，但完全被装饰地面和白色墙面所覆盖，构成了连续的背景，仿佛水墨画的留白区域。不论从哪个角度看，都能看到前景是水，背景是白墙”。但是，他对留园有所批评，他说：“园子的主人似乎太过追求园林构造的有趣多变，石头、树木、藤蔓、亭子以及不同形式和装饰的建筑，不同的主题拥挤在一起，以致细节不能够清楚地展现，组合在一起显得十分杂乱。这是园子给人的主要印象，尤其是夏季到来，树上长满叶子的时候。”

新中国成立后，1953年起人民政府着手修复留园。1954年元旦，留园对游人开放。

芳草园（花溪）

芳草园在今齐门石皮巷内，为明朝画家顾凝远所建，郡邑志皆称此园“水石清幽，花竹秀野，别馆闲亭，颇擅佳胜”（金宝树《芳草园记》）。清初为观察周荃所居。康熙间归清朝大臣、学者、昆山人徐乾学。乾隆间归金传经。金氏居此百年，清末归陆姓，易名“廉石山庄”。

入民国，园景基本完整，假山、两个荷花池、荷花厅、旱船、曲桥、廊、亭仍在。

新中国成立之后，曾为新苏丝织厂所在，园景逐渐受损。20世纪80年代残存山石、屋料移至唐寅墓园。

钱伯煊宅园

此园在今悬桥巷23、25号，大宅为明清时建筑。1916年，钱伯煊（1896—1986）嗣父钱益荪从陆姓业主手中买下。钱伯煊继之，居此开诊所行医。

此宅园坐北朝南，二路六进。庭前有清末状元陆润庠所题“吴越世家”砖刻门楼。花园在西路，详情失记，至今尚存花厅、曲廊。据钱伯煊的一位表亲回忆，诊所是一间约80平方米的房间，陈设简朴，东侧是书桌，两端摆着背靠椅，一直延伸到西侧。正中一条长桌，上面放了花瓶、时钟等摆设。墙上挂着中堂和条幅。钱伯煊坐在书桌前替

外观为船型的主楼

病人诊脉，一旁学徒列坐。特别有趣的是，钱伯煊下处方，药名都是唱出来的。他嗓门清亮，唱起来一板一眼，字正腔圆，极为动听。

此宅现由钱伯煊女儿居住。部分为民居。1998年被列为苏州市文保单位。

方嘉谟园居

此园在今临顿路悬桥巷45、47号，本是方嘉谟的祖居，具有较多的明代建筑风格。方嘉谟（1893—1968），苏州人，清末民初著名的西医专家，曾任吴县医师会会长，和钱伯煊齐名，人称两人“西方中钱”。此二人为上海同济医工科大学同学。后来，钱伯煊在悬桥巷宅居行医，声名鹊起，方嘉谟本在钮家巷有老宅，为了和同窗好友钱伯煊相邻行医，欣然在悬桥巷45、47号老宅另行造园，并开设惠民医院。一时，钱、方联袂，一中一西，惠民多多。

此园坐北朝南，正路四进。西路门厅后的主楼为西班牙式洋楼，系方嘉谟于1935年所建，假三层，当时极为时髦，外观为船形。庭园在主楼前，以栽花木为主。主人于楼上居高临下，满目葱绿，鸟语花香，其悠然惬意，自不待言。日军侵苏，此园被日军占领。抗战胜利后，又被国民党军队和地方政府占用。

新中国成立之后，此园由人民政府接收。直至“文革”前，这里仍残存假山、水池、亭子和花木等园林景观。1983年，人民政府落实政策，将洋房产权归还给方家后人。

此园现为苏州市控制保护建筑。

方姓宅园

此园在今钮家巷31、32、33号。这处住宅的历史，最早可以上推到明朝，有方姓家族五、六代居此。至清嘉庆年间归朱姓所有并重建。

民国年间，此园被售与米行业主方姓。三路五进，中路四进，第二进为大厅，三、四进为楼厅；东路四进，第二路为船厅，后两进为西式洋楼；西路亦有楼房，宅后有花园。民国年间建筑及园景大致存在。

新中国成立之后，园景仍存。而1959年半亭被拆除，假山被移至耦园。现为民居，尚存船厅和零星湖石。曾被改造为园林式的旅馆，名“平江客栈”。

现为苏州市文保单位。

宝树园（顾颉刚宅园）

宝树园，在悬桥巷，即今世称的“顾家花园”。此园可上溯至明朝，本是归湛初的归氏园。清初，园之东部归顾其蕴，改名为“宝树园”。此园广不过数亩，无层峦叠壑之奇，无广厦华堂之美，而洞石玲珑，云林掩映，至其地者，超然有城市山林之想。至顾其蕴之孙顾秉忠又有增葺。庚申之后园废，仅存残沼一区。

入民国，顾其蕴后裔、现代历史学家顾颉刚仍住在祖宗老宅。抗日战争胜利后，这里既是他的园居，也是他的办公场所。当时他担任交通书局编辑所所长，并在国立社会教育学院任图书博物馆系教授，还主持在苏州复刊《文史杂志》的工作。此时，园景仍有些许残存，其中的东路第五进屋宇是顾颉刚的父亲于1931年翻建的。

顾颉刚

顾颉刚在《记三十年前与圣陶交谊》中写道，此园是其先人于清朝初年建于石子街，而拓其园至悬桥巷河滨。园中多植山茶，故命名为“宝树园”。咸丰年间，曾为太平军所占。民国年间，仍归顾家所有，分为南北两部分，南部为祖宅，北部为现代建筑风格。

此园现为苏州市文保单位。

荆园

荆园在今马医科7—8号，传说为明朝文徵明曾孙文从简（字彦可，号枕烟老人）宅居。后归陆氏，俗称“陆家门墙”。清末售与太守田绍白，名“荆园”，花园在住宅两侧。

1928年，昆山人程廷恒（字守初，1878—？）购得此园，重加修葺。

程廷恒，长期在东北和河北省任职，官至代理省长。他是著名的方志学家，每任职一地，必有修志之举。

此园占地5亩，园在宅西，曲折得宜，结构有法，有假山、花竹之属。守初风格高迈一时，名人皆从之游。苏州沦陷后此园为日军所占，书籍、字画被洗劫，园乃破败。

现残存花厅及石包土假山一座，为民居。

附：程廷恒《荆园记》

我原籍休宁，清乾隆年间迁昆，始祖攀山公经商昆山，遂家焉，昆城遗有祖宅。迨光绪中季，壬寅科先兄调侯乡闱中举人后，受苏州大石头巷洪氏聘荐为抚院幕府，乃迁苏城，我随兄攻读。光绪庚子，山西李文诚公殿林号荫墀，辛未进士，由吏部侍郎任江苏学政，我为秀才后第一次岁试，拔置一等第二名，誉为荣世，文章奖励备至，咨送京师大学堂肄业。我四岁失怙，恃赖叔父资政公教养成立，求李公可否就近造就，以便养亲，许荐京师大学堂上海译书分局任编辑员，局长张菊生元济太史异常优待。迨光绪三十四年戊申之夏，天津徐菊仁世昌，以军机大臣特任东三省总督，承徐总督请调辽沈补用，乃自牧令洊擢监司。未及二十年，开府龙江，风沙冰雪，久役东陲，内政外交，因应不易，年将五十，衰病侵寻，军阀专横，诸难进行。我兄康民力劝急流勇退，诵陶渊明《游斜川》诗“开岁倏五十，吾生行归休”，亦抱同情之感，旋于民国十六年丙寅之冬，乞假归省，退隐吴中，迎吾兄同居。先得钮家巷邹永春太史旧宅，眷属子女诸侄众多，不敷分住。丁卯冬由祁陶甫、张久馀诸君介绍，得城中护龙街九胜巷口对面旧称陆家门墙田氏大宅，房主田绍龕陪视房地，进园转西，即见有“荆园”砖额在焉。园地约有三四亩，荒圮失修，略具池亭花竹。园东朝南有大厅及后厅，楼东西院有客房、书房、厨房、浴室等四十余间。田君称此宅，其先人得之陆氏，陆乃得之有明长洲文彦可枕烟旧宅。归告阿兄，康民谓《齐谐记》载京兆田真兄弟怡怡，紫荆重开，千百年来传为佳话，不图吾垂老，兄弟得此荆园，乐何如之。议遂定。此宅前门坐落护龙街，朝东，近市喧嚣，乃又商之西邻曹君幼卿，愿以马医科朝南房屋十余间，地基七八分让归，我用得与荆园南墙联络开通，于是护龙街前门改作副门，辟大荆园用地，以本宅原有西北长安弄、景德路之后门，改作第二副门，门内小园亦有修竹嫩桑，别饶清趣。经之营之，不久而木工告成。闻之绍龕，当太平天国军队进攻苏城，陆氏男女老弱尽殉荷池，将近百年，时露枯骨。我乃以池滨湖石迁堆假山数座，掩骼埋胔，填平全池，义所当为。平池拆桥后，以池址起点处建西式四面厅，朱古微侍郎题赠“蘧庐”匾额，位置琴书，招邀亲朋，如张仲仁、云摶昆仲、吴颖芝、邓孝先、林黼桢、费玉如、王严士、费仲深、彭子嘉、王仁山、邱荫甫、王炽甫、王受尹、姚威伯、沈麟石、毛艾孙、縠孙昆仲、连慕秦、周炳卿、姜证禅、陈公孟、冯赓甫、陶小柳、张挥荪、冷天雄、陆颂侯、姚君玉、徐印若、吴臞安、闵采臣、蔡云笙、尤鼎臣诸先生，啸咏其中，极文酒宴游之胜。园之西北，有屋三楹，传是明代旧筑，邓孝先太史题额“补读斋”，康南海先生题赠“退思”横额，补读未读之书，思补以往之过，素愿幸赏。斋前有后廊，前廊辟左右两门，左曰“锄月”，右曰“枕烟”。我髫龄，叔父资政公命名廷恒，读《诗经》曰“如月之恒”，又读林逋诗“笑指后庭风味好，自锄明月种梅花”，因号“月锄”，今得文枕烟旧宅，以“枕烟”而对“锄月”，为先后三百年来园主人，遇合称奇。斋西，地甚幽静，有屋一幢，添栽松柏，以立家庙，孔子曰：“祭如在，祭神如神在。”因乞郑苏戡解元题额“僾见敬”，为岁时祭飨追远之所。同时并劳苏戡题赠斋联，曰：“五亩桑园高士宅，四时花拱读书楼。”后厅西楼窗正临荆园补读斋，书声琅琅可传达也。园之西南角落假山后，新建三角亭，拟名半亭，亲家崇明冯紫罗司马题额曰“求阙”，即席挥毫付刻，紫罗笑谓我一门鼎盛，如此园林，苏城罕觏，借寓谦益满损之意，良堪感佩。太仓老友王炽甫学博赠亭联“三竿两竿之竹，一寸二寸之鱼”，尤为生色。北京顾冶仲中书临赏斋前，指为全园胜景。园东大厅有父执王严士先生赠联“解组归田，园林小筑；乐天知命，岁月长春”。常熟赵古泥先生书“宝善堂”大字堂匾，蔡云笙孝廉赠西书房“养正书屋”额、东客房“可止轩”额，琳琅满目，美不胜收。我自题后厅楼匾额曰“春融草堂”。统计园地房地，得有四亩八分。颓者屹然，缺者初完，植基弥固，绿化葱茏。花则有紫荆、红绿梅、迎春、玉兰、辛夷、绣球、牡丹、芍药、樱桃、铁梗海棠、雪梅山茶、紫薇、木香、杜鹃、月季、蔷薇、建兰、万寿菊、大利菊、木犀、晚香玉、红蓼、虞美人、各种荷花、水仙、腊梅；树则有核桃、樱花、红绿枫、松柏、女贞、梧桐、桃、李、杏、橘、葡萄、黄红天竹等等。春红数曲，秋馨一山，幽鸟弄声，关关嘤嘤，四时佳兴，与人同可咏之矣。马医科巷西有俞氏曲园，我荆园在巷东。余生也晚，仅晤曲园孙郎陛云探花，未及与曲园老人相晤，然曲园衡宇相望，窃自欣幸，犹忆老人《春在堂集》有诗曰：“马医长巷巷中央，正是吾家薜荔墙。墙内小轩题印雪，雪泥踪迹在青箱。”想见老人好学，至老不倦。讵丁丑日寇陷苏，挈眷避地京津，我园为日寇骑兵占据，书籍字画，细软物品，被劫靡遗。壬午南回省视，几如丁令威化鹤归来，城郭犹是，风景已非，防空洞开，乱砖山积，园林亭台，其毁于寇与戕于人者，皆不可知。历历追印旧迹，悲从中来，我先兄康公在天之灵当亦怆然，以此可叹。材之在天地间，成之至难，而毁之甚易，数年来重加葺治，记其经过，虽不能复旧观，狗碎鸡零。一日有园，一日有责培养爱护，愿我后人毋忘此日之艰难。

中华民国三十三年甲申春日，退思老人年六十有六

陆肯堂和陆润庠宅园

此园在阊门内下塘街7号，为状元陆润庠世代祖居之地。陆润庠这门陆氏原籍浙江湖州归安双林镇，明末清初迁来苏州，定居于此。清康熙年间，状元陆肯堂（1650—1696）即居于此。清道光年间至民国初年，陆肯堂的七世孙陆润庠（1841—1915）仍然居住在这里。一门两状元，后人每以“老状元”“新状元”称之。但是这处陆氏祖居自陆肯堂时起，因主人居官在外，年久失修，至陆润庠始进行了较大地修建，而且从此迄今，格局变化不大。陆润庠，大名鼎鼎，需要一叙：同治十三年（1874）中状元，曾任山东学政、国子监祭酒、工部尚书、吏部尚书等职，辛亥革命后，还曾留在清宫任溥仪的老师。他还受张之洞委派，在苏州创办了苏纶纱厂、苏经丝厂，为苏州的民族工业做出过贡献。

陆氏宅园坐北朝南，三路五进，有门厅、轿厅等规范性的厅堂建筑，主厅在第三进，书房在最后。备弄狭长幽曲，连通前后，以为平时出入之道。花园在东侧，现已不存。前后另有庭院，花木清幽。

2004年，政府曾对其进行过修复。此园得到较好保护，现为苏州市控制保护建筑。

许鹤丹园居

此园在今山塘街250号，始建于明末清初。清末民初时，为苏州著名的中医大夫许鹤丹所有。坐北朝南，二路五进，正路依次为门厅、轿厅、正厅、走马楼、古戏台，正厅和走马楼是这座宅园的主体建筑；另一路是对照楼厅和阁楼等。第一进门楼为明代遗构，额题“祥云瑞日”；另一座门楼建于清末民初，额题“嗣宗泽远”。直至20世纪末，有200多年历史的这处老宅，虽然风雨飘摇，但依然诉说着历史。不期2000年的一场大火，把正厅和走马楼焚烧殆尽。2001年，民营企业家周炳忠将楼买下，重加修复，着重在梁柱门窗的雕刻上下功夫。完工后，著名文物专家罗哲文为之题写“山塘雕花楼”匾额。

考察许鹤丹园居在民国之际的面貌，山石花木等园林景观较少，而建筑雕刻精美，也是一景。游览者可作如是观。

中和堂（汪氏宅园）

中和堂在临顿路东花桥巷33号，本来住宅三路六进，主体建筑在中路。中路依次为门厅、轿厅、大厅及第三进大厅即为中和堂，西路为义庄。中和堂为清朝康熙年间安徽休宁人汪上荣迁苏时所建。

民国时园景仍存，园景在东路和西路。今为民居，东路第一进还保留着两座太湖石峰，高约4米，惜残损严重。西路后部有一个较大的花园，有水池、假山、亭子、小桥、四面厅和各种花木。

此宅园1982年被列为苏州市文保单位。

向庐（邻雅小筑）

向庐在临顿路下塘温家岸17号，为范烟桥（1894—1967）宅园，占地约4亩。范烟桥，本居吴江同里镇漆字圩，为范仲淹从侄朝奉房范纯懿之后。明末，范纯懿后人范思椿由苏州吴趋坊迁居吴江同里，范烟桥是范思椿的第十代孙，再随其父迁回苏州。范烟桥多才多艺，是民国时期红极一时的“江南才子”，小说、电影、诗词、小品文、猜谜、弹词，还有书画，无不精通，一生著述颇丰。新中国成立后，曾任江苏省文联副主席、苏州市文化处处长等职。

1922年，范烟桥之父范葵忱以9000银元买下清朝早期顾予咸的桤林小隐遗址之一角，以葵忱之名，取葵心向日之意，为园取名“向庐”。而同里老宅依旧保留，日军侵苏时，举家曾回去避难。9000银元买下宅园，比较便宜。为什么这么便宜呢？因为世传此处有狐祟，

范烟桥

很不吉利。而范葵枕则不相信此说。此处人文历史悠久，当年因桤林小隐之东空旷，俗呼“野园”，吴语谐音而成“雅园”。范葵忱乃为其园额曰“邻雅”。范烟桥在其自定年谱《驹光留影录》里写道：“其地有假山、方池，新植榆、桐、山茶、梅、杏，为顾予咸‘雅园’一角。厅事已敝，易以新材，余则稍事整理而已。”又有诗写道：“一角雅园风物旧，海红花发艳于庭。”1935年12月18日范烟桥也曾在《苏州明报》撰文详述道：“我家有园，有假山数垛，颇嵌空玲珑，有池虽天旱不涸，有榆树大可合抱，其他梧桐、腊梅、天竹、桃、杏、棕榈、山茶，点缀亦甚有致。屋后是土阜委巷，俗名‘雅园’，原是清初诗人顾予咸别墅余址，我家或许也是该园的一角，所以我称它为‘邻雅小筑’。面南院敞轩，则以先君的别号为‘向庐’题额。”园中还有船厅、花厅、长廊等园林建筑。20世纪二三十年代，由范烟桥、赵眠云、郑逸梅、范君博等七人发起成立的文学社团“星社”（因赵眠云曾发行小型刊物《星》，故名），成员们常雅集于园中。范烟桥本人非常喜欢花木园艺，他经常购置盆兰、白兰花、牡丹、芍药、绣球、海棠等，或置于厅堂，或栽于庭院，加上原有的数十年老桩红白梅花，风摇花影，满园生机。窗前的两株芭蕉，如张翠幄，雨天敲打，响似戛玉。范烟桥和文朋诗友悠游其间，更显文人意兴。

据文管部门1956年至1958年的调查，邻雅小筑当时尚有池馆幽雅，湖石池岸楚楚可观。“文化大革命”时，范烟桥备受冲击，1967年病逝。后向庐归公，因年久失修，墙塌屋危，房管部门拆除旱船、廊屋，改建为平房住宅，水池亦被填平。1979年落实政策，向庐被

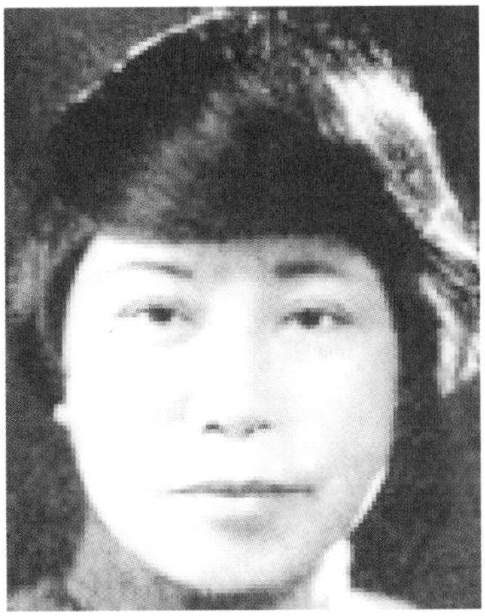
杨荫榆

钱穆

刘国钧

归还范氏后裔，尚存花厅、方厅、书房等建筑及大湖石假山；花木稀疏，尚存紫薇、玉兰、棕榈和白牡丹一丛。

此园现为苏州市控制保护建筑。

耦园

耦园在今仓街小新桥巷6号，现有面积11亩，其中花园面积4亩。其前身是清顺治年间陆锦所筑之涉园，又名小郁林。同治年间，湖州人沈秉成（1823—1895）买下涉园废址建成耦园。沈秉成去世后，其子继之。

辛亥革命胜利后不久，沈氏后人返回湖州故里，耦园渐衰落，由一黄姓裁缝代管，并陆续租给他人居住。1925年夏，江南鸿儒金松岑就曾入住此园，寓居苏州的李根源常来探访，金、李二人“披襟踞胡床，把酒谈论移晷”。1928年，教育家、在常州创办第一中学的赵善昌卜居此园。同时住在这里的还有省二女师教师陈士弘、沈子期、章寅谷、章慰农及南京中央大学农学院院长汪启愚等。1932年，原北京女子师范大学校长杨荫榆(1884—1938)女士亦曾在此创办二乐女子学术研究社。杨荫榆被日本宪兵暗杀之后，东花园一度空关。据杨荫榆的侄女、著名学者杨绛在《回忆我的姑母》中记载，早在1925年冬天，杨荫榆就在苏州“典了一个大花园”，就是耦园。但杨绛下面的一段记述却有误：“听说原来的园主为建造那个花园，惨淡经营，未及竣工，他已病危，勉强坐了轿子，在园内游览一遍，便归天去了。”事实是园主沈秉成夫妇，夫唱妇随，在园内生活了10年，非常美满、幸福。如果这段话说的是耦园的前身涉园，事实也不符合。赵善昌晚年在其《拙斋纪年》中回忆当年的园景等情况道：“东望城堞，西邻仓街，三面环水，轩敞幽静。东园有假山池沼之胜，回廊曲折，花木成荫，宽宏胜过西园。余居西楼，以楼下余屋分租景萱表弟。耦园住户虽多，而平时互有往还者，仅东楼陈女士士弘，江苏省立第二女子师范学校教员，五十未嫁。西园沈君子期眷属及后楼江阴章君寅谷、慰农叔侄。正落之左，有屋两幢，汪君启愚居之。余旧友，往来甚密。寅谷，名宾治，有女曰‘绳’，以才识俱优，曾游南洋，时任第二女子师范学校事务主任。慰农，名霖，留学日本宏文师范，笃诚君子也，时以文字相切磋。”又据国学大师钱穆(1895—1990)先生的次子钱行先生告诉本书作者，自1939年夏天起，钱穆一家住在耦园的城曲草堂和西侧楼上楼下(附带厨房)，一直到1949年。

钱穆入住，“不出租金，代治荒芜”。1939年夏天，钱穆向在昆明的山东齐鲁大学任国学研究部主任的顾颉刚请假一年，返苏居住，陪侍老母并潜心著书，在补读旧书楼内写出《史记地名考》等著作。之后，离开苏州，外出教书，而家仍在耦园。抗日战争胜利后，钱先生在无锡江南大学任教，而在设于苏州的河南大学兼课，因此仍常居耦园家中。此时，其侄钱伟长从美国归来，亦曾来此小住。钱穆晚年居台湾时在《八十忆双亲·师友杂忆》一文中写到当时的耦园：

“园地绝大，三面环水，大门外惟一路通市区，人迹往来绝少。园中楼楼窗面对池林之胜，幽静怡神。”又说：“所居林池花木之胜，增我情趣，又可乐此而不疲。”顾颉刚虽然在苏州有家，但也曾在耦园钱穆家中辟一读书室，可能是因为一求安静，再则可以就近和老朋友切磋学问。1941年，常州从事纺织业的爱国实业家刘国钧（1887—1978）、刘鞠修夫妇买下耦园。此时园已几近破败，假山水池坍塌，花木凋零，中部已为民居。刘氏虽着手修葺，终因耗资太大，修修停停，直到1949年还未完全修好。其间，园中曾为部队所占。又据钱穆的女儿钱辉在《耦园三题》中回忆，民国之际，耦园还有两个不太为人们关注的构筑：一是菜园。当年，园门开在东面，一进大门就是一个园子，有花草、盆景等，走过园子，有一个圆形的月洞门，通向东花园。后来才开了今天使用的正门。月洞门近处的菜园，种着桃树、梅树等，树下种了很多蔬菜。还有一棵蛀空的老榆树，夜里，猫头鹰就住在里边。菜园里有口井，是花匠浇花用的，但里边的住户人家，都常常用此井来冰西瓜。这个菜园是孩子们的好去处。二是暗道和密室。暗道很长，能把从东花园到西花园所有的房屋勾连起来。但一般人并不知道他们的住处还有暗道可以进来。密室在西花园的主楼，此楼五上五下，楼下是房东所居，楼上空闲。密室一在楼梯下面，由一个书架伪装挡住；一在楼顶，有三根活络的椽子遮挡，可装可卸，不知者不易察觉。密室很大，可容二三十人，里边有桌椅板凳和电灯等。新中国成立前夕，就有革命人士在这里从事秘密工作。

新中国成立后的1955年，刘国钧将耦园捐赠给国家。此园1960年起由政府出资进行修复，1965年对游人开放。现为全国重点文保单位，2000年被联合国教科文组织列入《世界遗产名录》。

端善堂（潘镒芬园居）

端善堂在今大儒巷48号，后门通南石子街。此园始建于清朝初年，当时，苏州“贵潘”始祖潘仲兰迁来苏州，就曾经在这里造房居住。清朝乾隆年间，潘仲兰裔人潘世恩高中状元后，迁居钮家巷，此处售与卫道观前的“富潘”族人，重加修建。三路五进，主厅额曰“端善堂”，另有纱帽厅、走马楼、花厅、楼厅等构建，这是当时苏州比较大的一处宅园。有庭园，点缀湖石，遍植花木，一年四季有花可赏。

民国期间，端善堂传至潘镒芬（1893—1954），园景大致存在。潘镒芬出生于大儒巷老宅，就读于设在苏州的江苏省铁路学堂，选读的是测绘科。潘镒芬在校时很得学堂监督张謇状元的赏识，毕业后经张謇推荐到山东任河务局工程科技术员，从此与治理黄河结下了不解之缘。在1938年黄河花园口被炸溃决后，被任命为黄河堵口复堤工程局副局长，为复堤做出了重大贡献。1987年，山东省人民政府曾给潘镒芬的儿子潘伯棠先生发来信函云：“令尊潘镒芬先生，毕生致力于黄河水利事业，对山东治黄工作有过突出的贡献，功绩已载入山东史册，永远铭记在沿黄人民心中。”潘镒芬于1948年辞官回乡，居住于端善堂老宅，直至病逝。

新中国成立之后，端善堂尚有花厅和零星湖石存在。现在是苏州市控制保护建筑。

红豆书庄

红豆书庄，也称“红豆山庄”，清康熙年间吴县东渚人、经学家惠周惕（1641—1697）筑。清宣统《吴县志稿》说红豆书庄在“在城东南冷香溪之北”。冷香溪，后称“冷香湾”；1934年此地因开办商业职业学校，易名为“读书湾”；现在仍称“读书湾”，为居民小区，名“读书新村”。另，惠周惕之子惠士奇时此园称“红豆斋”。

此园的主要园景就是一株红豆树。本来在东禅寺有红豆树，老而朽，后复萌新枝。惠周惕移一枝植阶前，生意郁然，若干年后，铁杆霜皮，有参天之势。因自号红豆主人。有僧为绘《红豆新居图》。惠周惕自题五绝一首，又赋《红豆词》十首，和者百余家。四方名士过吴门必停车造访。庚申战火，树被伐。之后，老干又生新枝。

至民国，红豆树依然数岁一开花。李根源1925年定居苏州之初，曾专门探访。而日本人高仓正三在1939年10月7日的日记中却写道："上午去省政府拜访章氏，向他打听红豆斋的地址，他把在税务股工作的惠乐民（惠氏后裔）介绍给我。惠乐民告诉我说，他的旧居在葑门内的冷水湾（读书湾），那儿没有红豆树。"惠乐民为何如此说，则不得而知了。

此园现为苏州市控制保护建筑。

笑园

笑园曾位于学士街升平桥弄，据叶恭绰《遐庵谈艺录》所述，此园乃清朝康熙年间翰林院检讨、吴江人徐釚（1636—1708，字电发，自号枫江渔父）构建，其后人将园改建为祠。后家道中落，祠渐为民居。据说明末遗民徐枋（1622—1694，字昭法，号俟斋）临危时曾以此园交付给寡媳和孤孙。嘉庆年间，徐釚侄孙徐达源曾持《枫江渔父图》征题，并刻为书条石嵌于壁间。同治年间，翰林院编修冯桂芬曾居此，再后，此园为陆润庠购得。此园当初风景雅致，园中心为荷池，池上架曲桥，池北有水榭，池南叠湖石假山，假山高下参差，形仿十二生肖。另有各式亭阁，白皮松、白桦等树木。此园特点是园在宅前，园宅相拥，不同于一般私家园林园在宅后或左右的格局。

民国之际，此园多次易主。先是叶恭绰对此园颇加赞赏，欲在此构楼未果，乃移居网师园。继之归基督教徒华氏，后此人徙居海外，乃售与某冯姓官员。1934年，园被天官坊名门陆姓老三房后裔、苏州巨商陆孟达以1万多银元购得。据陆孟达的长子陆正瀛先生回忆，其父买笑园时，园中假山圮颓已甚，旱船内有一门暗通假山。走廊侧的几个小天井里都点缀着玲珑的石笋、浓绿的芭蕉，还有百年白皮松和黄杨。假山南是一座高墙，墙后是3.2亩见方的园子，两棵需两人合抱的银杏树相对耸立，西北角一泓小池，池中养鱼栽荷。后又将花园北部住宅翻建为楼房。抗战期间，此园曾为日军眷属占住。抗战胜利后，被国民党军官眷属继续占用。总体看，民国年间园景尚好，有四面厅、花篮厅、楼阁、旱船等园林建筑及门厅、茶厅、住宅，有假山、水池、花木等景观。仍有“笑园”砖额，嘉庆年间的23方书条石和古老的白皮松也依然存在。

新中国成立后，笑园房产公私合营。1958年，住宅部分住有居民20多户，园南部办印铁制罐厂，花园由园林管理处保管。因年久失修，山池、花木、曲桥、戏台被毁。1979年曾被规划为修复项目。据园林学者张学群先生《城上斜阳忆笑园》所记，1990年前后他曾考察笑园遗迹，情景是：“假山半缀，古松婆娑，池水一泓，小桥三曲。……厅堂南向，残照当楼。桥东旱舫半艘，舱里住了一户人家，船尾虽然残缺，早先的精致的模样依稀尚存。廊壁之间嵌着清代嘉庆年间的书条石23方，都是钱大昕、王鸣盛、洪亮吉等名家关于《江枫渔父图》的题跋。”1994年干将路拓建时全部拆除。

瑞芝堂（吴大澂、吴湖帆园居）

瑞芝堂位于今凤凰街139号，是晚清著名金石学家、书画篆刻家、收藏鉴赏家、曾任翰林院编修，湖南巡抚等职的吴大澂（1835—1902）园居。现代著名书画家、吴大澂之孙吴湖帆亦出生于斯，成长于斯，完婚于斯。直到29岁，他才离开故园，寓居上海。吴湖帆的嫡祖父实为吴大根，大根兄弟三人，有弟大淳（吴大澂）、大衡。大根子讷士育有二子，即翼燕（吴湖帆）、翼鸿。吴大澂子早夭而无后，遂立吴湖帆为嗣。不期翼鸿后亦病死。吴湖帆实乃成为吴大根、吴大澂两房兼祧的嗣孙。

吴大澂原居双林巷祖居。祖居名“友恭堂”，此堂界石至今犹

吴大澂

吴湖帆

存。此处本为明朝末年复社名士金俊明春草闲房，乾隆年间由吴大澂祖上购得，此后吴氏便世居于此，吴大澂即出生在这里。现为苏州市控制保护建筑。此宅颇祥瑞，同治六年（1867），院中榴树忽生灵芝，世人称奇，次年，吴大澂中进士；越十年，弟大衡亦中进士。人皆以为春草榴芝乃吉祥之物，一时传为佳话。

后来因人丁繁衍，居处逼仄，吴大澂乃于光绪十年（1884）于湖南巡抚任上购得清康熙年间江苏巡抚宋荦旧居，迁此居住。此处乃宋朝遗构，虽已破旧，但念其有600年历史，吴大澂并未做大的改动。宅南向，大门开在十梓街南仓桥畔，三路六进五开间，梁、柱皆楩、楠木。堂屋取名“瑞芝堂”，源于春草闲房榴芝生瑞也。楼厅前有光绪十一年（1885）款门楼，额“螽斯衍庆”四字，出自《诗经·周南·螽斯》，意思是祝颂子孙众多。

瑞芝堂陈列有三代陶坛器、汉代铜鼓等，皆稀世珍玩，价值连城。堂屋后有石径室；石径室后有轩名“百二长生馆”，常熟杨沂孙篆额。馆名来历，是因吴大澂为陕甘学政时，收得古瓦约百，有二铭文曰“长生未央”“长生无极”。有书斋名“愙斋”，乃因吴大澂曾得“宋微子鼎”，其铭文“客”写作“愙”。吴氏亦以“愙斋”为号。

1920年夏天，一场狂风暴雨，把瑞芝堂掀翻。50天后，重新修复，并在东西两庑刻置书条石各8块，东庑刻朱熹赠张栻诗墨迹，西庑刻翁方纲墨迹和愙斋鼎全形和铭文。瑞芝堂修好后，吴讷士撰《重葺瑞芝堂记》，并将其手书成8尺篆书大屏挂在翻建的瑞芝堂中。录于下：“吾家旧居城西偏双林巷，为明金孝章先生故居春草闲房，即先生读书处也。庭有石榴一株，同治丁卯仲夏产一芝，附于枝上，华烂映发，既而叔父愙斋公、运斋公先后入词林，乡里诸老辈称述科名咸以为榴芝之瑞。江阴吴子重先生为之图，同邑潘西圃（遵祁）先生为之跋，光绪甲申先人以子姓渐繁，旧居逼仄，买宅于十字街东，因额其堂曰‘瑞芝’，不忘其朔也。堂建自宋代，梁柱虽微倾欹，而材实坚好。雅不欲以六百余年旧庐轻事改作，乃粉饰涂泽以居之。忽忽又三十余年矣。岁庚申夏五月七日，值大风雨，不片刻而全堂俱圮，器用什物为梁木所格，得讬存其空隙，摧损无多，因即庀工饬材，涓吉重葺，宽广仍其旧，高加二尺，深增四尺，计石砖土木五千三缗，人工夫役二千四缗，丹漆费七百缗，经始于六月二十九日，凡六月而落成。越年辛酉正月人日，本善记。”

瑞芝堂原有花园，在宅园之东偏，详情无多记述。

中华人民共和国成立之初，因凤凰街拓宽，花园和门厅等大部分构建被陆续拆除。1997年又将大厅和楼厅向北迁移，大门亦改为东向。仍保留“愙斋”之名，留作纪念。现在所存并不是瑞芝堂全部，只是中路的最后第五进和第六进房子。直到2001年，修复和缩建后的瑞芝堂被私人买下，当时买主并不知道这是吴大澂、吴湖帆故居，只知是一处古建筑，为其取名“明楼”，意思是要把它打造成苏州名流雅集的地方。

现在此处为一酒店，属苏州市控制保护建筑。

遂园(荫庐)

遂园(荫庐)在养育巷慕家花园弄16号，今苏州大学附属儿童医院内。这方地面上，清康熙年间巡抚慕天颜曾建慕家花园，后太仓人毕沅曾构小灵岩山馆。宣统年间，安徽人刘树仁购得，将其更名为“遂园”。当时有容闲堂、绿天深处、听雨山房、映红轩、逍遥室和琴房诸胜。

民国早期，虽然园名已改为“遂园”，但人们每以“慕家花园”称之。刘树仁曾将其辟为向公众开放的游艺场，内设书场、剧场，园资为大洋2角，有时增加娱乐节目，则酌加茶资，每壶铜元20枚。这一时期的园景大致是：建筑绕池而建，池广阔，夏时荷开极盛，池上架小桥，曲折可过，游人络绎。1927年，著名作家郁达夫游苏州，只游了一处园林，那就是遂园。他在《苏州烟雨记》中写道：“出了玄妙观，我们又走了许多路，去逛遂园。遂园在苏州，同我在上海一样，有许多人还不晓得它的存在。从很狭很小的一个坍败的门口，曲曲折折走尽了几条小弄，我们才到了遂园的中心。苏州的建筑，以我这半日的经验讲来，进门的地方，都是狭窄芜废，走过几条曲巷，才有轩敞华丽的屋宇。我不知这一种方式，还是法国大革命前的民家一样，为避税而想出来的呢，还是为唤醒观者的观听起见，用修辞学上的欲扬先抑的笔法，使能得着一个对称的效力而想出来的？”这是郁达夫对苏州建筑的观感，他说对了，苏州的园林建筑，多数都是采用“欲扬先抑”的手法，也就是障景的构建方法。他接着写遂园：“遂园是一个中国式的庭园，有假山，有池水，有亭阁，有小桥，也有几枝树木。不过各处的坍败的形迹和水上开残的荷花荷叶，同暗淡的天气合作一起，使我感到了一种秋意，使我看出了中国的将来和我自家的凋零的结果。啊！遂园吓遂园，我爱你这一种颓唐的情调！”显然，郁达夫看到的遂园面貌：“颓唐！”

1931年，刘氏后人将此园售与沪商吴涤生，从此，夏日晚间也开放，供市民游览。1934年，叶荫三购得慕家花园西部，建花园别墅，名“荫庐”，但世人每每仍以“遂园”称之。叶荫三（？—1971），福建同安人。其父叶鸿英（1860—1937）是民族实业家、藏书家，在上海投资办企业，曾任北洋政府农商部顾问。叶荫三随父在上海经商，曾任上海正大商业银行董事长和上海大华造纸厂、搪瓷厂总经理等职，是上海市商会第三届（1934年）和第四届（1936年）的执行委员。1930年即开始到苏州投资办企业，并在苏州置办房产。荫庐主楼三层，建筑式样仿欧洲文艺复兴时期罗马式建筑风格，花园为中式，占地4亩左右。门东向，额曰“荫庐”。门前廊柱为高大挺拔的罗马式圆柱。建筑之南紧连荷花池，有石阶与池水融会。曲桥飞虹，池周环以假山涵洞，山顶凉亭与池畔石舫相映。花园里还有自流井和喷水池，在中式园林中引入西方的造园手法。叶氏还递次修复了旧有的容闲堂、绿天深处、映红轩等多处景观。童寯在苏州考察园林时，正值叶氏修建，因此他在《江南园林志》中记了一句“现复易主重修”。抗战开始，叶氏外出，此处为军队将领顾祝同所有。“八·一三”日军侵略上海期间，一度被政府征用，蒋介石、何应钦、白崇禧等国民党要人都曾在此匆匆小住。

苏州沦陷后，遂园为日本宪兵部队所占据，曾被用作维持会、日本领事馆和日军杀害中国军民的秘密监狱。

尢玄父编著、1939年出版的《新苏州导游》对其有记载：“花木繁茂，池沼清广，小桥曲折，奇石竦立，俱匠心独出，别有丘壑。有容闲堂、绿天深处、映红轩、琴舫、逍遥容与、层层楼等，皆临池。夏日荷花极盛，有贵种名‘层层楼’。曩昔游人可入，最近园已售于沪商纸厂主人，暂不开放。”

抗战胜利后，驻军年余，后由中央信托局入驻。1949年9月出版的《旅行杂志》赞美其“花木扶疏，池沼清旷”。

苏州解放后，由叶家售出，成为公房，先后由驻军机关、苏南行署、公安局、康复医院、通草堆花社、轻工业局使用。1958年起，改设儿童医院。园现存面积2亩3分，以水池为中心，周围有假山、曲桥、石舫、凉亭、喷水池、自流井等，主楼保存完好。1991年被列入苏州市文保单位。

寄叶庵

寄叶庵在今东麒麟巷19号。清朝康熙年间始建，同治年间重建，有小园。

民国年间，园景尚存。

1958年拆庵建屋，为石棉厂所用，园亦毁。

南畇草堂（彭定求、彭启丰故居）

此园为清康熙年间彭定求的园居，在今十全街67号。彭定求（1645—1719），康熙状元，官至翰林院侍讲。其孙彭启丰（1701—1784）亦是状元，官至兵部尚书。祖孙两代状元，称誉史册。此园坐南朝北面河，五进，原有住宅、祠堂、庭园、菜圃、船埠、隔河照墙等，规模很大。宅内园池精致，有兰陔堂、环荫室、含清阁、幔仙阁、延绿轩等，并成功地巧借了南园的外景。

此园民国年间的园景情况未见详记，而至300年后的今天，仍存门厅、轿厅、大厅、楼厅等四进房屋。可以推想，近百年前的民国年间仍有假山池沼等园景存在。从新中国成立初期陈从周测绘的平面图看，当时依旧园景宛然。

现为苏州市控制保护建筑。

庞庆麟宅园

此园在今娄门大新桥巷21号，始建年代无考。清雍正年间为浙江海宁人、文渊阁大学士、吏部尚书陈世倌宅第，人称“陈氏行馆”。陈世倌即金庸武侠小说《书剑恩仇录》中所言乾隆皇帝之生身父亲。至同治年间，此宅为户部主事、吴江同里人、刑部主事庞庆麟（号屈庐）购得并加以修缮。庞庆麟同时在韩家巷购置了鹤园，还在同里珍珠塔北修建了庞氏宗祠。

此宅园坐北朝南、两路五进，由六扇门敞开出入，正厅名“居思堂”，其砖雕门楼上有宣统三年（1911）所题“安斤自得”额。另一砖雕门楼上有吴大澂光绪九年（1883）“温恭集木”题额，典出《诗经》“温温恭人，如集于木”。原花厅内悬有“心迹双清之室”额，园西楼厅天井面北有砖刻“鹿门栖隐”。“鹿门”就是指庞家，后汉庞德公耕于野，荆州刺史刘表欲劝其出仕，不从，乃携妻子登鹿门山，采药不返。后用“鹿门”指隐士所居之地。唐孟浩然《夜归鹿门山歌》有“忽到庞公栖隐处，岩扉松径长寂寥”句。唐朝之前有“鹿门高士傲帝王”之说。

自庞庆麟购得此宅园，历经民国，迄今仍有房屋修建面积2000多平方米，并有3座玲珑的小园。一座在西路花篮厅前，园内有一组秀美的假山，有的假山石如乖巧的植物。花篮厅与书房对照，又称为“对照厅”。一座庭园称“月牙池”，因其已废的池塘形似月牙而得名。池边有曲廊，隔岸有六角亭。第三座庭园在全园东部，称东园。园北邻河，现在已新建住宅。

进入门厅、轿厅，由两边廊引入正厅，边廊顶采用一枝轩结构，轩梁雕琢精深。经过边廊左拐，可入花篮厅和西楼厅，廊边往北可达内厅和堂楼。西楼厅、内厅、堂楼3幢楼厅，是居住区。3幢楼厅又与3座小庭园相偎，步出厅堂，就是庭园，可见造园者构思之巧妙。过堂楼就是庞氏宅园的河埠水码头，从“八”字形石阶往下走，就到河边。大柳枝河的水，由此流进庞氏宅园。此宅园不仅有河埠水码头，有月牙池塘，还有2口水井。一宅之内，有河、有池、有井，在苏州并不多见。

眉寿堂（叶天士宅园）

眉寿堂在今阊门外渡僧桥下塘46、48、50、52、54号，是清朝康乾年间著名医学家叶天士的宅园。叶天士（1667—1746），名桂，“天士”为其字，苏州人。他是温热病学派的奠基人物，又是对儿科、妇科、内科、外科、五官科无所不精、贡献很大的医学大师。康熙皇帝曾御笔亲题“天下第一”匾额相赠。嘉道年间，眉寿堂归金石学家、书法家张廷济，太平天国时曾为纳王部永宽府第，之后又归赵氏。

民国之后，眉寿堂为天津银行家倪远甫所有，世称“倪公馆”。至今，倪氏第五代后人仍居老宅第四进。

眉寿堂坐北朝南，三路七进，为深宅大院。民国时，院落大致完好，厅堂居室大致格局仍存。花园在西路的六、七进位置，占地约半亩，是眉寿堂的精华所在。园中有拥书阁、船厅、花厅、方厅、牡丹台、竹园、假山、水池，间植各种花木。这是一个比较完整的住宅花园。

迄今，住宅部分的砖雕门楼、天井、火弄、走马楼、精雕细刻的大厅（当年叶天士行医的场所）、仰山房（书房）等依然存在。现为几十户居民居住之处，西路第五进曾是沐泰山药房的药材仓库。总体格局和民国时已有变化，如原大厅被拆除，在原处建成了两层居民楼房，等等。

眉寿堂现为苏州市文保单位。

张姓宅园

此园在今宋仙洲巷15号，始建于清乾隆十年（1745），原名“晗德园”。传至民国，园主为一绸布商人，园貌依存，二路三进，有门厅、女厅、方厅、堂楼、纱帽厅等。有雕花门楼，额题“唅德怀和”，钱襄书丹，落款为“乾隆乙丑中秋”，乾隆乙丑即1745年。门楼雕刻十分精美，采用高浮雕和浅浮雕的手法，雕有对称的凤凰和百草花卉。“文革”期间，幸亏所居市民用石灰纸筋抹平覆盖，雕刻才得以保存下来。花园在宅后，有山池花木之美。

新中国成立后，此园散为民居，仅存两进，门楼、堂楼、纱帽厅尚完整。1999年，苏州市有关部门对此园进行了修复，然后被一位著名收藏家、鉴赏家买去，将其易名“唅德园”，作为藏宝之地。现在唅德园是一处比较精美的承袭了苏州古典园林衣钵的私家园林。

此园现为苏州市控制保护建筑。

吴氏宅园

此园在大石头巷。大门北向，南门在仓米巷。始建于清乾隆年间，相传《浮生六记》作者沈复（三白）曾由沧浪亭内的我取轩移居于此。在沈三白的笔下，此园“屋虽宏畅，非复沧浪亭之幽雅矣”，“院窄墙高，一无所取”。但当年面目全不可考。

至1940年，宅由吴楠甫其人买下，此后世称“吴宅”。吴楠甫本是江西吉安人，少年时即至上海学生意，逐步发迹，先开布店，后办中国橡胶厂，晚年吃斋礼佛，经灵岩山高僧印光法师介绍，来到苏州用白银3万两从沈延令手中买下这处住宅。经修缮整理，遂成规模。当年，吴楠甫常在第四进东面的荷花厅诵经，印光法师等也常来此讲经说法。后来，现代学者、词人沈祖棻也曾在此居住。

1958年政府对房产进行改造，吴氏宅园中60多间房屋散为民居，而保留部分仍由吴氏子孙居住，以迄于今。吴氏子孙十分优秀，20世纪五六十年代，10人中就有8人读了大学。

吴宅占地约6亩，三路五进，大小房间共72间，有宅有园，而且小花园有2处。中路主轴有大门、轿厅、大厅、楼厅。大门的石库门后筑南向半亭，东西设廊，折南达轿厅，设计精巧别致。大厅额“树德堂”，面阔三间，木架构前为“一枝香轩”接“船篷轩”。楼厅面阔五间，前廊为鹤胫轩，左右有两厢楼。中路两侧有备弄，与东西两路建筑相连。全园建筑，布局整饬。梁柱砖砌，精工细作。此宅应属苏式构建中的佳品。

从园林的角度欣赏，花园在西路厅前厅后，湖石假山、水池花木，一应俱全。而此宅之美，首在建筑，尤在雕刻。大厅、楼厅前各置砖雕门楼，雕刻精细。题额“舍觚履中”的门楼，以蝙蝠云纹、回云纹、弧线纹等纹饰雕灵芝、金蟾、寿桃等。题额“四时读书乐”的门楼尤为上乘之作，字碑镌刻董其昌书“麐翔凤游”四字，兜肚雕琢，左以“柳叶染衣”为题，右以“杏花簪帽”为题。上枋和下枋满施雕镂，上枋以福、禄、寿三星为主，左右有西王母、鬼谷子、麻姑、刘海、东方朔等神仙人物及猴、鹿、羊、蟾蜍等动物。下枋以宋末元初翁森《四时读书乐》诗为题，自东而西雕四组人物，构图以园林为背景，并分别镌刻《春时读书乐》诗句“绿满窗前草不除”，《夏时读书乐》诗句“瑶琴一曲来熏风”，《秋时读书乐》诗句“起弄明月霜天高”，《冬时读书乐》诗句“数点梅花天地心”。四组画面，意境有别，布局则浑然一体，犹如山水人物画长卷，且有明版木刻书籍插图的韵味。上枋两端垂挂花篮头，挂芽雕为狮子滚绣球，并雕寿桃等。雕刻技法有圆雕、镂雕、浮雕等。目前门楼和楠木花厅等尚属完好。此宅园堪称苏州现存砖雕艺术的代表作，和以雕刻见长的园林建筑东山雕花楼、西山雕花楼相比，不仅雕刻技艺可堪伯仲，而且内容上更多了一些文气。

惜乎此宅园至今仍散为民居，虽经2003年政府拨款20万元进行了大修，但依然凌乱衰败。如能进一步整修，作为景观利用，当不失为民国园林遗存的一个亮点。

现此宅园为江苏省级文保单位。

朱氏宅园

此宅园在今西花桥巷27、29号，始建于清乾隆年间。民国年间园景尚完整。假山、花木毁于“文革”，现已全废，为民居。

半园（北）

半园（北）在白塔东路60号，清乾隆年间郡人沈世奕始建，名“止园”。至咸丰六年（1856）归江苏道台陆解眉，易名“半园”。因在仓米巷亦有宅园名“半园”，故世人以“南半园”和“北半园”分称。此园的花园部分在住宅东，以水池为中心，周围环以厅堂亭榭，布局紧凑，建筑小巧。花园中有半桥、半廊、半亭、半船等构筑，均以“半”为特色，有“少少许胜多多许”之妙。

民国期间，宅园一直为陆氏后人居住，园景基本完好。

新中国成立之后，全园面积3亩，其中花园面积1.7亩，由陆氏托人代管。1956年，根据政策对有关房屋进行公私合营，此园先后为木器盆桶社、织带厂、东吴丝织厂等单位所用。1992年，由第三纺机厂出资全面修复，乃成一处精巧的厂属园林。

1982年此园被列为苏州市文保单位。

华庚生宅园

此园在今东麒麟巷17号，始为清乾隆三十四年（1769）蒋次家族所建。坐北朝南，一路四进，有轿厅、大厅、女厅、花篮厅、砖雕门楼等构筑和山池、花卉等园林景观。清末民初，被外跨塘财主华庚生买下，园景如故。直至新中国成立前，此宅园一直为华家所有。

新中国成立后，根据房产公私合营的政策，除部分留给华家后人居住，另外部分则归文化局使用。同时，宅园中原有的假山、石笋、乾隆年间“率履不越”款的砖雕门楼和花卉等被移走。以后则散为民居。由于这处宅园的历史建筑价值，2001年苏州市人民政府出资37万元给华宅后人，将产权归为国有，并按原貌进行了修复。

1983年，此园被列为苏州市控制保护古建筑。

贝氏花厅

此园在今之人民路640号，始建于乾隆三十九年（1774），乃贝氏私宅。原小花厅额题“桑苎清风”四字，今尚存。宅中原有假山等园景。

新中国成立之后，园景基本存在。1997年被修复改造成“嘉园”。保留原有的砖雕门楼，扩建仿古建筑。现前后四进，东西两侧有花园、荷池、假山、半亭、小桥、水榭、碑刻，园景齐全，对外开放。

靖园（蒋氏塔影园）

靖园（蒋氏塔影园）在虎丘东南隅东山浜，清乾隆年间蒋重光建。嘉庆年间，改建为“白公馆”，祀唐朝苏州刺史白居易。光绪二十八年（1902）建李鸿章祠，更名“靖园”。此时之园景，山石亭榭，荷池旱舫，花木清幽。

入民国，虽然渐次冷落，但园景仍在，并且曾公开卖票，任人游览。日寇占苏期间，军队驻此。抗战胜利后，有安徽人在此建私立淮上中学。又曾用作草席厂、造纸厂，驻虎丘自卫队，园景受到破坏。1949年9月出刊的《旅行杂志》称其“尚具规模”。

新中国成立后，较长时间为学校所用。仍有假山、水榭、回廊、享堂等园林景观存在。“文革”时，园中池塘被填塞。

1998年被列为苏州市级文保单位。

礼耕堂（潘宅）

苏州历史上，有“贵潘”“富潘”两大潘姓。其实这两族潘姓同

民国年间的礼耕堂竹片大门

宗同源。他们都出自河南荥阳，又于明朝迁居安徽大阜，后来又都在苏州定居。“贵潘”的代表人物是清朝乾隆年间的状元、尚书潘世恩和其孙潘祖荫，他们遗留至今的故居在钮家巷及南石子街；“富潘”的代表人物是清朝康乾年间的潘颖昌（字麟兆），他遗留至今的故居就是礼耕堂。

礼耕堂在今平江路卫道观前1—8号，建于清乾隆五十二年（1787），坐北朝南，五路六进。中路偏西依次为门厅、轿厅、大厅和三进楼厅。全宅有砖雕门楼8座。轿厅前门楼题刻“居德斯颐”，大厅题额“礼耕堂”，为清朝大书法家梁同书所题。前门楼题刻“秉经酌雅”。清末民初大厅内曾有戏台，常有京剧、昆剧等演出。东路前为鸳鸯厅，厅前有假山及白皮松、紫藤等古树名木。堂楼前门楼雕刻精细。大厅东有花厅，名“半砚斋”，供会客及小型演出。

民国之际，宅园依旧。评弹响档周玉泉、徐云志、严雪亭，苏滩名家沈金根，以及堂名、古彩戏法演员等都常在此演出。半砚斋于1945年除夕失火烧毁。半砚斋东南隅有客厅，名“稼秫堂”，专供雅集、演出等艺事活动，堂北倚回廊，有天井、假山。天井正南之砖雕门楼，上刻“艺苑流芳”。礼耕堂宅院深深，抗战期间，日军数十人进入抢劫，如同走进迷宫找不到出口，最后不得不翻墙逃出。

新中国成立之后，礼耕堂部分被用作振亚丝织厂仓库，部分散为民居。早先宅园中有一组吉利象征的“牛、蛇、龟、神”太湖石，以及八座形似唐僧西天取经人物的假山，1978年被拆除，据说后来远渡重洋被移到苏州在美国建造的明轩里了。

礼耕堂现为国家级文物保护单位。

卞培基宅园

此园在闾邱坊巷。小圃种花，香气馥郁，《归愚诗抄》有记。民国时仍有园景，今为民居。

怀厚堂

怀厚堂坐落在今十全街265号，是明朝户部尚书、东山人王鏊后裔的住宅，始建于清朝中期。坐南朝北，东起五龙堂，西至慎思堂，南起南园木杏桥小河，北至十全河，占地20余亩。共分3个大院，房屋100多间，大小天井20多个，王氏世世代代各房分居于此。此宅三路五进，清末民初备弄以东为王颂蔚（1848—1895）一族居住，备弄以西为王颂彬（1860—1920）一族居住。

备弄以西依次是墙门、轿厅，轿厅后有砖雕门楼，上刻“光宗耀祖”篆字，字旁砖刻“四郎探母”“麻姑献寿”戏文图案。过门楼即到第三进，乃怀厚堂的主体建筑，高大宏伟，悬“怀厚堂”匾额。第四进为王颂彬的次子王季琛居住，第五进为王颂彬和长子王季光居住。天井中有王颂彬手植的蜡梅和天竹，整个院落都是王颂彬种植的枇杷、桃树、桑树和竹林，古树参天，满园葱郁。放眼望去，远处南园风光在目，西望可见文庙殿宇，树隙中可见瑞光塔尖顶和盘门城垛。

备弄以东，第一进是出租栈房。房后有一个大天井，天井中两棵高大的香樟树，遮天蔽日。天井南面种天竹。第二进花厅是怀厚堂建筑的精华，长窗落地，雕梁画栋。花厅南面是一院落，此处乃怀厚堂主要园景所在。院子四角栽有罗汉松、蜡梅、桂花、玉兰等名贵花木。东面是半矮墙长廊，西面是一排湖石堆叠的假山，高低错落有致。石台、石凳旁栽有青竹、红枫、芭蕉等。花厅是王氏后裔聚集叙谈、祭拜祖宗的所在。逢年过节这里热闹非凡，亲情浓浓。

怀厚堂虽为王氏几支族裔所居住，但有一个总管，管理有序，一切居处皆循传统礼仪而行，这是一个有档次、有文化、和睦、温馨的家族大院。

民国年间，王颂蔚、王颂彬的子孙后辈如季烈（1873—1952）、季同（1875—1948）、季点（1879—1966）、季绪（1881—1951）、季玉（1885—1967，振华女校校长）、季珊（嫁何亚农，生何泽慧）、季尚（1876—？）、季更（1881—？）、季先（1897—1957）、季琛（1919—1982）等依然居住于此。从这里走出去的“季”字辈子女，有许多成为大学教授、科学家甚至中国科学院院士等。苏州王氏家族，是一个对中国的文化和科技建设做出重大贡献的家族。怀厚堂，功莫大焉。

怀厚堂现为苏州市控制保护建筑。

存诚堂（潘奕藻宅园）

此园在今临顿路蒋庙前2—10号，名“潘太史府第”，世人往往称之为“潘奕藻故居”。当年这一带都是潘家老宅。潘奕藻（1744—1815）属苏州“贵潘”一族，官至刑部郎中。“贵潘”家族本为安徽徽州人士，潘奕藻高祖潘仲兰做生意始侨居苏州，祖父潘景文（号其蔚，1639—1706）于康熙年间定居黄鹂坊桥，父亲潘冕（号贡湖，1718—1780）构宅于马医科西首。他和长兄潘奕隽皆为乾隆年间进士。其侄潘世恩状元及第，潘世恩之孙潘祖荫亦中状元，皆官至高位，可谓一门官宦。至此，世有贵潘之誉。

潘奕藻病逝于嘉庆二十年（1815）。至咸丰年间（1851—1861）潘奕藻的后人又在老宅建存诚堂（取意于《周易·乾》的“闲存其诚”），而世人仍以“潘奕藻宅园”名之。存诚堂建筑宏伟，坐北朝南，五路五进，有花园。

民国年间，园景建筑尚好。至今仍有厅堂6座、楼厅3座，如花篮厅（原存诚堂）、纱帽厅、鹤轩、船棚轩等，还有“文元”“进士”等匾额4块。原花园今被改造成小花圃，仍有假山、亭子等园景构建。已为民居，但仍有园主后裔住此。

存诚堂为苏州市控制保护建筑。

海粟楼（王佩诤宅居园）

海粟楼在今颜家巷16号，此宅本是清乾隆年间建筑，清末民初为书法家郭梅峰的秋声馆。1918年为著名藏书家、历史学家王謇（字佩诤，1888—1969）所购得。王謇在其所著《宋平江城坊考》“颜家巷”条下有言：“寒家海粟楼，即梅峰秋声馆旧地址也。”王謇居此19年后离苏寓沪。

宅园坐北朝南，东西两路，西路为正路，依次为门厅、轿厅、大厅、女厅和正房。大厅额“荫德堂”，堂前门楼署“光风霁月”，为乾隆二十三年（1758）款。花厅在西路第二进，即海粟楼，为王謇的书斋。楼前点缀湖石花木，花园在住宅之后，详情失记。王謇之后，此宅曾由严家淦之姐严宝珍居住。在21世纪初的观前街改造时，海粟楼被拆，仅存有楼厅和砖雕门楼。目前，海粟楼的部分产权仍为王氏后人所有。

王佩诤

苏宅

此园在今盛家带31号、33号，始建于清朝中期，同治初年为苏姓所有，故民间称之为“苏宅”。光绪九年（1883）归顾姓，亦有修建。

1941年，园主姓陆。民国时期的园貌，未见专门记述。新中国成立之后，散为民居。至20世纪八九十年代的残存状况是：31号宅院共两路五进，坐西朝东，有大厅、船厅、花篮厅，还有上镌“怡庭”之月洞门，两座砖雕门楼分别额曰“居仁由义”“秀宇层明”。33号也是两路五进，砖雕门楼有三座，分别额曰“景星庆云”“春晖朗照”（乾隆五十九年，即1794年，石韫玉题）和“德门衍庆”。两处院落中都有散落的假山湖石。据此可知，民国年间，这里应有不错的园林景观。

1997年，新沧浪房地产开发有限公司对其进行了综合性修复。旁邻原为道光年间苏州人李果之葑湄草堂，有泉石花木之胜。苏宅修复时，便借“葑湄草堂”之名额之。现为私人所有，是一处较好的园林宅第。

此园现在是苏州市控制保护建筑。

尚志堂（吴姓·高姓宅园）

此园在今西北街88号，俗称“尚志堂”，始建于清乾隆三十四年（1769）。此园本为徽商吴项玕所建，清朝末年吴姓家道中落，将部分房屋售与高姓，高姓堂号为“尚志堂”，故世人乃以“尚志堂”称之。

此园当年是一座较大的园林住宅。坐北朝南，四路六进，东园西宅、前宅后园，亭台楼阁，山石花木，一应俱全。庭内大小庭园共有6处。其中在内厅和正厅间有一处最大的庭园，约400平方米。庭园被甬道分成东西两半，东西直廊，南北厅堂，园中峰峦起伏，古树参天，有山林野趣。在内厅与楼间庭院有两座假山，西侧山上建半亭，以爬山廊登亭。过半亭往西，又是一座以曲廊为主，亭廊盘绕的小园。园西为楼厅，厅前又有山石小园。东路长廊从南到北一路贯穿，与东墙间形成南北狭窄庭院，中间被建筑分隔，南园、北园各种花木，堆石成景。宅园建筑，梁上雕有包袱锦“百蝠流芳”，双面砖雕“兰茁其芽”最为精致。

自乾隆至民国，中间约150年，此园变化无从知晓，只知民国年间已渐次散为民居。而从新中国成立之后的园貌看，民国期间，园景依然有存。

新中国成立后，此园中路归檀香扇厂使用，东西路各为民居。从建筑和景观看，第二进的双面砖雕门楼，始建于乾隆辛丑年（1781），北面有“孝义忠信”额，南面有“日新圣德”额，可惜在“文革”中被毁。第三进为大厅，大厅后就是一个大庭园，仍有山石花木之属。西路民居，当年景观存在较多。其中三座砖雕门楼最为精彩，第二进额曰“圭璋范德”，枋间浮雕戏文故事；第三进额曰“兰茁其芽”，字为乾隆年间状元陈初哲书，枋间浮雕文物造型；第四进额曰“德为福基”。陈初哲（1737—1787）博学多才，尤善书，深得乾隆喜爱，长期任考官，惜中年身亡。2002年，檀香扇厂改制，此处被建为苏州工艺美术博物馆。

2011年，此园被列为江苏省文保单位。

笃佑堂

笃佑堂在今大新桥巷28号，约清乾隆五十八年（1793）建造，先后为古、吴、袁多姓所有。坐北朝南，三路六进。有走马楼，砖雕门楼精细，花篮厅很别致，题额有“敏则有功”，为乾隆时人姜晟所题（此厅1980年移至双塔）。园在宅后。

民国年间，园景有存。部分建筑至今尚在。现为苏州市控制保护建筑。

留余堂（潘世恩园居）

留余堂在今临顿路钮家巷3号，为清嘉庆十年（1805）工部尚书潘世恩（1770—1854）在原凤池园的基础上构建的园居。

潘世恩中状元后，一路升迁，官显位高，乃从马医科老宅迁出，购置了康熙年间礼部尚书顾汧的凤池园旧居，重新构建这处留余堂园居。园建好后，张深为之绘图，名《临顿新居图》。此园居坐北朝南，三路六进，中路大厅额“留余堂”。当时世人多称此园为“养亲园”或“太傅第”（潘世恩曾官太傅）。据石韫玉《临顿新居图记》，此园盛时，清流绕屋，花竹交映，有凤池亭、虬翠居、梅花楼、凝香泾、有瀑布声、蓬壶小隐、玉泉、先得月处、烟波画船、绿荫榭诸构。园中原有前人留下的很大的园池。中路有精雕砖刻门楼三座，依次为门厅、轿厅、客厅，均为康熙年款。

民国时，留余堂厅堂俱在，西路第三进纱帽厅，木门上刻有“八座起文昌，一经传旧德”对联，留存至今。纱帽厅建造精细，前有抱厦，后有两披厢，犹如古代官帽的帽翅，故名。据潘氏后人潘裕洽回忆，潘世恩留余堂传给长子潘曾沂及其后裔，而潘曾沂一支人丁不旺，民国之际已经开始衰落，20世纪40年代即已靠出租房屋补贴生活，将纱帽厅和旱船租给戴葆成行医和居住。戴葆成雅好养花和唱戏，他培植的盆景古雅朴拙，很有苏派味道。据说戴葆成曾拜京剧大师程砚秋为师，经常邀三五戏友来纱帽厅唱戏自乐。留余堂中的园池民国时已经仅有残迹，多见衰落破败。纱帽厅前的大花园，本来是四周粉墙黛瓦，马头墙，围墙高低起伏，园内有假山、池塘、古树花木，但在20世纪40年代即已变成菜地，由农人张宝龙夫妇耕种。菜地收获时，张氏夫妇每天担到菜场去卖，借此供养六个子女。园内还多种桑树，桑葚红紫时，邻人多来采摘尝鲜。

此园现为江苏省文物保护单位。曾为民居和居委会所在，纱帽厅用作书场。此园现为苏州市状元博物馆。

敬彝堂（严氏宅园）

敬彝堂在今东北街116—118号，毗邻拙政园，为清嘉庆十六年

（1811）曾任云南丽江知府、贵州按察使等职的东山人严良裘（字仲治，号梦华，1787—1855）以白银6000两从汪氏手中购地6亩构建而成。严氏一门，世代官宦，道光、咸丰年间曾有三代翰林，民国之前，曾出过30多位县级官员和10位知府以上的官员。

1914年，严良裘之孙、曾任贵阳知府的严隽熙（1837—1914）将已经由族人分散居住的敬彝堂重新回购整修。整修后的宅园共有房屋30多间，正门在东北街，后门在今之北园新村。原有东、中、西三路三进，大厅曰“敬彝堂”。中路石库门后，依次是天井、门厅、轿厅、花厅、楼厅等。两侧以内外长廊分隔。东路以花台为主，几处太湖石假山掩映在花木丛中。院内有平屋三间、楼一栋。西路以荷花池塘为中心，四周围以绿竹、松柏，尤其是两棵百年金桂、银桂盛开时，满园飘香。假山长廊贯通其中，园内还有旱船、亭阁等。当年由严隽熙署名的江苏省国税厅的契纸，仍然被严家后人完好地珍藏着。

1956年，荷花池被填，太湖石假山被移至某园林。1994年，东、西路房屋或被拆除，或被改建，现仅剩两路三进的部分残存。此宅部分为严氏后裔世代保有，其余为民居。

2003年，此园被列为苏州市控制保护建筑。

静中院（詹沛霖宅园）

在今闾邱坊4号、6号，原名“静中院”，有清嘉庆二十一年（1816）题额。民国时先属朱姓，约1931年被售与上海造纸大王、后移居巴西的华侨詹沛霖（1900—1991）、张莼君夫妇。此园为二路五进八开间的深宅大院，庭院宽敞，建筑雕刻考究。临街正门有“紫气东来”匾额，墙上有匾刻“静观”。花园在住宅之西，有假山、池塘、角亭、花篮厅、月洞门等景观。

20世纪50年代私宅改造时，给詹家保留门厅及西路花厅，其余为他人居住。1982年园林普查时，园内尚有花篮厅、书房、角亭、假山和月洞门等。原有水池被填。2002年，政府落实政策，将西路房产归还詹家。詹家出资将住户迁出，修复后，将古宅捐赠给市社会福利院。詹沛霖夫妇及5个子女（3个儿子詹家驹、詹家骏、詹家骅和2个女儿詹龙珠、詹明珠）虽侨居海外，但心系家乡。他们关心福利院孤老幼童，1983年以来，年年捐钱赠物，事迹感人。为表示5个子女的爱心，詹宅易名“五爱堂”。

五爱堂现为苏州市文保单位，有关部门正在计划对其进行全面修复。

庞莱臣宅园

庞莱臣（1864—1949），名元济，号虚斋，莱臣乃其字。其家族为浙江南浔最富有的四大家族之一。他是全国著名收藏家，收藏有铜器、瓷器、书画、玉器等文物，尤以书画最精，与于右任、张大千、吴昌硕等人均有交往。庞莱臣本人亦善书画。

庞莱臣在苏州经营米行、药店、钱庄等。其宅园在今颜家巷26号、28号，名“虚斋”，庞莱臣晚年多居于此。此宅坐北朝南，西宅东园。其轿厅后门楼刻“闳规远绍”四字，清嘉庆二十二年（1817）款，有青石洋楼一幢。园以水池为中心，池上有三曲石梁，池南叠体量较大的湖石假山，叠法较精美，山巅植白皮松。评弹艺人徐云志曾居此。迄今园景仍然完整，假山、三曲桥、半亭及白皮松、黄杨等花木尚在。现为航天科技中心使用。

此园现为苏州市控制保护建筑。

真如小筑

真如小筑在今胥门外泰让桥弄22号，清嘉庆二十五年（1820）

由沈琢堂构建。后归绣货庄老板顾荫农，俗称“顾家花园”。园在宅北，面积不大，仅500平方米左右，而假山鱼池、凉亭曲桥、花木果树等，凡园林之景无不毕具。其中大黄杨2株和用彩色瓷砖铺砌的楠木厅前走廊，更为其他园林所少见。此园一直为顾氏后裔居住，园景也一直保存较好。1966年后水池、假山、曲桥、亭子被毁。尚存楠木厅、书房等建筑和无花果、芍药等花木，还有书条石若干。

此园现为苏州市级文保单位。

潘颂清宅园

此园在今白塔东路72号，建于清嘉庆二十五年（1820），规模较大，有厅、堂、楼、院、花圃、假山等园景构建。

延至民国，园景大致存在。1937年遭日军飞机轰炸，房屋建筑和花圃、假山被毁。20世纪40年代曾被国民党军队用作营房，后仍归潘颂清及其后裔居住。

新中国成立之时，尚有轿厅、双楼厅、花厅等。1959年起归苏州织带厂使用，1983年被列为苏州市控制保护建筑，1997年被改造为狮林苑，原建筑全部拆除。

潘根先宅园

此园在今蔡汇河头12号和窑基弄3号，为清道光三年（1823）绛丝商人潘根先所建，是典型的大宅院。共有厅、堂、楼、屋50余间，有轿厅、茶厅、花厅、女厅等三开间六进，另有边房、下房、柴房、厨房，东南角有小花园。民国期间，构建依旧。

新中国之后，曾用作专区招待所。后逐步分为民居，庭园亦废。

华阳新筑

华阳新筑，亦名“种梅书屋”，在华阳桥畔，即今东北街154、156号，系当年“沧浪五老（潘奕隽、韩葑、石韫玉、吴玉松、陶澍）”之一、曾任清朝刑部尚书兼兵部尚书的韩葑（1758—1834）于道光七年（1827）所建。坐北朝南，楼厅较多，构建精美，有大厅曰“九福堂”，悬挂嘉庆皇帝赐其祖上的九个“福”字，有厅曰小寒碧（因其曾叔祖、状元韩菼的书斋名“寒碧斋”）、养志堂、还读斋等，还有种梅书屋，极为轩敞，前后有庭园。

民国时园景尚存些许。

今园林全废，部分房屋仍为韩氏后人居住。1983年被列为苏州市控制保护建筑。

闵采臣园居

此园在潘儒巷79号。本为清道光十二年（1832）状元吴钟骏（1799—1853）所建。坐北朝南，两路五进。1924年为著名外伤科医生闵采臣买下，世称“闵宅”。宅内有花园，有假山等园景及《唐三藏圣教序》《苏东坡赤壁赋》等碑刻。

新中国成立后，此宅大致结构完整，但花园被拆除，假山迁至动物园，碑刻赠给碑刻博物馆。

辟疆小筑

辟疆小筑在甫桥西街北首今凤凰街228号，为清道光二十年（1840）清代学者、藏书家顾沅（号湘舟，1799—1851）所建。

园不甚大，而具城市山林之致。其最胜处为思无邪斋，斋前为苏文忠公祠，池石廊庑，连绵勾连，园林之胜毕具。而庚申兵火，园乃荒废。苏公祠亦被划入定慧寺。

据1985年《苏州市志》载："民国十五年（1926年）入游者见园虽荒芜而景观尚可，众卉丛生，银杏高出云霄，九曲栏杆与碑俱断。碑亭内砌一墙，半属顾氏，半属定慧寺。"又据曾居住在园中的顾沅的曾孙、无机化学家、中国科学院院士顾翼东（1903—1996）回忆，直至20世纪30年代废园中尚存传砚堂、艺海楼、白云深处、据梧楼、不满亭、金粟草堂、如兰馆。大厅为明式建筑，即传砚堂，上款为"湘舟世讲"，为林则徐书。园中银杏树很高，坐在火车上即可看到，相传为张士诚所植。1947年仅存古银杏两棵。其余荡然无存。

新中国成立之后，曾为工厂和职业技术培训中心所在。

季氏宅园

此园在今马大箓巷37号，始建年代不详，曾为季姓所有。园中有两座砖雕门楼，其一有道光进士冯桂芬于道光二十八年（1848）题款的"师俭贤后"四字，另一有道光进士、书法家许梿书题的"慎修思永"四字。园坐南朝北，原有三路五进，西路鸳鸯花篮楼厅较为别致，面阔三间11米，进深12.1米，前出两厢。楼西有庭园，以小型山池为中心，环以亭、阁、轩、廊。中路有楼五进。

此园民国时期的具体情况不详。新中国成立之后，仍有水池、花厅、亭子等园景余韵。20世纪90年代由黄勇先生买下，修复一新，根据冯桂芬题款定名"师俭园"。

附：魏嘉瓒《师俭园记》

师俭园者，黄勇先生之园居也。清道光始建，《中国文物地图集》有记。二〇〇〇年黄君斥资买下，精工修复，乃成今日规模。

正门入园，楼宇五进。门厅为砖雕门楼，上刻"师俭贤后"，为道光进士、乡绅冯桂芬所书。客厅悬巨幅山水，两边飞罩，雕梅兰竹菊、喜鹊、石榴，栩栩如生，一派祥和。厅前又一门楼，略简朴，上刻"慎修思永"，道光进士、书法家许梿书题。过天井，为大厅。厅前，一溪东西，清澈如镜。跨过板桥，走马楼是也。楼下为水天井，民居中别一格局也。五进建筑，楼台上下，凡三十楹，精雕细镂，美不胜收。悬名家字画，摆古玩器物，置文房四宝，或起居，或读书，或雅聚，或品茗，各得其所，乐在其中。由西偏门进入，隔窗隐约可见石峰，造园之障景法也。稍前，鸳鸯花篮楼巍然矗立，此为园中建筑体量最大者。楼下刻“百子游春图”，两侧雕百鸟朝凤，啾啾鸟鸣，宛然在耳！东路有明式厅堂一座，悬“仁德堂”匾，乃光绪进士、里人曹福元所书，亦百余年前旧物也。余谓师俭园，修旧如旧，复锦上添花，美轮美奂，不让明清佳构！

园分东西，以水为主，全园水系浚通，一派明晶。东园略简素，廊榭缦回，檐牙高啄。太湖石峰两座，具瘦漏透皱之妙。杂植花木，四季飘香，灿然烂然。有五曲桥、达扇亭。亭上小憩，持竿垂钓，悠然而饶佳趣。西园稍繁茂，花树蓊郁，回廊曲折。有亭三座，斗拱亭建于假山之上，亭下种瓜豆蔬果，别一情趣也。石亭憨然古朴，可弈棋赏景。六角亭为全园观景佳处，内置桌凳，宜小聚雅赏。稍南石舫，有花港观鱼意蕴。西园亦植老桂、玉兰、红豆、樱花、榉树、白皮松，杜鹃、垂丝海棠之属，清香四溢，沁人心扉；时有翠鸟浴水，画眉鸣枝，满园生机盎然！走马楼前，小景一区，卵石铺地，花木馥郁，太湖石一峰，亦石中佳品也。前有门，额曰“花驳小筑”，为当代书家崔护先生所题。回观东西园景，绿水参差，明丽生辉，春夏秋冬，触目皆景。或居高临窗，或水榭近观，楼台倒映，摇曳生姿，闻鸟语花香，看花影婆娑。更有锦鳞无数，结队游翔；时相聚唼食，复倏尔远逝。斯园也，谓为蓬莱仙境，非为过也！闲暇之日，主人置身众香国里，流连山水之间，能无羽化而登仙之感乎？唐诗曰：“东园载酒西园行”，乃黄君之谓也！

黄勇君，余之挚友也。业建筑，善交友，重情谊。我等友人每往小坐谈天，花园赏景，与君同乐！黄君嘱余为记，乃略述数言，以记园景云。

魏嘉瓒　辛卯年于吴门歌风楼

柴园

柴园在醋库巷。这里最初是清朝道光年间苏州“贵潘”后人、进士潘奕藻之孙潘遵祁的宅园。同治年间，曾任两淮盐运使的浙江上虞人柴安圃在同里任职退居苏州后购得此园，重加构建，于光绪九年（1883）落成，世人因称“柴园”。后其子柴莲青继之，取名“綂（茧）园”。此园造型和装饰精美，东宅西园格局，前为鸳鸯厅，造型豪华；后为楠木厅，淳朴雅洁。中有旱船、水榭，间以林木。湖石假山，堆叠有致，入山之口有“缭而曲”三字。更有曲廊延绵连贯。园不足三亩，而有亭馆台榭之美，又具郊墅林泉之趣。

入民国，园仍为柴姓所有，柴安圃之曾孙柴庆翔住此。柴庆翔，1924年生，东吴大学文科毕业，擅长美术与文学，曾任上海高等师范专科学校美术系副教授，1993年移居加拿大渥太华。他曾在美国《世界日报》上发表《雨丝灯影忆柴园》一文，记述了他少年时的柴园园景：“柴园整治甚精，但布局并无独特之处，所可称誉的是它在长时期内一直保存得非常完好。抗日战争前夕，除了贝氏的狮子林外，苏州的私人园林几乎都已圮废不堪，而柴园却仍保持着初建时的面貌，特别是鸳鸯厅的建筑及陈设，更为轩敞豪华。厅的前后有两排长窗，下半镂刻着精美的戏曲人物。一长列刻有历代名家法书的银杏木隔扇将全厅分为南北两半，南半部梁架、翻轩及柱、础等着眼于方，北半部则着眼于圆。家具的式样亦与之相协调。南厅纯属中国传统布局，北厅则仿欧式布置，墙上挂着大幅油画，大餐桌的上方巨型翡翠色玻璃吊灯垂下无数串晶莹的璎珞，一盏盏葡萄纹的细盏吊灯与之相呼应，把整个厅堂点缀得非常华丽。”但当时的柴园给少年柴庆翔留下的并不都是美好的记忆，也还有寂寞甚至阴森。偌大一个园子，空空荡荡，黄昏过后，万籁俱寂，再遇暴雨之夜，电闪雷鸣，曾祖父的大幅油画像在闪电中忽隐忽现，对小孩来说，是够恐怖的。全面抗日战争爆发之后，主人避难上海，日军进驻柴园，把文物字画洗劫一空，红珊瑚被打碎，郑板桥的兰花轴轴心被切割抢走……从此，柴园走向衰落，再后渐渐散为民居。以后又有更迭，改观诸多。

这里记一段与柴园主人后裔有关的人事掌故，以为柴园增加些兴味。20世纪40年代，柴安圃有孙女名柴亚兰，年近60尚待字闺中。适巧世居阊门西街的苏州最后一位清朝遗老、耄耋之年的曹元弼（1867—1953）丧偶多年而又膝下无子，经人撮合，二人于1947年定亲。这件事成了当时苏州的一件特大新闻，苏沪一带的各大报纸都大幅渲染。成亲那天，阊门西街人山人海，争看80岁新郎娶60岁新娘。这个曹元弼可不是一般人物，曾任清朝翰林院编修，是名著全国的专治《仪礼》《礼记》《周礼》的专家。经学大师、无锡国专校长唐文治曾在20世纪20年代选派了7位高才生专门从无锡每月2次赶来苏州听他讲授“三礼”，本书作者的恩师蒋庭曜教授就是这7位学生之一。后来成为著名历史学家的顾颉刚当年也经常来到曹府请教。曹元弼满腹经纶，却对营生之道一窍不通。他对清朝忠心不二，至死一绺稀疏的辫子垂在脑后，每天必定向北对着早已不存在的清廷三跪六拜九叩首。他恪守封建礼教，胞妹曹元儒丽质慧心，可惜年轻新寡，回娘家服侍这位鳏居的兄长，不期遇上了哥哥的学生，二人诗词唱和，情投意合。可是最终遭到曹元弼反对，二人只得抑郁情殇，难成眷属。曹元弼每天上午著书立说，尽管双目近乎失明，但凭着惊人的记忆力，旁征博引地口述，由他的一位60岁的老学生工笔小楷记录。下午则和老新娘并肩端坐，一边握着老新娘的手，一边讲着前朝的故事。当时，正在东吴大学读书的柴庆翔，1948年、1949年时就住在曹府的姑父、姑母家里。新中国成立后，人民政府曾专门派人上门给曹元弼送上慰问金。

还有一段掌故需要一辨：据著名新闻记者冯英子在《同里杂忆》中回忆，他1922年到1928年在同里生活、读书，同学中有盐公堂的三兄弟，名柴庆有、柴庆年、柴庆祥。“文革”时柴庆祥在上海某出版社做财务工作，后和冯英子都在“五七”干校接受“改造”，但他们自从40多年前分别之后，从未联系过。这次冯英子得知消息后，想见见这位少年时的同学，但循讯找去，柴庆祥却在早几日自杀了。这里提到的“柴庆祥”和上面提到的“柴庆翔”虽然名字读音相同，但显然并非一人。但他们又都是同里盐公堂门里人，这说明他们同为柴安圃的曾孙一辈，只是这位柴庆祥的祖父没有回苏州柴园，而是仍留在了同里，繁衍生息。柴庆祥三兄弟的后人亦有成材闻名者。柴庆翔在《同里情缘》中写道，他20世纪80年代从国外回来探亲，到过同里，还曾拜访过仍然居住在同里的寡居的堂嫂。而这位堂嫂正是留居同里的柴氏后人。

新中国成立后，1951年11月苏州市南区人民政府在柴园办公，1957年至2001年此园一直为聋哑学校所使用。“文革”中景点拆除较多。柴园始建时面积5.85亩，其中花园2.63亩。经百年变化，至20世纪80年代住宅仅占0.58亩，花园部分虽破旧，面积仍有2.16亩。1982年被列为市级文保单位。现为苏州市教育博物馆所在。

养闲草堂

养闲草堂在今西百花巷4号，1956年在此设苏州剧装戏具厂。此处本是苏州状元潘世恩的第四子、刑部郎中潘曾玮（1819—1886）宅居。潘曾玮字宝臣，号玉泉、季玉、敉闲居士，是文学家、诗人，归隐后曾是苏州士绅的头面人物。此园朝南，分东西两路，都是五间五进。而据潘氏好友、曾任苏州知府的金石学家吴云给友人的书信中说“季玉住居限于地，少园林之胜”。可见此园并不豪华。门厅曾悬有李鸿章题“祖孙父子叔侄兄弟翰林之家”匾额。当年，何绍基、冯桂芬、俞樾都曾为之撰写园记。

清末民初潘氏中落，此园被苏州望族、巨富程增瑞（号琴鹤，1859—1924）和程钟缙先后全部买下。程氏一族，本居安徽，迁苏之后，以经商为主。祖上有程卧云（1805—1882）者，经营钱庄，人

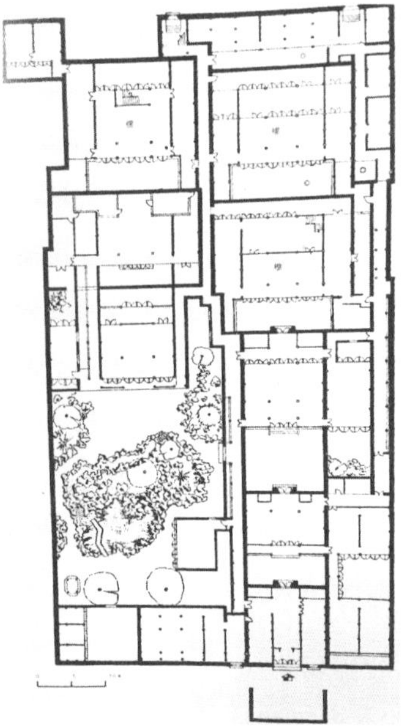
此园为程氏所有时的平面图

此园为程氏所有时的局部面貌

称“程百万”。程增瑞即卧云之孙。据程增瑞之曾孙、青少年时期一直生活于此的中华书局原副总编辑、曾任中央文史馆馆员的程毅中先生（1930—2024）给本书作者的信中忆述，此宅园西路至迟在1915年即已卖给程毅中曾祖父、豫源钱庄老板程增瑞，因为毅中先生的祖母1915年嫁到程家，就是住在此处。此后，这里一直为程先生的伯祖程钟缙和叔祖程钟绶、程钟绂及他的父亲程泽恒所共有。程毅中先生祖父名程钟绅，兄弟中排行第二，英年早逝。1923年，东路俗称“潘家场”，已闲置多年，也由程钟缙独自买进。抗战期间，程家人大多居上海，唯毅中先生和祖母仍居西路老宅。

据程毅中先生回忆，西路老宅的花园在正厅西南，北部有四面厅，传为明代建筑。其前为假山，西南角有一海棠亭，形如秋海棠，极为精致，构筑水平较高，据说是香山工匠徐正明所建。抗战之初，海棠亭东曾挖防空洞。宅园东南角为旱船，窗户全用彩色玻璃，较为可观。中部又有假山，有洞，有山路；山前有池塘，不大；有三曲桥，近似环秀山庄，但没有边廊。

在此建剧装戏具厂之后，宅园原貌不复存在，仅存五开间堂楼两幢。海棠亭、四面厅俱移至景德路的刺绣博物馆。20世纪90年代初，四面厅又移至石湖渔庄西北侧，袭用宋范成大石湖别墅“农圃堂”之名。2002年程毅中先生回乡，曾登此厅，“欣慨交心，赋诗以记”，诗曰：

故物完存四面厅，湖边重建琐窗明。

而今公众同观赏，农圃渔庄共得名。

此园现为苏州市控制保护建筑。

吴元起宅园

此园在今东北街142号，始建于道光二十八年（1848），花园在宅后。清末民初归上海邮务长吴元起，后由其女继续居住。民国年间，园景大致存在。

新中国之后，先后为苏州税务局、大新纽扣厂、苏州内衣厂等单位所借用。现为苏州市控制保护建筑单位。

双塔影园

双塔影园在官太尉桥之西、双塔东侧，为咸丰二年（1852）世居葑门外尹山乡袁村的元和诸生、诗人袁学澜（1804—1879）在卢氏旧宅的基础上所建之别业，坐西朝东，分南北两路，园因塔名。堂构宏深，屋比百椽。东北隅有厅事三楹，名“郑草江花室”，是罗列文史、聚会朋友、谈文论艺之所。庭中回廊曲绕，高楼矗立，杂植花木，丛出于假山垒石之间。此园较为疏旷，无亭馆台榭之崇丽，绿墀青琐之繁华，溪径爽垲，屋宇朴素。袁学澜在《双塔影园记》中写道：“余之园，无雕镂之饰，质朴而已；鲜轮奂之美，清寂而已。杜陵诗云：‘避人成小筑，乘兴即为家。’雪泥鸿爪，偶然留迹，正如鹪巢萍寄，托兴

民国时期留存到新中国之初的竹山堂景观

焉耳。”咸丰十年（1860）清军和太平军之战中，园遭破坏。

入民国，此园仍存。全面抗日战争之前，园之南路归吴县商会会长程幹卿，厅名“眉寿堂”，雕刻极为精细。砖雕门楼额曰“云开春晓”，为清乾隆年间著名学者钱大昕书题。北路归庞氏，东北隅有花篮厅，额“怡轩”，雕刻亦精。厅后有方楼高耸，乃园之制高点，登楼四顾，古城参差屋宇，历历在目。日军侵华后，双塔影园再次易主，遂渐衰。

1996年，由沧浪房地产开发公司购得，动迁住户，并进行修缮，历时三载，遂复旧观。现为公司和吴都学会办公场所，是苏州市文保单位。

竹山堂（潘祖荫宅园）

竹山堂位于今苏州临顿路南石子街5—10号，乃清朝大学士潘世恩之孙、内阁侍读潘曾绶之子、咸丰二年（1852）一甲三名进士、工部尚书、金石家潘祖荫（1830—1890）宅园。此宅仿潘世恩在北京的御赐宅园格局而建，实为潘祖荫的伯父潘曾莹所居，后一部分则被借给潘祖荫弟弟潘祖年居住，潘祖年将潘祖荫在北京的收藏带回此宅。此宅现以“潘祖荫宅园”名。占地7亩半，坐北朝南，三路五进。与一般大户人家不同，此宅园正门并非开在中路，而是开在西路。西路共八进。而中路是潘宅的精华所在，五进皆为楼房，以厢廊连通，成走马楼格局，装修精致，庭院宽敞，气势宏大，是南北融合的建筑典范。花园在东路靠前，园尽处，有花厅名赐珍阁。此宅园属西宅东园格局。

延至民国，宅园大致完好。

新中国成立以后，东路和中路后半部先后用作床单厂和招待所，其余部分则为民居。原有的砖雕门楼和花园被毁，唯烽火墙上刻有“媚玉辉珠”的一块砖雕保存完好。

2011年，苏州市文旅集团依原貌对东路进行修缮。其间，曾邀请几位苏州的文史工作者帮助恢复东路的厅堂匾额和楹联，本书作者参与其事，因此对民国时的园貌得以有较多的了解。现在东路及花园的恢复基本上符合民国以前的面貌。东门门额曰“探花府第”，石刻。由门进入，过天井，便是一间花厅，本为主人的书房，当时称为“竹山堂”。大堂之外，便是花园。花园在整个宅园中占地面积并不大，但山水、亭台、花木一应俱全，十分精致。园中多种薄荷。山石之间，一座两层船舫临水而建，这船舫当年也是主人的书房，和前面的花厅并称为“大旱船”“小旱船”。

此园为苏州市控制保护建筑。目前，西路和中路仍在继续修缮中。

养心园

养心园在钮家巷2号，为潘世恩之孙潘仪凤所构筑。

民国时属上海田姓米行主，园中有池、假山。

1985年时尚有角亭、楼房及树木，后废。现为民居。

宝铁斋(韩崇故居)

此园在今大儒巷迎晓里4、6、8、10号，为清朝金石家韩崇宅园。韩崇(1783—1860)，苏州人，韩是升子，韩葑弟。曾任盐运使。性嗜金石，耽吟咏，工书。其宅园坐北朝南，三路五进，有宝铁斋、鹤颈轩等楼厅建筑。庭园在西路花厅前。

至今部分厅堂和湖石假山尚存，为苏州市控制保护建筑。

楼园

此园在今马医科巷，建于近4米高的土丘上，花园在宅后。始建于咸丰十年(1860)。从楼上俯视，四周屋顶鳞次栉比，故在东南角叠假山，其余三面绕以廊屋，屋顶全被遮蔽，形成封闭的空间。丘林亭榭倒映于荷池之中。

民国年间归亨得利钟表眼镜行的创办人之一、浙江人王鸿皋，园景尚好，迄今仍有残存。

许乃钊宅园

此园在东北街今苏州市第六中学处，约于清朝咸同年间(1851—1874)为杭州人许乃钊(1799—1878)和其兄许乃普所共建。许乃钊，道光年间进士，咸丰年间任江苏巡抚，同治元年(1862)跟随李鸿章攻克苏州。许乃普亦曾任江苏抚台，官至工部尚书。此宅规模宏大，四路五进，坐北朝南，有轿厅、正厅、砖雕门楼等建筑。轿厅有许乃钊自撰联："静以修身，俭以养德；文不遗旧，言不崇华。"门楼上有"执义秉德"砖刻匾额。其他厅堂尚有联语、匾额多处。花园在第四进之后，叠石开池，种植花木，园景颇佳。

民国初年，此园被售与扬州盐商刘某。抗日战争胜利后，刘氏将园售与三户人家。对于民国年间此宅园的园貌未见详细记载。但新中国成立后，此处曾为丝绸印花厂和第六中学等单位及居民所用，雕花门楼、花窗、匾额、碑刻、古井等初建时的建筑和园貌略有存留，初建时的桑园和有约200年历史、直径逾1米的黄杨树仍在，只是假山、池塘、亭台被逐步拆除。由此可以推知，民国年间应该依然是一处有园林景观的私人宅园。

现在，此园已经由苏州市第六中学加以修葺，为苏州市级文保单位、苏州市控制保护建筑。

慕园

慕园在今富仁坊72号，始建年代无考，清朝末年，曾为太平天国慕王谭绍光府邸，故称“慕园”。也曾为清末巡抚潘霨之宅园。民国时期也为潘姓所居。

据《苏州市志》记载，新中国成立之初的1953年文物调查时，此园构筑基本完好。从大井巷出入，园池主景尚在。湖石包土假山东西蜿蜒，池在山北，外筑高墙，藏景不露，假山堆叠精巧，冈峦起伏，层次丰富，峰石玲珑多姿，山径高低曲折，悬藤垂萝。数棵百年老树从石隙中盘曲而出，浓荫蔽日。水池东西狭长，湖石池岸中留出多处水口，东北又有小溪分流，池虽小而令人生悠然意远之想。石梁贴水而建，两侧栏杆与桥墩以湖石叠成，此为苏州孤例。

20世纪50年代初，此园归工艺美术局使用。1962年，由苏州市园林管理部门改建为盆景园。“文革”中被认为是“封资修”而遭破坏。1972年，被划归邮电局使用。现仍存山池，峰石玲珑，水池盘曲，树木苍古。

此园现为苏州市控制保护建筑。

西圃（潘遵祁宅园）

西圃在今白塔西路13—15号，建于清朝晚期。太平天国时曾为民政长官熊万荃王府，时称“熊王府”。光绪年间为进士潘奕雋之长孙、翰林院编修、学者潘遵祁（1808—1892）所得，以其号名“西圃”，仿明建筑，木雕彩绘，精雅秀丽。东宅西园，园中长廊曲径，亭池假山，花木名贵，园景幽然。

1920年，归吴姓资本家所有。吴去香港后，这里曾开办私立德灵女中和务实小学。

民国年间，园景尚好。

新中国成立之后，1959年前，园景保存较完整，后则陆续被拆毁。“文革”中，残存的假山、水池、曲廊、亭子等都被拆除一空。而宫殿式的大客厅、鸳鸯厅、茶厅及8米高的黄杨、木瓜各1株尚存。较长时间由吴县人武部等单位使用。

此园现为苏州市控制保护建筑。

洪钧宅园

此园在今临顿路悬桥巷。园主洪钧（1839—1893）为清同治七年（1868）状元、史学家（著有《元史译文正补三十卷》等）、外交官，曾出使俄国、德国、奥地利、荷兰，官至兵部左侍郎、总理各国事务衙门大臣。洪钧出仕前一直住在西支家巷老宅。悬桥巷的这处宅园系洪钧于光绪十七年（1891）出使欧洲回国后朝廷按照清朝规格为其建造的状元府第，坐北朝南，三路，西路为主轴，花厅前有旱船、亭子、假山、桂树。东路为洪氏桂荫义庄，洪钧起居处额“桂荫堂”，其妾傅彩云（赛金花，1864—1936）曾住西路第五进堂楼。

民国年间，宅园完好。相传苏州名贤张一麐曾住东路上房。

中华人民共和国成立后，曾为区环卫处所使用。现为苏州市文保单位。

王笑山宅园

此园在今潘儒巷75—77号，为曾任成都道台的王笑山于同治年间所建。坐北朝南，七进七开间。有轿厅、方厅、花厅、大厅、女厅等和3座堂楼、3间书房，还有精细的砖刻门楼、旱船等。园景有假山、池塘、旱船等。民国九年（1920）王氏败落，部分售与俞氏，部分后裔继续居住。

民国年间，此宅园完好。

新中国成立之后，解放军曾进驻此地半年。“文革”中，砖刻门楼和旱船被毁，假山被移至光明丝织厂。至今总体格局尚好，已散为民居。现为苏州市控制保护建筑。

沈瀓之宅园

此园在今北张家巷9—13号，清朝曾任道台的沈瀓之建于同治年间。坐北朝南，两路七进，依次为门厅、轿厅、茶厅、客厅、花厅及东西堂楼、祠堂等，还有东、西两个花园，是清末结构庞大、布局精致、装饰考究的一处第宅园林。其中雕花门楼堪与东山雕花楼媲美。

民国年间，总体保存完好。

1956年房屋公改，大部分房屋为居民所分住。1966年“文革”中，祠堂和东花园的假山、花卉树木，以及西花园的假山、花卉树木、半亭、佛堂等均被毁；东花园的荷池于1979年被填没。至今此宅依旧保留清代建筑风貌。

1982年，此园被列为苏州市文物保护单位。

曲园

曲园在今马医科西首，为清光绪元年（1875）曾任翰林院编修、河南学政的俞樾所建。

曲园不大，现有面积3.88亩，亦不宏丽，以质朴见长，但布局精巧，垒石凿池，杂莳花木，以其形曲，取老子“曲则全”之意，名曰“曲园”。俞樾之后，其子孙谋职在外，曲园疏于管理。

约宣统年间，俞樾姻亲、状元洪钧之侄媳赁居此园达30多年，至民国三十四年（1945）之时仍居于此，至今洪钧小妾、名妓赛金花的钢琴仍留园中，大概即源于此。整个民国期间，曲园园景尚完好，但被租赁给多户人家居住，疏于管理。就在20世纪40年代，当时苏州著名诗人张荣培（蛰公）的女儿也曾租住于此，张荣培常住女儿家，因有“姻缘近接曲园师”的诗句。程毅中先生当时跟张荣培一起读私塾，常到曲园游玩。程先生在《怀念吾师张蛰公》一文中写道：“觉得（曲园）很小，有些失望，但还不算破败，春在堂也还完好。”1939年10月2日日本人高仓正三曾经来游，他在日记中记道：“曲园大概是原封不动地保存下来的，居室里尘埃层叠，但相当有趣。春在堂的匾额和木板还照旧挂在那里。”但因疏于管理，日渐败颓。仅高仓正三所见：“曲园的大门处已是裁缝店。”1944年周作人来游苏州，曾对曲园颇为艳羡，他在《苏州的回忆》中写道：“再往南去看俞先生著书的两间小屋，那时所见这些过廊、侧门、天井种种，都恍惚是曾经见过似的，又流连了一会儿，我对同行的友人说：‘平伯有这样好的老屋在

俞樾

此，何必滞留北方？我回去应当劝他南归才对。’说的虽是半玩半笑的话，我的意思确是完全诚实的，只是没有为平伯打算罢了。”1945年春天有汪正和（汪馥泉，1898—1959）先生者，曾专访曲园，并撰有《曲园记》面世。其中第三节“曲园结构”中记录了他当时所见之园景，摘引如下：“四月十四日，往访曲园。园居巷之西口，门南向，成衣者居焉。而‘德清俞太史著书之庐’之匾犹在。跨门而入，为轿厅三间，陛云‘探花及第’之额，金碧辉煌，西侧板架叠积，先生著述之版片也。扣门入乐知堂，有洪太太者出门招待。洪太太者洪文卿状元之侄媳，赁居俞氏屋已三十余年矣。承取钥启乐知堂西侧门而入，即至春在堂，堂中满置杂具，几不容足，而尘积寸厚。堂前四柱尚茂盛，而认春轩之北，所谓曲园，则一片芜秽，曲折山径不复可寻，山石攲侧欲坠，亦不敢登。循西廊行，达曲水亭，亭接修廊而凸入曲水池，池作冋形套于亭前。亭中尚有琴桌一，石桌一，瓦凳二，而两两相值之回峰阁，除一额之外，不复有长物矣。廊尽抵达斋，由达斋东折循廊至艮宧，皆有人居其中，未便入内，然而一则轩敞，一则幽僻，互有不同。园中花木，除海棠犹强作笑容，赧然迎客外，余皆枯萎憔悴，一若自知沦落，而有悼于往昔主人之品鉴题咏也。曲水池桥既不知所往，即课孙石亦遍觅不得，眼前之曲园，已非先生集中之曲园矣。但再过数十年后，恐眼前之曲园亦不可得，则我之眼福，当不为浅。退至春在堂，南行得小竹里馆，小屋三间，残竹数竿而已。屋已改作祖先堂，而文卿之遗书则纳小竹里馆后之空屋内，其一变再变，亦莫从究诘矣。今日之曲园中，只存匾额，已无楹联。当时肃亲王所手书之‘太史有书能著录，子云于世不邀名’以及先生自制之‘小圃如弓，竹林前一曲，柳荫后一曲。浮生若梦，登第五十年，成婚六十年’诸联，皆不可睹，已保藏欤？抑渐散失欤？兹行所见，得补全集所未及者，春在堂额后跋数十字耳。跋曰：‘荫甫仁弟馆丈，以春在名其堂，盖追忆昔年廷试落花之句，即仆与君相知始也。廿载重逢，书以志之。曾国藩。（二印：上阴文臣印国藩，下阳文大学士章。)’嗣又至园东各处一走，所谓筑屋三十余楹，先生之内室，及井蛙庖湢之所也。兹绘先生故居简图如次。”

由汪先生的亲历可知，1945年时的曲园，虽然“已非先生集中之曲园”，而总体结构变化不大，只是衰败而已。这位汪正和前辈在其《曲园记》的开头就说：“逗留数刻，不无今昔兴废之感。”而当他游完“曲园”之后则写道：“此番过曲园，见春在堂前有一板似匾，覆洗衣木盆上，掀视之，赫然‘一团和气’刊其上。想当初必经髹刷，今则已成一片白木板，且用以为涤具矣。不出一二年，朽败无疑，能无慨乎。曲园虽历劫无恙，然而保存之道，正宜急起图之。”当年汪先生已提出曲园的保护问题，真是一位有见地的苏州先贤。

1954年俞樾曾孙俞平伯教授(1900—1990)自北京专程到苏州，将曲园捐赠给人民政府。1963年曲园被列为苏州市文保单位。“文革”中，曲园受到严重破坏，尤其是曲园之园不复存在，曲池因修人防工程被填没，并且上面被盖了一座很小的三层简易居民楼，住了十来户人家。20世纪80年代开始，政府对曲园进行修复。第一期修复后，于1986年10月对外开放。本书作者有幸，自1989年起，作为当时苏州市文化局分管文物工作的副局长直接领导了第二期的修复，并为此三次赴京拜访俞平伯先生及其女儿俞成女士、儿子俞润民先生。这次修复主要是全面恢复了花园部分，依原貌叠山、挖池，栽植花木，整修厅堂，使曲园得以以完整、幽美的面貌向世人展示。曲园现为全国重点文保单位。

顾家花园

此园在今申庄前4号，本为清光绪二年(1876)始建，后为曾任河南柘城县令的苏州人马嘉桢(1856—1899)宅居。

民国二十一年(1932)上海老介纶绸店老板顾鸿培以2万银元从马氏后裔手中购得此园，世人乃称之为“顾家花园”。但顾氏较多时间仍居住上海。1937年，顾氏来苏州定居，对家园进行了修缮。当时对修缮后的宅园有文字记载："中有曲池一湾，庖丁有井，池周砌叠湖石和黄石相混的假山驳岸，池上架有小石桥两座。曲径盘旋，绕廊穿桥，贯通花厅、书房、方亭、琴台、曲廊、半亭，亭顶覆以松茅，木料都用未去皮的松树，犹系马氏时筑。"且有一半亭，名"松茅亭"，不加油漆和雕饰，这在园林构筑中比较罕见。还有一株比较名贵的瓶花树，花开如瓶，也是罕见之物。此外还有雪松、蜡梅、木莲、棕榈、紫薇、黄杨等花木。全园布局紧凑，园景层次丰富，园小而雅致。

1956年，顾家花园公私合营，顾氏后裔保留住宅西南部花园，自用至今。住宅北部曾为服装一厂所使用，园景如红、绿梅等被移除，几株古树枯死，琴台被毁，部分石笋移往他处。其余保存下来，至今尚有假山、水池和堂、廊建筑，是苏州目前保存较好的一处小型私家园林。现为苏州市控制保护建筑。

韩道台宅园

此园在今南显子巷5、6、7、8号，四路四进，坐南朝北，西宅东园。西起二路为主轴，第三路为大厅，第四路为楼厅，前有门额"燕翼贻谋"，光绪二年（1876）款。东路二进为花厅，再东有庭园，园中有廊、亭等花园构建。

民国时尚存少许园景。

现为民居，为苏州市控制保护古建筑，花园全废。

沤（讴）园

沤园在今马医科27、29号，曾为郑文焯寓所。郑文焯（1856—1918），清末词人，光绪初年居此。

园大门北向，建筑朝南，两路两进，花园在西路南部，榭、亭、廊、桥，环池而建。后为画家余觉所购得，余觉和其妻、刺绣大师沈寿在此开办福寿绣品公司，光绪三十年（1904）又在此创办同立绣校。

据余觉“痛史”记载，宣统三年（1911），余觉和南通实业家张謇相识，民国三年（1914）余觉被张謇派往上海经营绣品，结果亏损，余觉便以4000银元将园售与张謇，以补偿亏损债务。数年后，余觉欲以原价赎回未果。张謇又以4500银元将此园售与鹤园主人庞衡裳。庞氏在此建义庄，取名“民安”，亦即“庞氏家祠”，时称“庞家花园”。此时之园景：园在大厅南，为狭长曲尺形，以水为主，池形由两个曲尺连成，三面绕以厅堂和廊。后庞氏迁沪，园乃散为民居。

1994年此园在所存园景的基础上得到修复，并被取名为“绣园”，园景焕然一新。后被售与某企业家。

贻德堂（艾步蟾故居）

贻德堂在今萧家巷15号，为光绪六年（1880）吴中专治伤寒病的名医艾步蟾（1854—1933）所建之宅园，大厅额“贻德堂”。庭园中设月洞门，有湖石假山，花坛上植丹桂。

民国年间依然有园景存在。

至今尚存房屋建筑三路五进。坐南朝北，正路为门厅、大厅和走马楼。西路为花厅和书房。东路尚存花厅，一棵130余年树龄的白皮松依然勃勃有生机。园内还有百年树龄的桂树、天竹及棕竹、枇杷等花木和湖石花坛等园景。

贻德堂现为苏州市控制保护建筑。

怡园

怡园，为清朝浙江宁绍台道顾文彬所建。顾文彬（1811—1889），字蔚如，号子山，晚号艮盦。怡园于光绪八年（1882）建成。

民国期间，怡园一直为顾氏家族所有。据1928年范烟桥重修的《苏州指南》记载，20世纪20年代的怡园“园内壁间石刻多米书，楹联多集前人词句，皆园主人自作”。此时之怡园，“往游者须得园主之许可，园资不纳，茶资酌给”。而且，怡园可以外借宴客，并有“怡园借座宴客简章”，内容是“园资每席洋两元四角；厨房备饭粥，每席洋五角，中桌酌加；茶房每席洋六角，中桌不加；园丁劳酬每席洋五角；杯箸不备，需自带；灯烛不备，夜饮谨辞；现在禁烟时代，本园不敢代人受过，幸勿携带烟具”。顾氏望族的私家园林之所以出现这种情况，可能是受到公园的影响，欲求符合时代需要；也可能是因为家道渐次衰落，花园也开始衰败，因此需要筹集钱财维持园子的面貌。

1930年，怡园在第三代主人顾鹤逸（1865—1930，名麟士，字鹤逸）病逝后更为衰落，有住户迁入。而著名学者俞平伯1933年9月游怡园，则赞赏其景，在《癸酉年南归日记》写道：“此园树石池沼均佳，结构谨严似尚胜寒碧。”童寯在《江南园林志》对其记之甚详，依然评价甚高：“西为义庄，东为园，今日园门，在尚书里。住宅在园外；过云楼藏书画处，结构颇精。园内西北堆山，东南多水。划分庭院，善用曲廊，不泥于直垣方角。可自怡斋一带，假山荷池，稍似留园，而全局则较疏旷。园中题泳，多用集句。”

怡园的文化艺术氛围在苏州诸园中是较为突出的。据1943年《江苏文献》卷1—2合订本记载：1919年“假怡园胜地，举行琴会，先期发索，遍邀同调，同声相应，千里逢迎，胜友名园，盛况空前，堪谓近代吴门艺苑之创举”。是日，与会琴友来自北京、四川、湖南、浙江、重庆、苏州、扬州等处共48人，“各地琴友，各携藏琴，莅会演奏，拂弦操缦，逸兴横生”，分奏《梅花三弄》《石上流泉》《平沙落雁》《忆故人》《秋塞吟》等名曲。当时吴昌硕为写《怡园会琴记》，诗咏歌赞，亦不计其数，如：“闻道苏台乐府开，一般风雅尽其才。保存国粹先研古，陶淑民情善阜财。丝管我从巴蜀得，弦歌今到武城来。霓裳咏罢留鸿印，酬唱怡园倒酒杯。”足证其盛。

1914年怡园一角

1919年怡园古琴会部分与会者合影

再如1937年《今虞》琴刊所记：民国二十四年（1935）重九，邀集苏、赣、闽、蜀、湘、鄂、越等地琴友于怡园雅集，与会者30多人，操缦奏曲，有空前之盛，怡园欣欣庵主人欣然言曰："今日琴会之盛，则前此三十年来未之有也。"当时苏州文坛名流王佩诤、顾公硕、汪星伯、蒋吟秋等亦与会。琴会之外，怡园亦是书画家雅集之地，怡园主人曾言："吾园雅集，如诗会、如画会，时时有之。"（引同上）光绪年间，顾鹤逸曾创画社"怡园画集"于此；1919年苏州成立苏州美术画赛会，会址设在怡园，并聘顾鹤逸为会长。1928年又重组画社，据《卓观斋脞录》记载：民国二十年（1931）苏州画界顾季文、徐沄秋、朱梅村、蔡迈轩、顾孟明、张仲良、李士俊、樊伯炎及女画家樊颖初、樊诵芬、贝聿昭等共22人常在此活动，"参画禅，谈诗理，文酒之会，几无虚日"。1930年，怡园主人顾荣木又参与发起成立东方美术会，发行周刊《东方美》，六期之后因缺乏资金而停刊。1939年1月14日的《苏州新报》所载《怡园的小沧桑》赞怡园曰："最最特色点，就是全园的楹联，系完全集宋词而成，真有天衣无缝之

20世纪三四十年代怡园一角

妙。”1928年，由徐企文组织的苏城女子昆曲社幔亭，也常在此活动。同年，太极拳社致柔拳社也集会于此并授拳习武。

日伪时期，怡园中的陈设均遭破坏，古玩字画被洗劫一空。1943年前后，顾氏一家避居上海，怡园曾被用作游乐场，内设书场、戏院，游人可购票入园，历两三年时间。当时被称为“省会唯一游戏场”“苏州大世界”。

抗日战争胜利后，怡园仍归顾氏居住，外人不能随便进出，但慕名来游者可凭名片入园游览。1948年曾被迁来苏州的河南大学借作宿舍，一直到1949年学校撤销，华东军政大学第二总队第九团团部驻此。1950年，《新苏州报》社设此。

1953年12月，顾鹤逸之子顾公硕等将怡园献给国家。

九先甲园居

此园在今刘家浜39、41、43号，约建于清光绪十年（1884）前后。尢先甲(1843—1922)，举人，曾在礼部任职。丁忧回籍，兴办实业，家资颇富，号称“尢顶富”。民国时，尤热心于慈善事业。其园居建筑规模较大，三路七进。原本花园也很大，园主曾在花园中自办农场，后被陆续拆毁。

此园现为苏州市控制保护建筑。

拥翠山庄

拥翠山庄在虎丘南山坡，光绪十一年(1885)由洪钧及郑文焯、彭南屏等共谋筹款建成，作为虎丘胜景的组成部分对外开放。门前粉墙上嵌石刻“龙虎豹熊”四字，雄伟苍劲。园占地1亩余，依山势起伏而筑。有抱瓮轩、灵澜精舍、问泉亭诸胜。灵澜精舍为主体建筑。问泉亭西北并立玲珑剔透的峰石数块，形似龙、虎、豹、熊。花坛内种植各种花木。围墙隐于树丛之中，使园内园外风光浑然一体。

1925年时的拥翠山庄正门

民国年间不断有景点增加，如民国十三年（1924）在灵澜精舍之北、原陆公祠重建送青簃等。1939年出版的尢玄父编注的《新苏州导游》对拥翠山庄亦有记载，今天与之对照，总体变化不大。

拥翠山庄现为苏州市文保单位。

宝易堂（费仲深宅园）

宝易堂在今桃花坞大街176号新华小学内。原址据传是唐伯虎故宅。清光绪十五年（1889）进士、书法家、藏书家、曾任翰林编修的武进人费念慈（1855—1905）在此建归牧庵。

民国十二年（1923），归牧庵归费仲深，更名“宝易堂”。费仲深（1883—1935）名树蔚，号韦斋，仲琛乃其字，吴江同里人，幼年随家前来苏州；光绪进士，授翰林院编修，擅诗词书画，曾任清朝邮传部员外郎等职，著名爱国耆绅，是著名民主人士柳亚子的表舅。1915年7月，任北洋政府政事堂肃政使。因反对袁世凯复辟而退隐，定居苏州后，与乡贤名流张一麐等热心从事地方公益事业，两人被世人誉称“吴中二仲”。1925年，其子费巩与袁世凯孙女袁慧泉即在此宅园中成婚。

宝易堂颇具规模，三路四进，其中第四进为民国时改建。中路第三进为大厅，厅后为西式楼房，乃主人起居处。西路有弯曲的长廊，从南至北为书楼、半亭、鸳鸯厅等，花园就在书楼下，园中有水池，湖石驳岸，旁有假山一峰，山有洞，洞中有石阶，可达山顶，顶有石桌石凳，可供小憩。山旁有半亭，临亭可垂钓。园中杂植芭蕉、

费仲深

翠竹、桂花树、月季等花木。花园不大，倒也精致。另有宝易堂、君子长生室、椠阿、梦墨亭、小乘定、逸啸楼、盟鸥馆、蛱蝶斋等构建。砖雕门楼有光绪十七年（1891）款。抗战时，费家人避难外出，宅内家具被人趁乱搬走。1940年此宅园被转卖给赵姓，园内开办学堂。

此宅园至今保存基本完好，仍存鸳鸯厅、船厅、书斋、曲廊、住宅门厅、轿厅、大厅、花厅、堂楼等四进建筑及百年老树、海棠等。东路尚有堂楼三间，廊壁嵌有书条石。而宅中假山、水池、亭子等已废。

现为苏州市控制保护建筑。

晦园（凤池精舍）

晦园（凤池精舍）在今道前街苏州市立医院内（当初园门开在东美巷），清光绪年间汪锺霖建，取韬光养晦之意名“晦园”。园广10亩，所以又称“十亩园”，园景颇著。汪锺霖（1867—1933），字甘卿，吴县人，光绪十九年（1893）举人，曾在上海办《蒙学报》。因公赴日本时，接触维新派，乃与康有为、梁启超友善。曾任直隶候补道，宣统年间任中国驻奥地利使馆参赞。民国元年（1912）丁忧回籍，适值辛亥革命爆发，便不再出仕。居家赋闲，以学唱昆曲为乐。其间，寓居上海的康有为由汪锺霖介绍欲在苏州横塘买地造园隐居未果；又因汪锺霖与顾鹤逸为故交，康氏屡经汪氏介绍欲拜访怡园主人顾鹤逸，却被顾鹤逸以名士派头托病婉拒。此等琐事，亦可见汪锺霖的社会交往和地位名望。

1933年汪锺霖病逝，族人争夺财产，其子汪清源不足18岁，经著名律师陆鸿仪等相助，析产后，于1936年将晦园售与叶恭绰。因汪家财产分割，叶氏所买晦园规模比原来已有的缩小。叶恭绰，号遐庵，广东番禺人，毕业于京师大学堂，琴棋书画无所不能，富收藏。他曾任北洋政府交通总长、孙中山设立的陆海大元帅大本营财政部部长、南京国民党政府铁道部部长，1927年出任北京大学国学馆馆长。新

吴湖帆画《凤池精舍图》

中国成立后，曾任中央文史研究馆副馆长，第二届全国政协常委。当年，叶恭绰购得晦园，加以修整，楼堂精致，有亭榭、水池，梅花盆栽尤盛。然当时中日战争一触即发，叶恭绰乃避居香港，园亦开始衰败。次年，叶恭绰嘱姻亲晚辈、挚友、画家吴湖帆为之绘图，以慰乡愁。为此，吴湖帆多次到园中勘察，将园内景物默记在心，于1937年夏上海"八·一三"事变之前将园图绘成。《凤池精舍图》横124.7厘米，纵26厘米。其跋语云："遐庵姻丈嘱写斯图，漫用王叔明笔法，不求形似，随笔成之。丁丑夏日，吴湖帆。"

叶恭绰曾有多封信札寄吴，表达对绘图之事的关切，如："弟欲得佳绘，近以种种感触，乃亟求了此心愿，想当怜而见许。""《凤池精舍图》亦勿忘宿诺，因此园已成空中楼阁，冀得一画为纪念，想沈石田当不吝神楼一图也。""此外冀有暇完成凤池精舍，余必不再啰唣矣。""《凤池精舍图》本留此微尘，为蠲忿忘忧之用，且吾二人间似不可无一物以供后人考索，故企望甚切。能及时见赐，可胜感矣。"吴湖帆不负故人之托，没用多长时间即完成画作，足见二人友情之笃，亦为画坛留下一段佳话。当初，叶恭绰购得晦园之后，尚未为园取名，故信中几次提及园的名字，如："至其名称，因石林公为凤池乡人，虽明代曾有人称凤池园，然名非袭用，且含有述祖德之意，当无碍耳。跋语中望引及此，更为完美。""明代曾有凤池园之名（亦吴中旧事）。今吾园易主，似袭用亦无不宜，或改为凤池精舍亦可，统请卓夺。”另外，他在1944年春写的《凤池精舍图》长跋中云：“余固吴人也。先石林公，籍吴之凤池乡，今故居之址犹在乘鱼桥西。余数典不敢忘祖，亦犹世系之南阳云尔。……他日志平江坊巷者，谓吴中曾有是园，即以斯图为证，可也。”（见《遐庵小品》，北京出版社1998年版）原来叶恭绰是宋朝时苏州人叶梦得（石林）的后裔，其缅怀祖上之情殷殷可感。吴湖帆深知叶恭绰此情此意，乃题“凤池精舍”四字于图上。图中湖石玲珑，池水绕岸，松、柳、竹掩隐；松下石间有精舍二楹，一士人临窗读书，屋外水榭上有石栏、石桌、石凳。园林景致，恬淡清逸。叶恭绰在信中曾告诉吴湖帆：“凤池精舍卷意中拟绘假山（拟石林也）、池台、枫、桃、梅、柳、罗汉松、栝、桐、竹之类，另一佛堂，此外皆不拘，随意点泼可也。”“至内容是否要写实，抑谨具园林大概，均无不可。祈择兴惬而趣合者为之，不必拘于形象也。”（所引均见吴湖帆《积玉集》）因此《凤池精舍图》实则是写实和写意的结合，人们大可不必按图索骥，去寻找当年的园景。至于晦园当时的真实情况，1940年夏的《苏州新报》有人这样记道：“笔者昨因事道出胥溪，特往瞻视，名园依旧，而景物全非，惟桩头盆景，犹存数十事，湖石则零乱散置于地，乏人照顾，丛枝间，鹳鸽作嘤嘤之鸣，婉转悦耳，茅亭中尚留黄杨木刻联一副。”“旋于厅事前见弃置之汉代圹砖两方，上有虎马武士画像，殆亦遐庵物欤？”

1943年，吴湖帆50岁生日时，叶恭绰前往道贺，顺便问及画作，吴说图早成，只候君作题。斯时，画作始交与叶恭绰。叶于1944年4月在画上题写七绝两首，诗云：“凤池遗迹久榛芜，梦想家园有此图。聊与吴中添故事，可能清闷学倪迂。”“由来明镜本非台，花木平泉耻自哀。犹有烟云堪供养，不须料理劫余灰。”另有跋曰：“余属湖帆画此图，图成而园之弃去久矣。漫题二绝譬写梦痕，民国三十三年四月，遐庵。”凤池精舍抗战时为日伪所占据，抗战胜利后叶恭绰无力经营，把园子卖给了政府。这里曾为新六军军官宿舍、江苏省保安司令部。

新中国成立后，这里作为敌产被收归公有，先办益民小学，1955年9月又与苏民小学合并成西美巷小学。此时，庭园尚存，依然可以看出旧时园貌。1957年4月，古典园林专家刘敦桢和陈从周二人到北京拜访叶恭绰，陈呈上新著《苏州园林》一书，并云及凤池精舍残败之况。叶闻之不胜感慨，遂在《凤池精舍图》后再写长跋云："此图为湖帆杰作，故七年前来京曾征求题咏，然事如春梦，不复留痕。今春刘士能、陈从周二君北来，述及吴下名园各情况，云凤池精舍已大异旧观，亭榭无存，花木殆尽，池湮径没，已成废墟，只嵌壁界石（允文堂界）犹存。余闻之怃然。盖兴废本属恒情，况早已易土，惟造园艺术，本吾国优良传统之一，且群众游赏，亦文化福利之需，今吴门百废渐兴，余终望各名园之能保其佳构也。"跋中提到的刘士能即刘敦桢，士能为其字。说起造园艺术，此园建筑木作及雕刻皆为苏式做法。1964年，叶恭绰将《凤池精舍图》捐赠给苏州博物馆。20世纪五六十年代，凤池精舍先后为聋哑学校等学校所使用，"文革"中，花木全毁、池塘淤塞，只有原来两幢平房尚存，然旧貌踪迹依稀可辨。"文革"结束后，凤池精舍被划归市立第二人民医院，因为建设医院变电所而将平房折除，至此，才可以说凤池精舍基本废弃。2007年，市立医院本部（原苏州市第二人民医院）重新修复花篮厅，并依原"晦园"之谐音易名"晖园"。园子如今已经缩得很小，但西边为花园，亭榭廊池俱全，水池清澈见底，小鱼跃然。桥边湖石假山，有翠竹陪衬。三色鹅卵石精心铺置小道。东部为花篮厅博爱堂，花篮厅后有石笋小景。修建后的晦园（凤池精舍）俨然是一座挺不错的小园林。

蔼庆堂（万氏庭园）

蔼庆堂在今王洗马巷7号。光绪二十七年（1901），曾任山东河

蔼庆堂园景一角

道总督、浙江巡抚等职的宜兴人任道镕（字筱沅，1823—1906）致仕来到苏州，先卜居于此。2年后，移居铁瓶巷。

民国初年，蔼庆堂归万氏，园景甚美。直至新中国成立后，除部分假山有所损坏外，园貌基本完好。整个宅园占地9.3亩，花园占1.53亩。花园在东侧，有方池、湖石假山、走廊、花厅、书斋等构建。园中配置桂花、海棠、紫薇、木香等四季花木。东南部书斋一区，处境僻静。书斋东面，正对庭院，南北两侧接以亭、廊。西侧设小院，内点湖石，植丹桂。院中亭廊比例尺度较小。靠东墙堆土为阜，用湖石叠成石洞、花台与树池，有曲径可由亭登山再穿洞而下。花园面积虽不算太大，但建筑、山石、花木配置相宜，迂曲而有层次，堪称苏州园林中书斋庭园的代表作。

20世纪50年代起，此园先后为工厂和疗养院所使用，后散为民居，由房管部门管理。1966年秋，池山被毁、廊亭被拆。1979年，楠木厅等建筑被拆除，在其上建造了住宅楼。现存中、西路五开间楼房各一座和东部园池的花厅、水榭，书斋一区尚称完整。现万氏宅园已整修一新，由苏州籍的上海某商人购买使用，为苏州市文物保护单位。

颐寿堂（任道镕宅园）

颐寿堂在今干将西路铁瓶巷21、22号，为任道镕于清光绪二十九年（1903）购得汪氏废园所改建而成。任道镕和李鸿章为儿女亲家，其幼子子木之妻是李鸿章幼女。子木纨绔，成日混迹书场，爱养金鱼，故家园中池塘甚佳。颐寿堂坐北朝南，主建筑二路六进。大厅额“颐寿堂”，厅前有“增荣益誉”门楼，砖雕极精。西厅庭中有山石花木。东路前亦有小花园，园中有山石池塘、繁花嘉树，园前有方亭，亭东连接沿墙长廊。此宅阔大精美，为清末代表性住宅。

颐寿堂至今基本构建格局尚存，亦有厅堂及“棣萼联辉”砖雕门楼等存在。早已散为民居，园林景观早废。但此宅乃任氏1903年才购得改建，不久即进入民国，因此可以肯定山石花木等园林景观在民国时一定存在，而且应是一处比较完美的私家宅园。

此宅园于1963年被列为苏州市文保单位。

樵风别墅

樵风别墅位于孝义坊，光绪三十一年（1905），为词人郑文焯所构建。郑文焯，字俊臣，号叔问、小坡，汉代经学大师郑玄后裔。此园占地五亩，榜曰“通德里”，东临吴子城，下临锦帆泾。在其高处筑亭曰“吴东亭”，可登高赏景。四周绕以竹篱。园中嘉木名卉，皆从邓尉购来，庭园清幽，颇有园林之胜。郑文焯作古十年后，园为他人所有。民国年间，此园仍在。1994年干将路拓宽时被拆除。

汪姓壶园

在庙堂巷7号。为汪姓所建，面积仅半亩。据考汪姓者为汪锡珪（？—1874），号秉斋，壶园居士。

据戴正诚所编《郑叔问先生年谱》，清末民初词人郑文焯曾僦居于此。郑文焯居苏州40年，所居屡易，如马医科巷沤（讴）园（今绣园）、乔司空巷潘氏西园、彭翰孙蚕园，此其一。吴昌硕、金松岑等文人雅士常在壶园雅集，诗酒尽兴。园在住宅西侧，门作圆洞形，以水

壶园池南景物

池为中心，池东构廊，北通一厅，南接一轩，中部筑六角半亭，池上架小桥两座。池周散置石峰，间植海棠、白皮松、天竹等。小园以水池为主景者，此为佳例。

新中国成立之初的1953年，南京工学院的刘敦桢教授等对苏州园林进行普查，1956年写成《苏州园林》，后又进一步进行研究和测绘，1960年写出《苏州古典园林》。在这本书中，刘敦桢教授注明“此园现已损毁”，并留下了当时园景的照片和绘图。这些照片和绘图亦可见民国年间的壶园状况。

1958年壶园改建为工厂，从此湮没无存。

徐氏宅园

此园在今大柳枝巷13号，约建于光绪三十一年（1905），朝南两路，头进花厅前有湖石假山及黄杨、桂花、天竹等园景。后两进为楼厅，末进门楼题额“金粟余风”。

民国年间，因去始建之年未远，园仍存。

现为苏州市控制保护建筑。

邓姓宅园

此园在阊门下塘仓桥浜33、34号，园主邓雪霖（1913—1972），西山明月湾人，石路大龙布业业主，抗战时期从浦姓手中买下此宅。三路四进，从前到后建有门廊、轿厅、正厅、内厅、堂楼。有两座建于光绪三十一年（1905）和三十二年（1906）的砖雕门楼，分别额曰“慎乃俭德”“厚德载富”。园内有一条精巧的五折备弄，幽深而雅致，还有对照厅、望溪楼、回廊、庭院等构筑。花园在西路，有亭台、假山、古树花木，虽然不大，倒也精致。

现仍存，很破旧，但保存着苏州民居的传统形制。仍存湖石假山及黄杨、玉兰等花木，为苏州市控制保护建筑。

鹤园

鹤园在今韩家巷4号，清朝光绪三十三年（1907），四川华阳人洪尔振（1856—1916）始建。洪尔振，字鹭汀，举人出身，曾官江苏溧阳、丹徒、丹阳，江苏候补道，为官有政声。他是清末民初上海、苏州文化圈中的重要人物，是俞樾的从孙女婿，其妻俞氏即由俞樾介绍许配。园以俞樾所书“携鹤草堂”而名“鹤园”，而园未建成即售与吴江同里人庞庆麟（字屈庐），庞庆麟再传其孙庞蘅裳。洪尔振则移居上海。庞蘅裳（1884—1968）名国钧，蘅裳乃其字。蘅裳得祖传鹤园之后，并未立即居此，而是仍随父祖辈住娄门新桥巷老宅，直至民国十二年（1923）始迁于此。新中国成立后，庞氏曾为上海文史馆馆员。

鹤园当时总面积4.66亩，其中花园2.8亩。园景是“方池镜平，修廊虹互，风亭月馆，媚以花叶，地不溢三亩，而专林壑之美”（金松岑《鹤园记》）。庞蘅裳供职杭州，园赁给词人朱祖谋。朱祖谋（1857—1931），字古微，号沤尹，又号彊村，曾从宣南移植丁香一株置于园中，四周砌以花坛，旁立石碑，碑上有大书法家邓邦述（1868—1939）题“沤尹词人手植丁香”八个篆字，又有跋曰：“彊村师曾假馆鹤园，手植此花，鹤缘今爱护之，比于文衡山拙政之藤，足增美矣。弟子邓邦述记。”此树至今生机盎然，花时烂漫。

至民国十二年（1923）庞蘅裳离职回苏，修葺以居，直至抗日战争开始，庞氏迁沪，庞蘅裳居此凡14年。其间，庞氏所交皆文人雅士，园中经常举办诗谜会、曲会。当时吴梅、张紫东、王佩诤等曲界名流常与昆曲“传”字辈艺人雅聚于此，梅兰芳（偕夫人福芝芳）、张大千、张善孖、叶恭绰等大师、名家亦曾到访。当年，范烟桥高举大纛，组织文艺社团“星社”，郑逸梅、赵眠云、顾明道、屠守拙、孙纪于、范君博、范菊高（烟桥之弟）、姚赓夔（苏凤）共9人为基本社友。他们经常在狮子林等园林名胜举办雅集。因范烟桥和庞蘅裳有交，故鹤园也是他们雅集乐选之地。某年中秋，他们又来此开樽赏月，庞蘅裳和他们同步苔径，指着隔邻出墙的参天古木说：“此即俞曲园家的丛树。”蘅裳伉俪，双栖园中，室门上标着“燕寝凝香与世隔”，以代流俗的“内室止步”，何等雅致！据单镇（1876—1965，名束笙，曾任无锡国专教授，新中国成立后苏州市著名民主人士）《桂阴居自订年谱》民国二十四年（1935）：“农历四月间，阳历五月，陈舲诗君召集各科同年，会于韩家巷鹤园。到者陈衍、邓邦述、孔昭晋、张一麐、叶增涛、邹应苍、吴铭常、蔡俊镛、张茂炯、蔡宝善、汪家玉、陆清翰、单镇、陆鸿仪、管尚勋、陈希濂、俞镇、庞文俊、陈定球、庞国钧、周义安、金猷林、周恩绪、盛孚泰、宋肇昆、钮颂清、卢文炳、姜若、孙藩圻、俞可师、赵邦彦、唐慎坊、朱祖华，共三十三人，剧饮既毕，合摄一影以留纪念，名曰‘鹤园雅集图’。庞君国钧，园主人也，赋七律两首记其事。”名流雅集，群贤毕至，亦可见当年鹤园之人文风华。著名词学大师汪东，亦擅书画，庞蘅裳曾请他为一奇石题“掌云”二字刻于石。本书作者20世纪80年代在苏州市政协工作时曾在鹤园上班，每流连于池石花木之间，尝在园之西南角小山丛中见过“掌云”石峰，惜乎未细究，今日始知为汪东之大手笔。当时还曾赋五律一首，以记鹤园之盛：“长廊婉转处，绿树绕池塘。峰石雨中翠，桂花月下香。诗词留雅韵，歌舞伴清商。依旧人文盛，鹤鸣对夕阳。”1942年，园被廉价售与苏纶纱厂主人严庆祥，曾作纱厂办事处。抗战胜利之时，国民党军队第五师（师长李则芬）前来接收，城防指挥部就设在鹤园内。

1949年之后，鹤园被收为国有。1958年曾大加修葺，1980年又全面修缮，恢复旧观，是非常精致的一处小型园林，曾为苏州市政协所在地。此园1963年被列为苏州市文物保护单位。现今苏州市政协联谊会设此。

附一：金松岑《鹤园记》

鹤望生登包山之巅，徙倚来鹤之亭，山中之人走相诧曰："来鹤，鹤来，此亭待子三百年矣，其天缘哉？"余曰："缘定于有生之前，天韬其倪，神扃其钥，冥赴厥会，时触乃著，率然而名，不知名者之符乎几也。"清光宣间，华阳洪鹭汀观察，以宦橐所赢卜宅韩家巷，而规其西为圃，取曲园所书"携鹤草堂"四字榜之，曰"鹤园"。方池镜平，修廊虹互，风亭月馆，媚以花药，地不溢三亩，而专林壑之美。乃斤斧之役未竟，观察不欲有其业，先王父中表屈庐庞公承是园也，以付于其孙蘅裳。蘅裳方橐笔游杭，则僦与沤尹，浙西古为词客渊海，沤尹善讽谕，忱悱婉丽，一师梦窗，而高密郑大鹤为词俊健，有白石之风，二子同居吴下，海内隐然推词坛祭酒，四方名士踵接其庐。园有丁香一本，花时芬馥，则沤尹自宣南移种，寸根千里，来宠词伯。蘅裳于癸亥秋始葺是园，而谋居之。蘅裳修且臞，与鹤望生相类，自号曰臞鹤有年矣。既宅于兹，乃改字曰鹤缘，缘与园音相谐也。自洪氏以鹤榜其园又署其厅事曰栖鹤，有鹤之忓，无鹤之缘，缘证于十年之后，待修且臞者如蘅裳栖息焉，而为是园主。余向所谓率然之名而符乎几，几动于初，而莫之知也。人生饮啄游息，官止神行，若当前之有物，嬴粮奔赴，以趋其途，甚者毕世不能遘厥成功，后起者来食其报，圣哲之于道，豪杰志士之于名业，牵天系地，成于一范，条纷绪错，俟会而解。夫岂独是园为然哉。今观察长公子青立居士别构钵庵于彭耆巷，与其妇若子精修白业其于释氏所谓缘法者，庶几闻而翕然矣。（本书作者按：青立即洪尔振长子，名洪子靖，曾任武康县令。彭耆巷，今已不存，原在今之苏州图书馆处。）园中梅杏、梧桐、枫叶，离立数十本，皆有臞态，雅与鹤副，而俞氏春在堂、吴氏两罍轩，南北为邻，举足不十武而至。方春三月丁香花开，蘅裳特设席其下觞余，先索为之记记此园沿革，与夫名字之暗合，若有前定，然则余之得留文字于斯居焉，宁独无缘哉？

甲子仲春社日在　金天翮撰

为《鹤园记》成蘅裳排闼，诧余曰：“子之叙沤尹而联及大鹤也，则缘之外又有缘矣。大鹤初来吴下实僦居马医科巷，巷在是园北。吾先王父既斥田千亩，立义庄赡族，而未有祠宇。癸亥九月，吾辟园北户，得某氏故居立券购之。既泛扫池阁，因见名文烺者所临争坐位书六幅壁间，浥损矣，审其跋，而后知为大鹤之兄，兄若弟寄迹于此也。彼亦一鹤也，此亦一鹤也，吾之生而与鹤为缘如此。虽然吾有商瞿之恨，今所缘者皆鹤也，其能无望于将雏乎？”余曰：“子能绳祖武，构祠宇，以竟庄事，而祀王父于中，有孝思矣。求之《诗》，曰‘孝子不匮，永锡尔类。’其次章曰：‘君子万年，永锡祚胤。’而《大易》中孚之九二曰：‘鸣鹤在阴，其子和之。’夫能孚其孝于天，而岂无胤以受其祚哉？子惧不孝，无惧不得后，夫有鹤斯有雏，缘至而祥生焉。”蘅裳悦，属缀其辞于尾。

越日天翮再志。

附二：庞曾湝《鹤园记遗》

本书作者按：庞曾湝（1917—1996），系庞庆麟曾孙，庞蘅裳之嗣子，浙江大学建筑系毕业，长期任北京崇文区房管局总工程师，是崇文区政协委员。1984年夏秋之交某日往访苏州市政协所在地鹤园。时我在市政协工作，陪同曾湝先生游览其祖居。约两年后，庞先生有信寄我，并附《鹤园记遗》一文。我即将此文交苏州市政协文史委员会所编辑出版的刊物《苏州文史资料》，后于1987年刊发。惜乎原文未曾保留。

苏州的鹤园，为余“志学”前后随侍先嗣父蘅裳公（讳国钧，号鹤缘，后号梦鹤、莪暗）所居。抗战兴起，举家避寇迁沪。时余尚就读于浙江大学，随校转辗迁徙，继从业黔滇，安问家业？一九四二年先嗣父将是园廉售与苏纶严氏。盖当其时，非严氏不足以拥之而为己用也。余家弃置不顾者至此五年，且经窃掠，然幸知堂构联额均未失旧观，乃距今四十四年矣。一九七三年余自京都南下，往视，则为某厂仓库，阍者未允入，窥其内，零乱败坏，料皆因“文革”之劫，怅然惜之。一九八四年再莅故邑，知园归政协所用，持介函往，则情景大异，油然心喜。

入门厅，市级文物保护单位之刻石赫然嵌于东阙壁间。既入，承接待同志见告：“自定为政协后，当局曾拨近十万元全面修葺，方如今观。往后，尚有将此北原俞氏春在堂及此南原吴氏两罍轩合三者为一组，一并开放以供游憩。”顾是园由宅园而半为商用，而仓库，而政协，而游览点，终得发挥其理想之社会效益，宁能无感于惟今日方克有之。

经巡顾一周，堂舍池石，无复毁象。尤幸者，我中表父金氏松岑所撰《鹤园记》刻石，独完存壁间，且政协已将文附刊于《文史资料选辑》中，园史以是可稽。再则，携鹤草堂前廊东西两侧之砖刻楣额亦在。此“岩扉”“松径”四字乃蘅裳公亲题，典出唐孟浩然之《夜归鹿门歌》，意指庞氏栖隐之处。见先泽得与园共存，亦称幸矣。

然足惜者，昔时其余匾额楹联皆已无存，未免稍损意趣。兹姑追记所遗，兼及当时印象较深之花木与陈设，或可为他日开放游览时补缀之参考。

一、是园原无园额。面南屏门原缀有七言篆联，上下联首字分别为“鹤”与“园”。今后所仍可用今意重撰联句，仿此法以代园额。

二、由东阙循廊而北，经三折而东，可至宅邸；而西，则为园之前厅。厅周尽设窗牖，故常称四面厅。厅中有银杏木所制，书“枕流漱石”之横额。按魏武之《胡秋行》及《三国志·彭羕传》中，均有此语。不以堂名而就景趣题词，为园林所不可缺。

厅东廊侧小庭中，曾植蜡梅一本，为入园循廊可见之第一枝。厅前有沤尹朱祖谋（又号彊村）所植紫丁香，非吴中常见之木。朱为清民间一代词宗，曾居是园，足称佳话。故蘅裳公特以砖坛护之，并求邓公邦述（字孝先，号群碧翁、沤梦词人）篆题“沤尹词人手植丁香”八字，塑诸坛侧，期垂久远。厅北有全园最高之立石，略逾丈，所镌“掌云”二字为汪丈旭初所篆。石侧有玉兰。离厅北数步为池。

三、循东廊再北，起伏曲折以前，池正东有亭，亭分内外，居中设一玻璃扇隔之。亭额曰“静寄”，置隔扇上。外亭原设有毛木架所支石桌及二石凳，桌刻奕盘。内亭尝置一上嵌玻璃面而下有铁胎之红木小桌，可储水畜鱼龟，亦园中一小趣。

四、自亭至廊北端，东侧小庭中，原植芭蕉条竹，风动影移，雨润留珠，颇饶意趣。廊尽有庭，植梧桐二棵，五十年前已高可三寻。由两树间月门而北之小斋，昔名“听秋山馆”，即有此二树故也。

五、廊尽西折，主厅携鹤草堂在焉。额为曲园俞樾所题，雅朴劲遒，非是常品，惜已无存。当年至夏日，即尽去面南窗牖，改于边间设高约及胸之湘妃竹栏而敞其中屋，得旷凉之妙，似为他园所罕用。

全园池周地面，满墁卵石，以砖瓦分形成格，或以瓷片砌成花木鸟兽之属。至草堂正中处则以白瓷片作飞鹤之形而赤其目，栩栩然有鸣和之状。昔时又曾饲一鹤于此，未二年而亡，即未再饲。

六、池西为小扇厅，与“静寄”相对。厅内桌几椅机皆有扇形图案。全园惟此无额无联。外临厅檐，有毛木架，架且延伸至小桥西迤南山石之侧。植葡萄攀架，紫白具备。秋中垂果累累，摘而啖之，乃幼时一乐。

面厅架上，作扇形漏空小框，上缀“杏花春雨江南”六字。有是，此处“一枝红杏出墙来”之意境更觉突出。小桥周侧为余最喜踟蹰流连之处也。

七、及园之西南隅，拾级登石，其上原又以毛木筑亭。亭中设有同于“静寄”之石桌石凳，惟上刻象棋盘。至亭，可瞰墙外，但已为客所不常至，惟童稚捉迷藏之去处耳。

八、园东宅邸凡五进。第二进主厅（俗称大厅）原额“居俟堂”，为陆润庠所书，殆取清王士祯“居易俟命”之意。先曾祖屈庐小雅公与陆同科，而陆得魁元。

第三进俗称“女厅”，无额。前苏州农校校长廖楠才先生曾赁居于此年余，后又僦与苏州银行公会。厅后轩石库门上，原有我中表大父费公仲深（树蔚）署名而实出蘅裳公手笔之“藏修息游”四字砖眉。其词出自《礼记》，实无悖于今用。“文革”中被砍之迹至今可见。（并见附记）

第四层之假三层，系一九二三年所筑，专为自用。楼成，蘅裳公方由娄门新桥巷老宅迁此。金《记》中所云蘅公“从事杭州”，则先是一年而谢职也。楼式兼采中西而不尚华饰，自二层西窗，可窥园景，纳凉风。余意若于西侧平台再加开三数瓦砌花框，则内外皆可增趣不少。

第五进为厨杂之用。由马医科后门入内，原屏门上亦有七言篆联，字体大小均与前门相同。其上下联首字分别以“井”“灶”二字冠之。求餍饮啄而犹不忘翰墨，其风洵可尚乎？

鹤园占地不足三亩，纵横平直，设景构思，未免有一览无余之嫌，在苏州园林中非属上乘。但先后居此者皆为骚人雅士。蘅裳公居斯凡十四寒暑，相契者皆邑中俊贸。园近城区中心，以其小而无扰，故当年虽为家园，苏邑人士常假此为宴饮雅集之所，蘅公相与周旋为乐；一时有“少长咸集，群贤毕至”之盛。一有词集。每以邓公孝先齿最长（生于1868年）而为祭酒，王丈佩诤（名謇）居齿末（生于1888年）。二有诗钟。汪丈旭初自宁归苏，每倡此集，必在鹤园，且丈常居魁首。三有诗谜之戏。蘅公以善觅僻句且配谜巧当，与博辄胜。四有曲会。余能忆者，陆丈仲麟、吴丈瞿安、张丈紫东、潘丈振臂等皆善歌而擅笛，乐此不倦。会中又必有女士；亦常召“传”字辈二三子与之，顾传玠、朱传茗为彼中翘楚，皆不足二十少年也。时余尚幼，不敢逡巡于长者之前。凡有诗词雅集，即就“静寄”亭上默观诸老或捋髯徘徊，或林间沉思，或拊石低哦，忽焉入堂就几吮毫，寻章觅句之状，不一而足。继则围而争睹，随以唱吟，声闻林池，复相与品议，逸兴遄飞，有如兰亭。遇诗谜，余亦偶掷小注，先嗣父谑而不责。至于曲会，例设长桌，长幼环坐，一管既鸣，依序引吭，余相击节，余惟鹄立聆之，却不谙其词。夫苏昆雅艺，不绝如缕，于今复盛；当时诸丈乐于此道，虽云遣时，于苏昆之传，不无功也。五有春节团拜。几集邑中绅宦名流于此园，约可至六七十人，忆为张公仲仁及费公仲深所倡议，所以免相互访酬之习俗耳。他则尚有议事或迎送之宴。前者多数为协调乡里公益事宜，后因有银行公会而更增。后者或为宦吏之交替，或为公请来苏之客。如叶公誉虎（恭绰），张善孖、大千昆仲，梅兰芳先生，乃至海上杜月笙、王晓籁之辈皆曾访此园。故四面厅上，觥筹交错，壶樽并举，月可五六次，不羁形骸而未尝有酣醉傲狎之状。前人遗风，如在目前。

举上，固皆为二三十年代有闲者之所为，亦足以略见我三吴人文之盛。鹤园于此时期，即不仅为家园而已。追记其实，或无不可。

（附记）狮子林进门处之银杏屏门（刻有郑板桥竹石图）两侧，原悬贝氏上款之楹联，亦为费树蔚署名而实出我蘅裳公手笔。先嗣父在游憩之所题额者，尚有虎丘之冷香阁，今必无存。此亦点滴资料，姑附记之。

一九八六年五月

听枫园

听枫园在今金太史巷旁的庆元坊12号。光绪年间，浙江归安人、曾为苏州知府的金石书画鉴赏家吴云（1811—1883）所建。吴云，字少甫，号平斋，晚号退楼，别署愉庭、抱罍子。

此园面积7亩，花园在宅居东北部，面积1.7亩。在当时的小型园林中，听枫园以玲珑精致见长。因园内古枫遮天，故名“听枫园”。有听枫仙馆、两罍轩、味道居、红叶亭、平斋、墨香阁诸景点。书画家吴昌硕曾任吴云家的家庭教师，寓居园中。

辛亥革命前后，词人朱祖谋亦曾寓此。1928年，园曾为陈寿先购得重建。再后，屡作他用，日渐颓圮，而园景规模大致尚存。

新中国成立后，园归公有，先后为苏州市第二中学、苏州市评弹团所用。“文革”中假山被拆除，建筑被毁，花木枯萎，所见皆衰败景象。后经文化局修复，为苏州国画院所在。现为江苏省文物保护单位。

邢成德宅园

此园在今花驳岸6号，原轻工中专学校所在处。园主是浙江湖州南浔富户、丝绸商人邢之园。此宅约建于光绪年后期，占地8亩，有轿厅、官厅、花厅、楠木楼厅等，雕刻精细，有庭园之美。

民国期间宅园一直属邢氏所有，园景也一直葆有。1947年，其产权户主是邢之园之孙邢成德。1955年，邢成德的三儿媳陆彬以1万元价格将此园售与当时的第三工程局。1960年后，此园变成学校，庭园被改成了操场。

叶启英宅园

此园在今史家巷20号冯桂芬祠后。叶启英是冯桂芬孙女婿。此宅园建于清朝晚期，花园中水池、假山、亭台、花木俱全。

民国时期延续完好。

新中国成立之后，园依然存在，惜乎毁于“文革”时期。现仍残存半亭、花厅、鸳鸯厅。现为民居。

残粒园

残粒园在今装驾桥34号，始建于清代。民国年间，有“三吴一冯”之说，乃是指吴昌硕、吴子深、吴待秋和冯超然，其中一吴为吴待秋（1878—1949），名澂，字待秋，别号抱鋗居士、栝苍亭长等，著名画家，原在上海商务印书馆担任美术部部长之职，家住闸北宝山路。齐鲁战争、“四·一二”反革命政变之后，闸北一带屡遭战火，吴待秋不但家无保障，且随时有生命危险。于是欲移家苏州，来苏州物色宅居。乃于1929年从扬州盐商姚大赍手中购得当时名为“来鹭草堂”的宅园，重加修葺，取杜甫诗句“香稻啄余鹦鹉粒”之意，将此园易名为“残粒园”。从此，吴待秋于此专事绘画，声誉日隆。鲁迅在《北平笺谱》序中有言：“吴待秋、齐白石等，皆画界高手，而刻工亦足以副之。”足见吴待秋画坛地位之高。

此园是苏州小型园林之精品，面积5.02亩，其中花园仅占0.21亩。据费铭聿《书画大师吴待秋》回忆，当时的残粒园“中西落都是

吴待秋在残粒园中

住宅，后进为四楼四底，楼前是青石台阶，并有走廊通中部的客厅与东部的花园。中部的客厅是吴老吟诗作画之处，颇为幽雅，客厅东南有一曲径，经园洞门‘锦窠’入内有一小园，迎面有湖石峰作屏障。全园面积虽不大，但匠心独运，建筑结构小巧玲珑，能充分利用空间，将亭、山、水池、花木组成曲折高下有层次的景面。”“园内布局以水池为中心，花台树丛沿周布置。池西紧靠界墙叠假山一座，山中有石洞，洞前有钓台。入洞拾级而上有一半亭名曰栝苍亭。此亭居全园最高点，是主要观赏处，也是园景的构画中心之一。”池岸用湖石砌叠，并以石矶挑于池面。错落种植桂花、天竺、蜡梅等花木。吴待秋之友人陈叔通曾来园中小住数日，赞赏道：“澂兄，你现在不比以前了，住房宽大，能有这样一座建造别致，亭台、楼阁、假山、池塘具备的花园，确是不易。”吴待秋有子三，皆擅国画。长子吴敦木，尤为著名，曾任苏州国画院院长。园一直为吴待秋后人居住，以迄于今。现为苏州市文保单位。

郭绍虞园居

此园在今大新桥巷12、13、20号。郭绍虞（1893—1984），苏州人，复旦大学著名教授，著名语言学家、文学家、文学批评史专家。园居坐南朝北，一路五进，主体建筑为圆堂三间。其他建筑依次是门厅、轿厅，轿厅后为一庭园，园内点缀湖石，栽植蔷薇、栀子花等花木。庭园后为花厅，右侧为方厅，亦即郭绍虞的书斋照隅室。方厅西为大厅，大厅乃会客之所。大厅西有女厅，为郭绍虞之兄一家所居。女厅西的堂楼，为郭绍虞及父母居住。此园并不奢华，简素而已。

此宅园本为晚清建筑，1927年郭绍虞在燕京大学任教授时买下此园，供父母和兄长居住，每逢假期，则回此地侍奉双亲，并著述写作。现为苏州市控制保护建筑。

顾廷龙园居

顾廷龙（1904—1998），苏州人，著名古籍版本学家、目录学家和书法家，曾任上海图书馆馆长，长期致力于古典文献学、版本学和目录学的研究。

园居在今十梓街116-3号，此处本名严衙前。晚清之际，江苏按察使朱之榛建宅于此。民国四年（1915），此园被顾廷龙的祖父顾祖庆买下。三路四进，外有照壁，中路有门厅、轿厅等。中路第三进大厅名“安时堂”，为纱帽厅。大厅北墙的雕花门楼颇为精致，有“恭俭庄敬”额。如今，堂楼后半部分，仍为顾氏后人居住。西路散为民居。东路第一进和第二进有两座对照花厅，北花厅东为书斋，名“复泉山馆”，顾廷龙幼时曾读书于此。花园在住宅之后，有山池花木之胜，果树尤多。此园居现为苏州市控制保护建筑。

留存到今天的顾廷龙园居，其亮点在复泉石井栏。这里有动人的历史和文化掌故。

苏州古城历来多井，自然也多井栏，当今，古井和石井栏甚至成了苏州传统文化的一部分。当年，顾祖庆买下这处园居时，不经意间发现一个石井栏，内圆，外八角，形制古朴，有宋人题记石刻，另有“顾衙复泉义井”和“崇祯七年四月”字样。经顾祖庆和其子顾元昌

顾廷龙一家在民国时的合影

“恭俭庄敬”额

父子考证，宋朝时，苏州城里有两个有名的石井栏，一个是复泉的井栏，一个是亨泉的井栏。至清朝，著名金石学家叶昌炽多年寻觅这两个井栏而不得，便在其《语石》中记道：“行于荒榛瓦砾中，竟不可得。”而顾祖庆发现了复泉井栏，真乃喜从天降，不由得与诸子“相顾欣喜”，将其移置在东书房，并为书房取名为“复泉山馆”。

井栏上的宋人题记，记述了一段凄美的故事。宋绍定三年（1230），苏州城里一户人家年仅30岁的主妇王二娘因难产而死，全家骤然喜而成悲。王氏丈夫沈某为悼念爱妻，便与岳父一起凿了一口井。这是当时苏州的习俗，凿井供众人取水，是建德行善之举，世称义井，亦以此纪念死者，为其祈求冥福。同时，沈某精心挑选石料制作成石栏护在井口，并以铭文记述了原委。

又据顾祖庆父子考证，井栏上“顾衙复泉义井”和“崇祯七年四月”字样，系明末苏州人、进士、御史顾宗孟所题。从宋朝绍定三年（1230）至明朝崇祯七年（1634），其间404年，复泉井栏一直存于世上。而再至叶昌炽1900年写《语石》这近300年间，石井栏不知所终。至1915年，井栏被顾祖庆发现，终于重见天日。此井栏可谓历经沧桑，讲述着动人而丰富的人文故事。此为文物之邦苏州又一则历史佳话。单就这一人文景观，顾廷龙园居就足够人们观赏和品味了。

故事还没有结束。顾家得此井栏后，百般珍爱，世代呵护。顾元昌令其子顾廷龙将井栏周边的石刻文字拓下，逐字识读。1929年，顾元昌撰文详述井栏发现经过，然后将井栏拓片和记文装裱成册页，装在盒内，盒上有顾廷龙篆书题字。在之后的十年里，顾元昌和顾廷龙父子时常邀集文人雅士前来观赏，并题记抒怀，共得47人的诗文题跋47篇。册页内封有顾廷龙导师容庚题字、姚光《复泉山馆记》、吴湖帆《宋井栏顾衙复泉图》，其他题款及题写辞赋者如王同愈、金松岑、张一麐、王季烈、吴梅、商承祚、钱玄同、胡适、汪荣宝、郭绍虞、潘昌煦、俞陛云、章钰、唐兰、费树蔚、胡朴安、王謇、章太炎、叶景葵、张元济、单镇、陈叔通、叶恭绰、钱锺书等，皆一时俊彦。这些文坛巨擘的留题，诗书俱佳，时当中华民族灾难深重的20世纪三四十年代，他们在面对几百年历史的石井栏发思古之幽情时，更多了一份对国家命运的担忧，笔墨之间充溢着的不仅是艺术的大美，更有熠熠闪光的思想精华。这应该是民国年间苏州顾氏家族为后人留下的文化佳肴。

故事还在继续。1981年，顾廷龙将家族珍藏了近70年的复泉石井栏捐赠给了苏州博物馆；2016年顾廷龙之子、两院院士、著名飞机设计专家顾诵芬遵照父亲遗嘱又将《宋绍定井栏题字册》和顾廷龙手抄的《复泉题咏册》捐赠给苏州博物馆；2018年顾诵芬偕师元光撰写的《自将摩挲认前朝——宋绍定井栏题字释注》由上海科学技术文献出版社出版、顾廷龙《宋绍定井栏题字册》（复制本）由国家图书馆出版社出版。至此，宋朝石井栏作为文物有了最温暖的归宿，可谓物得其所！书的出版，更使井栏的文化意义得以千秋流芳。

薛家园

此园在今娄门下塘，为薛宗濂宅园，约建于清末。

入民国，园仍在，有月波楼、锦香亭等诸胜。现为民居。

畅园

畅园在庙堂巷，为晚清道台王某所建。园在宅东，1亩有余。园以水池为中心，水池南北狭长，湖石驳岸。周围有厅堂、楼台、亭廊，疏植花木。廊墙开洞门和漏窗，构成一幅幅小品画图。湖石假山在园之西南部。此园建筑较多，有桐华书屋、六角亭延辉和成趣、半亭憩间、船厅涤我尘襟、主厅留云山房诸构。假山上有待月亭，为全园最高处。此园布局合理，手法细腻，山石花木少而精。

此园清末已衰败。清末民初时曾在此开设茶馆。民国七年

民国时期留存到新中国成立之初的畅园园景之一

民国时期留存到新中国成立之初的畅园园景之二

（1918），此园为律师潘宜声（一说潘承锷，1878—1949）所购得，重加修葺，面貌一新。童寯《江南园林志》说“城中尚有小园，以畅园、壶园为最”。刘敦桢《苏州古典园林》赞其为“面积虽小，园景却丰富而多层次，是苏州有代表型的小园之一”。

新中国成立后，园主潘姓去沪，将畅园出租给张姓、方姓。1956年其西部公私合营。1958年调查时，园尚完整，1959年由市园林管理处接管。园总面积尚有4.14亩，其中花园面积2.12亩。1966年受到严重破坏。现已重新修整。现为江苏省文保单位。

马姓宅园

此园在今人民路148号苏州市文联院内，晚清建筑。坐东朝西，前宅后园。

民国时的归属情况难以详考。但至新中国成立后，仍存少量湖石假山和旱船、亭阁各一座。亭阁为四方形，下层三面回廊。

曾被列为苏州市控制保护建筑，已于1997年拆除。

卢姓宅园

此园在今仓米巷16号，为清末拔贡卢彬士宅居。

新中国成立后，庭园中仍有假山，东西相对，山下水池呈月牙形，丛竹挺翠，有蜡梅、南天竹各一株。

1982年被列为苏州市控制保护建筑。现园景残存，为民居。

张家花园

此园在今绣线巷13号，建于清末，为浙江南浔张姓商人宅居。两路两进，西路依次为门厅、客厅、门楼，咸丰十一年（1861）陆润庠题额。花园在前院。

至今园景保存情况基本完好。大厅、圆堂、堂楼都较完整。东侧庭园内的楠木花厅十分精致，厅前湖石小假山及花木等也还完好。而堂楼于1996年被移至潘儒巷民俗博物馆。

现为苏州市控制保护建筑。

谦益堂

谦益堂在今刘家浜巷24、26、28号，主人是清朝末年的潘姓盐商潘钟瑞（1822—1890），属苏州“贵潘”一脉。园中有光绪皇帝“荣恩”题额。谦益堂本“贵潘”家族迁苏之第二代潘景文（号其蔚）居所之堂号，后裔因袭之。

花园在宅后，民国时有园景存在。

新中国成立之后，将花厅、花园等改建为厂房，“文革”中全毁。谦益堂建筑有明、清和民国时期的不同风格。现在还有楼房多幢，花园全废。

现为苏州市控制保护建筑。

沈宅庭园

此园在今西支家巷14号，清代建筑。现存两路五进，西路第三进为大厅，厅后为楼，东路南为庭园，有船厅、湖石花坛和广玉兰等花木。

唐纳宅园

此园在胡厢使巷40号，20世纪三四十年代著名影剧评论家唐纳曾经居此。

唐纳（1914—1988），本姓马，名骥良，亦署季良，唐纳乃其艺名。因此，街坊邻居皆称此宅为“马家门墙”。

唐纳宅园，本清代建筑，详情及演变情况均失记。坐北朝南，三路五进，花园在宅后。从正门进入，有门厅、轿厅、大厅和两进楼厅。楼上有回廊相通，俗称“走马楼”。两旁为备弄，分别构成东西两条辅助轴线，筑有花厅、书房、琴馆、画室之类及厨房等。卧室在与西花厅相连的西书房内，前后有庭园，花木扶疏，雅致而幽静。1936年5月，唐纳曾携新婚妻子蓝苹来此小住。不期，回沪不久，即生婚变，两人作为夫妻的时间总共不过三个月。后来蓝苹去了延安，唐纳最终去了法国。直至1979年和1985年，唐纳才重回故居。然数十年沧桑，故居仅东路尚存花厅和亭子，房屋也早已散为民居。

现为苏州市控制保护建筑。

费姓宅园

此园在平江路混堂巷10号，清朝时建。后为费仲深迁来苏城后购居。

民国时有园景。现仍存湖石、花坛和花厅等。

顾渊硕宅园

此处为清代建筑，在今干将路。花园在宅东。新中国成立后园景仍存，现仍存西路大厅、楼厅和东路花厅、庭园，有湖石花坛等园景。

曾为东风通讯设备厂所用，是苏州市控制保护建筑。

高姓宅园

此园在今大井巷30号，清代建筑。民国时园景尚好，新中国成立之初，园景渐毁，改为小学操场，现为少年宫所在。

姜氏宅园

此园在今宜多宾巷22号，本为清代建筑，民国二十年（1931）前后由曾任鄞县县长的姜振祥改建。园在宅东，置花厅、假山、池桥、亭廊，是一处完整的住宅花园。

现仍为姜氏后人居住，园景已逊于前。

陈氏宅园

此园在今蒹葭巷49、50号，清朝建筑，两路六进。

民国年间，先后属陈姓、杨姓，园在住宅西部，园景难考。

现为民居，花厅犹存。

许氏宅园

此园在今高师巷2号、4号，清代建筑。

民国初年为许姓军人私宅。直至新中国成立后，虽破损，仍残留。三路四进，有大厅，雕刻精美，海棠花厅亦完整。还有半亭及两座砖雕门楼，有“俭德传家”题额，园在楼后，还有湖石假山等。陈从周先生于新中国成立初期测绘的这张平面图也可以看出有园景存在。

现为民居，是苏州市控制保护建筑。

石梅荪宅园

此园在今中街路20号，清代建筑。石梅荪，曾任布政使，是当时苏州城内富甲一方的大户。宅园坐东朝西，分为南北两路五进。每进之间，原来都有石板庭院相连。大厅高敞精致。有庭园景观。其中的纱帽厅、花篮厅、旱船和假山、石笋等直至新中国成立后才在马路拓宽等市政建设中被陆续拆除，迄今尚存砖雕门楼等房屋，为民居。

现为苏州市控制保护建筑。

金鼐定宅居

此园在今东北街230号，系清代仿明建筑。

约1926年前后，归苏经厂股东金鼐定所有。一路六进，门楼上刻“孜仁崇礼”。厅前有花园，有池石，植有名贵树木。

新中国成立后，门厅为商店，后进院落为民居。

务本堂（曹沧洲园居）

务本堂是曹沧洲的宅园，在阊门西街59号、61号，本为清代建筑。曹沧洲（1849—1931），吴县人，近现代名医，光绪年间曾应召为御医。其宅居东向，共两路，正路五进，门厅、轿厅、大厅各三间。大厅砖雕门楼有陆润庠题额。厅后有走马楼带两厢，大厅南为一狭长花园，中有水池，东有花厅，西有书斋。全园布置甚精巧。北路为三个南向并列的庭院，都以楼房为主。至今正路后部堂楼上房及北路诸屋基本完整，其他建筑及园景无存。新中国后此园为内燃机配件厂所使用。

现为苏州市控制保护建筑。

北濠弄顾家花园

此园在今北浩弄（民国时为北濠弄）61号，始为清代时建。大门朝东，一路三进，民国年间有山石花木，园景尚好。

现存轿厅、大厅，还有一枝香轩等构筑，装修完好，十二扇银杏木雕花长窗较精，而山石花木全无。

现为苏州市控制保护建筑，园景无存。

周宅花园

此园在盘门新桥巷4、6号，清代建筑，原有四进，西宅东园。现存大厅、门厅。

现为苏州市控制保护建筑。

周氏庭园

此园在马大箓巷，建于清代，保存完好，两路三进。庭园在宅西，有花篮厅、书房等建筑。前后有四个小庭园，筑有湖石花坛，种植花草、竹子等小品，为当年苏州典型的庭园实例。

现为苏州市控制保护建筑。

吴宅花园

此园在今富郎中巷20号、22号、24号和太平弄桥9号，建于晚清，主人失记。坐南朝北，三路五进，规模较大。庭园在西部。

民国之际，西路精美的花园尚存，至今中路保存完好，仍有零星湖石花木残留。

现为苏州市控制保护建筑。

杭氏宅园

此园在今白塔西路115、117、119、121、123、125号，清代建筑。朝北五路，园在宅后。

民国时有园景，详情失记。

现为民居，园景无存，为苏州市控制保护建筑。

范氏宅园

此园在今庙堂巷10号。

清代建筑，民国时期属范红滕医师。南向，两路四进。西侧有花厅三间，雕刻精美，还有船篷轩。现厅前有黄石假山、石笋等，均已年久失修。

现为苏州市控制保护建筑。

朱氏宅园

此园在曹胡徐巷51号，清代建筑。两路四进，现存楼厅两进，砖雕门楼较完整，而原有花园已废。

现为苏州市控制保护建筑。

皮市街204号宅园

此园民国时为一私家宅园，现为民居，迄今尚存假山。

章姓·项姓宅园

此园在今史家巷26号。民国时园林情况失记。现残存花厅，为民居。

九胜巷16号宅园

此园乃民国宅园，现仅剩假山石数块，为医药公司所用。

谢衙前32号宅园

此园即今善耕小学所在处。民国时期，住宅前后皆有花园。至今前园残存书房及小假山；后园本来较大，现园景无存，为学校操场。

潘氏宅园

据苏州市文广新局文物资料记载：此园在东花桥巷11号，坐北朝南，前后四进，依次为门厅、轿厅、大厅和堂楼。前有小院，缀以太湖石。这是对残存现状的记载。今日仍有湖石残存，说明民国时也有。如此，此园则是一家私家花园。

现为苏州市控制保护建筑。

思绩堂

思绩堂在今齐门路77—84号，主人姓潘，坐东朝西，两路四进。北路二进为大厅，浮雕精湛，额曰“思绩堂”，宣统二年（1910）款。宅后花园，小巧玲珑，颇具诗情画意。民国时期园景失记，至今尚有方亭和有200年历史的黄杨树。门外有界石“潘留耕堂”。

此处曾为新苏丝织厂职工宿舍。现为苏州市控制保护建筑。

觉园

在苏州阊门外新民桥畔，为云南纳西族人、清末将领和诗人和虎臣所建，约建于光绪三十二年（1906）之后。和虎臣（1859—1910），生于丽江，青少年时随为将军的父亲辗转于贵州、陕西，壮年从军，开始在浙江、广东，后领兵于四川、广西，征战南北，大小战役历数十次。因常年幕天席地、雨征露宿，因得足疾，归休苏州，造园以居。以《庄子》“有大觉而后知此其大梦也”句意，为园取名为“觉园”。

此园总面积数十亩，有楼数楹，寝室、厅事、庖厨毕具。居室之后有垣，垣内为一庭院，杂莳花木，凭栏观之，颇有生趣。凿垣为门，有石径小道通后花园。园中有假山、水池、小桥。筑亭二，一曰“一系”，取杜诗“扁舟一系”之意，以示不忘故土。一曰“醉香雪”，周围遍种梅花，为行酒赋诗之处。最后辟一轩，课子其中，榜曰“知稼轩”，取《周书》所谓知稼穑艰难者以教育儿辈。

和虎臣曾自撰楹联悬于园中：“十年大梦谁先觉，百战余生寄小园。”十分确切地描画了他长期征战之后归隐的心境。和虎臣死后即葬园中。其儿女亲家、曾任贵州提学使的陈荣昌为其写的《殡歌》中也对此园大加赞颂：“惟兹园足盘桓兮，亭台渠治缭之以长垣兮。君出游而纵观兮，坞有梅柳畹芝兰兮。君长咏而永叹兮，春和鸣鸟秋吟蝉兮。”可见和氏在园中悠闲的生活。

此园不见史志记载，但建于民国成立之前两三年，民国年间依然存在当不容置疑。这可能是距离民国时期最近的一处清朝始建小园。

吴县(今吴中区和相城区)

天平山庄(高义园)

天平山庄(高义园)在苏州城西天平山南麓。此处初为唐宝历年间之白云庵,宋时为因范仲淹祖坟在此而取名的功德香火院。明万历年间范仲淹第十七代孙范允临在此建成天平山庄。此园傍山而建,亭馆台榭,璀璨一时。明人张岱在《陶庵梦忆》中写道:“园外有长堤,桃柳曲桥,蟠曲湖面。桥尽抵园。园门故作低小,进门则长廊复壁,直达山麓。其绘楼幔阁,秘室曲房,故匿之,不使人见也。山之左为桃源,峭壁回湍,桃花片片流出。右孤山,种梅千树。渡为小兰亭,茂林修竹,曲水流觞,件件有之。竹大如椽,明清娟洁,打磨滑泽如扇骨,是则兰亭所无也。”清乾隆年间,范仲淹27世孙范瑶等又重修,将其易名为“赐山旧庐”。乾隆南巡时,为其题名“高义园”,遂以为名。咸

1935年前后的天平山高义园

丰年间，太平天国战事，高义园遭毁。清军复辟后，又重修。

民国年间，范氏后人范后甫“仰承先志，尤以兴复天平诸古迹为己任，以身率先，庀材鸠工”，历时两年，对高义园进行较大规模的修复，并改“敕赐范文正公忠烈祠”为“范文正公祠”，从此此园面目一新。童寯《江南园林志》谓其“今犹未废”。此后又疏于管理，日渐衰败。

新中国成立之后，对高义园多次进行整修，乃有今日面貌。现为江苏省文保单位。

梅花墅

梅花墅在今吴中区甪直镇，为明朝万历中戏剧家、藏书家、刻书家许自昌所构。此处本是晚唐诗人陆龟蒙的故居旧址。全园以水为主景。明人钟惺《梅花墅记》详细记述了园景之美，亭廊桥石，垂杨修竹，倒映水中。其中得闲堂为主要建筑，每有客来，集于此堂，“歌舞递进，觞咏间作，酒香墨彩”，至通宵达旦。清人张大纯《姑苏采风类记》说它“地广百亩，潴水蓄鱼，榆柳纵横，花竹秀擢，辇石为岛，攒立水中”。陈继儒在《许秘书园记》中写道：“广池曲廊，亭台阁道，石十之一，花竹十之二，水十之七。弦索歌舞称之。”清朝中叶，许氏衰落，园归汪缙，易堂名为“二耕草堂”。

延至民国，昔日园景不复存在，然也未完全圮废。

20世纪80年代末，本书作者身为主管文物工作的苏州市原文化局副局长曾偕职能科室的同事前往寻访，依然看到有零星湖石存在，传说中的残存房屋为某单位所用。

东园

东园在东山下席巷，俗称“花园弄”。此园最早为明朝万历年间翁彦升所筑之集贤圃，建于太湖之中，长堤数百步。有开襟阁、群玉堂、飞香径、一叶居、寒山斋、来远亭、漪漪馆、积秀阁、土神祠诸胜，有楼榭、有大池、有培塿。园中广种樱桃、海棠、丛桂、修竹、牡丹、玉兰、碧梧、古梅，种茶数亩、杂植橘柚、桃、梨以为屏障。《具区志》云："背山面湖，亭榭水石之胜甲吴下。"至清康熙时园归席本祯，易名"东园"，康熙南巡，曾经幸临。近人许明煦写于20世纪三四十年代的《莫厘游志》将其誉为"东山第一园林。"谓其"今存水榭广池，犹可凭吊"。席圩《春仲东园社集》写道："风光骀荡日初长，群屐名流集胜场。静爱看棋临石室，闲拚纵酒学高阳。禽声巧和筝成曲，花气浓薰翰墨香。好续西园旧骚雅，清诗未许效齐梁。"

东崦草堂（吴家花园·华园）

东崦草堂在今吴中区光福镇，系明末光福镇人徐镜湖之私家花园。徐镜湖故后，花园曾废。至清道光年间，其5世孙徐月波依原样重建。全园以荷池为中心，有月满楼、欣怀亭、延翠轩、丛桂小榭、读书堂、看云处等构筑。嵌于池东长廊的《东崦草堂记》写道："思夫沧浪之亭，乐圃之居，天镜之阁，玉山之堂，其林麓烟云之趣，浩渺幽邃之观，孰为胜绝！而四方人士之来是者，牵拂相招至，以不到为耻。"草堂之胜，于此可知。

民国年间，徐家衰落，将草堂售与苏州画家吴似兰，故此处一度改称"吴家花园"。园景无多变化，依然是一处可居可游的私家园林。童寯《江南园林志》有载："光福之东崦草堂，本明季徐镜湖别业，今归吴氏，称为'华园'。""吴氏"者，吴似兰也。至于"华园"的由来，本书作者认为，园主吴似兰，兄弟四人，皆是画家，以老大吴子深名气最大。他们的本名，老大名华源，老二名华德，老三名华镛，吴似兰本名华鑫。"华"实是他们四兄弟的辈字。所以，园便以"华"字命名了。吴似兰曾在其所撰《葑园消署杂记》中写到有关他这个园子的趣事，亦略见园景一斑。录如下："五年前余购邓尉东崦草堂。园西一隅，得牡丹一丛，时将谷雨，花正怒放，浅紫淡红，风姿嫣然，则玉楼春也。邻老告余：此花凋萎多年，今春忽发芽含苞，如预知屋将易主也。一时亲友传闻，以为佳兆。草木虽属植物，往往对于一国一家，预示兴亡，试阅书史所载极多。亦含有若干神秘意味也。"又有一段关于园中种竹子的记述："余种邓尉东崦草堂月满廊三次不生，虽取竹鞭加意锄植，亦未有效，心窃疑之。嗣有某戚来函告我云：'子之种竹。未得其法，又未知其时也，否则无有栽而不生者。'余乃按其栽法，一试果验，两年内已修修可观。今寒暑数易，春来巨笋怒发，时闻解箨声。"

新中国成立后，园景大致完整，曾为镇政府办公地。后售与上海某私人，园景仍在。现为苏州市文保单位。

曲溪（夏荷园）

曲溪在今吴中区东山马家底安仁里，明朝严公奕筑，本名"夏荷园"，文徵明题额。清朝乾隆年间，严公奕后裔对其重加修葺，西南诸峰之水，经秦家涧，分流而入园，沿溪皆文石，得曲水流觞之意，故名"曲溪"。有嘉树幽岩、荷沼亭榭之胜。此后，园一直为严氏后裔所有。

民国年间，严氏族裔严家炽（字孟繁）又加修葺，将园构为别业，设家祠，溪则摒于园外，辟为橘园。而泉石参差，昔日园景依然可见，有亭榭、荷池、假山、银杏、紫薇等。民国十八年（1929）五月二十二日李根源曾来访，记道："归途至马家底，游夏荷园，友人严孟繁（家炽）别业，又名'曲溪'，厅堂亭阁，布置井井，花木池桥，极具匠心，东山名园也。"

新中国成立之后，曲溪曾先后为军队、机关、民居、校办厂所用，假山等园景有所毁坏，但布局大致尚存，亭榭、荷池和古银杏等还在。

三德堂(明善堂)

今吴中区东山镇的明代民居建筑保留到今天的有好多处。从建筑的角度看,它们都有各自的特点,如殿新村的凝德堂以彩绘著称,明德堂以砖雕著称等。但它们是否能列入本书的园林范畴,则首先要看其是否有园林景观建筑遗存或者在史籍上有所记载;如果有园林景观,则还要看其是否延续到民国时期。根据这样的标准,凝德堂、绍德堂等一些今日已经成为江苏省级文保单位的明代建筑,本书舍弃了。而三德堂(明善堂)等则收录书中。

明善堂在东山镇杨湾上湾村。这是一座建筑艺术极高而又富丽堂皇的民间住宅。始建于明末清初。主人姓章。

民国十一年(1922)为朱姓所有。朱姓大修后,将其易名为“三德堂”。朱姓在此开办过鉴塘小学,此后历民国而至新中国,在60年的时间里,一直用作小学校区,直到1982年学校才搬出。三德堂主体建筑在东部,有花厅、大厅、楼房、备弄等。花园在西部。砖雕也是这一古建筑的重要特点,“麒麟送子”“独占鳌头”“渔樵耕读”“凤穿牡丹”“五福捧寿”“荷花鸳鸯”“鲤鱼跳龙门”等雕刻内容丰富多彩;圆雕、浮雕、浅雕、深雕、镂空雕等技法多样。这些雕刻都是民间艺术的珍品。

依绿园

依绿园在今吴中区东山镇的武山麓,清康熙年间,为隐士吴时雅所构。此园临水面山,高轩广亭,或层峦复岭,或平岗绿畴,景点多多。假山为当时叠山名家张南垣之子张陶安所叠,著名画家王石谷为之绘图。初名“芗畦小筑”,又名“南村草堂”。

民国十八年(1929)五月二十六日李根源曾经过访,记道:“过吴巷,游依绿园,时雅建,又名‘芗畦小筑’,乾学修《一统志》时居东山，尝寓焉，为撰园记。今虽圮废而池桥山石宛然古桃源也。时雅子永颐著《文起堂诗文集》，永臧著《荷戈集》，孙定璋辑《七十二峰足征集》，版片均存依绿园。吴氏子孙云：‘洪杨乱后，园废版散，子孙无力，不能复振。’言下极家世之感，余亦为之唏嘘慨叹焉。”

耐久园

耐久园在今吴中区皋峰山东南麓，为清康熙年间缪彤所筑。新中国成立后，仍有园景。

灵岩山馆

灵岩山馆在灵岩山南西施洞下，为清乾隆年间湖广总督、太仓人毕沅（字秋帆）所筑，占地30亩，耗资40万，甚宏丽。嘉庆间归常熟蒋氏，故又名“蒋园”。咸丰年间，毁于兵燹。

李根源于民国十四年（1925）三月访古西山时，灵岩山馆“瓦砾满山，墙基房址，池桥假山，均可辨认”。这说明，此时之灵岩山馆虽然荒败不可游，但大致面目仍可辨认。直到1953年，刘敦桢到苏州进行园林普查时还拍下叠石山峰的照片，则可证明整个民国期间，灵岩山馆是有园景存在的。

春熙堂

春熙堂在今吴中区西山东蔡村，为清乾隆年间曾在湖南经商的蔡某所建，园名取自《老子》“众人熙熙，如享太牢，如登春台”中的“春熙”二字。清朝末年，被售与秦氏。春熙堂屡有增建，范围最大时除门厅、大厅、门楼、女厅、书屋之外，还有7处三楼三底的住处及四面厅、九曲桥、八角亭等建筑，是一处占地5亩的大宅园。书屋前

民国时期延续下来的春熙堂园景

后都有花园。前花园以黄石假山为主景，栽有黄杨、天竹、枇杷、蜡梅、棕榈等花木。前有矮墙，花窗透空。后花园高墙围护，爬墙虎将花园封闭得严严实实。园中有三宝：一是两米多粗的白皮松；二是百年之物牡丹花；三是湖石假山。山上有三峰：中为老人峰，左右为太狮峰、少狮峰。太狮峰尤为精美，羸瘠骨立，皱、透而漏，是一块3米多高的完整太湖石，堪与留园之冠云峰、原织造府之瑞云峰相媲美。据说也是宋朝花石纲遗物。

延至民国，春熙堂依然完好。

新中国成立后，春熙堂仍存女厅、鸳鸯厅、门楼3幢建筑和白皮松、百年牡丹及前后2座假山等景点。现为苏州市文保单位。

芥舟园

芥舟园在今吴中区西山东蔡村，为清乾隆年间世医秦氏所建，亦称“秦家花园”。园占地仅2分，故名“芥舟”。花园南部以假山为主体，配以天竹、枇杷、罗汉松等花木。假山盘曲错漏，奇峰异洞，苍老古朴，巧布于数尺之间。花园之东，有小池一泓。花园西边，有石垒琴桌，石上刻“洞庭波静泛秋水，楚甸林稀见远山”。花园之北，有屋三间称“微云小筑”。此园小巧精致，为乾嘉年间苏州小型宅第园林的代表作。

延至民国，园仍完好。

新中国成立后，芥舟园依然基本完好，曾为缥缈小学附设幼儿园所在。是苏州市级文保单位。

爱日堂

爱日堂在今吴中区西山西蔡村，约为清嘉庆、道光年间时建，园主是宋高宗的秘书郎蔡源的21世孙蔡光渭，园名截取《幼学琼林》

民国时期延续下来的爱日堂假山石

“冬日之可爱，夏日之可畏”中“爱日”二字而成。东宅西园，有书屋、亭子（旱船）、花廊等建筑。园内以黄石假山为主，假山盘曲，有洞可盘旋至亭中。亭南有水池。花木品类众多，山茶两本，皆开十八色重花瓣，故有“十八学士”美称。花廊乃通往书房的通道，砌齐膝半墙，下有美人靠，可凭栏赏花。

延至民国，爱日堂仍完好。

新中国成立后，为农民倪延林所有，原大厅被拆除，花园尚完整。现为苏州市文保单位。

羡园

羡园在今吴中区木渎镇山塘街王家桥畔。清朝嘉庆、道光年间，钱炎、钱端溪、钱煦三兄弟在相近处分别构建了潜园、端园和息园。三处园林，泉石花木，各呈其妙，一时题咏颇盛。其中端园叠石疏池，多楼台廊庑，有友于书屋（石韫玉题额）、眺农楼、延青阁诸胜。咸丰年间兵火，潜园、息园被毁，唯端园尚存。光绪二十八年（1902）到木渎经商的东山望族严国馨，购得端园，延请香山帮巨匠姚承祖将其重新修葺一新，举家迁入，并将此园改名“羡园”，民间俗称“严家花园”。

严氏有羡园10年之后进入民国。民国五年（1916），严氏举家迁往苏州城里包衙前，羡园基本闲置，因而荒凉。对于民国不同时期羡园的情况，有几位名人或专家有过考察和记录。他们笔下所记虽有不同，但依然能读出它的美来。当时的“羡园”，不失为一方名园。

就在严氏迁往苏州的当年正月，著名学者钱基博和同里退思园建造者的后人任味知慕名一起来游，钱基博记道：“园地不甚大，而构筑颇精，用五色砖砌地成花，蹊径曲折可念。循途入，亭台楼阁，靡所不有……其中尤胜者曰‘环山草堂’，面堂堆假山，中有一石植立，作斧形，颇奇，殆所谓石之透瘦者耶？下堂，循阶折而左，拾级登望山亭，亭倚园墙，味之乃攀危登高，指示天平、灵岩诸山，历历自北而西南，迤环墙外，如拱如瓶，此环山草堂之所为名也。”

民国十五年(1926)，李根源在《吴郡西山访古记》中则写道：“乏人经纪，渐榛芜，殊可惜也。”

著名建筑学家梁思成在其所著《中国建筑史》中有一段关于民国二十五年(1936)九月他和夫人、同样是建筑学家的林徽因及刘敦桢联袂来苏州考察园林时踏勘羡园的记载，写道：“今京沪铁路沿线各县，名园甚多，如苏州怡园、拙政园、狮子林、汪园、羡园等，皆其名例……木渎镇严氏羡园，面积颇广，区划院宇。轩厅结构，廊庑配列。以至门窗栏槛，新意层出，不落常套；而其后部小池，上跨石梁，仅高出水面数寸，池周湖石错布，修木灌丛，深浅相映，尤为幽绝。”刘敦桢对羡园的描述与梁思成大致相同，稍不同者，如“院宇区划，稍嫌琐碎”，指出池“作之字形”，并赞美其“人为之美，清幽之趣，并行而不悖，而严氏此园，又其翘楚也”。

全面抗日战争前夕，童寯也曾专门考察过羡园。他在《江南园林志》中写道：“木渎居灵岩、香溪之间，山川明媚。灵岩之西在明有王氏秀野园，后归韩氏，改成乐饥。毕沅灵岩山馆，嘉庆时归蒋氏，沅又得徐氏水木明瑟园。他若耐久园、怡园，皆木渎胜迹。而或荒或废，随他园以俱尽。今仅严氏羡园，劫后独存。”又说：“木渎羡园之危庭敞牖，玩灵岩于咫尺。”“今友于书屋及延青阁等处，皆端园旧胜。北临田野，登楼凭窗，远瞩天平，近望灵岩，极游目骋怀之致。园内布置，疏密曲折，高下得宜。木渎本多良工，虽处山林，而斯园结构之精，不让城市。惟失修已久，日就败颓。”

《传统文化研究》主编、长期在苏州五中任语文教师的陆承曜(1927年生)老师在全面抗日战争前曾随家长赁居在严园(羡园)，她写过一篇《严园忆往》，回忆了她当年所见的羡园，颇生动，摘引如下：

看守花园门的是严家请的同乡东山人金婆婆。金婆婆看守园门很负责任，若真有“闲杂人等”要进花园，那她也颇有“一夫当关，万夫莫敌”之勇。但对我们这些住在花园前落的孩子们却是例外，只要说声“金婆婆，我们要进去”，她就笑眯眯地放进。……对于一些国内外的游客，只要通过请商，也还是开门揖客的。

我依稀记得园门并不太宽阔，但一进园门，通过一条曲廊，就感到豁然开朗。首先是荷花厅对面荷花池，给人一种开阔的气概。荷花厅大概可分两个部分，前一部分是露天的，用长方的石板砌的，周围围以曲石栏，欹坐在曲栏上，可以观赏出淤泥而不染的荷花荷叶。……荷花厅的后一部分，事实上是正厅，屋轩高敞，地铺见方的青砖，中间有一张大方桌，四面各有一张背靠椅。……踏着鹅卵石砌成的小径，绕道荷花池对面，这里有湖石垒成的假山群，乍看起来也是怪石嶙峋，其中有山洞可以穿越……假山的周围有一撮撮状如菖蒲但又较短而狭的草丛，其中，间以春天的紫蝴蝶花，夏天白鹤花、紫薇、月季，虽是普通花卉，但也点缀了严园之春。四季桃李耀眼，紫藤、玉兰成荫，又有古柏参天。……园中遍植梅花，楹联匾额却无一“梅”字……

再深入，又有一厅，隐约记得叫楠木厅，厅中有一木屏风……

眺农楼高出围墙，依假山而筑，通过爬山廊就可以登楼眺望。据说这是全园的主楼，楼上有“眺农楼”匾额。推开一排木窗，楼外广袤的天地尽收眼底，似乎楼内楼外融成一片。尤其是在春天，那橙黄的油菜花，暗红的紫云英，明亮的箭泾河（吴宫遗迹），还有那青山（灵岩山）古刹，奇峰怪石，环抱着那隽永典雅的私家花园——严园。……严园的特色就在这里：青山为墙，绿水环绕，农田、家园相依，天然、人工互补。这是苏州城市园林所少有的。

除此之外，在树石掩映中还有一起错落有致的亭阁：友于书屋、延青阁、知鱼轩、宜两亭等等。

严园分东西两园，荷花厅居中，眺农楼在东，桂花厅在西。桂花厅面积并不大，但它却坐落在桂树丛中，每当深秋，桂香浓郁，令人陶醉。厅前还有一条窄窄的小溪，上有石板小桥贴水，显得非常精致。约在1936—1937年间，严园曾在木渎镇的筹划下开放了一次夜花园，树上都缀满了电灯，一时灯光灿烂，火树银花，为园景增色不少。

抗战开始，我们全家寓居上海。约在40年代初，苏渎亲友来访问我家，都怀着惋惜的心情告诉我们“严园给严家后裔折卖了”……

日军侵华期间，羡园遭破坏。尤玄父《新苏州导游》记曰：“园以石假山著名，惜荒芜已久，日见颓圮。入门须给老妪开锁钱，至多两角。”

羡园已于20世纪90年代重新修复，对外开放。现为苏州市文保单位。

附：钱仲联《羡园碑记》

世称桂林山水甲天下，而吴会则以园林甲天下名。吴会园林萃于今之旧城区及附郭，其在乡镇则以木渎一镇园林为之甲。谈园林者不可不知吴会，亦不可不知木渎，否则乃目拘一隅未能圆照者焉。木渎古镇位郡城西郊，胜迹夥颐，夙有园林之镇之称。明清时是镇私家园林达二十余，遂初园、羡园俱江南之名园也。羡园位镇之山塘街王家桥畔，因园主严姓而有严家花园之号。曼殊朝乾隆时为诗人沈归愚寓居。道光时沈氏后裔售园与木渎诗人钱端溪，名之曰端园。镇名士冯桂芬、叶昌炽先后寓此。光绪二十八年端园易主于镇人严国馨。严氏世操陶朱公术，致巨富。国馨得此园后，鸠良工重葺。钦慕前代贤哲易园名为羡园，自号羡园主人。后经虾夷入寇，园被殃及。己卯岁初乃进行修复。重修之后面南，中间为住宅，三面为园。有友于书屋、延青阁、澉亭、锦荫山房，疏密曲折、高下得所。按季节种植各类花木，古玉兰、荷、桂、梅，四时各擅厥胜。骚客雅士可以于此枕流漱石，遥挹灵岩之秀，近吸香溪之芬。较之板荡凄凉之岁，烟峦如赭、流水如焚者，风物顿殊，不能不令人兴沧海桑田之感矣。

庚辰秋虞山九十三老人钱仲联撰书

绿阶山庄

绿阶山庄在东山陆巷，是粹和堂的后花园，为道光年间在广西经营金矿的叶是京所筑。整个山庄建在约50米高的小山岗上，分为两部分：山上花园面积30多亩，以自然景观见长，上山300多步石阶，两侧果树花木掩映、绿荫蔽日，乃“绿阶”之名所由来。从粹和堂后门出，即进入山庄，园门匾额“绿阶山庄”，为清末状元、苏州人陆润庠所题。左右各为12级青石阶，俗称“内拾阶”和“外拾阶”。园东偏的湖石假山长达百米，半山有2米长的石船，旁题“舟居无水”，为清代名士书麟所书。再上有亭名“一枝香庐”，取李白“日照香炉生紫烟”句意。在此北望太湖，群岛如笠；南望寒山，紫雾飘绕，风景极佳。山下为楼堂居所和花房等实用建筑。棋乐仙馆是绿阶山庄建筑的精华，规模不大，但极精致，砖雕门楼有三层透雕，雕“千里走单骑”“三英战吕布”等几十幅《三国》故事，为东山古建筑所仅见。2002年经修复，作为景点已经对游人开放。

民国时，园景依然。民国十八年（1929）五月二十日，李根源偕同从兄李希白、门人张智斋、角直郑梨村到陆巷访古，记道：“游叶氏‘绿阶山庄’，依山结构，石磴纡曲，坐‘一枝香庐’，湖气岚光，荡漾帘幕间。阶下，槜李方熟，凌霄正作花，主人叶藩轩君（字锡蕃），以甓储之琵琶一盘见饷，尽量啖之，芳香可口。余曰：“‘一枝香庐’当易名‘一盘香庐’，相与解颐。”

新中国成立后，绿阶山庄仍存绮霞仙馆、一枝香庐、内拾阶、外拾阶等景观。现为苏州市文保单位。绮霞仙馆2002年经修复，作为景点已经对游人开放。

熙余草堂

熙余草堂在今相城区黄埭镇西市，清道光三十年（1850）为乡绅朱福熙所建。面积约100多平方米，三间房廊，另有厢房等。厅正中梁上悬匾额一方，题为“熙余草堂”，为民国年间书法家余觉所题。厅前院中，左边植白玉兰一本，高过屋檐；右边有枇杷一株，绿叶扶疏。左边花厅，富丽堂皇，靠北长廊有葡萄架遮阴。这是一处古式厅堂，园景较为简素，但建筑价值较高。

民国年间园景依然。

至1949年新中国成立之后，一直保存较为完好。现为苏州市文保单位。

韡园

韡园在今吴中区光福镇马驾山，又名“泛香居”“西崦草堂”，始为里人陈玉庭筑以娱亲。同治年间归中丞潘霨，易名“韡园”，此园亭轩池馆，别有幽韵，彭玉麟为画梅壁上，纵横两丈许。民国十五年（1926）农历三月初四，李根源访古到此，记道：“游潘氏韡园，园旧为陈氏泛香居，伟如中丞得之，易今名。亭台池馆具有结构，已失修理。寻彭刚直画壁梅花，妄人涂抹数处，恨事也。”从这段记载可以看出，此时之韡园，尚有规模，只是残败而已。

裕德堂

裕德堂在今东山镇，建于晚清，花厅保留至今。本来的园林景观在前后天井处，叠有湖石假山，植以花木。民国距晚清时间不长，园景应在。

现为苏州市文保单位。

师俭堂

师俭堂在今吴中区东山镇三山岛，始建于清乾隆六十年（1795）。东西两路，规模较大。前后都有花园。迄今尚有楼厅、花厅、圆堂、老屋等构筑。

现为苏州市文保单位。

吴江县（今吴江区）

复古桃源

复古桃源在吴江震泽，始为南宋末年礼部侍郎杨绍云家园。历元明清，代有易主和修复，始终盛景灿然。至清朝，开始荒芜。

至民国，残景仍存，且为“震泽八景”之一。

万玉清秋轩

万玉清秋轩在同里今退思广场之西近处，始为元朝时江南财富司副使宁昌言所构，楼、台、亭、馆、斋、坞、圃、谷、冈、坡、沼、池，一应具有。清末被太平军占用，后则基本败废。民国年间，此地曾设团练公所，其偏北一隅尚存假山石些许，残留当年余韵。

留耕堂

留耕堂在同里今富观街南旗杆，现在是留耕堂、师俭堂、敦厚堂的合称。其中，师俭堂系在明代遗老堂遗址上翻建而成，其余两处都建于清朝康熙年间。因这三处宅居都是一弄之隔，世称“王家三弄”。留耕堂的始建主人名王文沂。其后裔王绍鏊（1888—1970，字恪成）是现代历史上杰出的社会政治活动家，曾任中国民主促进会中央副主席。他即出生、居住、求学于此。

民国年间，王氏之留耕堂保存完好，产权为王绍鏊所有。花园在房屋的西部，世称“王家花园”。

此园现为同里历史文物陈列馆所用，而花园已经不存。现在，师俭堂是全国重点文保单位，留耕堂是苏州市文保单位。

谐赏园

谐赏园在吴江松陵西北隅，始建于明朝隆庆年间，主人是曾任福建提学副使的戏曲家、书画家顾大典。园有台池馆榭，但无伟丽之观、雕饰之美，唯以木石为特色。叠石不露痕迹，树木皆百年之物。当年此园甲于吴江。园毁于清咸丰兵火，后又重修。至民国，园仍在，池若规月，周缀亭台，有梅数百株，绿萼红霞，疏影横斜，别有清幽之趣。为文人雅士乐游之地。

耕乐堂

耕乐堂在今吴江区同里镇，为明代处士朱祥所建。占地6亩有奇，初建时有五进52间，曾任南京国子监学政的里人莫旦为写园记。耕乐堂是传统的前宅后园格局，有楼、有园、有斋、有堂、有榭、有厅、有阁、有亭、有廊，题识有耕乐小筑、五鹤祥云、竹苞松茂、耕读人家、乐善家风等。花园以水池为中心，池上有三曲桥，池周假山高低参差。鸳鸯厅南别有庭院，园中假山错落，花木扶疏，三友亭飞檐翘角。过月洞门，东壁有黄石假山。园中花木，以一棵白皮松最为有名，树皮斑驳，虬枝苍劲。另有碑廊，嵌文徵明、唐寅等名家书法刻石。这是一处颇具规模的私家花园。

历史延续，代有修建。至民国，耕乐堂园林风貌仍旧。

新中国成立后，此园曾用作吴江县的社会福利院，而园林格局未有大的变化。1998年人民政府进行了修复，对游人开放。现为全国重点文保单位。

西宅别业

此园在吴江区同里东柳圩（又称顾家弄），西连崇本堂。明万历初湖广靖州府江陵县儒学训导顾文言始建。以后历代多数房屋为顾氏后裔三个支系分别居住。其后花园名为“愚园”，习称“顾家花园”。该园精巧玲珑，井然有致，有罗汉松、桂花树、广玉兰等各种花木，还有假山、水池、三曲桥、亭、轩等景观。花园墙上爬满古藤。

民国之际，花园尚有规模，20世纪60年代，被街道居民辟为菜地。“文革”期间，名树古木悉被砍伐，水池损没，亭轩拆毁。从此花园无存。但从总体格局来看，至今西宅别业保存较好，尚留明清之际同里深宅大院余韵。

康庄

康庄在吴江震泽西南隅匡字圩，始建于明朝万历年间，为进士、曾任扬州知府的吴秀所建。施守官《吴大夫园记》写道：“弁巇而为山，引具区以作池。高楼望远，则百里萃于目中；华馆临深，则千顷

摄于1929年的康庄景观

同于几下。石梁婉娈以跨堤，屏障逶迤以夹路。又有长梧苍翠，修竹团圞，珍果累实，嘉木荫檐，其他奇葩殊卉，异形怪石，耀乎灿烂，言之所不能殚。”至清康熙年间，吴秀6世孙吴维翰又重修。

延至民国，园景仍在，是当时“震泽八景”之一。

端本园

端本园在今吴江区黎里镇，为清乾隆年间黎里望族陈鹤鸣所建，同治年间重修。

民国年间的园貌不见详细记载，但新中国成立之后依然有双桂楼、六角亭和部分回廊、假山等园景存在，是当时吴江县的文保单位。可知民国期间此地应是一处仍有园林景观的私家园林。

现已修葺一新，虽然不大，但林泉悠然，别有洞天，假山、荷池、亭、榭、楼、轩、曲廊、花木，一应俱全。

现为苏州市文保单位。

共怡园

共怡园在今吴江区松陵镇，为清朝乾隆年间知县龙铎所建。

延至民国，此园仍在。童寯《江南园林志》：“吴江城隍庙东有共怡园……可作半日之徜徉，一时之凭吊也。”可知园景有可观者。《吴江老照片》云：“园内湖石重叠，绿树成荫，亭榭三五，错落布置，客于其中，怡然自得。”

说起此园，本书作者尚有一记：当年龙铎造园，假山石来自平望镇小九华寺。小九华寺乃元末明初所建，神庙焕然，寺旁有园，湖石林立。可是有探丸胠箧之徒，每于行窃之前，必来此庙祷告，祈神保佑。于是龙铎下令，拆庙毁像，而用巨舰将假山石运至松陵，叠石为山，建造共怡园。历史沧桑，此后共怡园渐毁，而假山一直存在。直

1937年前之园景

到20世纪90年代，此假山仍在吴江县广播电视局院内。本书作者当时在苏州市原广电局任副局长，因对假山来历有所了解，每到吴江广电局公干，必登假山一游。假山堆叠技巧虽然算不上上乘，但洞壑幽然，磴道盘曲，亦可尽一时游兴。山顶一峰，顽拙古朴，威武欲搏，尤可观赏。

后来，原吴江广电局易地重建，假山被拆，山石悉被吴江庞山湖处正在建造的静思园园主陈金根先生运去，零散地点缀在池塘岸边。适本书作者被静思园主人聘为顾问，每至静思园，必建议园主将山石汇集，依原样恢复共怡园假山，为静思园移建一处历史文物景观，给游客留下历史回忆。因为依照我国文物保护条例，文物不可重建，但可移建。可是园主并未重视，迄今这些600多年前的假山石依旧一块一块孤单地躺在池塘四周。中有奇石一方，巍然立于天香书屋之北水岸，本书作者每感似曾相识，但未遑多想。不料此石照片却赫然影印在园林专家童寯写于全面抗日战争之前的《江南园林志》上，此即原来共怡园假山上之石峰也。童寯慧眼识珠。600年沉埋，一朝被识，乃此石之幸，亦园林佳话。此石值得静思园好好养护。

笏园

笏园在同里稆字圩章家浜北岸，为清乾隆年间金松岑的祖上南澳同知金廷烈所建，面浜向南，门楣悬挂“大夫第”三字匾额。金松岑出生于此。花园在西墙门后宅，名“笏园”。玲珑雅致，清丽绝俗。民国元年（1912）金松岑迁往苏州之后，曾把笏园之山石运至新居。但是按照其祖父的遗嘱：“以此园三分之一割赠弟颂周。”因此此园并未完全拆除，而是二分之一还留在了同里，由金颂周居住，并且“付钥于余弟颂周”。而金松岑念念不忘的是由祖父栽植而他幼年经常浇水培养的一棵刺柏。这棵刺柏恰恰种在金颂周的楼角，所以他一直担心此树会被砍以供薪爨。同里笏园迄今犹珍藏有黄杨树匾额一方，雕刻“抱经西舍”四字，匾右角题“壬寅夏月”，左角二行题“慕潮贤侄佳雅鉴”和“荔龠钱庆辰”。20世纪50年代，大夫第曾被辟为农业中学、同里中学师生生活区。1964年吴江石棉社（今江苏爱富希新型建材股份有限公司的前身）在此创办并扩建厂房，后分多次把旧有宅第悉数拆毁改造。大夫第现无遗迹。

附：金松岑《笏园记》

辟地于所居之北垣而屋之，面圃焉，累石之巉且窍者以为峦，其不中程者，环筑四坞，骈植绯桃、白桃、海棠、紫荆、瑞香、枇杷、石榴、橙橘、西湖柳、蔷薇之族，而梅之号铁骨红者，十有六本，皆先大父手泽也。先大夫为乡之祭酒，晚欲得稍休憩，乃构斯园而未命名。余方佩觿为童子，大父抚顶而诏之，命择榜之宜。余谨对曰：“相园之度，广不足而修有余，北侈而南稍敛焉，如笏，象物以名之，其可乎？”大父喜，遂笏其园。先大母爱此园也，杂艺卉蔬无隙地，惟吾母好操作，非大母诏之往，不涉迹一窥。余少勤于渎，时先生之出，挟书持粢饵，就读花下，日昳尽一册。垣以外，邻之农溉田八亩，启关十步，乃得渠焉，西有桥曰张史。方春，薹菜舒葩，裙屐士女，讴吟交于陌；入夏，稚秧戟戟冒塍，蛙黾噪讙。余抛书卧磐石，听田间叱犊声或桔槔声以为乐。然大父卒劳于乡政，花时置酒，频岁乃一举。岁甲午，大母殂。己亥，大父弃养。余赓理乡政，无暇晷以修花事。橙榴剧长，播荫夺其邻，海棠以是不花，桃伤于蠹，渖液出节外，一夕风起仆墙脚，而牡丹、芍药俱憔悴死，惟蜀葵、牵牛怒生不可芟。门管生锈，童婢间往窃花，以餉邻好，余亦不呵也。辛亥秋，大雨，水淫于陆，谷不有成，乡农劫米于市，因残余家。余奉母来侨于苏，付钥于余弟颂周。是笏园者，其为烟榛霜蔓之墟，狐虺之与宅，而鹳雀之与遨，皆不复计之矣。念此诸花，为大父母所栽种，余不能敬恭培护，复舍先人故庐，使后世子孙，崇褥而雕其质，虽门业未坠，而心之疚者已无穷。先是余入学之年，里人餉刺柏于大父，高尺有五寸，余常灌溉之，园成而柏长，乃脱盎置之地，今亭亭出屋表，数里外望见黛色。大父遗命，以此园三之一割赠弟颂周。此柏值弟之楼角，异日拓地为房宇，其斧之以供薪爨，抑庭而贮之，皆不可知也。人生斯世特寄耳，虽缮性种德，犹不能保子孙之必肖，矧花石之供抚哉？癸丑中春，端居念先人之德，枨触为之记，亦不镵诸石也。

秦东园园居

此园在今吴江区平望镇河西街44号，系秦东园（1885—1953，吴江著名中医）的祖居，建于清道光二十七年（1847）。此园至今尚存三进两园。第一、二进为平屋，第三进为楼房。前后有花园，前园较小，后园约450平方米，有民国遗存至今的名贵花木，仅百年以上的黄杨、木樨就有10株。

此园现为苏州市文保单位。

师俭堂

师俭堂位于今吴江区震泽镇宝塔街上，为官至礼部侍郎的徐

遗存至今的秦东园园居古井

师俭堂半亭民国旧照

寅阶于同治三年（1864）所建。徐氏乃震泽镇上的首富，人称“徐半镇”。其家世代做米业、丝绸和房地产生意。俗谚说“辑雅堂的房子，周坊元的儿子，徐寅阶的银子”，足见其富有。“师俭”二字出自《史记·萧相国传》：“后世贤，师吾俭。不贤，毋为世家所夺。”此园坐北朝南，占地4.5亩，面阔五间，六进，高墙深宅。它集河埠、行栈、商铺、街道、厅堂、内宅、花园、下房于一体，街中建宅，宅内含街，别具一格。宅内有园名“锄经园”。

延至民国，师俭堂仍在。此园布局独特：地势从第一进到第六进缓缓抬升，前后高差45厘米，6堵马头墙也一堵高于一堵。第一进沿河，是米行。第二进是面街的商铺，二、三进之间，有东西两侧的豁圈门沟通，豁圈门下就是常年行人的宝塔街，把街道和住宅融合在一起。二、三进门楼的门楣雕刻精美，月梁雕刻着“孔明迎主”“状元及第”等，刀工精细。第四进是正厅，高大轩敞，是师俭堂的精华所在。门窗、梁柱都饰以透雕、浮雕的山水、花卉、人物，精细生动。第五、六进皆为楼房，是师俭堂的内室，内眷起居的空间，外人不得擅入。三进至六进各有天井隔开，门楼上分别镶嵌着“世德作求”“恭俭维德”“慎修思永”的家训。雕刻是师俭堂建筑的一大景观。砖雕、木雕、漆雕，花鸟人物、神仙走兽、山水烟云，都精雅别致、细腻生动。四面厅的长窗、短窗，全是细花透雕，精美绝伦。最奇特的是厅顶的藻井，四周下垂四只木雕花篮，玲珑嵌空，令人叹为观止。

锄经园在东侧，占地约7分。“锄经”典出《汉书》“带经而锄”，是耕读人家的写照。此园依势布局，小巧玲珑，亭台楼阁、回廊假山、花卉树木，一应俱全，其亮点是西墙的半亭，嵌在一面高大的山墙上，亭下以玲珑的湖石假山支撑，其山石花木，垒栽得当，藤蔓交缠，青苔屐痕，悠然有古意。东为沿壁回廊，高低起伏，错落有致，和四面厅相连接。

新中国成立之后，师俭堂虽然住进了许多人家，面目被破坏，但基本规模结构还在，花园也在。1982年，师俭堂被列为吴江县文保单位，1995年升格为江苏省文保单位，2006年被列为全国重点文物保护单位。

环翠山庄（严家花园）

环翠山庄在今吴江区同里镇西初圩，大燕港畔三元街13号，名“宗经堂”，东园西宅格局，占地5亩。为画家严友兰所始建，被称为“严家花园”。严友兰善画花卉，尤擅画墨梅、墨兰，其画室周围遍植梅树，室中悬“梅坞”匾额。

此园布局别致，以荷花池为中心。荷池上有两座小桥，一为曲桥，一为独木桥。独木桥尤为精美，人谓“小桥极则”。池周有假山、八角亭、船厅、旱船、梅花馆、观梅台、花厅、曲桥等建筑，并广植翠竹、桂花、山茶、竹桃、黄杨、冬青、石榴等花木，故名“环翠山庄”。

民国时期，园景依旧，为严友兰之子严三和与严友兰侄孙严宝仁所有，小部分出租给居民居住。严宝仁的祖父和严友兰为同胞兄弟。

著名爱国人士、《文汇报》创始人严宝礼（1900—1960）乃严友兰裔孙，幼时亦曾在此生活。

严家花园曾经为主管江震盐业的“盐公堂”主人柴安圃的后人赁租。据出生于此并在此园中生活过的柴庆翔在《同里情缘》中回忆，民国二十年（1931）时的严家花园虽然没有柴氏在苏州的宅园柴园那么大，但是：“它开阔、疏雅，没有深宅庭院的那种局促感。但它的布局与退思园一样以水为主，一泓碧水南北对筑水榭，周遭长廊起伏，朱栏石桥临波水面，潺潺流水循石筑桥洞引入后园。一扇小扉通达后园：一大片青翠竹林，老树虬枝，霹雳卧墙，黄昏时分成群的小鸟归栖竹林，一轮新月冉冉升空，那种夜色之美特别令人难忘。”

抗日战争期间，严家花园主要为严家人自住。其中有一位孤老太太，有八女一子。其子名严云鹏，后毕业于东吴大学生物系，曾在苏州桃坞中学教过十几年书。当此民族危难之际，严家族人忠奸分明，严宝礼在上海创办了抗日爱国的《文汇报》，积极宣传抗日救国。为此，他曾遭日伪当局逮捕。其兄则在家乡做了伪维持会会长，当了汉奸，抗战胜利后，被当时的国民政府镇压。

新中国成立后，环翠山庄房屋大部分被出租，1970年房改时被没收。1980年部分房屋仍被归还严家后人。而1978年起，此处开办眼镜厂，有较大改变。直到2003年，仍有古树、池塘、小桥、四面厅等园景遗存，但有些并非当年原物。近年，此园已经得到修复。

退思园

退思园在今之吴江区同里古镇，是全国重点文保单位，于2000年被列入《世界遗产名录》。

清光绪十一年（1885），任兰生（1837—1888）建园。任氏去世后，儿子尚小，由任夫人主持家政。1900年，她在家里办了私塾，请当地名人陈去病担任塾师。陈去病在这里一边教书，一边思考着国家大事。当时园内的退思草堂是一年级教室，桂花厅为五、六年级教室，二、三、四年级教室是新建的，琴房做音乐室，内宅南侧还建造了操场。师生的宿舍就设在坐春望月楼里，后来的师范班开在岁寒居。任家长子早逝，次子任传薪（1887—1962）为第二代主人。任传薪在母亲的支持下，1906年以退思园为校舍，创办私立丽则女学。

1911年任传薪购得刘氏地基，建设新校舍，直到1916年丽则女学才完全搬出退思园。再后任传薪到上海圣约翰大学教书，举家迁沪，退思园长期处于半封闭闲置状态，便逐渐衰落。

至新中国成立时，退思园已残毁不堪了。它有今日之面貌，全赖20世纪80年代后人民政府的着力修复。

常熟县（选录9处）

红豆山庄

红豆山庄在常熟白茆，始建于宋末元初，名“芙蓉庄”。明宣德年间为顾氏别业，嘉靖年间，顾氏后人先在庄中种植碧梧树，又从海南移植红豆树，山庄乃改名“碧梧红豆庄”。明朝末年，顾氏外孙钱谦益与其妾柳如是移居于此，朝夕流连于红豆树下。树中一大者可合抱，数十年一花。钱谦益80大寿时，恰值红豆树花发，钱氏广请名流，诗酒相庆，传为文坛佳话。时人遂将园名易为“红豆山庄”。从此，红豆山庄闻名遐迩。红豆山庄的主要景点就是红豆树，同时庄内也有水池、曲桥、竹榭、花木等景观。后来，红豆山庄逐渐圮废，归到徐姓村农手中，徐姓又转卖给富户某氏。尽管山庄不断易主，但红豆树一直生生不息，因此也就一直有游人前来游览观赏。民国之际也是如此。

中华人民共和国成立之后，红豆树归公，并砌围墙保护。本书作者1991年曾往考察，并有一绝记之：

斗转星移三百年，尚留红豆认前贤。
芙蓉香去诗魂在，明月清风两渺然。

宁静莲社

宁静莲社在今常熟市城西九万圩，其基础是明朝万历年间监察御史钱岱所筑的小辋川。小辋川绝类唐代诗人王维的辋川别业，景点诸多，悉颜以辋川别业诸胜之名，称胜当时。此后，沧桑变化，园渐衰落。清朝末年，小辋川分别为两姓所有。一是，嘉庆年间吴峻基在其一部构水壶园，又称水吾园、吴园。同光年间归常州赵烈文，易名“静园”，俗称“赵吾园”。再是，光绪七年（1881）刑部郎中曾之撰在另一部构园，直至光绪二十年（1894）建成，名“虚廓园”，全称“虚廓村居”，简称“曾园”。

延至民国，赵吾园归常州盛宣怀，更名“宁静莲社”，俗称“赵园”。园门东向，全园以水景取胜。景点皆环池而构，参差错落，布

1930年，宁静莲社之九曲石桥

1930年，宁静莲社园景

置得宜。有能静居，南向，是一座三进院落。西行贯长廊，名“先春”。廊中有榭北向，设石制几案，又西侧北面有经堂五间，直面长廊，名“殿春”。折而西北，依围墙而筑，中有八角及方形台榭各一，墙外老柳盈堤，偃卧波上。廊北端有桥名“柳风”，城内之水自柳风桥入，名“静溪”。溪北有天放楼，为当年赵烈文藏书处。溪南小假山矗立，暗岚挺秀，掩映波光。山西麓有石梁与柳风桥通。山南有九曲黄石板桥横跨水面，中设石台，缭以石径。南达名“似舫”的石船，舫后有柳数株，名“舫栖浪”。涧溪曲折如篆，旁有湖石假山一座，挺拔隽秀，玲珑剔透。折而东有黄石假山，平岗小坡，上有亭，名“梅泉”。还有桧柏三株，虬枝参天，盘根嵌石，乃钱岱小辋川遗物。

新中国成立之后，宁静莲社（赵园）和曾园都曾为常熟师范学校所使用。

虚廓园（曾园）

虚廓园（曾园）在今常熟市城西九万圩，其基础也是明朝万历年间监察御史钱岱所筑的小辋川。

虚廓园（曾园）自光绪年间建成至民国一直为曾氏后人所居。全园以水池为中心，池中有大岛小岛，岛上筑台，台上有阁。岛屿之间有蜿蜒的九曲石桥。岛后有一桥亭，一长堤东西横亘，将池水分为两池。池东为假山，巉岩洞深，古树参天。池西桑畦梅陌，一派田园风光。池东池西，一奥一旷，相对成趣。池西南是回廊间隔成的院落，东半部是园中园，中有溪桥亭台、楼阁廊榭，琅玕千竿，重门复户，掩映生趣。虚廓园楼台桥廊甚多，题名亦美，如妙有、映雪、邀月、啸台、翠虬洞、小有天、寿尔康室、娱晖草堂、雪北香南、归耕课庐等。1930年，曾之撰之子、《孽海花》的作者曾朴（1872—1935）结束了他在上海《真善美》杂志的编辑生涯，自沪返回常熟家园，和夫人俞氏及母

1930年的虚廓园园景

亲、妹妹同住园中。次年建成朴庐。曾园中的荷花厅是曾朴写作、游憩的主要场所。据张鸿在《续孽海花》楔子里说，他和曾朴弱冠时即常交往，“吟余醉后，碎玉零玑，文璧绮窗”，园内厅堂中留下他们的字画手迹不下百余幅。也就是在曾园，曾朴委托张鸿续写《孽海花》。

朴庐完全按照上海常见的公馆洋房的样式建造，红砖墙，石库门，进门小天井，五开间两层楼，两侧为厢房。但门窗、梁柱都比较简朴，并非雕梁画栋。园中池塘的西北部有一船舫形轩室，池西南有座梅花厅，厅与室之间沿着池岸有长廊贯通南北。长廊背面，北半也是朴庐，南半边是新辟的花园。花园也很西式，在一块方方的水泥地上，摆放着图案形状不同的各式花坛，石库门两侧各有一棵低而圆的构骨树，中间是一个圆形的大花坛，种着各种月季花。这些月季都是西方名品，当时连外国人在上海建造的几处公园也没有这样的品种。最南一排有两座床式花窖，上盖玻璃顶棚，里面种的都是紫罗兰等西洋花草。两侧高高的白色花架上柔条垂披，也都是西洋花木。这些花木都是曾朴次子曾耀仲医生直接从巴黎邮购而来的。曾朴本人对这个花园特别钟情，经常亲自莳花弄草，悠游园中。1935年，曾朴病逝于园中，苏、沪、京各界前来吊唁者不绝于途，各大报纸争相报道，虚廓园之名益加显扬。曾朴死后一年多，全面抗日战争爆发，曾家第三代云散四方，曾园缺乏管理，不肖者又倒卖其中设施，园即逐渐败落。童寯《江南园林志》对虚廓园（曾园）有所记载和批评：“今已有西式住宅夹杂其间，一部并改为茶肆矣。”“幽邃不足，盖亦地广而池宽也。”

说到曾园曾“一部并改为茶肆”，这件事应该始于1934年。据1934年5月19日《电报商情午刊》的新闻报道，原来曾园在1933年夏天即对外开放，为邑中增加了一个新的景点，并且为了限制游客人数，要购买门票，票价百文。秋冬雨后，游人稀少，门票停售。1934年春夏之交，百花盛开，游人又开始增加，于是主人即雇工大肆修葺原有亭台，并在后园之前新建四面厅，题名为“常有华观”，一并拓为游客沦茗休憩之所，还备有点心。门票改为每张6枚铜元。

新中国成立之后，曾园曾为常熟师范学校所使用。现已恢复园林功能，经修复对外开放。

曾园现为江苏省文物保护单位。

北宅园

北宅园在今常熟市唐市镇北新街，此园原系明代处士王维宁所辟，名“松梅小圃”。当时有假山、池塘、亭榭、回廊、梅林、竹园等，是一处颇有特色的乡间小园林。清乾隆年间归黄廷煜所有，增建亭台，易名为“北宅园”，盛极一时。清代著名画家吴历曾为之绘图。黄氏死后，园渐荒芜。后归程氏，经修葺，复成规模。而咸丰之际毁于兵火。

民国初年，程氏将园卖给了龚维才。龚氏得后重建，叠假山，凿荷池，建曲廊、亭台石桥，于小径两侧植牡丹数十株。此园树木阴翳，理水得当，引外河之水贯入，有小园门，可通舟楫。后则逐渐衰败。

20世纪80年代，政府对此园重加修葺，将其更名为飘香园。此园现为唐市文化中心所用。

燕园

燕园在常熟城内辛峰巷，清乾隆年间，为台湾知府蒋元枢所建，初名“蒋园”。此园占地不多，然构筑奇巧，曲折有致，以小取胜，显示了“园虽小而不觉其小”的艺术效果。园中假山为常州叠山名家戈裕良所叠，东南隅一座用湖石，西北隅一座用黄石。黄石假山尤胜。此山名“燕谷”，有洞壑幽谷，山上植名树珍木，极富自然之趣。园亦因此而名“燕园”。戈裕良一生所叠假山大约10多处，燕谷和苏州城区之环秀山庄为至今仅存者，弥足珍贵。道光年间，园属归氏。后归氏又将园售出。光绪三十四年（1908），曾任驻日本和朝鲜领事的张鸿（别署张隐南，1867—1941）购得燕园，故此园又名“张园”。民国五年（1916），张鸿辞官归里，此后居此园20年之久，并在燕谷假山上手植了从日本带回来的五针松一株。他还在燕园内创设孤儿院和刺绣女校。张鸿曾在曾朴临终前受托续写《孽海花》。曾朴于1934年病逝，张鸿即于1935年70岁时动笔续写，“燕园”内的亭台楼阁都是他构思谋篇、日夜笔耕的好场所。历时2年，《续孽海花》于1937年完成，共60回，乃为近代政治历史小说中不可多得的佳构，与曾朴之《孽海花》可以说是姊妹篇。书出版之后，“燕园”之名益振。此亦为民国年间燕园的一段佳话。

民国时期的“燕园”黄石假山

童寯亲至燕园时，张鸿“亲为向导，述园之历史”，并告诉童寯，归氏售园时“尽撤其中题咏匾联，携之俱去，至今园中乃不存一字”。童氏《江南园林志》记载：“燕园有戈裕良所叠假山，尚完整。”又批评其无匾联，谓：“园林无题咏者绝少，独扬州何园、常熟燕园，不见只字，游者顿觉有所失。”

1937年，日军占领常熟，张鸿避难桂林，又辗转赴香港，1938年定居上海，直到1941年去世。其间，燕园只有看门人看护，图书、古玩、家具被抢劫一空。后经清理，仅寻得张鸿的几册诗稿，被带到上海。

新中国成立后，破败不堪的燕园先后被公安局、皮革厂使用。现已修葺，对外开放。现为全国重点文保单位。

亦园

亦园位于常熟城区西南隅荷香馆，清道光年间为进士俞焯所有。延至民国，仍有园景。童寯有照片记录。

之园

之园位于常熟城区西南隅荷香馆，系光绪二十六年（1900）浙江布政使翁曾桂（翁同龢之侄）所筑，又名“九曲园”，习称“翁家花园”。是园建筑得宜，小中见大。园内水池环绕，池架九曲石板桥，涓涓清流从里城河贯入，并有亭台舫榭诸景。回廊映水，榆柳垂荫，花木扶疏，别饶佳趣。“半溪亭”“抱爽轩”“漾碧桥”等匾额，多为翁同龢手笔。

此园民国早期园景依旧，大部分毁于日军侵华时期，仅存回廊、大厅、六角亭、水榭等。童寯《江南园林志》记其“颓败最甚，不可涉临”。

新中国建立时，园景大部已废，后为常熟市人民医院所使用。现为苏州市文保单位。

澄碧山庄

澄碧山庄在常熟水北门外菱塘沿，新中国成立后曾为报慈小学所在。园为清朝末年沈氏所构。绿水澄碧，青山屏带，得天然画图之胜。中浚双潭，名“天镜”。有菱溪草堂、观稼室、止斋、小沧浪、涵虚室、潭水山房、水花阁诸胜。东楼五楹，名希任斋，为藏书之所。回廊中嵌有“金吉图”石刻。

此园民国建立至抗日战争前一直存在，童寯《江南园林志》说它“少苍古之致”。日军侵占常熟时被毁。

妙桥陈宅花园

此园在今张家港塘桥镇妙桥社区，民国时期属常熟县。此园建于清朝晚期，坐北朝南。现存情况是：正屋5间，东西厢房各3间，宅前有小院，后有天井，西面有残存的花园遗迹。该园较好第体现了苏南乡村民居的特色。

太仓县（选录3处）

半园

半园在太仓城厢镇，前身是王世贞的弇山园。王世贞（1526—1590），明代文坛盟主、史学巨匠，太仓人，官至员外郎、南京刑部尚书等。其所建弇山园，广七十余亩，园中原有三山（西弇、东弇、中弇）、一岭、三佛阁、五楼、三堂、四书室、一轩、十亭、一修廊、二石桥、六木桥、五石梁、四洞、四滩、二流杯。土石占十分之四，水占十分之三，室庐占十分之二，竹树占十分之一。后王氏衰败，园分售他人。

延至民国，原弇山园之一部属汪姓，名“半园”。童寯《江南园林志》有明朝时期“太仓园林亦多至十余，而以王世贞弇州园为最著。今改为汪氏半园”和“今园小而屋宇夹杂，旧日假山，仅存一撮”的记载。

清末民初，南园外部景观

20世纪30年代的南园亭子

南园

南园在太仓城厢镇，明朝时阁老王锡爵筑以种梅处，广30亩，当时为邑城名胜之首。

清初，其孙、画家王时敏增拓。清末园废。

民国初年，此处为蚕桑馆，但有较多残存碑刻。童寯《江南园林志》谓：“现屋宇破旧不堪，久未修缮。”

日军侵华，残碑多被炸毁，唯存听月峰一石。20世纪90年代，人民政府将之修葺一新。

现为苏州市文保单位。

逸园

童寯《江南园林志》作“亦园”。在太仓城西北隅，道光年间皖籍盐商蒋省斋首创，工未竟，遭庚申（1860）兵火，已建之物，荡然无存。光绪年间，其孙蒋亦榭重建。部分工匠为香山名手，建筑艺术别具一格。全园占地面积不广，而亭台楼阁、假山池沼，应有尽有。全园屋脊构成一条龙形，首尾不绝。门窗雕刻花墙图案，无一雷同。假山堆垛，玲珑剔透。水阁、廊、屋、屏门，精美绝伦。《江南园林志》谓其：“精雅为一地冠。近改为医院，渐易旧观。”

新中国成立之后，陈从周《园林丛谈》还说：“水亭之采用方胜双亭式，则为新例，及今唯太仓逸园仅存一端。”

昆山县（选录1处）

翁氏九曲园

这是宋朝始建的一处园林，在当时的县治之西，以种植木芙蓉为主。千年之后而至民国，仍有园景存在。园林专家童寯为它留下了民国时的一景。

第三节 解读古代遗存私家园林：虽然荒落，仍享盛名

民国期间，苏州历史上遗存下来的私家园林，本书收录了176处。认真解读一下它们的具体生存状况，有以下几个特点。

一、园主身份不同，保护程度不同，变化大小也不一样，但总体上保存了苏州园林的传统风貌

童寯《江南园林志》有言："咸、同之际，吴中诸园，多遭兵火，今所见者，率皆重构。"即是说，延续到民国年间的苏州园林，多数都是在太平天国军队和清军在苏州的战争之后重新修建的。虽然各个园林都保留了它们初建时的一些风貌，但总体上都具有晚清时重建的特点。从1860年到中华民国建立的1912年，又过去了52年。因这半个多世纪就历史分期来说仍然属于古代的清朝范畴，对这些园林园主更替、园景的变化情况，不在本书论述的范畴之内。但在中华民国的37年间，总体来看，园主更替并不太频繁。初步统计，其中的176处私家园林，曾先后为200多个私人和40多家单位所具有，还有的曾被日军侵占。这些园林的主人，大致也是工商业者、官宦、知识阶层三种类型，而工商业者稍多。其中建于晚清的园林，进入民国后，有不少仍为始建者或其后裔所居住。这些不同身份的人，对自家园林的维护情况并不完全一样。

对园景保护比较好的是原园主的后裔、官宦人家和知识分子家庭的后裔。这些继承先祖遗园的后裔们，一般都努力呵护着先祖留下来的家园，维护着它们固有的风貌特点，如刑部尚书韩崶道光年间建的华阳新筑、道光年间严氏的敬彝堂、咸丰年间江苏道台陆解眉的半园（北）、同治年间史伟堂的半园（南）、同治年间两淮盐运

使柴安圃的柴园、同治年间翰林汪凤池的宅园（民国时后裔汪东居此，取名“寄庵”）、光绪年间翰林院编修俞樾的曲园、光绪年间浙江宁绍台道顾文彬的怡园、光绪年间丝绸商人邢成德位于花驳岸的宅园、清朝末年画家吴待秋的残粒园、明朝东山严公奕的曲溪、明万历年间范允临的天平山庄（高义园）等，都有子孙后代一直居住其中。有的如华阳新筑、敬彝堂、残粒园、真如小筑、寄庵等直到新中国成立之后，甚至到今天还由其园主后人居住。这些园林，除极个别的局部有所变化，一般都原貌依然，变化极小。究其原因，首先是因为子孙后代对他们的祖宗留下的桑梓老宅有感情，有责任保护好它们。中国人向来对自己的故土家园十分重视，希望家园永葆，子孙瓜瓞绵绵。唐朝宰相李德裕花了十五六年时间建了平泉庄，还写了一篇《平泉山居戒子孙记》，要“留此林居，贻厥后代”，又恐身后“为权势所夺”，特地叮嘱“鬻吾平泉者，非吾子孙；以平泉一草一木与人者，非佳士”。宋朝苏州人朱长文在《乐圃记》中也谆谆告诫他的子孙：“凡吾众弟若子若孙，尚克守之，毋颓尔居，毋伐尔林，学于斯，食于斯，是亦足以为乐矣。余岂能独乐哉！昔戴颙寓居，鲁望归隐，遗迹迄今犹存，千载后吴人犹当指此相告曰：‘此朱氏之故圃也’”。可知，保住祖园不生变化是子孙们烙印于身心的责任。其次，有诗曰“改园倒比改诗难”，这是千真万确的。苏州的传统园林，艺术造诣高超，风格特点明显，在已经固定的范围之内，想要改动，并不那么容易，弄得不好就会破坏原有景观，弄巧成拙，乃至不伦不类。因此，一般说来，若无特殊原因，人们对固有的园林，一般是不会动手去加以改造的。

官宦人家、封建士大夫的后裔和知识阶层人士的园林，多数也较好地维持了原貌。民国之际，建筑手段、建筑材料、建筑技术都有了新的进步，人们将这些新的内容运用到园林上，当然再正常不过，如拙政园的卅六鸳鸯馆及旁边的桥栏杆等，都用了当时时髦的彩色玻璃和铸铁件。但这都只是局部地进行现代化改建，并没有进行面目全非的改变，在观感上也没太多造成人们的不适感甚至反感，纵然偶有不和谐，但也无伤大雅。因为情况各别，这要做具体分析。如初为明朝建筑的宝树园（顾颉刚宅园），延至民国，南部为老宅，依然是传统风貌，北部建筑则为现代风格。南北各成院落，各有审美价值。始于嘉庆年间的庞莱臣宅园，西宅东园格局，花园布局和景点设置悉依传统手法，而却在园中建青石洋楼一幢，就显得不够协调。寄庵，其前身始于同治年间，著名学者汪东居此之后，花园依旧中式，而主体建筑却改成面阔三间的西式洋房，就显得轻重失调。常熟的曾园，基础是明朝钱岱的小辋川。清光绪年间，刑部郎中曾之撰得其一部，将其构为虚廓园，俗称“曾园”。民国之际，曾之撰之子曾朴由沪回里定居于此，建成朴庐，以创作《孽海花》。“朴庐”则完全按照上海常见的公馆洋房的样式建造，花园也很西式。童寯对曾园的“西式住宅夹杂其间”似乎有所微词。但总体来看，曾园并未失去中国自然山水园的特色。因此，尽管曾园有西式建筑、西式花坛等，变化不可谓不大，但终未改变它江南园林的风情特点。这些园林所显现出来的，主要还是传统，而不是现代。

有所变化的主要有两种情况：

一种情况是，园主受到时代潮流的影响，修建自己的家园时有意无意地融进西方的一些造园手法和因素。

这种园林的园主较多的是工商业者、资本家。这些人都是当时的富有阶层，有资本造园或者购买传统园林。如天官坊陆家宅园的主人陆兆鹏是上海钱庄典当业的老板，笑园曾为苏州巨商陆孟达所有，眉寿堂（叶天士故居）归天津银行家倪远甫，钮家巷的方姓宅园主人是米行老板，蔡汇河头的潘根先宅园园主是绰丝商人，双塔影园抗战前曾归吴县商会会长程幹卿，西圃（潘遵祁宅园）民国早年是吴姓资本家的居所，位于东北街的金鼐定宅园主人是苏经厂股东，潘世恩之孙的养心园民国时为田姓米行老板所有，等等，不胜枚举。从这些园主的身份看，可能会有新的造园理念，因此在修建园子时可能会多多少少融进一些新的要素或样式。但也要具体分析，他们中的大多数人受的还是传统教育，对园林的审美情趣依然比较传统。仔细考察他们的园居，许多和原来并无特别突出的变化，而是依然延续着传统风貌，属于地道的苏州园林。

其中变化比较显著的是荫庐。荫庐是上海的资本家叶荫三在康熙年间所遗慕家花园的基础上改建的花园别墅，其主体建筑式样仿欧洲文艺复兴时期罗马式建筑风格，门前廊柱为高大挺拔的罗马式圆柱。花园虽为中式，但也引入西方的造园手法，如有自流井和喷水池等。它不再是纯粹的粉墙黛瓦、飞檐翘角的中式建筑和自然风景园的园景布置的完美结合，而是中西合璧。但总体上看仍能做到浑然一体，整个园林并没失去园林艺术的美感，只是与传统的韵味略有不同而已。

在原有的中式园林内增建西式建筑，最不成功的例子要数沧浪亭于民国二十一年（1932）增建的“罗马大楼”，从园林的角度说应是败笔。当年建这座孤零零欧式的大楼，诚然是为了苏州美术专科学校的实际需要，但却忽略了它是建在园林之内，顾此失彼，实实在在地给沧浪亭破了相。但91年过去，人们倒也见怪不怪，习以为常，甚至这幢“罗马大楼”也快要成为珍贵的文物了。今天，我们大可不必再去苛责，因为历史的发展，总是以宽容为好。

再一种情况是，园主人根据自己的实际需要、审美情趣及财力情况有意识地对原有园貌做了较大改变。

这种情况的代表首推狮子林。园主贝润生当时是上海巨富、颜料大王，有雄厚的物质基础；他要在故里建祠堂、建学校，有明确的造园目的。基于这些原因，他对元朝延续下来的狮子林做了“伤筋动骨”的改建，不仅东祠西园的总体布局与原来前寺后园的格局大相径庭，就是西部的花园也增建、改建很多。扩大了水池，池中建湖心亭、荷花厅、牛吃蟹，置狮形石。即便是元朝时始建的大假山，在贝氏手中也增加了九狮峰、暗道，洞中凿了鱼池。又沿西墙堆假山，上设人工瀑布，西南角建扇亭，西北角建石舫等，诚如贝润生自己在《重修狮子林记》中所说："若堂、若庑、若楼台馆阁，以至亭榭池沼，凡今所布置者，皆随地点缀而已，不足数也。"童寯《江南园林志》也说它："除大部假山外，殆皆新建。不特证之倪图，景物全非，即徐贲图中，亦仅一二相似而已。"同时，如荷花厅、平台及屋顶都用了新材料，还用了彩色玻璃等。一言以蔽之，许多景点都是新建，和原来相比，改观极大。而这种新建只是具体内涵的变化，在风格上依然是传统自然山水园林的意蕴，这应该和著名画家刘临川具体主持设计和修建有关。

而综观前朝遗存的、有各种不同身份的市民居住的诸多私家园林，虽然难免有的融进了时代的元素，主体建筑是西式洋楼，有的在景点上也有增增减减，园貌小有改易，但这些新改造成的花园洋房，终未改变传统园貌的大局。主体花园依然保存着传统的叠山、理水、栽植花木、建筑亭台楼阁的自然山水园林风貌：一泓清水，常年不涸；几块太湖石峰，迎风傲立，一座太湖石假山，曲径盘旋；具有江南特色的花木，四季绽放；飞檐翘角、粉墙黛瓦、轻灵欲飞的亭台，散缀其间，供游人小憩，友朋雅聚。一言以蔽之，它们依然具有"小巧、幽曲、含蓄、精雅"的苏州园林特点，它们依然在江南烟雨中闪亮，并为江南烟景增色。究其原因，是苏州古典园林太美。这种美，已经定格在历史上，也定格在苏州人的心底里。作为生活在历史文化名城的苏州子民，他们有根深蒂固、永生永世难变的园林审美观。他们爱自己的老祖宗创造得如此风格的园林，他们珍惜老祖宗留下的这份遗产。自己喜爱的祖产，怎能轻易改变它呢！

二、社会动荡，战事频仍，每被机关、学校、军队占用，园林受到损坏；日军入侵，破坏尤为严重

民国时期，有些私园较前衰败的一个重要原因是每每不再为私人所有，而是屡为机关、学校、军队占用，尤其是为日军侵占，破坏严重。请看：

沧浪亭，民国初年借设修志局；北伐前后曾几度驻军，后则长期为苏州美专所在；日伪时期被日军占有，在此设司令部。狮子林，抗战期间被汪伪政府占为特工队训练班、汉奸的贵宾官舍和别墅；后国民党军队也曾驻此；新中国成立前夕，曾被河南农业大学借用。拙政园情况尤惨，先是成为游乐场、医院、戒烟所之类；"一·二八"抗战时，十九路军曾驻此；日伪时期，被伪省长陈则民租用为办公处；抗战胜利后，被借作国立社会教育学院校址。惠荫园，曾改作游艺场，并多年开办学校。留园，曾为北伐军进驻，抗战时期，日伪军驻扎于此，抗战胜利后，又成为国民党军队的驻军养马之所，五峰仙馆、林泉耆硕之馆梁柱均被马啃成葫芦形，门窗挂落破坏殆尽，园中一片瓦砾，满目疮痍，唯存山池老树。艺圃，抗战期间，为日伪当局所占有；抗战胜利后，为苏州青树中学所借用。笑园，曾为日军和国民党军官眷属所居住。可园，长期被用作图书馆和学堂。潘颂清宅园，曾被用作国民党军队的营房。西圃（潘遵祁宅园），曾被用于开办私立德灵女中和务实小学。半园（南），曾被用作律师事务所。柴园，日军进驻，把文物字画洗劫一空。怡园，日伪时期曾为游乐场，当时被称为"省会唯一游戏场""苏州大世界"；1948年曾被迁来苏州的河南大学借作宿舍。鹤园，抗战时期，曾为苏纶纱厂的办事处；抗战胜利之时，被设为城防指挥部。荆园，曾为日军所占，书籍字画被洗劫。荫庐，抗战开始后，曾被政府征用；后为日本宪兵部队所占据，被用作维持会、日本领事馆、日军杀害中国军民的秘密监狱；抗战胜利后，又驻军年余，后由中央信托局使用。晦园，抗战时为日伪所占据，抗战胜利后，曾为新六军军官宿舍、江苏省保安司令部。

国民党军队进驻苏州园林的时段也比较长，对园林多有践踏。这主要在三个时段：北伐时期，抗日战争之前，抗日战争胜利之后。战事倥偬，他们在园内练兵养马，对园林只有破坏，绝无保护。日本侵略中国，不但是对领土的占有，物资的掠夺，人身的残害，也有对文化的觊觎、破坏和盗窃。即便是日军没有进驻的园林，也有不少因日军飞机的轰炸而破坏严重。这些在本书中都有详细记录。当然，像汪伪江苏省政府主席高冠吾醵资修葺沧浪亭，也是事实，但仅此一例而已。私家园林被用作机关和企事业单位，驻扎军队，被外敌侵占，园林本身固有的私人用来休闲、养性的性质和功能被改变，园林的艺术本质被亵渎。因此，自然会受到玷污和破坏，不可能得到保护或有新的建造。而对学校占用园林，可做具体分析。苏州美专较长时间设在沧浪亭，国立社教学院短暂设在拙政园，惠荫园、艺圃、可园等也曾用作学校。这些学校，教书育人，学校的师生有文化的自觉，不会对园林故意破坏，对园林局部也可能会有所修整。但毕竟性质不同，功能不同，需求不同。厅堂楼阁作课堂，扩大空地以作操场，众多学子，朝夕生活于斯，学习于斯，嬉戏于斯，怎么可能对园林有好的保护呢！吴子深捐资修复沧浪亭，使之渐复旧观，值得褒扬。而捐资建造“罗马大楼”的也是吴子深，从园林保护的角度看，这未必是一种善举。

三、不少园林对外开放，对园林维护有利有弊

民国之际，先后有多处私家园林对外开放。这从瑞典学者喜龙仁在《中国园林》中所说的可以证实，他说：“有几座苏州古典园林从前是贵族府邸，现在是半开放的，人们可以付费参观，其中包括留园、拙政园、西园和沧浪亭。而另一些园林则需要通过私人引荐才能参观，比如狮子林、顾家花园（怡园）和网师园。”究其原因：（一）受公园影响，观念更新，追求时尚；（二）园主为增加收入，以接济生活或维护园林之用；（三）时局动荡，园主外出，与其让园林空闲，不如卖票开放；（四）有的园林被收归公有，对外开放也是一个最好的处置办法。现在，再从苏州一些文史资料的记载看看园林的具体开放情况：

沧浪亭虽长期为学校所使用，但往游者签名可入。民国十七年（1928）前后，狮子林经园主许可，可以入内游赏，不收园资。1928年至1939年，拙政园对外开放，一开始，门票半角，茶资酌付，之后价钱渐涨，被伪省政府占用后不再开放。惠荫园民国初年成为游艺场，对游人时开时闭，有陈石遗等修禊雅集之事，游者须纳游资。留园曾经几度对外开放，1929年由吴县政府管理，向公众开放，园资一角，茶资每壶一角，春秋佳日，游客如云，为当时苏州第一游览胜处。上海“一·二八”淞沪抗战爆发，留园曾关闭，之后又对外开放，游人仍须纳游资进入。西园园资半角，茶资每壶一角。艺圃，可以进去游览，但须给看门人酬资。半园（南）在民国初年曾对外开放，游人甚多。20世纪20年代的怡园，游者须得园主许可，不纳园资，茶资酌给，而且可外借宴客。民国早期，慕家花园曾被辟为游艺场，内设书场、剧场，园资为大洋两角，有时增加娱乐节目，则酌加茶资。夏日晚间也对外开放，供市民游览，叶荫三购得后停止对外开放。环秀山庄，有人介绍，可以入内，不纳园资，茶资酌付。靖园也曾公开卖票，任人游览。寒山寺游人可以径入，茶资酌给。羡园，入门须给看门老妪开锁钱，至多两角。另如鹤园，全浙会馆中的之园，抑或长年开放，或临时开放……这些园林既然对外开放，就得对园景有所整理，这当然会促进园林的维护；但是，当时的人力、物力、财力不足，管理技术和管理人的责任感都比较差，不好用我们今天的管理水平来想象它。游人入内，自然对园林会有破坏。如此看来，一些园林断断续续对外开放，从保护的角度说，有得有失，有利有弊。

四、纵向和苏州历史上的辉煌相比，有所衰败；横向和全国相比，依然无与伦比，享名全国

鉴于民国时期政治、经济、军事、社会形势等原因，苏州历史上遗存下来的传统私家园林，总体趋势，呈现的是衰败、荒凉的景象，和其明清鼎盛时期的状况相比，其艺术美感差距极大。如果衡诸今天已经列入《世界遗产名录》的苏州园林，更是不可同日而语。但在全面抗战之前、日伪侵占、抗战胜利至新中国成立三个不同的时段，不同园林的衰败程度，也不完全一样。对这种情况，本书在具体记述各个园林时都有记述，兹再回顾综述若干，以进一步形成总体概念。

先看关于衰败的记载：

沧浪亭，民国三十七年（1948）已是一座废园，经过战乱和日寇占领，尚未恢复修整，满目颓败荒芜景象。残碑断墙，衰草满地，竹林半枯。

狮子林，在抗战胜利后曾有国民党军队驻扎，新中国成立前曾被河南农业大学借用，其衰败之状，不言而喻。

拙政园，童寯《江南园林志》中的记载是："数十年来，故坠瓦颓垣，蓁蒿败叶，非复昔日之盛矣。今虽狐鼠穿屋、藓苔蔽路，而山池天然，丹青淡剥，反觉逸趣横生。……爱拙政园者，遂宁保其半老风姿，不期其重修翻造。"

惠荫园，进入民国即开始衰落。童寯在《江南园林志》记录了全面抗日战争之前的园景：小林屋一带，昔日之琴台犹存。稍北方池围廊，敞轩数进，渐就凋敝，有待修补。之后，渐次散为民居，又两度设为学校。

留园，被折腾得最为严重，民国开始至全面抗战前，一时被官府没收，一时又归还园主，反反复复，疏于管理。全面抗战时栋折榱崩，墙倾壁倒，马屎堆积，花木枯萎，玲珑之假山摇摇欲坠，精美之家具被取之一空。抗战胜利后，成为国民党军队养马之所，再后，则处于无主状态，路人随便进出，邻人随意在园中养鸡养羊。

可园，在苏州沦陷后，日军马队进驻，木刻书版被当作柴火烧掉，报纸被用来擦枪，满园军马屎尿，一片狼藉。

环秀山庄，20世纪30年代前期的园貌是：久经驻军，装折四散，涧瀑不流，而假山完整，犹可登临。西部被划为义庄，南部厅堂，曾一度散为民居。抗战胜利后，大部分建筑被园主拆除，园西侧改建成洋楼。终年门虽设而常关。飞雪泉淤塞已久，乃改以铅管收全院檐际之水。新中国成立之前，仅假山、补秋舫尚存，其余建筑全部颓毁。

辟疆小筑，在20世纪20年代虽有景可观，但已荒芜，众卉丛生，九曲栏杆与碑俱断。

耦园，辛亥革命胜利不久，园主后人回湖州故里，由一裁缝代管，租赁他人居住，园渐衰落。直至20世纪40年代园被刘国钧买下时，已几近破败，假山水池坍塌，花木凋零。其间，耦园曾为部队所占。

半园（南），日伪时期开始衰败。

柴园，苏州沦陷之后，主人避居上海，日军进驻，被洗劫一空，从此走向衰落，再后散为民居，改观诸多。

曲园，因主人常年在外，对其疏于管理，曲园日趋败颓，居室里尘埃层叠，大门处已是裁缝店。

怡园，在第三代主人顾鹤逸病逝后更加衰落，有住户迁入。日伪时期，被用作游乐场。新中国成立前夕，曾被河南大学借用。

羡园，李根源所见，已是乏人经营，渐臻芜。童寯1935年所见之羡园，也是“失修已久，日就败颓”。1939年，尤玄父所见之羡园还是“荒芜已久，日见颓圮”。

灵岩山馆，李根源所见是“瓦砾满山，墙基房址，池桥假山，均可辨认”。

其他如双塔影园、听枫园、靖园、退思园、曾园等等众多园林所呈现的也都是衰败的景象，前文都有记载，兹不更多罗列赘述。

柴园后人柴庆翔在1993年写的《雨丝灯影忆柴园》一文中说：“抗日战争前夕，除了贝氏的狮子林外，苏州的私人园林几乎都已圮废不堪。”周劭在《苏台寻梦》中的一段论述也可视为民国苏州存世园林的总体概括：“那是三十年代中，苏州承百弊之后，一切凋残破旧，园林也不例外。名园以城中拙政园和城外的留园为代表，还有城中的狮子林和顾氏怡园，都年久失修，荒秽不治。所谓名园，似乎连管理的人也没有，园门敞开，可以任意出入。只有狮子林好像还有主人，设有门禁，不能随意进去；不过也并不森严，只要你衣冠整齐，向门房递入一张名片——只要是名片，不管是否本人的，也不看名片上的职衔，便开门延纳，并不售门票之类。倘使你觉得过意不去，便花两毛小洋泡一杯茶，那便是管园的好处了。”这是他们的亲历亲见，可为信史。从1937年日军入侵，直至新中国成立，总共12年的时间里，苏州遗存私园一路衰落，未再恢复生机，呈现在世上面前的是一片破旧的面貌。

而就是这样一些衰落、荒凉的历史遗存私园，苏州园林的构架没有变，风貌没有变，深邃的文化底蕴更没有变。拂去身上的灰尘，审视哪怕是破败的残山剩水，人们依然能读出它的美来。诚如一位曾经的青春少女，虽因家道中落，贫寒无依或经风霜侵袭，衣衫破旧，面容憔悴，甚至蓬头垢面，但透过表象，其固有的素质，依然是绰约的身姿，姣好的面容，高雅的气质。诗云“天生丽质难自弃”，苏州园林是也！因此，学者文人等依旧对它评价极高，赞赏有加。请看：

童寯在《江南园林志》中记述了拙政园的“半老风姿”，但也对它极加赞扬。他把园林之美分作疏密得宜、曲折尽致、眼前有景三个境界，而对照这三个境界，他说拙政园“可谓无毫发遗憾”。又说：“江南园林，创自宋者，今欲寻其所在，十无一二。独明构经清代迄今，易主重修之余，存者尚多，苏州拙政园，其最著者也。”

留园，虽然命运坎坷，却断断续续一直为盛氏所有，直到新中国成立前夕也是如此，就是日伪占领期间，依然由盛氏雇人照看。20世纪20年代末，它是苏州第一游览胜处。童寯的记述亦多赞美之词，谓为：“自公开游览后，修缮之余，未改旧观，更不可谓非林泉之幸也。”

网师园，先为将领所有，但多为文人居住，风貌变化无多。何亚农买下后，对其全面整修。《江南园林志》记曰：“典雅古洁，别具一格。……据林泉之胜，养丘壑之胸，至足羡也。”

园林专家童寯、刘敦桢，以及梁思成、林徽因夫妇都考察过环秀山庄。童氏赞赏其大假山“风味殊胜”；刘氏谓其“清幽雅致”，到此游览，“几忘置身尘市中”。尤玄父则说：“叠石堆垒，萦旋曲折，升降左右，迷离惝恍，俨如置身千岩万壑中，是能以少许胜人多许，与狮子林假山异曲同工焉。”

1947年《吴中僻园散记》一文记述，半园（南）诸胜，面积较小，而建筑则颇精雅。

蔼庆堂（万氏庭园），花园面积不大，但建筑、山石、花木配置相宜，迂曲而有层次，堪称苏州园林中书斋庭园佳作。

畅园，刘敦桢《苏州古典园林》赞其为：“面积虽小，园景却丰富而多层次，是苏州有代表型的小园之一。”《江南园林志》亦说：“城中尚有小园，以畅园、壶园为最。”

…………

民国作家郁达夫曾以“颓废美”三个字赞美苏州，园林也是如此，破旧荒凉而依然美丽，即为“颓废美”。当代学者余秋雨，对苏州的美丽精雕细刻描绘得淋漓尽致，却一言以蔽之曰“白发苏州”，苍老而美，民国苏州园林亦是！童寯当年说“园林之苍古者，咸推拙政”，其实，岂止一个拙政园呢！苍古之美，正是民国苏州园林的真实写照。周瘦鹃在1948年写的《姑苏台畔秋光好》（载当年10月号《旅行杂志》）则写道：“苏州的小巷最多，配着柳巷、紫兰巷、幽兰巷等诗意的名字，全是曲曲弯弯的……你在秋天风日晴美的时光走过时，往往有桂花香若有意若无意的送进你的鼻管，原来是从人家的园子里飘出来的。端为苏州多旧家，旧家多庭园，而庭园中总得有一两株桂树与玉兰、海棠、牡丹为配，取玉堂富贵之意，因此，你秋天走过那些门墙之外，鼻子里就常常有这种意外的享受了。”

就园林的数量而言，民国37年间，苏州有历史遗存私园176处，这在全国无与伦比。上文所及，仅是见诸史志记载者而已。诚如童寯《江南园林志》所说：“私人宅第之附有园亭者，盖比比皆是矣。”这种盛况，和清初“城里半园亭”相比，所差无几。所有这些园林，皆具湖石花木、亭台楼阁的要素，皆有苏州园林的传统风貌。园主依旧悠游其中，享受着休闲的生活。面对如此众多而又具有艺术风貌的园林，童寯高度赞美道：“园亭之胜，应推苏州。”“苏杭并以风景名世，惟杭之园林，固远逊于苏矣。”“江南园林，论质论量，今日无出苏州之右者。”民国作家曹聚仁在其《万里行记》中更极言之：“有人说苏州才是古老东方的典型，东方文化，当于园林求之。”的确，2000多年来，园林陪伴着苏州人的生活，承载了苏州的文化和历史。园林，始终是苏州的文化瑰宝。园林，是苏州的名片，读懂了园林，也就读懂了苏州。

中华民国，延续37年，早已成为历史。37年，时间虽短，但苏州不仅建造了众多的私家园林，还较完整地保存了历史遗存的众多的私园。历经37年的岁月，苏州历史遗存的私家园林又渐渐老去，且是伤痕累累。值得庆幸的是，它们带着“半老风姿”，走进了一个崭新的天地——中华人民共和国的新天地，从此开始了它的新生。

新中国成立之后，绝大多数私园转为公产：有的从民国政府直接接收，有的由园主后裔捐赠，有的公私合营时归公，有的则作为敌产被没收，也有一部分继续为私家所有。由政府管理的园林，虽然依然是私家园林的格局、面貌，但已不再为私人所有，而是作为园林艺术向广大市民和游客开放，已经有了公共游览的性质。

1949年4月27日苏州解放后，苏州市人民政府比历史上任何时候、任何行政组织、任何人都重视园林的保护——1950年成立了苏州市文物管理委员会，1953年成立了苏州园林修整委员会。1951年着手修复拙政园，1953年修复留园，并对外开放。以后又相继修复开放怡园、狮子林、西园、沧浪亭、网师园等。1961年，拙政园、留园被国务院公布为第一批全国重点文物保护单位，和北京的颐和园、承德的避暑山庄一起被誉为全国“四大名园”。园林专家陈从周撰文称道：“江南园林甲天下，苏州园林甲江南。”20世纪80年代以后，苏州市人民政府更加大了修复力度，有关部门先后修复了艺圃、环秀山庄、曲园、鹤园、听枫园、五峰园、可园、半园（北）、柴

退思园

园、天平山庄、羡园、退思园等，有的对外开放，有的为单位所用。再加上寺观园林和民国年间新建的私家园林，苏州古城及县市乡镇内，精美的园林重新呈现出星罗棋布、密迩相望的繁盛景象。1997年和2000年先后有拙政园、留园、网师园、环秀山庄和沧浪亭、狮子林、艺圃、耦园、退思园9处园林，作为苏州古典园林的典型例证，被联合国教科文组织列入《世界遗产名录》。从此，苏州园林成为世界文化遗产。

作为世界文化遗产的苏州园林，是2500多年来历代创建和维护的结果，是苏州历史文化积淀的结果。历史上曾经出现过的园林，不管它们今天存在不存在，也不管它们的园主留名没留名，从园林艺术的角度讲，许许多多园林的建造者都是苏州园林史上的功臣。作为后人，我们应该永远记住这些园林和园林的构建者，其中也包括民国时期的园林和园主们。

时代的记忆，不能抹去。

第五章

涉及苏州民国园林的著作

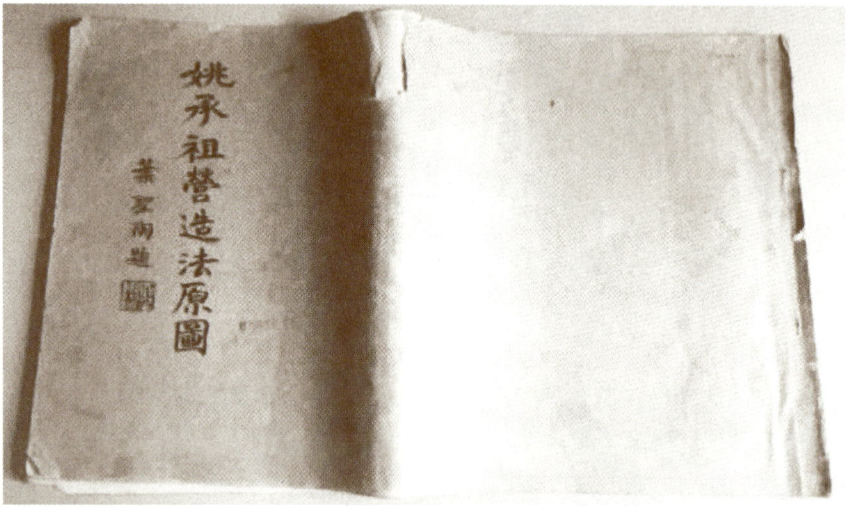

《姚承祖营造法原图》

《营造法原》

《营造法原》是苏州香山帮建筑大师姚承祖于1929年写就的“唯一记述江南地区代表性传统建筑做法的专著”（张至刚《营造法原》（再版）《弁言》）。姚承祖（1866—1938），字汉亭，号补云，又号养性居士。今苏州吴中区胥口镇墅里村人，是继明朝蒯祥之后又一位香山帮建筑大师。他出身木匠世家，其祖父姚灿庭著有《梓业遗书》。他自幼在家读书，先后读完了《百家姓》《千字文》《大学》《中庸》等。姚承祖是木匠，但是一个有文化的木匠。他16岁辍学从梓，常年跟随叔父奔走苏州城乡，操斧使凿，营建房舍殿宇，不到20岁，便在建筑界脱颖而出。民国元年（1912），苏州鲁班会在他的倡导下成立，他被推选为会长。姚承祖曾受聘到苏州工业专科学校讲授建筑学，后有《营造法原》讲课稿问世。姚承祖被尊称为一代宗匠建筑大师，一生设计营建的厅堂馆所、亭台楼阁、寺院庙宇、园林庭院多至千处，惜乎多无记载，无从查考。而今为世人所知、较为著名的仅有四处：一是同治、光绪年间为顾文彬怡园建屋三楹，隔扇将其分为南北二厅，前曰“锄月轩”（又名“梅花厅事”），后曰“藕香榭”（又名“荷花厅”），乃怡园之精华。二是光绪二十八年（1902）和雕刻名家赵子康一起重葺木渎严家花园。三是民国十二年（1923）在光福马驾山东坡造梅花亭。四是民国二十六年（1937）和赵子康合作重建灵岩山大雄宝殿。姚承祖晚年曾在鹰扬巷建造补云小筑，是一处精致的私家园林，可惜此园林于“文革”中被毁。

姚承祖对园林建筑的功绩除了众多的建筑实体外，更有他于20世纪20年代编就的总结建筑经验的理论著作《营造法原》。据后来增编是书的张至刚教授在1956年出版的《营造法原》序言中介绍，这本书是姚承祖根据家藏秘籍和图册，在苏州工专建筑工程系授课时编绘的讲稿。1929年他委托园林建筑专家刘敦桢帮助整理成书，刘于1932年将该书介绍给营造学社，社长朱启钤亲自校阅。但由于书中所用术语和北京官式建筑不同，其他图说难解之处也多，靠信札往来以进行商榷，改订图释不好操作，因此，迁迟数载，没能付印。之后，因张至刚是姚承祖的学生，亦为苏州人，当时又在中央大学工作，人地皆宜，刘敦桢便将整理《营造法原》之事交给了他。张至刚乃利用课余时间和假期，着手编著、测绘、摄影，并不断与姚承祖商讨书中有关问题，至1937年夏脱稿。全书共24章，12万余言，图版52幅，插图71张。杀青之后，刘敦桢携稿北上，不幸日寇侵华，营造学社内迁，由滇而川，因经费与印刷等原因，仍未能付印。之后张至刚因兵乱和疾病，无暇过问。

梅花亭

姚承祖亦于1938年病逝吴门,《营造法原》出版之事只得搁浅。直至中华人民共和国成立之后,张至刚再次对此书加以整理,将原稿精简为16章,对有些部分再加注解,文字增加至约13.5万字,插图增为128幅,图版则并为51幅。是书乃于1956年由中国建筑工业出版社出版。对于此书的整理出版,张至刚教授有大功焉。原书3.2万字,附图80余种,且多吴地术语,晦涩难解,尤其书中有若干歌诀,让人更难读懂。张至刚则遍访苏州寺庙、住宅、庭园,测量、绘图、拍照,对文字大加阐释和增补。但总体内容却保存了姚承祖原著的内容和精髓,因此是书署名为"姚承祖原著、张至刚增编、刘敦桢校阅"是符合客观实际的。

《营造法原》被人誉为我国南方建筑的宝典。它系统地阐述了江南传统建筑的形制、构建、配料、工限等内容,兼及江南园林建筑的布局和构造,内容十分丰富。当年营造学社社长朱启钤先生曾说:"《营造法原》书中所辑住宅祠庙、佛塔泊岸及量木计围诸法,未见官书,足传南方民间建筑之真相……它虽限于苏州一隅,所载做法,则上承北宋,下逮明清,今北京匠工习用之名辞,辗转讹误,不得其解者,每于此书中得其正鹄。然则穷究明清两代建筑嬗变之故,仰助此书正多,非仅传苏杭民间建筑而已。"这段话说明《营造法原》不单单对苏南民间建筑而言有传载之功,还对研究我国建筑的变化发展史有很大的作用,学术价值很高。

此书是传统建筑的专著,而园林是高级建筑艺术,园林离不开建筑,故而此书和园林的关系不言而喻。而第15章《园林建筑总论》专门论述园林,根据园林的性质和功能,指出其是"私人游息、怡情、修养之所",言简意赅,对园林的定性十分准确。姚承祖的园林审美观点也十分明确而精辟,他说:"不崇庄严伟大,但求幽静精巧,计划不重对称,免呆滞之弊,而须曲折,有引人入胜之概,常以建筑为主体,以花木为陪衬,觉有天然之真趣,给人情感以舒适陶醉之感觉。"这是讲园林重小,重幽静、精巧、曲折,重天然真趣,这正是对苏州园林艺术特色的准确概括。对于园林的规划布局，他说："园林建筑，立基以定厅堂为主，方向随意，但以南为宜，然后划分院宇，大小不拘。曲径通幽，更觉柳暗花明；连续庑廊，曲折随宜，高低蜿蜒，宛如冈岭起伏。低处凿池，面水以筑榭，高处堆山，居高以建亭。小院植树迭石，取景则宜幽雅；高阜建亭筑阁，借景务须敞达。而后莳花种竹，深得园林之趣。至于擘划组合，多无定制，各随所宜。"这样规划出来的私家园林，必定具有城市山林之美。姚承祖又将园林布局概括分为三类，即以山为胜，以水为主，以山水混合布景，这是他从实践中总结出来的经验之谈。特别是他根据自己的实践经验，对亭阁、楼台、水榭与旱船、廊、花墙洞、花街铺地、假山、地穴门景、池与桥的式样、构建方法做了详细论述，皆为专家之言。而对假山和水池这园林两大要素的论述最为精彩。其论假山云："园林建筑，除厅堂亭阁诸建筑外，当以堆迭假山为主，其与房屋、池沼、树木、花卉相连络，更得天然真趣，坐憩其间，仿佛置身山壑。""叠山之术，法无定制，本为综合天然人工之艺术，非运用灵敏奇突之意匠，不能为此。其立意贵乎气魄，取材须效天然，所谓深得山林意味、花木情缘。不妨模仿山水气势、姿势之特点，以精美奇巧人工出之。其次须注意冈峦峰岩之组合，冈峦，山之高陵也，贵乎起伏不定，高低有致，前后错综，大小相间。若高低相平，则呆滞一若石堆。峰石姿态，须择奇特，或取其玲珑纤巧，或择一石为峰，或以数石迭成，势宜飞舞生动。石坐宜坚牢、平衡，或立一峰为主，左右立数石拱奉，或与他山之峰石相呼应，切忌排列对称。峰之位置，不宜设于狭径低谷，但隔陵眺望亦可。岩崖峭壁，贵乎直立，形势一若天然。山中宜辟蹊径，以连络冈陵洞穴，须盘旋曲折而长。或隔以洞穴，通以亭阁平台，便游者坐憩。洞穴之顶，须铺石条，洞上或筑亭台，或植树木。总之连络须有变化，使绝处又出，低方忽上。切忌盘纡崎岖，重复平淡，徒游者劳顿而已。"这里论叠山的技巧和艺术，完全是由实践而得出的理论。《园冶》亦有《掇山》一章，至为精辟，姚氏此论，差可与之伯仲。其论水池云：“园林设计，既以天然山水为缩影，故池水为不可少之点缀。其形式不崇对称，以曲折自然为尚，恒面厅堂，傍假山开凿，或通以支流，绕回廊滢带。池宜宽敞，水宜澄清，植以芙苣，饲以游鱼，老干疏影，朝云夕露，掩映池底，其足以怡情悦性者多矣。池边驳岸，多以乱石迭砌，取其参差相宜，非属露台房屋，则不宜砌塘石及绕以栏杆。池面宽处，或支流狭处，恒架桥以往来。”《长物志》中《水石》一卷，论及水池较详，《园冶》中《掇山》一章亦涉及水池，姚氏水池之论亦与之略同，以本书作者之见，姚氏更胜一筹。其余论桥、论塔，亦具体而有见地。

综观姚承祖之《营造法原》，其论园林之建筑、布局、风貌、叠山、理水、架桥、造塔等等，精辟而具体，操作性强，是对苏州造园的科学总结，是由匠人总结升华而成的理论。

《江南园林志》

这是一本介绍和论述民国时期苏州、杭州、上海、南京一带园林生存状况的专门著作，作者是著名建筑学家、建筑设计大师童寯。童寯（1900—1983），满族，属正蓝旗，出生于奉天盛京（今沈阳）东郊台子村；1925年毕业于北平清华学校（清华大学前身），1928年留学美国费城宾夕法尼亚大学建筑系并获硕士学位；1930年任东北大学教授，1932年，与赵深、陈植在上海共同组建华盖建筑师事务所，1944年任中央大学建筑系教授；新中国成立后，先后任南京大学、南京工学院、东南大学教授等。他是建筑界融贯中西、通释古今的大师，是我国近代造园理论研究的开拓者。1932年至1937年，他于工作之暇遍访苏、浙、沪60多处园林，踏勘、摄影、测绘，于1937年写成划时代的造园著作《江南园林志》。这是近代最早一部用科学方法论述中国造园理论的专著。该书稿完成后，建筑营造学社就准备出版，后因卢沟桥事变，学社南迁而中辍。直到

20世纪30年代童寯（左）考察江南园林时与杨廷宝（右）合影

1963年出版的第一版《江南园林志》

1963年，才由中国建筑工业出版社出版。

本书分文字和图片两部分。文字部分包括造园、假山、沿革、现状、杂识5篇，论述中国造园的传统特色和一般原则，阐释假山艺术，介绍江南各地著名园林的沿革、现状、艺术特点并做出评价。共有图片340多幅。童寯天性淡泊宁静，淡于社交活动，不为世俗名利所惑，有自己坚定的文化立场，不为时俗所移。他锲而不舍，勤于追求，在建筑学界诸多方面都有杰出成就。

《江南园林志》对苏州园林评价极高，提及苏州园林最多，论述文字和照片也最多，可以说它也是民国时期的“苏州园林志”。请看此书对苏州园林的总体评价：“园亭之胜，应推苏州。”“城中尚有小园……私人宅第之附有园亭者，盖比比皆是矣”“苏杭并以风景名世，惟杭之园林，固远逊于苏矣”。“江南园林，论质论量，今日无出苏州之右者。”（《江南园林志》）这是对苏州民国园林最权威的定位。书中提到苏州园林50多处，而记其园景存在状况并略有评价者有25处。童寯以园林建筑专家的审美高度在具体考察苏州各个园林时，有对各个园林历史演变的阐述，更多的是对园景的记录和对审美价值的评判。如论沧浪亭“沿水尽设廊牖，内外兼顾。不筑高墙，自无畛域，可谓别具匠心者矣”，认为沧浪亭“墙洞为最佳”。对狮子林的评价是：“斯园主体，全在叠山，堆凿鬼工，湖石奇绝，盘据蜿蜒，占全园之半。惜屋宇金碧，失之工整。”有褒有贬，允为恰当。论拙政园为江南园林之“最著者也”，爱其“半老风姿”之美。对留园则给予热情的“点赞”。对环秀山庄，记载了它的衰败景象，而仍然说它“风味殊胜”。赞赏怡园“结构颇精”“全局则较疏朗”。指出惠荫园“方池围廊，敞轩数进，渐就凋敝，有待修补”。童寯善画，因此论及网师园时，有言“主是园者，间为画家。据林泉之胜，养丘壑之胸，至足羡也”。赞赏羡园“结构之精，不让城市”，惋惜其“日就败颓”。说常熟之园“颓败最甚，不可涉临”。虚廓园因地旷池宽而“幽邃不足”。对常熟燕园也是赞赏它假山完整，而批评它无匾联，“不见只字，游者顿觉有所失”。对太仓半园、南园，昆山半茧园和吴江共怡园的园貌和个性特征亦有记载。民国年间苏州存在的主要园林，《江南园林志》几乎都论及了，这对苏州园林的研究和保护是一份极为珍贵的文献资料。

书中有苏州园林照片148幅，其中有山水、花木、亭台、楼阁，有门窗、墙壁、铺地，还有拙政园等十几幅平面图。这更是苏州园林的实图记录，有极大的参照价值。

此书还提及苏州人或与苏州有关的人士的著作和文章，如范成大的《菊谱》《梅谱》，王世贞的《游金陵诸园记》，计成的《园冶》，文震亨的《长物志》，沈复的《浮生六记》，以及白居易的《太湖石记》等。

童寯好吟咏，娴六艺，善绘画，有较高的文学造诣。《江南园林志》行文畅达、干练，虽是理论著作，但依旧让人读来兴味盎然。

《吴郡西山访古记》

《吴郡西山访古记》是李根源寓居苏州时对苏州西部地区古迹、园林进行考察的记录。

李根源初居苏州之时，曾对虎丘、狮子林、拙政园等古典园林名胜全部进行了考察。1926年春夏，他遍访横山、尧峰山、皋峰山、穹窿山、邓尉山、天池山、渔洋山、支硎山、天平山、灵岩山、阳山诸山。1927年，李母去世，李根源暂厝于苏州西南郊的石湖治平寺。守孝期间，李根源未曾离开吴县县境一步。翌年，他葬母于吴县藏书镇小王山东麓。1929年，他便又开始了对苏州西南地区的考察。寻访考察期间，他租了一条船，雇了两名船工，暂时以船为家。白天，舍舟登岸，翻山越岭，访求古文物与古墓群；晚间，蜗居舟内，在昏暗的油灯下整理记录，撰写考察笔记，累积起来，便是我们今天看到的《吴郡西山访古记》。李根源访古所记，史料翔实可靠。他不轻信原有资料与群众口述，而是注重身临其境，亲自考察。对有些史料所载，他一访再访，寻根究底，直到彻底弄清为止。因此，此书内容信实可靠。平时，李根源每与苏州文人有诗酒之会，而这段时间一连几个月都无消息，人们多以为他又返回北京做官去了。待他考察归来，人们才知道他在热心地做苏州文物调查、抢救、保护工作，皆为之感动，越发敬佩他。1931年之后，李根源参加了民国《吴县志》的编纂工作。当时，张一麐为编纂委员会主席，李根源、王謇等为委员。与此同时，他还接手了吴荫培保墓会会长的工作，创办了善人桥农村改进会、阙茔小学、成人学校，又凿井筑路，绿化山岭，深为乡民所称颂。1936年，他为营救“七君子”而奔走。全面抗日战争爆发后，他积极投入抗日救亡运动，与张一麐等倡议组织老子军。不久离苏去内地参加抗日活动。国共内战期间，他呼吁和平、停止内战。新中国成立后，1950年6月，他应中央人民政府邀请，到北京列席政协全国委员会第一届全体会议。会后，曾回苏州小住一周，而后定居北京。1959年，他

李根源

将在抗战期间从苏州寓所疏散到小王山收藏的全部古籍、书画、文物及沉埋在小王山关庙前小池塘中的唐墓志93方，毫无保留地捐给苏州市文物管理委员会。1965年7月6日，于北京病逝。以朱德为首组成治丧委员会。朱德决定按照恩师的生前遗愿，把他安葬于苏州吴县小王山。1982年，李根源夫人逝世后，与李根源合葬于此。

《吴郡西山访古记》共5卷（附《镇扬游记》1卷），6万余言，记述了自民国十五年至十八年（1926—1929），李根源遍访苏州西南诸山间文物古迹、园林名胜的考察所得，于墓冢、碑刻所记尤详。所涉及园林者，有姑苏台、羡园、灵岩山馆、司徒庙、涧上草堂、范村、高义园、保圣寺、绿阶山庄、曲溪、依绿园等。虽然所记较简，但为李根源亲历亲记，纵只语片言，亦弥足珍贵。

是书曾于1926年由上海泰东书局铅印。1929年又有李根源本人木刻板问世。苏州博物馆还藏有手迹石印本，上有他本人的批注。这几种版本可参照阅读查证。

附：金松岑《吴郡西山访古记·序》

曲石李公，挂冠隐吴门，时芒屩携短童，徒步数十里，搜贞石，寻废寺，瞻拜先贤冢墓，以是胸中掌故，比吴郡诸老宿尤为翔实。乙丑之夏，余避暑耦园，公乃长啸入吾庐。因披襟踞胡床，把酒谈论移晷。余闻曲石名，以为其人大河乔岳，深阻难量，顾简易谐谑如老名士，居常自忖以为异。先是癸甲之交，余结吴门诸贤为消寒饮，是岁仲冬，公遂题名入社。公屡欲迹清代经师惠定宇红豆山庄故址，余言在今唐家坊，闻红豆犹存，数岁一作花，亦未之往求也。于时燕赵齐楚之郊，戎马纵横，中原无主，或者议

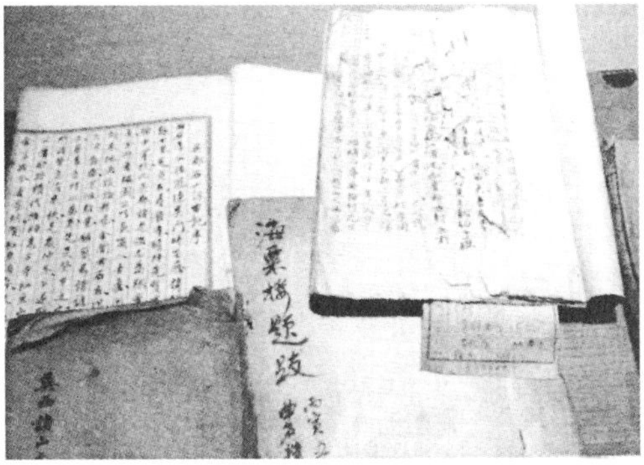
《吴郡西山访古记》手抄本

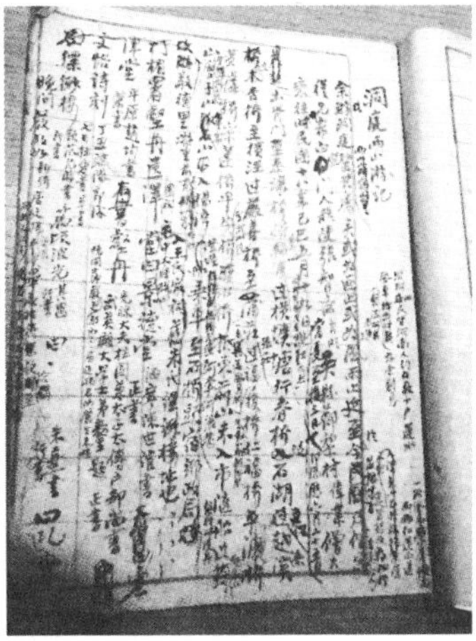
《吴郡西山访古记》初稿

迎黄陂正法统。黄陂朝入都，暮必以公正揆席。公顾萧然不问外事，日对客饮醇酒，评量书画金石。丙寅暮春，余既迁宅新桥巷，牡丹紫藤方大花，宅故经师陈硕甫祖第。硕甫名亚惠氏，乃邀公觞饮。门者以公游邓尉辞，两旬不返，客有笑而言曰：“久蛰者思启，久滮者思嚏，尺蠖之屈，所以求伸，公之不能忘情于用世宜也。其将微服以赴津门乎？”或信之，或疑之。一日，余复结诸贤为狮林饯春之饮，题诗未半，而公掀髯排闼入室，手一册示座人。盖公之载酒买艇挟两健仆而西也，太夫人亦不之知。荒山破寺，披榛丛，剔藓迹，甄录宋以来石刻无遗，历访先贤兆域五十余所，凭吊其松楸，而徘徊其绰楔。其或幽隐芒昧，则咨于亭长野老，证以史志，相其阴阳，间得佚石于畦陇间。于是韩襄毅、徐武功、董香光、钱湘舲、王惕甫、曹贞秀夫妇诸墓，近百年来，文人学士，课虚叩寂于荒陉穷谷，茧足不知其所往。一旦骨脉呈露，昭晰无疑，其尤久且远，如吴朱桓、梁陆云公、钱氏元璙，佳城幽壤，绵历纪祚，亦复披豁以诏当世。公之功于是为勤，公于经师定宇之墓，入邓尉往返三求。他如范文穆、吴文定、都元敬、祝京兆、周天球、姜贞文、苍雪禅师诸埋魂瘗骨之地，大都苍烟蔓草，邱垄平而碑志磨灭。吴都二公，尤疑守护者乘子孙之雕落，发冢而售地与人，其迹犹可推也。拊膺悲叹，誓他日羸粮幞被，重入西山，以发其覆。而于一代经师惠定宇之墓，尤耿耿若膺巨疚，负重责，期于必获。余因谓公："段金沙之殁焉，葬于虎邱，虎邱去城咫尺，今畴咨故老，无以指其处。唐子畏之友张梦晋，与崔莹为情死，子畏为之合葬于玄墓山中，山中之人不知也。公既摅怀旧之蓄念，发思古之幽情，精诚感通，鬼神必将来告。西山之游都二十日，凡登陟访问，栉沐之艰且劬，备于记，为一卷。公在滇南，既遍求前贤窀穸之地而表之。官于粤，曲江之墓，赖公以显于世。厘剔其侵地，修复而供祭扫焉。人之好古者，据文考献以求娱悦，公乃敝筋骸，刿心虑，旅食所至，必尽取古人藏形之兆而封拜之，使来者必敬必式。苟长逝者而有灵，九原之下，其将感涕而无以为报耶。"公曰："子宜为我序。"因撮其巅卒，以告吴中士大夫，庶几其能继公而起焉。

《苏州指南》

《苏州指南》，是抗日战争之前的民国十年至民国二十五年（1921—1936）间出版、修订、再版共十次的，关于苏州旅游的普及性读物，主要记述的是这15年间苏州的山水和园林、寺庙等名胜的面貌及有关食宿、票价、路线等游览指导。编辑者为娄东（太仓）朱揖文。民国十年（1921）5月首次由苏州省立第二农业学校和苏州私立女子职业中学校共同发行，南社诗人、鸳鸯蝴蝶派作家唐忍庵作序，无锡锡成印刷公司印刷。之后，再版的时间（依公元纪年计）依次是二版1923年、三版1925年、四版1926年、五版1928年、六版1929年、七版1931年、八版1933年、九版1935年、十版1936年。多次再版，可见这是一本畅销书。前四版都是按朱揖文的原著印刷，每版的校订人员有所不同。从第二版起，发行者改为位于阊门内东中市的苏州文新印刷公司（书馆）。第五到第八版由吴江范烟桥依原著重修，第九和十版由常熟俞友清按原著重修。

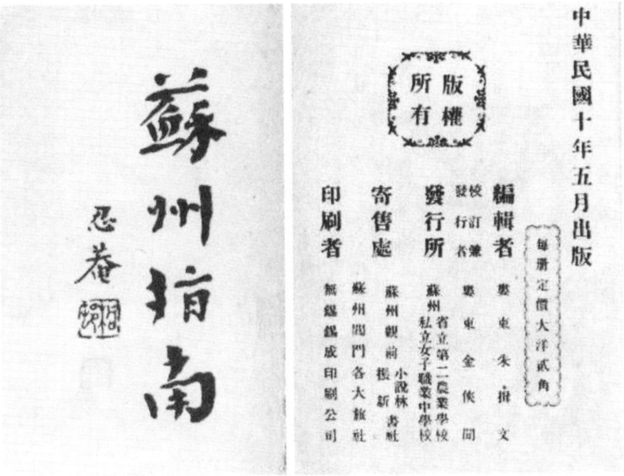
蘇州指南
忍庵

版權所有
中華民國十年五月出版
每冊定價大洋貳角
編輯者 婁東 朱揖文
校訂兼發行者 婁東 金佚聞
發行所 蘇州 省立第二農業學校 私立女子職業中學校
寄售處 蘇州觀前 振新書社 小說林
蘇州閶門各大旅社
印刷者 無錫錫成印刷公司

民国十年（1921）五月初版（朱揖文编辑）

有的引证者把这本书的名字写作《游苏备览》，是因该系列的第一版有“游苏备览”的字样。唐忍庵序言中在论述了苏州山水、园林、寺庙等风物之美后有这样一段话：“然而过客非素识也，又不远千里而来者，抚石茫然，知其妙而不知其所以妙，游人之不幸，抑湖山之不幸。朱揖文先生于是有游苏备览之辑……”这段话是写朱揖文编写这本书的目的，是用“游苏备览”来解释《苏州指南》的含义。页眉、目录也写作“游苏备览”，其后九次出版书名都是《苏州指南》。

本书作者所持有的《苏州指南》为第五版，即范烟桥重修的首印版，系民国十七年（1928）出版，它反映的是1928年的苏州风光。书的开头有留园、虎丘、狮子林、西园、拥翠山庄、圣恩寺、沧浪亭等园林的照片。主要内容分“正编·名胜”和“附编·杂记”，最后还有“附图”，即“苏州城厢图”。“正编·名胜”包括：留园、西园、寒山寺、虎丘山、五人墓、环秀山庄、遂园、怡园、沧浪亭、拙政园、狮子林、玄妙观、北寺塔、天平山、石湖、灵岩山、穹窿山、邓尉山、东洞

民国十七年（1928）4月第七版（范烟桥重修）

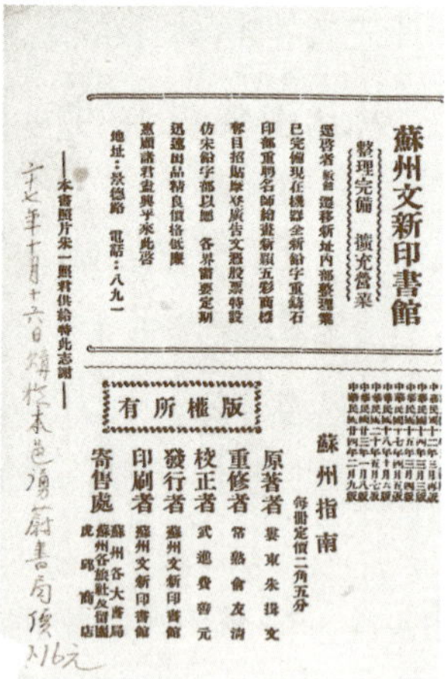
蘇州文新印書館

整理完備 擴充營業

選啓者 敝館 遷移新址內部整理業已完備現在機器全新鉛字重鑄石印部重聘名師繪畫新穎五彩商標簪目招貼摩登廣告文憑股票特設仿宋鉛字部以應 各界需要定期迅速出品精良價格低廉惠顧諸君盍興乎來此啓

地址：景德路 電話：八九一

—本書照片朱一熙君供給特此志謝—

蘇州指南

每冊定價二角五分

版權所有

原著者 婁東朱揖文

重修者 常熟俞友清

校正者 武進費壽元

發行者 蘇州文新印書館

印刷者 蘇州文新印書館

寄售處 蘇州各大書局 蘇州各旅社及留園 虎邱商店

民国廿四年（1935）2月第九版（俞友清重修）

庭山、西洞庭山、瑞光塔、双塔寺、宝带桥、荷花塘、公园，共25处，这是苏州当时的主要游览景点，而荷花塘（当是葑门荷荡）已经不复存在。对这些风景名胜的介绍，包括历史沿革、景观描述。在描述景观时则大量引用诗文、对联。还有车程距离、交通、门票价格的介绍等。“附编”的内容有苏州的历史沿革、市乡建构、水陆交通及旅馆、饭店、机关单位、工厂、学校、报社、医院、药房、公安、律师、教会、银行、典当、浴室等。对旅馆、饭店等商店的介绍，有名称、有地址、有电话。可知，此书从各个方面为来苏州游览者提供方便，有学者说它是“吆喝旅游的宝典”，所言极是。

此书涉及各类园林的内容有十多处，本书已在具体论述某园林时进行了重点引证，这里不再赘述。

《新苏州导游》

《新苏州导游》是民国二十八年（1939）6月由苏州文怡书局出版的一本导游读物，作者是尢玄父。

尢玄父，名墨君，玄父为其字，苏州人。他长期在浙江杭州、衢州、台州、绍兴、上海浦东等地的师范学校、中学教书。他是南社成员，和弘一法师有过交往，和夏丏尊、叶圣陶是朋友，和鲁迅也有过交集。教书之外，他曾在《中学生》《小说月报》《礼拜六》《中华小说界》等杂志上发表过文章。全面抗日战争爆发之后，他回到苏州，在崇范中学（今景范中学）教书，同时也常在《苏州新报》上发表文章，署名槁蝉。新中国成立后，他曾是苏州市文管会的成员。他的晚景比较凄凉，不管天冷天热，总是穿着一件破棉袄，又旧又脏，显得很潦倒。

对于编写这本书的缘起和目的，尢玄父在序言中写道：“苏州为东南文物之邦，山水明秀，人物清华，春秋佳日，游屐常临。文怡主人周君文达有见于此，因以编撰之事相嘱。蛰居无俚，遂检群书，

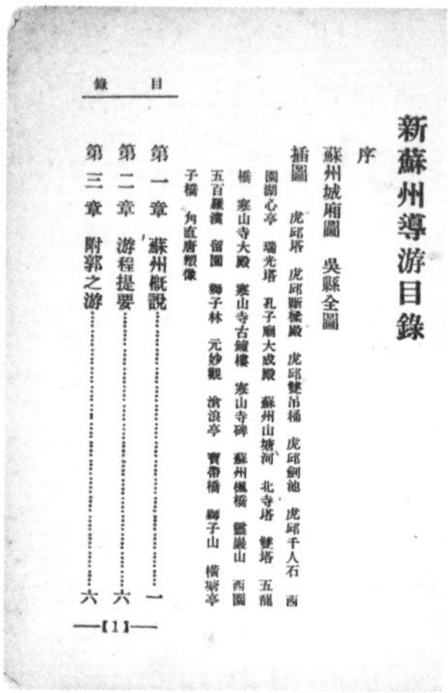

新蘇州導游目錄

目錄　—【1】—

《新苏州导游》

排比节次，名胜古迹，粗存大概。篇章诗咏间附其后。”全书开头有“苏州城厢图”“吴县全图”和27幅风景点照片。文字内容共11章，即“苏州概说”“游程提要”“附郭之游”“城北之游”“城中之游”“城南之游”“木渎灵岩山光福”“天平山支硎山天池山”“用直唐塑”“胜游志余”“起居饮食与娱乐”，最后是“附录”。“附录”部分主要是介绍城镇道路、市内外交通、商店、医院、菜馆、茶社、娱乐设施等。

书中涉及的园林景点有留园、西园、拙政园、狮子林、怡园、遂园、惠荫园、沧浪亭、可园、艺圃、严家花园、馆娃宫、寒山寺、玄妙观、灵岩寺、司徒庙、用直保圣寺等。

1936年9月朱揖文原著、俞友清重修的《苏州指南》是这本书的最后一版，全面抗日战争爆发后就没有再出版过。关于苏州导游的书出现了空白。因此，书商周文达邀请尤玄父编了这本书，并于1939年出版。其间三年，苏州出现了极大的变化，日军侵华，包括园林在内的苏州名胜遭到极大的破坏。但是，《新苏州导游》并没有恰如其分地反映出园林衰败的一面，倒是赞赏之词比《苏州指南》要多。这可能是政治形势的限制，也可能是书商的盈利需求。同时，对几处主要园林如拙政园、狮子林、沧浪亭、环秀山庄的介绍从内容、层次到用语、用词都有一些地方袭用了《苏州指南》。作为一本苏州导游书，当时会有一定作用，但今天来看，这本著作和其他同类书相比较，也有明显的不足之处。

《最新苏州指南》

《最新苏州指南》是1949年由大中舆地学社出版、苏州大公书局发行的一本旅游指南书籍，未署编著者具体姓名。第二页的“编者小言”写道：“指南一书，已出多册，其中古迹名胜，类多雷同，而沧桑变易，境往时迁，所以有编著最新之举，以便游人按图索骥，毋使有名无址，徒劳往返。且于浮文小节，摒去不载，择其紧要之处，以清阅者耳目。”是书从旅游的角度为来苏之游客排定日程：如第一日“由火车站乘车至阊门外留园、西园及戒幢寺、虎丘，再折至枫桥寒山寺，返城进膳，饭后，到城内沧浪亭、拙政园、狮子林、玄妙观”。第二日主要安排游木渎、灵岩山、天平山。第三日主要安排游光福、司徒庙、香雪海、石嵝石壁等。还写明了旅馆、饭馆的地点和土特产的主要品种及购买的商店。此书内容比较单薄，32开本，总共只有30页。涉及的园林有北寺塔、拙政园、狮子林、玄妙观、中山公园、沧浪亭、可园、留园、西园、寒山寺、司徒庙等，对园景的介绍亦非

《最新苏州指南》

常简单，主要还是略述园林的历史，对当时的园貌涉及不是很多。有所涉及的，都已引录在本书对具体园林的阐述中。而对虎丘、灵岩、天平、穹隆诸山介绍稍微详细一点。此书有插图。看来这是旅游部门应时之需而编写的一本导游小书，并无太大的史料价值和学术研究价值。

后 记

这部书的书稿杀青于2019年初，不久，就被一家出版社拿去。阅稿后，他们告诉我，要等一个适当的时机再出，结果一等就是两三年，仍然没有说法。后来，有关部门知道了这件事，感到这是写苏州园林的书，而且民国年间的苏州园林历史从来没人写过，这本书如能出版，会有开创意义，尤其对苏州园林的发展和研究有益。于是，在他们的帮助下，此书就由苏州的古吴轩出版社出版了。

在具体编辑的过程中，出版社的领导对此书非常关心，多予具体指导。老友稼句，不仅为我写了序言，在编辑的过程中也提供了很多帮助；何文斌、于祥等朋友也提供了新的照片资料；施晓平统阅了全稿，无私地提供一些他的研究成果。以上这些都令我感到浓浓的友情和温暖，在此，我衷心地一并感谢他们。

书马上要问世了，我内心倒越发有些惴惴。我一直知道，我是做行政工作的，并不专门从事什么研究，更不是园林专业出身。我懂得隔行如隔山的道理，生怕自己说外行话。我也知道，民国37年间，苏州的园林也是面广量大，生怕自己功夫不到而使该写的没写到，或者论述得不准确、不到位。我还知道，苏州研究园林的朋友很多，而且各有擅长。我参考了一些朋友研究或考察的成果，而没能一一单独当面请益，只是在自序中提到了一些，在此也请朋友们海涵。但有一点我是很诚心的：书的内容也好，具体工作也好，我都愿意虚心听取朋友们的批评和指导。作为苏州的子民，我热爱苏州的园林，也有兴趣做一些研究和思考。我是个人为苏州园林写史，要求自己实事求是地写出史实和自己的看法，从学术观点的角度为苏州园林的发展做些绵薄的贡献。想是这样想的，实际内容如何呢？还是请读者诸君多多赐教吧。

2023年10月